Fred Kofman
MetaManagement

Schriftenreihe der
StiftungAuthentischFühren*
Bd. 1

* Die StiftungAuthentischFühren - Zen-Akademie für Führungskräfte, Münster, (www.zen-akademie.org)

will Führungskräften einen Weg aufzeigen, wie sie Kraft aus der Stille, aus ihrem eigenen inneren Wesen schöpfen können, um dadurch beruflich und privat stärker präsent zu sein, sich stärker zu konzentrieren, unabhängiger zu werden von falschem Lob und Tadel. Achtsamer mit sich und anderen umzugehen, sich stärker auf das wirklich Wichtige zu besinnen und auch in turbulenten Zeiten die Fähigkeit zu erhalten, Ängste und Gefühle zu reflektieren und die innere Balance zu finden, sich auf neue Situationen unvoreingenommen einzulassen, Gegensätze und Widersprüche umfassen zu können, um daraus eine kreative Synthese zu schaffen. Körper und Geist sollen wieder als Einheit empfunden werden, um zu erfahren, dass man integraler Bestandteil der Schöpfung und des Kosmos ist und dementsprechend auch Mit-Verantwortung zu tragen.

Titel der Originalausgabe:
METAMANAGEMENT
O Successo Além Do Successo
© 2004, Elsevier, Editoria Ltda.
Rio de Janeiro, Brasil

Fred Kofman:	Lektorat: Hendrik Bönisch
Meta-Management	Typografie/Satz: KleiDesign
Übersetzung: Susanne Lötscher	Umschlag-Gestaltung:
© J. Kamphausen Verlag &	Shivananda Heinz Ackermann
Distribution GmbH, Bielefeld	Druck & Verarbeitung:
info@j-kamphausen.de	Westermann Druck Zwickau

www.weltinnenraum.de

1. Auflage 2005

Die Deutsche Bibliothek – CIP-Einheitsaufnahme

Ein Titelsatz für diese Publikation
ist bei der Deutschen Bibliothek erhältlich

ISBN 3-89901-056-6

Dieses Buch wurde auf 100% Altpapier gedruckt und ist alterungsbeständig.
Weitere Informationen hierzu finden Sie unter www.weltinnenraum.de

Fred Kofman

Meta-Management

Der neue Weg
zu einer effektiven Führung

Aus dem brasilianischen Portugiesisch
von
Susanne Lötscher

Vorwort

Fred Kofman lernte ich in Boulder (USA) bei einem Besuch des amerikanischen Philosophen Ken Wilber kennen und schätzen. Schnell wurde deutlich, dass Fred Kofman eine kongeniale Persönlichkeit zu Wilber ist. Gilt Wilber als der bedeutendste Philosoph des integralen Denkens, so ist Fred Kofman ganz offensichtlich derjenige, der das integrale Denken Führungskräften wirksam vermitteln kann. Er verfügt über Instrumente und Erfahrungen, die es seinen Gesprächspartnern sehr schnell erkennbar werden lassen, dass sie selbst es sind, die sich ändern müssen, wenn sie eine nachhaltig bessere Unternehmens- und Personalführung herbeiführen wollen. Fred Kofman macht deutlich, dass es einem um so einfacher gelingt, wirklich exzellente Leistungen auf Dauer zu erbringen und zu erwirken, wenn man mit sich selbst im Reinen ist, wenn man seine wirklichen inneren Antriebskräfte – und damit seine Identität – kennt, wenn es einem gelingt, die Welt als einen sich systemisch entwickelnden lebendigen Organismus zu verstehen und die Mitarbeiter und Mitmenschen als Quelle zu sehen, durch die man die Wirklichkeit „realer", d.h. umfassender, betrachten und empfinden kann. Dadurch nimmt man die Welt anders, bewusster wahr, nämlich vor allem als „Lernender" und nicht als „Wissender". Kofman macht deutlich, dass man nur erfolgreich führen kann, wenn man für alles, was einem begegnet, die unbedingte Verantwortung übernimmt, sich also nicht in eine Opferrolle begibt, die zur Impotenz führt, sondern Handelnder bleibt, indem man sich selbst die Frage stellt: „Was kann ich tun in dieser Situation, um ein besseres Ergebnis zu bewirken?"

Ein Führungsbuch ist für mich um so überzeugender, je stärker und unmittelbarer es ihm gelingt, den Leser dahin zu bringen, selbst authentischer zu werden, sich nicht mehr so wichtig zu nehmen, aber fest zu seinen inneren Werten zu stehen und unabhängig von

Vorwort

In den letzten zehn Jahren gab es massenhaft Bücher zum Thema Unternehmensführung vom Typ „How to" oder „Wie mache ich". Leider sind diese Selbsthilfebücher nicht sehr praktisch. Das Leben ist viel zu ungewiss, viel zu komplex und viel zu flüchtig, als dass es sich in eine Formel pressen ließe. Wissen, was getan werden muss, und dies auch erreichen, sind zwei ganz verschiedene Dinge. Man könnte also meinen, dass wir, je mehr wir über exzellente Unternehmen, erfolgreiche Wettbewerbsstrategien oder visionäre Unternehmensführer des Wandels erfahren, umso weniger in der Lage sind, wirklich optimale Unternehmen aufzubauen, erfolgreiche Strategien anzuwenden oder als inspirierende Führungskräfte zu handeln. In der Unternehmensführung hat das „Know about" (wissen über) das „Know how" (wissen, wie) schon lange überholt. Was fehlt da?

Ironischerweise glaube ich, dass der Unterschied genau in dem Schluss liegt, den viele Bestseller über Unternehmensführung ziehen: die menschlichen Dimensionen des Unternehmens. In den meisten Büchern geht es jedoch selten darum, wie man diese menschlichen Fähigkeiten tatsächlich pflegt und aktiviert, die, wenn schon alles gesagt und getan wurde, darüber entscheiden, ob irgendeine bedeutende Veränderung eingeführt wird oder nicht. Es besteht Einigkeit über das, was geschehen muss, aber das hilft demjenigen, der es umsetzen will, nicht viel weiter.

Meiner Meinung nach fehlt grundlegend das tiefe Verständnis dafür, was es heißt, eine Organisation zu entwickeln, die als bewusste menschliche Gemeinschaft handelt. Fred Kofman behauptet, am Anfang einer bewussten Organisation stehe das, was für uns am wichtigsten ist: Die Verpflichtung zur Realisierung einer Vision, die über alle individuellen Fähigkeiten hinausgeht, einer

Vision, die unsere gemeinsamen Bemühungen vereint und eine legitime Bedeutung hat. Diese Verpflichtung schlägt Wurzeln in Menschen, die für ihre Situation unbedingte Verantwortung übernehmen, und entwickelt sich je nachdem, wie jeder Einzelne auf die persönlichen Umstände reagiert.

Wir müssen daher entscheiden, was für jeden von uns wichtiger ist – wissen oder lernen. Wahres Lernen konfrontiert uns mit der Angst vor Ungewissheit und mit der Niedergeschlagenheit über unsere Inkompetenz sowie mit unserer Verletzlichkeit, einander zu brauchen. Wir beginnen, die tägliche Arbeit als einen immer währenden Tanz des Lernens zu betrachten, den jeder für sich und mit anderen tanzt, einen Tanz, bei dem das, was wir erreichen können, von der Qualität unserer Gespräche abhängt – denn unsere gemeinsame Arbeit dreht sich darum, wie wir miteinander reden, Beziehungen anknüpfen und uns anderen und unseren Zielen gegenüber verpflichten. Letztendlich, so behauptet Fred, gedeiht oder scheitert eine Unternehmung aufgrund ihrer technischen *und* emotionalen Intelligenz, ihrer Integrität und ihrer Fähigkeit, „spirituellen Optimismus" zu entfachen. Wichtiger noch: Fred zeigt ganz ausführlich, was man für die gemeinsame Arbeit an der Entwicklung dieser Fähigkeiten braucht. Eindrucksvoll präsentiert er eine detaillierte Roadmap und eine Art Handbuch zur Entwicklung kollektiven Bewusstseins.

Als ich Fred kennen lernte, war er ein junger, aber etwas ungewöhnlicher Dozent für Rechnungswesen am MIT. Zum Beispiel begannen seine Lehrveranstaltungen meistens damit, dass sich die Schüler Beethoven anhörten – dieselbe Musik ein halbes Dutzend Mal –, um sich bewusst zu machen, dass sie jedes Mal ein anderes Detail wahrnahmen. Wie kam es, dass sie jedes Mal etwas Neues hörten, wo doch immer wieder die gleiche Musik gespielt wurde?

Weil, wie die Schüler bald feststellten, *die Musik* nicht bloß auf der CD war, sondern es *in der Art und Weise lag, wie sie sie hörten.*

Dies, so bemerkte Fred, ist das erste Prinzip der Buchhaltung: der Wert einer Information hängt davon ab, wie sie von den Denkmustern des „Hörenden" interpretiert wird. Fred behauptete,

Leistungsbewertung sei nur dann gerechtfertigt, wenn sie die Menschen dazu befähige, Ergebnisse zu produzieren, die sie sich wirklich wünschten. Nimmt man diese Behauptung ernst, folgt daraus logisch, dass die Wahrheit nicht „in den Zahlen" steckt, sondern in der Bedeutung, die wir aus ihnen herauslesen. Außerdem besteht der Unterschied zwischen Buchhaltung, bei der man etwas lernt, und Buchhaltung, bei der man nichts lernt, darin, wie raffiniert die Buchhalter und Geschäftsführer sind, denen sie nützt. Könnte es sein, dass das wahre Ziel dieser Menschen Lernen und Vervollkommnung heißt? Könnte es sein, dass sie offen dafür sind, die Voraussetzungen, unter denen sie ihre Daten gesammelt haben, immer wieder in Frage zu stellen und zu optimieren, oder stellen diese Informationen für sie nur ewige Wahrheiten dar? Könnte es sein, dass sie zu einer größeren menschlichen Gemeinschaft gehörten, die lernte, die eigene Zukunft zu gestalten, oder wollten sie nur den Punktestand eines Spiels verfolgen, dessen Teilnehmer sie nicht kannten und an denen ihnen nichts lag? Könnte es sein, dass ein Unternehmen ein umfassenderes Ziel hat, und wie kann die Buchhaltung zu diesem Ziel beitragen?

Damals – und auch jetzt noch – behauptete Fred, der Schlüssel zur Exzellenz einer Organisation sei es, unsere einseitigen Kontrollpraktiken in Kulturen gegenseitigen Lernens zu transformieren. Wenn Menschen offen dafür sind, Annahmen und Informationen, auf denen ihre Landkarten von der Realität beruhen, in Frage zu stellen und zu vervollkommnen, statt ihre Sichtweise für die Wahrheit zu halten, setzen sie enorm viel produktive Energie frei.

Es erübrigt sich zu sagen, dass Freds Unterricht nicht für jeden X-Beliebigen gedacht war. Die meisten Schuler betrachteten ihn als lebensverändernde Erfahrung – vermutlich wählten sie ihn aus diesem Grund zum „Teacher of the Year" der Sloan School. Dennoch beschwerten sich jedes Semester mindestens ein oder zwei Schüler beim Direktor und verlangten, die Schule solle doch diesen Verrückten entlassen, der Rechnungswesen für Unternehmen als spirituelle Praxis lehre.

Ebenso wenig ist dieses Buch für die ganze Welt gedacht. Dave Meador von DTE Energy hat das schön formuliert: „Wenn Sie ein

Buch suchen, ‚um andere zu reparieren', dann ist dies das falsche Buch."

Vor kurzem war ich bei zwei unterschiedlichen Vorträgen anwesend, die von höchst angesehenen Leitern von Organisationen gehalten wurden, die zu den traditionellen Mitgliedern von SOL – Society for Organizational Learning – zählen: Roger Saillant, ehemaliger CEO (Chief Executive Officer) bei Ford und heute CEO von Plug Power, einem Pionierhersteller von Brennstoffzellen, und Greg Merten, früher fast zehn Jahre lang Leitender Manager einer der größten und profitabelsten Unternehmensbereiche von Hewlett Packard. Nach jeder Präsentation war ich von ihrer einfachen, fundamentalen Botschaft beeindruckt. Es war dieselbe Botschaft, die ich schon viele Jahre zuvor von vielen wirklich meisterhaften Unternehmensführern gehört habe, die über ihre Erfahrung reflektierten. Führungsfähigkeit besteht im Wesentlichen darin, „die Kraft der Menschen freizusetzen", wie Saillant sagte; oder – mit Mertens Worten – „die Phantasie des Menschen und seine Fähigkeit zur Verpflichtung zu ergründen". Und beide kamen zu der Erkenntnis, dass dies eine sehr persönliche Reise war: „Sich jeden Tag bemühen, als Mensch zu handeln", wie Saillant bemerkte. Letztendlich glaube ich, dass die betreffenden Profis sich klar sind, dass das Außen ein Spiegel des Innen ist. „Ich kann nicht erwarten, dass meine Organisation eine Qualität produziert, die ich selbst nicht in der Lage bin zu produzieren", sagte Merten.

Diese einfachen Botschaften noch einmal zu hören, war inspirierend und beunruhigend zugleich. Sie bestätigten erneut das, was ich heute als Säule jeder Arbeit betrachte, die zur Entwicklung produktiverer Unternehmen geleistet wird. Aber sie erinnerten mich auch daran, wie sehr das bei Unternehmenslenkern verbreitete Wissen dieser Bewusstwerdung widerspricht. Ich befürchte, dass dies so lange weitergeht, bis man rigorose Methoden für gemeinsames Denken und Arbeiten entwickelt, die effektiv andere Wege des Zusammenseins eröffnen.

Der Erfinder Buckminster Fuller sagte immer gern: „Hören Sie auf, die Denkweise der Menschen verändern zu wollen. Man kann niemandes Denkweise ändern. Geben Sie ihnen lieber ein Werkzeug, dessen Gebrauch sie allmählich dazu bringt, anders zu denken." Fred Kofman präsentiert uns einige dieser Werkzeuge. Heute liegt es an den seriösen Profis, sie intelligent zu benutzen.

PETER SENGE

15   Einleitung

Kapitel 1 – **Lernen, Wissen und Macht** 39
- 40   Was bedeutet Lernen?
- 43   Kollektives Handeln und Lernen
- 53   Unbedingte Verantwortung
- 61   Freiheit und Achtsamkeit

Kapitel 2 – **Lernen lernen** 65
- 71   Der Weg des Lernenden
- 77   Vom Blinden zum Experten
- 85   Die Feinde des Lernprozesses

Kapitel 3 – **Probleme, Erklärungen und Lösungen** 89
- 98   Optimisten und Pessimisten
- 110   Probleme im Team lösen

Kapitel 4 – **Denkmuster** 116
- 115   Ursachen von Denkmustern?
- 127   Amnesie

Kapitel 5 – **Von einseitiger Kontrolle zu gegenseitigem Lernen** 132
- 134   Das Modell der einseitigen Kontrolle
- 140   Das Modell des gegenseitigen Lernens
- 146   Der Manager im Modell des gegenseitigen Lernens

Kapitel 6 – **Schizophrenie in Organisationen** 151
- 156   Abwehrroutinen in Organisationen
- 161   Wie man Abwehrroutinen deaktiviert

Kapitel 7 – **Öffentliche und private Gespräche** 172
- 175   Vom Gespräch zum Metagespräch
- 177   Feststellungen und Meinungen
- 196   Personen bewerten

Kapitel 8 – **Plädieren und erkunden** 201
- 206   Produktives Erkunden
- 211   Die Inferenzleiter

Kapitel 9 – **Lösung von Konflikten** 216
- 223   Auflösung persönlicher Konflikte
- 227   Lösung von operativen Konflikten

Kapitel 10 – Verpflichtungen und Neuverpflichtungen, Bitten und Versprechen 236

247 Verpflichtungsgespräche
250 Kollektive Integrität
258 Nicht-konstruktive Beschwerden
259 Konstruktive Beschwerden
264 Multidimensionale Kommunikation

Kapitel 11 – Verzeihen 269

271 Was Verzeihen *nicht* ist
273 Was Verzeihen *ist*
275 Eine persönliche Geschichte
278 Anderen verzeihen

Kapitel 12 – Emotionen 280

285 Emotionales Bewusstsein
287 Emotionale Energie
289 Kognitive und emotionale Verzerrungen

Kapitel 13 – Werte und Tugenden 297

300 Grundwerte
325 Ethische Urteile

Kapitel 14 – Identität und Selbstwert 328

330 Narzissmus
334 Das Hochstaplersyndrom

Kapitel 15 – Spiritueller Optimismus 347

350 Realität und Wissenschaft
353 Das Auge des Geistes
355 Wer bin ich? Wer sind wir?

Kapitel 16 – Rückkehr zum Markt 358

359 Der Weg des Bewusstseins
363 Markt, Gier und Güte
368 Die Arbeit als Ausdruck des Bewusstseins
372 Aufstieg und Abstieg
376 Das Ende der Reise

378 Schlusswort

393 Über den Autor

396 Fußnoten

Einleitung

Was immer Du zu sagen hast,
lass die Wurzeln dran,
lass sie hängen,
mitsamt der Erde,
um klar zu machen,
woher sie kommen.

CHARLES OLSON

Alles, was gesagt wird,
wird von jemandem gesagt

Gesprochenes verbirgt den Sprecher. Worte sind ein Schleier, der denjenigen verbirgt, der sie ausspricht. Wenn jemand spricht, scheint es, als komme aus seinem Mund „die Wahrheit", eine objektive, von der Realität unabhängige Spiegelung. Die Illusion, das zu beschreiben, „was ist", ein Objekt unabhängig vom Subjekt darzustellen, ist die Ursache vieler Leiden. Die arrogante Anmaßung, sich für den Herrn der Wahrheit zu halten, ist keineswegs ein philosophisches Problem, sondern das größte Hindernis bei respektvoller Kommunikation und effektiver Interaktion. Menschen, die nach dem Schema „Ich habe Recht" handeln, finden sich schließlich in einem „heiligen Krieg" gegen die Ketzer wieder, die die Dinge „falsch" sehen, weil ihre unvereinbaren Ansichten sie trennen. Die Qualifizierung „falsch" macht aus dem anderen einen Vertreter des *Irrtums*, des *Bösen*, der *Sünde*. Genauso wird aus Liebe Hass. Deshalb kam Humberto Maturana, ein chilenischer Biologe und Philosoph, zu dem Schluss, dass es für den Erhalt der Liebe nichts Wichtigeres gibt, als sich daran zu erinnern, dass „alles, was gesagt wird, von einem Beobachter gesagt wird".

Sich präsentieren heißt sich exponieren. Sich zeigen heißt, den anderen einladen, die verborgenen Winkel unserer Gedanken kennen zu lernen. Und diese Gedanken sind keineswegs immer rein, geordnet, originell und brillant. Kreative Ideen leisten der starren Logik oft Widerstand. Deshalb brauchen wir eine Portion Demut, wenn wir dem anderen Einblick in unser Denken gewähren. Dieselbe Demut, mit der Sie einen Gast auffordern, bis in die Küche zu gehen (die nach dem Kochen unordentlich ist), statt ihm das Essen im Esszimmer zu servieren. Die fertige Mahlzeit, das Produkt, verrät nicht, wie es entstanden ist. Im Esszimmer erscheint das Essen „wie durch Zauberhand" fertig zum Verzehr. Die Alchemie des Kochens bleibt hinter der Tür verborgen. Doch wenn wir unseren Gast einladen, durch diese Tür in die Küche zu gehen, bekommt er ein ganz anderes Verständnis: Wir offenbaren die Entstehung des Produkts, und der Gast sieht, dass es von einem Prozess abhängig ist, der durch unsere Entscheidungen als Koch vorgegeben wurde. Das Gericht ist nicht mehr „eine Sache an sich", sondern wird zu „einer gekochten Sache". Deshalb ist es ganz wesentlich, zu erfahren, wer es zubereitet hat, um es in all seiner Schönheit würdigen zu können.

Wer sich hinter seinen Worten versteckt, hat mit seiner Schwäche noch keinen Frieden geschlossen. Am Ende der berühmten Geschichte „Der Zauberer von Oz" entdecken wir, dass der mächtige Zauberer nichts anderes ist als ein Pförtner. Der kleine Hund Toto öffnet den Vorhang und entlarvt den Zauberer als einfachen Diener, der die Hebel bedient. Der als Lügner bloßgestellte Zauberer verliert seine vorgetäuschte Macht. Und sobald der Betrug offengelegt ist, entdecken die Protagonisten die Schätze der Menschheit, nach denen sie während der ganzen Reise gesucht haben: der Löwe seinen Mut; die Vogelscheuche ihren Verstand; der Blechmann sein Herz, und Dorothy den Weg nach Hause. Auch der Zauberer selbst, der sich nun nicht mehr zu verstellen braucht, findet seine Selbstachtung.

In Märchen wie in Träumen lassen sich alle Personen als Persönlichkeitsaspekte des Lesers oder Träumers interpretieren. Der Zauberer von Oz beeindruckt uns, weil er tiefe Wahrheiten menschlicher Erfahrung offenbart. Wir alle sind versucht, uns als mächtig darzustellen, uns hinter dem Vorhang der „Wahrheit" zu verstecken und die Hebel der Logik zu bedienen, um unser Publikum zu überzeugen. Jeder von uns hat Angst, seinen Mut, seinen Verstand und sein Herz zu finden; den Heimweg zu finden, den Weg, der uns zu Selbstannahme und wahrer Selbstachtung führt. Wer diese Reise antreten will, muss sich entlarven lassen und sich so zeigen, wie er ist.

Das vorliegende Material ist das Ergebnis meiner Lernprozesse, meiner Erfahrungen, meines Lebens. Meine Absicht ist es, ein revolutionäres, aber nicht neues, ein einfaches, aber nicht leichtes Material zu präsentieren. Man könnte sagen, dass dieses Buch ein Spiegel des gesunden Menschenverstands ist. Dagegen habe ich nichts einzuwenden. Das Paradox ist, dass gesunder Menschenverstand sich selten als gesundes *Handeln* äußert. Zwar könnte der Leser (wie viele meiner Seminarteilnehmer) manchmal denken: „Das weiß ich schon." Doch er wird, wenn er darüber nachdenkt, ob er dieses intellektuelle Wissen auch anwenden kann, bestätigen, dass *„wissen, dass"* etwas ganz anderes ist als *„wissen, wie"*. Mein Ziel ist es, Ihnen dabei zu helfen, diese verloren gegangenen inneren Verbindungsglieder zu finden, die die verstandesmäßige Information mit dem Verhalten in der realen Welt verbinden.

Alles, was gehört wird, wird von jemandem gehört

Ein Text ist ein Dialog zwischen Autor und Leser. Die Worte bekommen Bedeutung, wenn sie beim Empfänger einen Widerhall finden. Deshalb lässt ein und derselbe Text unterschiedliche Interpretationen zu: jeder kann in dieselben Worte andere Dinge hineinlesen. Auch ein und dieselbe Person kann zu verschiedenen Zeiten in ihrem Leben aus ein und demselben Text unterschiedliche Dinge herauslesen. Es kommt oft vor, dass wir bei der erneuten Lektüre Feinheiten entdecken, die uns beim ersten Lesen entgangen sind. Nicht die Worte haben sich geändert, sondern der „Resonanzkörper" (der

Verstand), in dem diese Worte widerhallen, verändert sich mit den Erfahrungen, die wir im Leben machen.

So wie ich meinen Kontext teilweise preisgegeben habe, um Ihnen die Interpretation dieses Textes zu erleichtern, lade ich Sie ein, über Ihren Kontext nachzudenken, bevor Sie mit der Lektüre beginnen. Weshalb haben Sie zu diesem Buch gegriffen? Was könnte Ihrer Meinung nach passieren, wenn Sie darin das finden, wonach Sie suchen? Wie könnten Sie diese Erkenntnisse zum eigenen Vorteil und dem Ihrer Umwelt nutzen? Ich weiß schon, Sie haben noch nicht angefangen zu lesen. Sie wissen noch nicht, worum es in diesem Buch geht. Vielleicht haben Sie keine klaren Erwartungen. Aber wenn Sie zu diesem Buch gegriffen haben, dann aus dem Grund, weil Sie den Ehrgeiz haben, effektiver zu sein und Ihre Beziehungen zu anderen Menschen sowie Ihr eigenes Leben zu verbessern. Obwohl Sie sehr wenige Informationen über den Inhalt haben, wussten Sie doch so viel, dass Sie sich angespornt fühlten, diese Seiten zu lesen. Deshalb ist meine Frage weder ein Verständnistest noch ein Rätsel. Ich will von Ihnen weder wissen, was Ihrer Meinung nach in diesem Buch steht, noch, wie Sie es verwenden werden. Ich bitte Sie nur darum, Verbindung aufzunehmen mit Ihrem Wunsch, dem Impuls, zu lernen und über sich hinauszuwachsen, der Sie dazu brachte, dieses Buch in die Hand zu nehmen.

Ich möchte Sie auf eine Reise mitnehmen, ein gemeinsames Abenteuer, bei dem ich die Rolle des Führers übernehme. Ich würde Ihnen liebend gern ein neues Territorium zeigen und auf Details hinweisen, die der flüchtige Betrachter übersieht. Aber dazu müssen Sie sich an diesem Abenteuer beteiligen. Die Reise müssen wir gemeinsam machen. Dieses Buch ist eher eine Sportstunde als ein Kinobesuch. Sich hinsetzen und darauf warten, dass etwas geschieht, ist der sichere Weg zu Langeweile. Für diese Erfahrung müssen Sie pro-aktiv eingestellt sein. Deshalb schlage ich vor, dass Sie sich dem Text mit Fragen nähern, mit der Begeisterung, Ihr Leben verbessern zu wollen. Diese Begeisterung ist die Energie, mit der Sie von der Lektüre am meisten profitieren können.

Der wichtigste Unterschied zwischen einem Video mit Gymnastikübungen und richtigem Sportunterricht lässt sich in einem Wort zusammenfassen: Teilnahme. Wenn Sie von diesem Text profitieren wollen, müssen Sie sich in ihn „hineinsetzen". Lesen Sie mit dem Stift in der Hand, suchen Sie nach Übereinstimmung, diskutieren Sie, forschen Sie nach und bringen Sie die Ideen mit Erfahrungen und die Vorschläge mit konkreten Situationen in Ihrem Leben in Verbindung. Ich lade Sie ein, das Buch zu lesen, sich Notizen zu machen und es noch einmal zu lesen. Die Ideen sind trügerisch einfach und erscheinen deshalb leicht. In Wirklichkeit verbergen sich in diesem Text aber völlig revolutionäre Prinzipien, Praktiken und Philosophien. Das, was beim ersten Lesen „gesunder Menschenverstand" zu sein scheint, sieht beim zweiten Durchgang „verrückt" und beim dritten Mal wie „eine faszinierende Möglichkeit für individuelle und kulturelle Veränderung" aus. Deshalb schlage ich vor, dass Sie nicht bei Ihrem ersten Eindruck stehen bleiben.

Um aus diesem Buch Gewinn zu ziehen, müssen Sie es in die Praxis umsetzen. Wenn es uns gelingt, Ihre Effektivität in der Arbeit, Ihre Fähigkeit, Beziehungen zu anderen zu knüpfen, Ihre Lebensqualität und Ihr inneres Gefühl von Frieden und Glück zu erhöhen, dann ist unser Unterfangen schon ein Erfolg. Am Ende werden wir die Früchte unserer gemeinsamen Bemühungen ernten. Sollte dieser Text nicht das geeignete Instrument für Ihren Lernprozess sein, täte mir das Leid, ich würde Sie aber gleichzeitig einladen, Ihre Bemühungen zu feiern. Das aufrichtige Bemühen, etwas zu lernen und momentane Grenzen zu überwinden, ist ein Zeichen von Integrität und persönlicher Verpflichtung sich selbst gegenüber. Unabhängig vom Ergebnis fühle ich mich geehrt, dass Sie meine Arbeit und meine Ideen als potenzielle Werkzeuge für Wachstum und Entwicklung schätzen. Ich verspreche Ihnen, mein Bestes zu geben.

Einführung

Metamanagement – vom griechischen meta –, Vorsilbe (entspricht dem lateinischen trans-), „Über … hinaus": weiter voraus, tiefer, umfassender, in einem fortgeschritteneren Entwicklungsstadium; weiter vorn gelegen, transzendent; wer eine Metamorphose oder Verwandlung erlebt hat.

– und vom englischen Substantiv Management, abgeleitet vom Verb to manage, „dirigieren" (seinerseits abgeleitet vom lateinischen manus, „Hand"); Unternehmensführung; Verwaltung, Leitung, Anleitung, Kontrolle, Supervision; Personen, die eine Organisation leiten oder führen; unternehmerisches Geschick, Führungsgeschick; die Themen oder Interessen eines Unternehmens oder eines Geschäfts dirigieren oder steuern; handhaben, verwalten, herrschen, führen, supervisieren, leiten; zu Ende bringen, erreichen, triumphieren, können, instandsetzen, organisieren, besonders in schwierigen Situationen.

■ nach dem American Heritage Dictionary

D ie meisten Management-Schulen und -Autoren wenden sich an leitende Angestellte. Dünn gesät sind die Texte, in denen es vor allem darum geht, die großen Ideen, die man in der Kommandozentrale diskutiert, auf dem „Schlachtfeld" umzusetzen. Diese Leidenschaft für strategische Höhenflüge und die Geringschätzung der Basis kommen in simplen Maximen wie „Manager machen die Dinge richtig, Führungskräfte tun die richtigen Dinge" *(managers do things right, leaders do the right things)* zum Ausdruck. Solche Phrasen drücken Geringschätzung gegenüber jenen aus, die das Gewicht der täglichen Ausführung auf ihren Schultern tragen. Ihnen zufolge ist die Führungskraft ein raffinierter, visionärer Stratege, der das Unternehmen dem ihm bestimmten großartigen Schicksal zuführen kann. Ein Manager (von Mitarbeitern ist überhaupt nicht die Rede) ist ein arbeitsamer Einfaltspinsel, der vielleicht eines Tages den notwendigen Schwung bekommt, um Führungskraft zu werden. Obwohl das Wortspiel dieser Redensart sympathisch wirkt, handelt es sich um einen gefährlichen Gemeinplatz. Ein Manager ist kein Anwärter auf den Führungsposten, der nur einen durchschnittlichen IQ hat. Der Manager ist jener, der die Aufgabe übernimmt, dafür zu sorgen, dass der Organisationsapparat jeden Tag effektiv läuft. Peter Drucker[1] sagt dazu: „Ausgangspunkt sind die angestrebten Ergebnisse, und danach muss das Management die Ressourcen der Institution so einsetzen und organisieren, dass diese Ergebnisse auch erzielt werden können. Das Management ist das Organ, das jede Institution, jedes Unternehmen, jede Kirche, jedes Krankenhaus, jede Universität oder jedes Frauenhaus in die Lage versetzt, Ergebnisse außerhalb der eigenen Strukturen zu produzieren."

Für Drucker ist Management eine Praxis, die über die Geschäftswelt hinausgeht. Manager sind die Pfeiler, auf denen die moderne Gesellschaft ruht. Zentrum einer modernen Gesellschaft, Wirtschaft und Gemeinschaft ist nicht die Technologie. Es ist nicht die Information. Es ist nicht die Produktivität. (...) „Es ist die durch das Management geleitete Institution, als das gesellschaftliche Organ, mit dessen Hilfe Ergebnisse erzielt werden. Darum ist es notwendig festzustellen, und zwar laut und vernehmlich, dass Management eben nicht Unternehmensführung ist – genauso wenig wie Medizin nicht gleichbedeutend mit Geburtshilfe ist. Es gibt ohne Zweifel Unterschiede im Management unterschiedlicher Organisationen: das Ziel bestimmt die Strategie, und die Strategie bestimmt die Struktur. Management ist das angemessene und spezifische charakteristische Instrument für jede Form von Organisation."

Die Wettbewerbsexzellenz der Organisation hängt von den Führungskräften genauso ab wie von den Managern. Gemeinsam mit den Mitarbeitern bilden sie die drei Säulen, die die Produktivität, Rentabilität, Anpassungsfähigkeit und das Überleben des Unternehmens stützen. Fällt eine dieser Säulen weg, funktioniert das System nicht. Jede Ebene einer Organisation ist für sich genommen wichtig.

Führungskräfte müssen ihr Augenmerk auf die Außenwelt richten, die Märkte analysieren, sich Zukunftsszenarien ausdenken und Wege ebnen, um sie Wirklichkeit werden zu lassen. Ihre Aufmerksamkeit muss sich auf die großen strategischen Linien konzentrieren, auf die inspirierende Vision und auf die Koordination der Energie der Menschen. Autoren wie Gary Hammel[2], C.K. Prahalad, John Kotter[3] und Warren Bennis[4] haben die entscheidende Rolle der Führungskräfte bei der Innovation, der Veränderung und der Anpassung der Organisation an unsere Welt, die immer turbulenter wird, treffend aufgezeigt.

Manager müssen ihr Augenmerk auf die Innenwelt des Unternehmens richten, sich um die Bedürfnisse der Mitarbeiter kümmern und ihnen dabei helfen, ihr Bestes zu geben. Ihre Aufmerksamkeit gilt den taktischen Details, die erfüllt sein müssen, wenn man die Ziele von Plänen und Kostenvoranschlägen erreichen will. Sie sind damit beauftragt, die revolutionären Ideen der Führungskräfte „wieder auf den Boden der Tatsachen zurückzuholen", indem sie die Struktur organisieren, die Ressourcen einsetzen und die Durchführung überwachen. Während Führungskräfte mit inspirierenden Visionen arbeiten, operieren Manager mit Systemen zur Bewertung von Leistung, Plänen und Kostenvoranschlägen. Bücher wie *Marktführerschaft: Wege zur Spitze* und *Immer erfolgreich: die Strategien der Topunternehmen*[5] heben die Bedeutung des Managements hervor, damit ein Unternehmen auch langfristig gesehen schwungvoll und profitabel bleibt.

Generäle gewinnen Kriege nicht ohne Soldaten, und Soldaten gewinnen den Krieg nicht ohne Generäle. Es geht nur mit vereinten Kräften und jeder muss seine Funktion erfüllen. Mein Ziel ist weder, den Status irgendeiner Gruppe auf- und den einer anderen abzuwerten. Ich möchte vielmehr die Tendenz umkehren, die ein glamouröses Porträt der Führungskräfte zeichnet und die Manager wie Möchtegern-Führungskräfte zeigt, die nur auf die Gelegenheit warten, eine subtilere und anspruchsvollere Arbeit zu tun.

In ihrem Buch *Management von Dienstleistungsunternehmen*[6] behaupten Heskett und Sasser, dass man, egal um welchen Geschäftszweig es sich handelt, Wettbewerbsvorteile (und folglich Profitabilität) *nur* dann erzielt, wenn man eine Arbeitsatmosphäre schafft, die talentierte Mitarbeiter anzieht, bündelt und bei der Stange hält. Für die Schaffung und Erhaltung solch einer Atmosphäre ist der Manager direkt verantwortlich. Eine inspirierende Vision und eine bewährte Strategie sind notwendige, aber nicht hinreichende Voraussetzungen dafür. Die Welt, in der die Mitarbeiter täglich leben, wird entscheidend vom Verhalten ihrer Manager bestimmt.

Laut den Erkenntnissen von Warren Bennis und Burt Nanus[7] in ihrem Buch *Führungskräfte: die 4 Schlüsselstrategien erfolgreichen Führens* ist dies ein Bereich mit unendlich vielen Verbesserungsmöglichkeiten. Bennis und Nanus stellten fest, dass „nicht einmal jeder vierte Arbeiter behauptet, bei der Arbeit sein maximales Potenzial zu geben. Die Hälfte sagt, dass sie in ihre Arbeit nicht mehr als die Mindestbemühung legt, die notwendig ist, damit sie ihren Arbeitsplatz behalten. Und die Mehrheit, ungefähr 75%, erklärte, sie könnte deutlich effektiver sein als heute".

Was zieht talentierte Mitarbeiter an? Was ermöglicht es ihnen, ihr größtes Potenzial zu entwickeln? Was bündelt diese Energie und bringt sie in Einklang mit den Zielen der Organisation? Wie kommt es, dass diese Mitarbeiter beim Unternehmen bleiben? In drei Worten: ein exzellenter Manager.

Der exzellente Manager

In ihrem Buch *Erfolgreiche Führung gegen alle Regeln* stellen Marcus Buckingham und Curt Coffman[8] die Ergebnisse zweier Untersuchungen zur Unternehmenseffektivität vor, die von Gallup von 1975 bis heute geführt wurden. Ausgehend von der Prämisse, dass talentierte Mitarbeiter das Fundament einer erfolgreichen Organisation sind, konzentrierte sich die erste Studie auf die Frage: „Was erwarten und brauchen solche Mitarbeiter von ihren Arbeitgebern?" Gallup interviewte über eine Million Mitarbeiter aus den verschiedensten Unternehmen, Industriezweigen und Ländern.

Die wichtigste Entdeckung, so die Autoren, war, dass „talentierte Mitarbeiter exzellente Manager brauchen. Ein talentierter Mitarbeiter kann wegen einer charismatischen Führungskraft, großzügiger

Vorteile und bemerkenswerter Schulungsprogramme in ein Unternehmen kommen; aber wie lange er bleibt und wie produktiv er während seiner Zeit in diesem Unternehmen ist, sind Faktoren, die von seinem Verhältnis zu seinem unmittelbaren Supervisor abhängen."

Die Autoren fragten sich daraufhin: „Wie machen es die besten Manager der Welt, um talentierte Mitarbeiter kennen zu lernen, anzuziehen und zu halten?" Sie befragten 400 Organisationen, indem sie 80.000 ihrer Manager interviewten; von den exzellenten bis zu den normalen. Um zu bestimmen, wer exzellent war und wer normal, verwendeten sie objektive Leistungsmaßstäbe wie Verkäufe, Rentabilität, Kundenzufriedenheit, Indizes für Personaleinsparung und Indikatoren für das firmeninterne Klima. Die Kombination dieser beiden Studien stellte die ausführlichste empirische Untersuchung dar, die jemals zu diesem Thema durchgeführt wurde.

Die Gallup-Forscher stellten fest, dass außergewöhnliche Manager für eine Arbeitsatmosphäre sorgten, in der die Mitarbeiter auf die folgenden Fragen (geordnet nach Wichtigkeit) am emphatischsten antworteten:

☐ Weiß ich, was von mir in der Arbeit erwartet wird?

☐ Habe ich das Material und das Team, das ich brauche, um meine Arbeit gut zu machen?

☐ Habe ich die Gelegenheit, in der Arbeit meine besten Fähigkeiten täglich zum Ausdruck zu bringen?

☐ Habe ich in den letzten sieben Tagen Anerkennung oder Lob für eine gute Arbeit bekommen?

☐ Bin ich als Mensch für meinen Manager wichtig?

☐ Kümmert sich mein Supervisor um mein berufliches und menschliches Weiterkommen?

☐ Wird meine Meinung berücksichtigt?

☐ Ist meine Arbeit als Teil der Mission und des Ziels der Firma wichtig?

☐ Sind meine Kollegen mit der Durchführung von hochqualitativen Arbeiten beauftragt?

☐ Habe ich in der Arbeit einen guten Freund?

☐ Habe ich in den letzten sechs Monaten mit jemandem über meinen Fortschritt gesprochen?

☐ Hatte ich im letzten Jahr Gelegenheiten, zu lernen und zu wachsen?

Die Vielfalt der Antworten in ein und derselben Organisation wies darauf hin, dass die Erfahrung der Mitarbeiter vor allem von ihrem Verhältnis zu ihrem Manager abhing und nicht von der Politik und dem globalen Vorgehen des Unternehmens. Weder das Belohnungssystem, noch das Fortbildungssystem, noch die charismatische Führungskraft, sondern der Manager war der entscheidende Faktor bei der Schaffung eines außergewöhnlichen Arbeitsplatzes. Wie die Autoren sagen, „sind diese Dinge zwar nicht unwichtig, aber es ist einfach so, dass der direkte Manager wichtiger ist. Er bestimmt die Arbeitsatmosphäre und beeinflusst sie. Wenn er fähig ist, klare Erwartungen auszusprechen, seine Mitarbeiter kennen zu lernen, ihnen zu vertrauen und in sie zu investieren, können diese verschmerzen, dass das Unternehmen keine Bonusprogramme oder *stock options* (Kaufoptionen von Aktien) anbietet. Wenn aber das Verhältnis zum Manager zerrüttet ist, dann gibt es überhaupt keinen Bonus (in Form von Massagen, Gymnastikunterricht, Hundausführen), mit dem sich talentierte Mitarbeiter dazu überreden lassen, in der Firma zu bleiben und zu produzieren. Es ist besser, für einen großen Manager in einem konservativen Unternehmen zu arbeiten, als für einen mittelmäßigen Manager in einem Unternehmen mit innovativer Kultur."

Wer wäre mit diesen Schlussfolgerungen wohl nicht einverstanden? Sie sind so „offensichtlich" und überzeugend wie die Behauptung, Rauchen schade der Gesundheit. Auch sieht es nicht so aus, als sei ihre Umsetzung schwierig; ja, man fragt sich, wie es noch Manager geben kann, die sich nicht auf diese zwölf Fragen konzentrieren. Wenn Sie sich das fragen und Raucher sind, dann fragen Sie sich doch einmal, warum sie Ihre Zigarette nicht sofort wegwerfen. (Wenn Sie Nichtraucher sind, fragen Sie einen Freund, der raucht).

fmans Empfehlung ist teuflisch einfach ... und
. Die Autoren sagen selbst, warum.

Ihre deprimierende Quintessenz von weisem Management
lautet: „Menschen verändern sich nur wenig. Vergeuden Sie keine
Zeit, indem Sie von ihnen etwas verlangen, das sie nicht haben.
Versuchen Sie, das zu stimulieren, was sie bereits besitzen. Allein
das ist schon schwierig genug." Manager sind der Ansicht (und da
geben die Autoren ihnen Recht), dass es unmöglich ist, das Denk-
schema von Menschen zu verändern. Jedes Individuum hat bestimmte spezifische Denk-, Gefühls- und Verhaltensmuster (die
Autoren nennen diese Muster „Talente"), die sich direkt aus ihrer
neurologischen Konstitution und ihrer psychologischen Entwicklung
ergeben. Es ist zwar möglich, diese Muster ein wenig zu beeinflussen, aber Manager und die Autoren bestätigen, dass es unmöglich
ist, ihr Grundwesen zu verändern. Es stimmt nicht, dass jeder beliebige energische Mensch so weit gelangen kann, wie er beabsichtigt,
wenn er sich nur genügend anstrengt, behaupten sie. „Es gibt Dinge,
die unveränderlich sind. Deshalb ist es das Beste, nach Individuen
zu suchen, die so viel Talent besitzen, dass sie in einer bestimmten
Position herausragend sein können, und ihnen die praktischen Fähigkeiten und Kenntnisse zu vermitteln, die sie für einen Triumph
brauchen."

Laut dieser Philosophie gibt es Menschen, die Talent zum
Management haben, und andere, die keines haben. Exzellenz erreicht man dadurch, dass man jene auswählt und fördert, die die
notwendigen Begabungen haben. Jene, die nicht dafür geboren
sind, werden glücklicher sein, wenn sie sich anderen Dingen widmen können. Vielleicht liegt das Problem darin, dass in vielen Unternehmen die einzige Form, beruflich Karriere zu machen, darin
besteht, ins Management aufzusteigen. Aus diesem Grund steigen
viele Mitarbeiter, die als Einzelne gute Leistungen erbringen, so lange
auf – so das Peter-Prinzip –, bis sie die höchste Stufe ihrer Unfähigkeit erreicht haben.

Die Autoren kamen zu dem Schluss, dass Fähigkeiten und
Kenntnisse übertragbar sind, Talent nicht. Es ist sinnlos, zu versu-

chen, Menschen mit Talent auszustatten, die keines besitzen; lukrativer ist es, die Begabten zu schulen, indem man ihnen die nötigen Fähigkeiten und Kenntnisse vermittelt, damit sie sich in ihrer Arbeit auszeichnen. Jeder begabte Mensch ist ein ungeschliffener Diamant. Das Potenzial ist vorhanden, aber um konkrete Ergebnisse zu liefern, muss er durch Fähigkeiten und Kenntnisse angespornt werden, die für die jeweilige Arbeit nötig sind.

Martin Seligman[9] zufolge gibt es eindeutig einen zentralen Kern unveränderlicher Talente. Diese wiederkehrenden Denk-, Gefühls- und Verhaltensmuster ergeben sich aus einer Physiologie, die durch Einflüsse zu Beginn des Lebens (vor der Pubertät) genetisch determiniert oder strukturiert wurde. Diese Einflüsse formen das Nervensystem, so wie ein Gärtner einen Bonsai formt. So spielt es beispielsweise keine Rolle, wie viele Stunden ich trainiere – ich werde niemals so Fußball spielen wie Maradona oder Violine spielen wie Isaac Stern. Ich kann mich beim Fußball, Basketball oder Tennis spielen verbessern; ich kann Klavier, Violine oder Gitarre spielen lernen; aber ich werde niemals ein *world class performer*, ein Künstler von internationalem Rang werden.

Das andere Extrem ist eine oberflächliche Hülle veränderbarer Angewohnheiten. Diese wiederkehrenden Muster sind nichts anderes als frühere Verhaltensweisen, die aus Trägheit beibehalten wurden. Zum Beispiel habe ich die Angewohnheit, immer auf der linken Bettseite zu schlafen, aber es würde mir nichts ausmachen, mit meiner Frau den Platz zu tauschen. Ebenso kann ein kreativer Mensch, der im chaotischen Durcheinander aufblüht, lernen, seinen Arbeitsplatz bei Büroschluss aufzuräumen; oder ein introvertierter Programmierer kann eine Beziehungsfähigkeit entwickeln, so dass er sich mit seinen Kunden verständigen kann.

Zwischen der Oberfläche und dem Kern befindet sich die breite Grauzone des „vielleicht Veränderbaren". In dieser Zone siedeln sich (fortlaufend) die unterschiedlichsten Angewohnheiten je nach ihrer Veränderungsmöglichkeit an, die von inneren Faktoren (z. B. „Härte" oder „Verwurzelung" in den darunter befindlichen Nervenbahnen) und äußeren Faktoren (z. B. Effektivität der verwendeten Methode zur Verhaltensänderung) abhängt. Es gibt Hunderte von klinischen Geschichten über den Hypnosetherapeuten Milton Erickson[10], in denen seine geheimnisvolle Fähigkeit beschrieben wird, Verhaltensmuster bei Patienten zu verändern, die als „hoffnungslose Fälle" galten. Es gibt auch viele Menschen, die nach einem Herzinfarkt sofort hartnäckige Angewohnheiten ablegen, wie Rauchen, Alkoholkonsum oder Verzehr von tierischen Fetten. Diese frisch gebackenen Vegetarier, Abstinenzler und Nichtraucher hätten – vor dem Infarkt – geschworen, dass sie nie im Leben auf den Genuss der Dinge verzichten könnten, die sie von heute auf morgen aufgaben.

Was veränderbar ist und was nicht, hängt von der Änderungsstrategie ab. Ein und dieselbe Tür lässt sich mit dem falschen Schlüssel „unmöglich", mit dem richtigen Schlüssel hingegen „leicht" öffnen. Das wichtigste Talent des Menschen ist wohl seine Formbarkeit, die Leichtigkeit, mit der sein Verstand Denk-, Gefühls und Verhaltensmuster je nach den Erfordernissen der Umwelt neu zu konfigurieren vermag. Das ist eine Metafähigkeit, denn sie ermöglicht dem Betreffenden, sich die notwendigen Talente anzueignen, um sich den immer wiederkehrenden Herausforderungen des Lebens zu stellen.

Fähigkeiten und Metafähigkeiten

Jede Arbeit erfordert bestimmte spezifische Kunstgriffe: Eine Krankenschwester muss Spritzen verabreichen, ein Lichttechniker muss mit dem Belichtungsmesser umgehen können, ein Grafikkünstler muss mit dem Computer umgehen können. Jede Arbeit erfordert bestimmte spezifische Kenntnisse: Ein Buchhalter muss die allgemeingültigen Grundlagen der Buchhaltung beherrschen, ein Verkäufer muss die typischen Eigenschaften seiner Produkte in- und auswendig kennen, ein Kellner muss über die Tagesgerichte Bescheid wissen. Auch im Beruf des Managers gibt es spezifische Anforderungen, und zwar genau jene Fertigkeiten und Kenntnisse, mit deren Hilfe er ein Arbeitsumfeld schaffen kann, in dem die Mitarbeiter auf die oben erwähnten zwölf Fragen bereitwillig mit einem lauten „Ja" antworten.

Allgemeine Fähigkeiten sind ebenfalls sehr wichtig, weil sie die Grundlage für die Entwicklung spezifischer Fähigkeiten bilden. Um beispielsweise eine Spritze zu verabreichen, muss man ein gewisses Maß an manueller Geschicklichkeit besitzen. Dieselbe psycho-motorische Fähigkeit braucht man zum Klavierspielen. Natürlich sehen die Bewegungen an der Oberfläche anders aus, aber wenn wir uns eine Computertomografie des Gehirns ansehen, werden wir zwischen dem Neuronenentladungsmuster eines Pianisten, der eine Tonleiter übt, und einer Krankenschwester, die eine Spritze verab-reicht, eine Ähnlichkeit feststellen.

In diesem Werk werden wir Fähigkeiten und Kenntnisse allge-meiner Art unter die Lupe nehmen. Wir werden sie „Metafähig-keiten" nennen. Diese Fähigkeiten sind so grundlegend, dass sie jeder braucht, der mit anderen (ob beruflich oder privat) effektiv interagieren will.

Alle Menschen haben das Talent, es in den hier angesproche-nen grundlegenden Fähigkeiten zu ziemlich hoher Kompetenz zu bringen. (Es sind nämlich genau diese Fähigkeiten, die uns als Men-schen auszeichnen.) Natürlich sind einige von ihnen besser geeig-net als andere; nicht alle können sich hervortun oder *world class* sein; aber alle können sich diese Metafähigkeiten aneignen und sie anwenden, um ihre Effektivität, ihre Beziehungen und ihre Lebens-qualität zu verbessern.

Wir haben bereits gesagt, dass die Entwicklung von Fähigkeiten in der Management-Literatur eher vernachlässigt wird. Aber es kommt noch schlimmer. Das wenige Material, das sich mit dem Pro-blem der Durchführung befasst, besteht hauptsächlich aus spezifi-schen „Rezepten", Schritt-für-Schritt-Anleitungen. Solche Rezepte sind zwar recht nützlich, haben aber nur eine begrenzte Reichweite. Die Realität entspricht selten vorgefertigten Konzepten. In 99% der Fälle weist das konkrete Szenario, in dem wir handeln müssen, er-hebliche Unterschiede zu dem abstrakten Kontext auf, in dem uns der Einsatz der Technik beispielhaft erklärt wurde. Um effektiv vorge-hen zu können, müssen wir fähig sein, unser Wissen in einen neuen Kontext zu stellen und es den aktuellen Umständen anzupassen.

Beim Autofahren geht es beispielsweise nicht nur darum, zu wissen, wie man Gas gibt, um schneller zu fahren; wenn man bei Straßenglätte vorwärtskommen will, muss man wissen, dass das Auto manchmal nicht schneller fährt, wenn man Gas gibt. Mehr noch: Wenn man bei Eisglätte beschleunigt, verliert man unter Umständen den Bodenkontakt, kommt ins Schleudern und es gibt ein Unglück. Der außerkontextliche Rat „Gas geben, um zu beschleunigen" ist nur ein erster Schritt auf dem Weg des Lernens. Um sich in der realen Welt zu bewähren, muss der Autofahrer ein *Kriterium*, einen *Maßstab* entwickeln, um diesen Rat an die ständig wechselnden Verkehrsbedingungen anzupassen.

Dieses Kriterium ist eine andere Metafähigkeit, mit der andere, untergeordnete Fähigkeiten trainiert werden sollen. In der Welt des Sports wird ein Trainer nicht dafür bezahlt, dem Tennisspieler die richtige Technik für Aufschlag, Volley oder Rückhand beizubringen; darum kümmert sich der Coach. Durch das Fitnesstraining soll der Spieler eine Grundlage von Kraft, Flexibilität, Widerstandsfähigkeit und Agilität bekommen, die ihm zu höheren Leistungen verhilft – unter anderem auch Aufschlag, Volley und Rückhand. Dieselbe Grundlage nützt auch einem Fußball-, Basketball- oder Rugbyspieler. Natürlich stellt jede Sportart spezifische körperliche Anforderungen, aber alle entwickeln sich auf derselben Basis von Kraft, Flexibilität, Widerstandsfähigkeit und Agilität.

In der Geschäftswelt herrscht akuter Mangel an „Fitnesstrainern". Es gibt Hunderte von technischen „How-to"-Büchern und Hunderte von theoretischen Büchern über „Die Philosophie des ...". Aber Bücher zum Thema „Wie werde ich zu einem Menschen, der die Philosophie des Unternehmens zum Ausdruck bringen kann, *indem er ... macht*" muss man mit der Lupe suchen. Solch eine Lücke will dieses Buch füllen.

„Die beste Art zu tun, ist, zu sein!", sagte Laotse vor etwa zweitausend Jahren. Diese Aussage hat trotz ihres hohen Alters nichts von ihrer Kraft eingebüßt. „Wer haben will, muss erst tun, und um zu tun, muss er zuerst sein", sagt Stephen Covey[11]. Das Sichtbare (die Wirkung) erregt Aufmerksamkeit und verbirgt, wie bedeutsam

das Unsichtbare (die Ursache) ist. Deshalb verlieren seit Bestehen der Welt Menschen, die sich vom Ergebnis haben verführen lassen, die Grundlage und den Prozess – also die Voraussetzung dafür, dass sie dieses Ergebnis auch erzielen – aus den Augen. Das Paradox ist, dass man sich zur Erreichung eines Ergebnisses zuerst so verhalten muss, dass man dieses Ergebnis produziert, und um sich so zu verhalten, muss man zuerst die Art Mensch sein, der sich so verhalten kann. Meiner Meinung nach gibt es keine praktischere und effektivere Beschäftigung, als sich darauf vorzubereiten, ein Mensch (ein Team, eine Organisation) zu sein, der sich so verhalten kann, dass sich die gewünschten Ergebnisse einstellen.

Wenn sich der Mensch auf das Sein konzentriert, wird er viel flexibler, um seine Strategien (und damit seine Ergebnisse) zu verändern. Diese Flexibilität ist nicht nur sinnvoll, sondern auch unabdingbar, wenn man in einer sich ständig verändernden Welt überleben will. In ihrem berühmten Buch *Auf der Suche nach Spitzenleistungen*[12] präsentierten Tom Peters und Bob Waterman eine Liste von Eigenschaften, die die Grundlage für den Erfolg von 43 „exzellenten" Unternehmen war. Hier sind einige der wichtigsten: eine klare Unternehmensvision, tief verankerte Werte und weitgehende Übereinstimmung von Strategie und Unternehmensstruktur. Viele Unternehmen bemühten sich, den Beispielen von Peters und Waterman nachzueifern. Aber wie Pascale, Millemann und Gioja[13] in *Chaos ist die Regel: wie Unternehmen Naturgesetze erfolgreich anwenden* berichten, standen fünf Jahre nach der Veröffentlichung des Buches mehr als die Hälfte der 43 Unternehmen vor Problemen. Heute gibt es nur noch fünf von ihnen.

Pascale und seine Mitautoren weisen darauf hin, dass diese Tendenz zum Scheitern zuzunehmen scheint. Zum Beispiel verschwanden zwischen 1976 und 1985 10% der *Fortune-500-Unternehmen* (die 500 größten der USA) von der Liste. In den fünf darauf folgenden Jahren waren es bereits 30% und von 1991 bis 1996 schon 35%. „Man darf davon ausgehen, dass (1) der Großteil der Organisationen lieber auf der *Fortune*-Liste geblieben wäre und dass sie (2) rechtzeitig über drohende Konkurrenz informiert wurden, um korrigierend einzugreifen. Nun stellt sich

die Frage: Warum haben sie es nicht getan?" Nach Meinung der Autoren waren sie nicht fähig, ihre Mitarbeiter so zu mobilisieren, dass sie mit der nötigen Energie versuchten, den Erfolg aufrechtzuerhalten.

Diese Mobilisierung ist eine gewaltige Herausforderung. Wie Drucker in seinem bereits erwähnten Werk sagt, "ist eine traditionelle Institution auf Kontinuität ausgerichtet. (Und fühlt sich, wenn sich der Erfolg einstellt, dieser Kontinuität erst recht verpflichtet.) Alle bestehenden Organisationen, ob Unternehmen, Universitäten, Krankenhäuser oder Kirchen, müssen sich darum der Herausforderung stellen, Veränderungen wahrzunehmen und umzusetzen. Deshalb müssen sie auch in der Lage sein, dem Widerstand gegen Veränderungen zu begegnen. Mit anderen Worten: Veränderung in einer traditionellen Organisation ist ein Widerspruch in sich".

Als Kurzzeitanalyse lasse ich diese Schlussfolgerungen gelten. Bei Herausforderungen waren die schwindenden Unternehmen unfähig, adäquat zu reagieren und ihre Kontinuität zu bewahren. Aber richtig interessant wird es erst, wenn wir einen größeren Zeitraum betrachten. Bezogen auf die Gesundheit könnten wir sagen, dass sich jemand erkältet hat, weil er sein Immunsystem nicht mobilisieren konnte. Aber wenn wir die Lebensbedingungen dieser Person vor ihrer Erkältung betrachten, stellen wir vielleicht fest, dass in ihrer Ernährung bestimmte Vitamine fehlten oder sie sich nicht regelmäßig die Hände wusch oder beruflich gerade viel Stress hatte. Diese Faktoren lösen die Erkältung zwar nicht direkt aus, beeinträchtigen aber das Immunsystem und seine Fähigkeit, Virenangriffe abzuwehren.

Dasselbe passiert auf Unternehmensebene. Die interessanteste Frage ist nicht, ob das Unternehmen seine Mitarbeiter mobilisieren konnte oder nicht. Die grundlegende Frage ist: Welche Metapraktiken und Metakompetenzen hat die Organisation entwickelt, um ihre Energie zu mobilisieren – oder auch nicht –, um sich den Herausforderungen des Umfelds zu stellen. Genau auf dieser tieferen Ebene steht das langfristige Überleben auf dem Spiel. Die Gegenwart ist immer die Zukunft (das Ergebnis) der Vergangenheit: Die Fähigkeit, heute etwas zu tun, ist die Folge davon, dass man

diese Fähigkeit gestern trainiert hat. Ebenso ist die Gegenwart die Vergangenheit (Ursache) der Zukunft: die Fähigkeit, morgen etwas zu tun, basiert darauf, dass man diese Fähigkeit heute trainiert. Ich behaupte: Menschen, Teams und Unternehmen entwickeln heute nicht die Metakompetenzen (Kompetenzen zweiter Ordnung oder Kontextkompetenzen, die Inhaltskompetenzen entstehen lassen), mit denen sie sich der Welt von morgen anpassen, überleben und aufblühen könnten; oder besser gesagt, in der Welt, die auf sie zukommt.

Metamanagement

Metamanagement ist ein Neologismus, mit dem eine neue Disziplin beschrieben werden soll: nämlich die Entwicklung dieser Metakompetenzen in Unternehmen. Sie steht für den Wunsch, über traditionelles Management im folgenden Sinn hinauszugehen: „Flussaufwärts" (*upstream*), indem sie sich mit dem Ursprung oder den Wurzeln des Managements beschäftigt. „Flussabwärts" (*downstream*), indem sie sich mit den Zielen oder der Absicht des Managements beschäftigt. „Im Fluss" (*instream*), indem sie in die philosophischen Tiefen taucht, die den Techniken an der Oberfläche zugrunde liegen.

Was befindet sich am Ursprung des Managements? Was ist das Ziel des Managements? Welches philosophische Fundament hat das Management? Die Antwort lautet für alle drei Fragen gleich: der Mensch. Management entsteht, weil sich Menschen darum bemühen, ihre Ressourcen effektiv zu nutzen, um ihre Ziele zu erreichen. Ein Teil der Ressourcen, auf die jeder Mensch zurückgreift, sind andere Menschen, die in seinem Umfeld operieren. Management beschäftigt sich nicht nur mit der Verwaltung von leblosen Dingen, wie etwa der Koordination von Handlungen und der Zusammenarbeit von Gruppen. Deshalb muss man über das Management hinausgehen und den Menschen als „materielle Ursache" – wie es bei Aristoteles heißt – erforschen.

Ziel des Managements ist auch, den Menschen zu den gewünschten Ergebnissen zu verhelfen und sie dabei zu unterstützen, glücklich zu sein, sich selbst zu verwirklichen und mit ihrer Arbeit und sich zufrieden zu sein. Das höchste Ziel ist nicht materiell, sondern menschlich und – man könnte fast sagen – spirituell. Deshalb muss man über das Management hinausgehen und den Menschen mit Aristoteles als „finale Ursache" erforschen. Letztlich muss sich die Managementphilosophie der Lebensphilosophie derjenigen unterordnen, die Management betreiben. Der Mensch muss der Reiter sein und die Organisation das Pferd. Gefährlich wird es, wenn die Rollen vertauscht werden und die grundlegenden Prinzipien der Menschenwürde vor operationalen Notwendigkeiten in den Hintergrund treten. Deshalb muss man über das Management hinausgehen und sich mit den Menschen und ihren ethischen Leitlinien beschäftigen.

Auch in anderer Richtung geht das Material dieses Werks „über das Management" hinaus. Die von mir vorgestellten Metafähigkeiten sind so allgemein, dass sie sich auch außerhalb des Managements einsetzen lassen. Diese Beispiele beziehen sich zwar auf die Geschäftswelt, doch das Material lässt sich auf jeden anderen beliebigen Lebensbereich übertragen. In diesem Buch geht es um Menschen im Umfeld einer Organisation oder im persönlichen Kontext.

Die wissenschaftliche Methode ist zweifellos eine der größten Errungenschaften des abendländischen Denkens. Mit der konsequenten Anwendung wissenschaftlicher Prinzipien hat die Menschheit hinsichtlich ihrer Fähigkeit, die Welt zu lenken (zu *managen*), einen großen Quantensprung gemacht. Mehr noch: Den Management-Wissenschaftlern sind durch die Anwendung dieser Prinzipien ebenso beeindruckende Effektivitätssteigerungen gelungen. Das Problem sowohl in den Wissenschaften im Allgemeinen als auch im Management ist, dass viele ihrer Anwender aufgehört haben, Wissenschaftler zu sein, und sich der materialistischen Wissenschaftlichkeit zugewandt haben.

Der Unterschied zwischen Wissenschaft und Wissenschaftlichkeit ist, dass Erstere eine Disziplin ist und die Zweite eine Ideologie. Wissenschaft basiert auf einer Methode, mit der die Mitglieder einer kompetenten Gemeinschaft (die Wissenschaftler) Hypothesen aufstellen, sie experimentell mit der Welt vergleichen und beobachten, ob sie der empirischen Gegenüberstellung standhalten. Die Wissenschaft behauptet keinesfalls, dass nur materielle Objekte existieren. Andererseits ist Mathematik eine völlig achtbare Wissenschaft, die sich mit Objekten befasst, die in der materiellen Welt nicht existieren.

Die materialistische Wissenschaftlichkeit ist der – unbegründete – Glaube, die Welt bestehe nur aus konkreten Körpern, die sich gemäß den Gesetzen der Physik bewegen. Genauso behaupten die Management-Wissenschaftler, es gebe nur (menschliche) Körper, die sich gemäß den Gesetzen der Physik und rohstem Behaviorismus bewegen. Für materialistische Manager sind Menschen „Rudel" mit vorprogrammierten Reaktionen. Für sie besteht Managementwissenschaft darin, herauszufinden, welche Stimuli die gewünschten Reaktionen hervorrufen. Für sie lautet die Frage: „Welchen Knopf muss ich jetzt drücken, damit das gewünschte Verhalten ausgelöst wird?"

Natürlich besitzt der Mensch einen Körper, der sich gemäß physikalischen Gesetzen bewegt. Auch hat er die Tendenz, auf bestimmte Reize zu reagieren. Aber es ist ein gewaltiger Unsinn, zu glauben, dass nur das einen Menschen ausmacht. Außer einem Körper besitzt der Mensch einen Verstand, der in der Lage ist, Gedanken und Emotionen zu speichern. Und außer einem Verstand hat der Mensch einen Willen, eine Seele, einen Geist, der fähig ist, transzendente Ideale, ethische Prinzipien, schwärmerische Gefühle und eine Verbindung zu allem Existierenden aufrechtzuerhalten. Die Konzentration auf den „Ding-Aspekt des Menschen und das Leugnen der Existenz seiner anderen Dimensionen ist so, als lebte man im Kellerverlies eines Schlosses, in dem es Dutzende herrschaftlicher Salons gibt.

Das Gegenteil der Wissenschaftler sind die Lyriker. Bei ihnen handelt es sich meist um Psychologen oder Soziologen, die die unermesslichen Dimensionen des Menschen deutlich sehen. Ihre Warnrufe, ihre Hinweise darauf, dass es etwas anderes gibt, sind lobenswert. Leider ist ihre Sprache für Geschäftsleute so seltsam, dass ihre Botschaft meist nicht beachtet wird. Für einen Ingenieur

oder Buchhalter ist es sehr schwierig, das philosophische Geschwa-
fel eines Existenzialisten in seine „Muttersprache" zu übersetzen.
Frustriert wenden sich Manager dann dem zu, wovon sie etwas verstehen: dem Prozess-Reengineering, Veränderungen der Organi-
sationsstruktur, Incentive-Programmen, Buchhalterdaten zur Ren-
tabilitätsbewertung, Informatiksystemen zur Automatisierung von
Operationen. Die Beschäftigung mit der
len Dimension wird an die Personalabteil
gesetzt, es steht einmal Geld für diesen I

Aber es ist kein Luxus, sich um des
len mit Menschen zu beschäftigen, sor
wendigkeit. Es besteht nicht der leisest
Fortune-500-Unternehmen, die ihre Voı
selben technischen Ressourcen (und viel
zur Verfügung standen wie ihren Konkurrenten. Es gibt nur sehr selten Fälle, in denen ein Unternehmen eine neue Technologie mono-
polisiert, um den bisherigen Marktführer vom Markt zu drängen.
Normalerweise büßt das Unternehmen seine Vorrangstellung deshalb ein, weil es „unfähig ist, seine Ressourcen zu mobilisieren". In
der Alltagssprache heißt das: Es kommt zum Absturz, weil es den
Menschen an Energie, Willenskraft oder Intelligenz mangelt, um auf
die Bedrohung des Unternehmens entschlossen zu reagieren.

Was uns fehlt, ist eine Management-Wissenschaft, die eine
Sprach- und Verständnisbrücke zwischen der Welt des Messbaren
und des Nichtmessbaren schlagen kann. MetaManagement will ein
paar allgemeine Ideen dazu umreißen, wie diese Wissenschaft aussehen könnte. Mein Ziel ist es, ganz rational Theorien und Praktiken vorzustellen, die man eher aus der Welt der Lyrik oder der
Emotionen kennt. Dies ist ein Buch über wissenschaftliche Poesie
(oder poetische Wissenschaft) und richtet sich an diejenigen, die
wissen, dass es jenseits der dürren kybernetischen Modelle eines
Unternehmens noch „etwas anderes gibt", die aber die wirre und
dekonstruktivistische Logik postmoderner Philosophen nicht ertragen können.

MetaManagement will eine ganz praktische Disziplin sein.
Doch sie ist kein reines „Rezeptbuch", sondern will von fundierten

philosophischen, psychologischen und soziologischen Theorien über die Natur des Menschen und seiner Organisationen ein paar ganz praktische Empfehlungen ableiten. Wie Douglas McGregor[14] sagt: „Jeder Managementakt basiert auf Annahmen, Verallgemeinerungen und Hypothesen, das heißt auf einer Theorie über die Natur des Menschen und konkreter über die Motivation der menschlichen Natur. Unsere Annahmen sind oft implizit, manchmal unbewusst und oft widersprüchlich. Auf jeden Fall bestimmen sie unsere Handlungen. Theorie und Praxis sind untrennbar."

Als ich beim MIT (Massachusetts Institute of Technology) anfing, revolutionierte Peter Senge[15] die Geschäftswelt mit seinem Buch *Die fünfte Disziplin*. Der Untertitel des Buches (im Deutschen) lautet: *Kunst und Praxis der lernenden Organisation*. Er forderte – und da schließe ich mich ihm an –, dass intelligente Unternehmen auf folgenden Prinzipien aufgebaut sein sollten: auf systemischer Anpassung an die ständige Veränderung, auf Selbstorganisation; auf der Grundlage einer gemeinsamen Vision und ständigem Lernen auf individueller, Gruppen- oder Unternehmensebene. Sowohl Senge als auch seine Anhänger entwickelten Disziplinen und objektive Instrumentarien, um die Handlungsfähigkeit von Unternehmen zu steigern.

Viel weniger Aufmerksamkeit erfuhren allerdings die subjektiven Kompetenzen: ethische Werte, seelische Reife, eine integrierende Weltsicht und nicht zuletzt das nötige Bewusstsein, damit Individuen die Methoden umsetzen und die Werkzeuge effektiv benutzen konnten. Diese Vernachlässigung des Innenlebens eines Menschen ist ein Hindernis, wenn man eine sehr leistungsfähige Organisation ins Leben rufen will. Ohne dies kann sie ihre Konkurrenten in Zeiten ständigen Wandels langfristig nicht überflügeln. Ein Anliegen dieses Buches ist es, Organisationen zu mehr Bewusstsein anzuregen. Bewusstsein schließt Intelligenz ein und geht über sie hinaus. Es genügt nicht mehr, mit größerer kognitiver Rationalität zu operieren, wir müssen auch unsere emotionale Fähigkeit und spirituelle Kraft entwickeln.

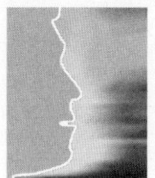

Kapitel 1

Lernen, Wissen
und Macht

*In Zeiten stetiger Veränderung wird der Lernende
die Erde erben, während die Wissenden aufs Beste
gerüstet sind für eine Welt, die es nicht mehr gibt.*

ERIC HOFFER

D as Folgende ist die Zusammenfassung eines Gesprächs, das
ich vor einigen Jahren mit der Vizepräsidentin Operations eines US-amerikanischen Unternehmens führte.

Kofman: *So wie ich es verstehe, wollen Sie lernen, die Effizienz
in Ihrer Belieferungskette zu verbessern.*

Vizepräsidentin: Nun, nicht ganz. Wir wollen eigentlich unsere
Belieferungskette verbessern, aber wir brauchen es nicht zu „lernen". Wir wissen schon, wie es geht.

Kofman: *Sie wissen es schon? Wunderbar! Und wie funktionieren
die Verbesserungen, die Sie eingeführt haben?*

Vizepräsidentin: Sie funktionieren noch nicht. Wir wissen, was
wir tun müssen, aber die Arbeiter, die die Verbesserungen umsetzen sollen, halten sich nicht an unsere Anweisungen.

Kofman: *Daraus schließe ich, dass Sie noch nicht wissen, wie Sie die Belieferungskette verbessern sollen.*

Vizepräsidentin: Nein, nein, Sie verstehen mich nicht. Wir wissen genau, wie es geht, aber unser Problem sind die Arbeiter. Es gelingt uns einfach nicht, sie dazu zu bringen, die Verbesserungen umzusetzen.

Kofman: *Also ich wiederhole: Sie wissen noch nicht, was Sie tun sollen, um die Belieferungskette zu verbessern.*

Vizepräsidentin (lauter): Hören Sie mir überhaupt zu? Wir wissen ganz genau, was wir tun müssen. Wir haben alles beachtet, was zu beachten war. Das Problem und der Grund, weshalb wir Sie eingeschaltet haben, ist das Verhalten der Arbeiter. Sie sind es, die die Verbesserungen umsetzen müssen, aber sie tun es nicht. Wir wollen nur, dass Sie sie schulen ...

Was bedeutet Lernen?

Die Vizepräsidentin hatte ihre Antwort schon parat: *Lernen heißt, sich Kenntnisse aneignen, die richtige Information besitzen.* Diese Definition betont das Abstrakte, das Rationale und das Intellektuelle, während sie das Konkrete, Emotionale und Aktive beiseite schiebt. Ihrer Ansicht nach muss man, um die Funktionsweise der Belieferungskette zu verbessern, die Situation studieren, sie theoretisch analysieren, eine Reihe von Empfehlungen ableiten und sie den Arbeitern übermitteln, damit sie sie umsetzen. Dafür sind die Manager verantwortlich. Die Umsetzung dieser Kenntnisse in die Praxis, in effektive Handlungen, das Erreichen des gewünschten Resultats – all das gehört für sie nicht zur Definition von Lernen. Es ist aber nicht verwunderlich, dass die Vizepräsidentin Probleme mit der Umsetzung hatte. Ebenso wenig erstaunt es, dass sie mein „Unverständnis" frustrierte. Aus ihrer Sicht *wusste* sie (verstandesmäßig), wie sie die Belieferungskette verbessern konnte. Das Problem war nur, wie sie diese Aufgabe erledigen sollte; und dafür war sie nicht verantwortlich.

Ein Lernprozess ist erst dann abgeschlossen, wenn man von der Information zur Aktion gelangt. Und damit das Lernen ein fortlaufender Prozess wird, muss man über die Konsequenzen seines Tuns nachdenken und Abweichungen zwischen Plan und Ergebnis erkennen. Diese Abweichungen werden zu einem neuen Problem, das gelöst werden muss.

Sowohl in der Erziehungsphilosophie (John Dewey)[16] als auch in den Sozialwissenschaften (Kurt Lewin)[17] und beim Total Quality Management (W. Edwards Deming)[18] war der Zyklus ständigen Lernens von größter Bedeutung für diejenigen, die an einer Veränderung der Welt und nicht an ihrer Beschreibung interessiert waren. Dieser Zyklus ist ein kontinuierlicher Prozess ohne endgültige Lösung, der folgende Schritte beinhaltet: 1) *Entdecken*: Die Unterschiede entdecken zwischen dem, was wir erleben (oder voraussagen, in der Zukunft zu erleben) und dem, was unserem Wunsch gemäß geschehen soll; 2) *Erfinden*: Das System analysieren und Handlungen (Lösungen) planen, die das (jetzige oder spätere) Geschehen modifizieren, damit das geschieht, was wir uns wünschen; 3) *Produzieren*: Diese Lösungen in die Praxis umsetzen; 4) *Überlegen*: Die Konsequenzen der geplanten Lösung beobachten und ihre Effektivität bewerten. Diese Überlegung ist nun Ausgangspunkt für neue Entdeckungen (siehe Schritt 1).

Das Problem bei der akademischen Definition von Lernen ist, dass sie Schritt 3 völlig ignoriert. Eine Karikatur des Akademikers zeigt ihn in seinem Elfenbeinturm, wo er sich mit Problemen beschäftigt, die keinen Bezug zur realen Welt haben, und klug spitzfindige Diskussionen über das Geschlecht von Engeln führt. Oft machen Führungskräfte von Unternehmen denselben Fehler, verlieren den Kontakt zu den einfachen Arbeitsvorgängen und werden zu Management-Theoretikern.

In anderen Fällen machen sie genau das Gegenteil: Sie beeilen sich, „etwas zu tun", ohne das Problem zu analysieren oder an die Konsequenzen ihres Handelns zu denken. Das Problem dieser antiakademischen Definition ist, dass sie keine konzeptuelle Orientierungshilfe leistet, sondern kurzsichtig und perspektivlos ist. Durch unüberlegte, nicht zielgerichtete Aktivität werden immense Energien vergeudet.

Meine Definition von Kenntnis und Lernen bezieht beide Teile dieses fortlaufenden Prozesses mit ein: **Wissen** *ist die Fähigkeit, effektiv zu handeln, um die angestrebten Ergebnisse zu erzielen.* **Lernen** *ist der Prozess der Verinnerlichung neuen Wissens. Folglich heißt* **Lernen***, fähiger zu werden, die gewünschten Resultate zu erzielen.* Der Unterschied zwischen meiner Definition und der der Vizepräsidentin war nicht nur semantischer Art. Die Definition von Lernen hat einen großen operativen Effekt; nicht nur auf die Probleme mit der Belieferungskette, sondern auch auf das Leben der Menschen und Organisationen.

Nach traditioneller Definition bedeutet Lernen, sich eine genaue Beschreibung der Welt anzueignen, um sie nachher anzuwenden. Weise ist derjenige, der die Information besitzt, nicht der, der die Fähigkeit hat, seine Ziele zu erreichen. Traditionelles Wissen spornt weder die Kreativität noch den Erfindergeist an. In seinem Eifer, genaue Beschreibungen zu liefern, stellt es Wissen wie ein Fertigprodukt dar, das die Studenten (und die Arbeiter) akzeptieren müssen, und nicht als Prozess zur Verinnerlichung neuer Fähigkeiten, an dem sich die Studenten (und die Arbeiter) unbedingt beteiligen müssen.

Das Problem ist, wie jene Vizepräsidentin feststellte, dass dieses theoretische Wissen nicht immer anwendbar ist. (Außerdem kann Druck von außen zu Auflehnung führen. Kein Mensch hat es gern, wie ein Computer „programmiert" zu werden.) Damit aus dem *„wissen, dass"* ein *„wissen, wie"* wird, müssen Manager und Angestellte im Team arbeiten. Gemeinsam müssen sie den Prozess entwickeln, damit wie bei einer Fahrradgangschaltung aus verstandesmäßigem Pedaltreten tatsächlich eine Radbewegung wird.

Ein Lernprozess ist das Gegenteil von Verrücktheit. Eine Definition von Verrücktheit lautet: „Immer wieder dasselbe tun und dabei auf ein anderes Ergebnis hoffen." Viele Menschen und Organisationen in zweifelhafter geistiger Verfassung handeln nach dieser Definition.

Der Lernprozess ist eine Form des Handelns, bei der man Fehler früherer Handlungen korrigiert. Wenn wir vergeblich versuchen, in den Lauf der Ereignisse einzugreifen; wenn wir merken, dass die eingesetzten Ressourcen in keinem Verhältnis zum erzielten Nutzen stehen, oder wenn wir feststellen, dass wir zum Nachteil unserer grundlegenden Interessen kurzfristige Ziele verfolgt haben, können wir innehalten, um über unser Verhalten nachzudenken.

Lernen ist – ähnlich wie direktes oder vorrangiges Handeln – ein Versuch, eine nicht so zufrieden stellende Situation (mangelnde Effektivität) durch eine andere, zufriedenstellendere (Effektivität) zu ersetzen. Folglich erwächst die Energie zum Lernen aus der Diskrepanz zwischen der gegenwärtigen Realität und der Vision von einer wünschenswerteren Realität. Sowohl zum Handeln als auch zum Lernen müssen wir uns auf ein Ideal berufen, das uns antreibt, unsere Ressourcen zu benutzen, damit aus diesem Ideal Wirklichkeit wird. Auch müssen wir fest davon überzeugt sein, dass wir den Lauf der Ereignisse durch unser Handeln verändern können.

Kollektives Handeln und Lernen

Eine Gruppe hat keinen „Verstand", der unabhängig von ihren Mitgliedern ist. Wir sagen aus Gewohnheit, dass die Gruppe „denkt", „sich verhält", „Ziele verfolgt" oder „Ressourcen einsetzt", aber diese Ausdrucksweise ist ein Euphemismus, der besagt, dass bei interaktivem Denken, Verhalten, dem Verfolgen von Ziele und dem Einsatz von Ressourcen jedes Gruppenmitglied zu einer kollektiven Dynamik beiträgt. Die Gruppe ermöglicht einen kulturellen und administrativen Kontext, in den sich die Handlungen ihrer Teilnehmer einordnen. Zum Beispiel interagiert eine Gruppe von Pokerspielern in einem spezifischen normativen und kulturellen Bereich. Die Aussage „Die Gruppe spielt Poker" bedeutet, dass die zu dieser Gruppe gehörigen Personen gemäß den Spielregeln miteinander interagieren.

Eine Gruppe hat nicht dieselbe Handlungsfähigkeit wie ein Einzelner. In gewisser Weise ist die Gruppe mehr als der Einzelne; andererseits ist sie aber auch weniger als der Einzelne. Eine Gruppe kann Dinge bewerkstelligen, die für jedes einzelne Mitglied unmöglich wären. Zum Beispiel gelingt es einer Fußballmannschaft, ein koordiniertes Angriffsmanöver „auszuführen". Dieses Manöver ist eine Kombination individueller Aktionen: Der Linksaußen-Spieler bringt den Ball bis an die Spielfeldlinie und schießt ihn rechts am Tor vorbei, wo der Rechtsaußen-Spieler ihn mit dem Kopf ins Tornetz befördert. Weder der Linksaußen-Spieler noch der Rechtsaußen-Spieler können dieses Manöver allein durchführen. Sie müssen sich koordinieren, um diese Abläufe zu realisieren. Genauso kann niemand allein einen Wolkenkratzer errichten, ein Auto konstruieren, einen Ölbrunnen bohren oder einen Chor aus Beethovens Neunter Sinfonie singen. Für all das muss ein kollektives Subjekt vorhanden sein.

Andererseits kann ein Einzelner Dinge tun, die der Gruppe unmöglich sind. Wir alle haben ein fest verankertes, geeintes Bewusstsein (außer bei pathologischen Fällen wie Schizophrenie). Dieses Bewusstsein verhilft uns zu Subjektivität, der Fähigkeit, ein wahrnehmendes und handelndes Subjekt zu sein. Dieses Bewusstsein erlaubt uns auch, autonom zu handeln. Unabhängig von allen äußeren Umständen besitzt der Mensch immer einen persönlichen Freiraum, in dem er seinen Willen ausüben kann. Keine Gesellschaft hat ein so weit integriertes Bewusstsein. Keine Gesellschaft hat die Fähigkeit, als Willenseinheit zu funktionieren. Die Gesellschaft besteht aus Individuen, die die gleichen Glaubens- und Verhaltensmuster haben. Was dort existiert, ist Intersubjektivität. Eine Mannschaft, ein Unternehmen oder irgendeine um ein Anliegen organisierte Gruppe ist ein System, das den Interaktionen seiner Mitglieder Kohärenz verleiht. Aufgrund dieses Kohärenzmusters können wir von kollektiver Wahrnehmung und kollektivem Handeln sprechen.

Etwas ganz anderes ist es, ob man sagt, ein Arm sei „Teil" eines Menschen (wenn ich meinen Arm bewegen will, bewegt er sich) und ein Mensch sei „Teil" einer Gruppe (es gibt kein „Zentralgehirn", das die Personen gegen ihren Willen bewegt). Wir sind kein „träges Teil", kein „Eigentum", kein „mechanischer oder organischer Bestandteil" der Gruppe, sondern jeder Einzelne ist ein „autonomes Glied", das an dem Raum zwischenmenschlicher, von der „Gruppe" etablierter Beziehungen „teilhat".

Der Anfang aller Tyrannei ist der Glaube, der Einzelne sei ein „Stück", das der Gruppe „gehört". Ein Manager, der mit „seinem" Team genauso umgehen will wie mit „seinem" Arm, wird nicht weit kommen. Zwar kann er kraft seiner Autorität für ein gewisses Maß an *Leistung* sorgen, aber wenn er seine Mitarbeiter mit Drohungen zu mehr *Engagement* bringen will, wird er nichts ausrichten. Engagement lässt sich nicht mit Hilfe von Prämien und äußeren Züchtigungen erzwingen; es muss aus der inneren Entscheidung jedes Einzelnen entstehen.

Um harmonisch operieren zu können, müssen die Teammitglieder dieselbe Vision einer erwünschten Zukunft haben und sich klarmachen, dass die Realität ihren Wünschen nicht entspricht. Genau wie individuelles Handeln erfordert gemeinsames Handeln, zu differenzieren zwischen der gemeinsamen Perspektive eines jeden Teammitglieds im derzeitigen Zustand und einer gemeinsamen Zukunftsperspektive. Um kohärent handeln zu können, müssen die Gruppenmitglieder mit den drei Grundelementen menschlichen Handelns vertraut sein: ihrer derzeitigen Situation, ihrer Vision und der vereinbarten Verantwortung, um ihr Schicksal in die Hand zu nehmen, indem sie einen Weg bahnen (und aktiv beschreiten), der sie von ihrer derzeitigen Situation zur Zukunftsvision führt.

In einem gesunden System integriert die Summe die Teile und geht über sie hinaus, indem sie eine kreative Spannung zwischen ihrer Unterordnung unter das Ganze und der Autonomie des Einzelnen aufrechterhält. Zum Beispiel integriert ein gesundes Unternehmen seine Mitarbeiter, ohne ihre Existenz als Individuen einzuschränken. Wenn eine Organisation die Autonomie ihrer Mitglieder den Wünschen der Führungskraft unterordnet, wird sie zu einer unterdrückenden Wesenheit, die durch ihr eigenes Gewicht stürzt. Wenn eine Organisation ihren Mitgliedern keine kontinuierliche Richtschnur für Zugehörigkeit bietet, wird sie zu einer nichtssagenden Wesenheit, die kollabiert, weil ihre Basis schwach ist. Für ihren Fortbestand muss eine Organisation in ihre gemeinsame Vision die individuellen Visionen ihrer Mitglieder einbinden. Wenn diese ihre Arbeit nicht als einen Weg betrachten, um die von allen gewünschte

Zukunft zu erreichen, wird sich die Organisation sehr schnell auflösen. Deshalb sollte im Organisationsplan immer Raum für den Dialog sein, der die Bestrebungen der Einzelnen in ein gemeinsames
Bestreben einbindet.

Die Definition von individuellem Lernen lässt sich auch auf die
Gruppe übertragen (mit der Ausnahme, dass die an ein kollektives
Subjekt gerichteten Worte etwas ganz anderes bedeuten als die an
ein Individuum gerichteten). Wenn eine Organisation mehrmals
vergeblich versucht, ihre Ziele zu erreichen, dann sollte sie innehalten und überlegen.

Lernen heißt, neue Fähigkeiten zu verinnerlichen, mit denen
man Ziele erreichen kann, die bisher unerreichbar waren. Der ein-
...man dazugelernt hat, ist die Überprüfung
...der Erreichung des bisher unerreichbaren
...on von Lernen und Wissen ist ganz prag-
...nicht auf die Wahrheit, sondern auf die Ef-
...*kopernikanischen Revolution rücken wir*
...*on ins Zentrum, sondern geben effektivem*

Jeder Lernprozess *muss* mit Unwissen und Inkompetenz beginnen. Per Definition ist Lernen die Antwort auf eine unbefriedigende Situation (oder eine Gelegenheit), die wir mit unseren derzeitigen Fähigkeiten nicht verändern (oder nutzen) können. Die
Bemühung, etwas zu lernen, wird durch die Unzufriedenheit gerechtfertigt, die die wiederholten und vergeblichen Versuche, diese Situation zu verbessern, hervorrufen. Wie können wir lernen,
einen neuen Computer zu bedienen, Klavier zu spielen und Vater
zu sein, *ohne* von Anfang an zuzugeben, dass wir darüber nichts
wissen? Niemand wird als Computerprofi, Pianist oder Vater geboren; diese Kompetenzen muss er sich erst aneignen. Bei diesem
Lernprozess muss man sich in die Position des Unwissenden begeben, der nichts weiß, sich aber um Wissen bemüht – also mit der
Haltung dessen, der sich zum „Lehrling" erklärt.

Das ist das erste Paradox des Lernens: Um zu lernen, müssen
wir bei der Unwissenheit, dem Nicht-Wissen anfangen; doch es

stellt eine Bedrohung für unser Selbstwertge
der Öffentlichkeit dar, wenn wir zugeben, e
Unsere Kultur schätzt (wahres oder vermein
ein als den Wunsch, zu lernen. Die Möglich
beginnt damit, dass man sein Unwissen mit
es nicht" zugibt. Diese Erklärung ist auf indi
kollektiver Ebene notwendig. *Damit lernende Organisationen entstehen können, muss man zuerst unwissende Organisationen zulassen.* Kollektives Lernen erfordert eine Kultur, in der Nicht-Wissen
geschützt wird und es als wesentlicher und ehrenvoller Schritt im
Prozess betrachtet wird, wenn man seine (vorübergehende und
korrigierbare) Inkompetenz zugibt. Aber das widerspricht völlig unserer derzeitigen Ideologie.

Wir werden für das gelobt und ausgezeichnet, was wir wissen,
und zahlen einen hohen Preis für das, was wir nicht wissen: Tadel,
Scham, Verlust des Selbstwertgefühls, Kritik, berufliche Rückschläge, Strafen, Ausgeschlossensein und Vereinsamung. Durch Nicht-
Wissen fallen wir unter Umständen auf die tiefste soziale Stufe:
Verlust von Chancen, Demütigung und Arbeitslosigkeit. Natürlich
wird keiner eingestellt, wenn er nichts weiß oder wenn er sagt, er
sei nicht in der Lage, ein Ergebnis zu liefern. Natürlich ist es viel besser, jemand zu sein, „der sich auskennt", als jemand, „der sich nicht
auskennt". Wenn Sie sich auskennen, stehen Ihnen gewisse Kreise
offen und Sie können ein gewisses Prestige, mehr Selbstwertgefühl
und Macht bekommen. Doch um jemand zu sein, der sich auskennt, müssen wir zuerst zugeben, dass wir jemand sind, der sich
nicht auskennt, und lernbereit sein.

Es ist einleuchtend, weshalb Wissen geschätzt und Nicht-Wissen verachtet wird. Die Fähigkeit, Ziele zu erreichen, ist der zusätzliche Wert des „Wissens". Die Aneignung ebendieses „Wissens" ist
genau der Grund, weshalb man lernt. Die Erklärung des Lehrlings,
nichts zu wissen, steht nicht im Widerspruch zum Bemühen um
Wissen; im Gegenteil, sie erleichtert es ja erst. Das Problem ist, dass
Menschen kulturbedingt meinen, sie müssten kompetent *wirken*
oder Wissen *vortäuschen*, auch wenn sie nichts wissen. Genau um
dieses Vortäuschen geht es bei der Persönlichkeit des „Besserwissers".

Seine Identität beruht auf Angst und dem ständigen Bedürfnis, Recht zu haben, egal ob die Rechthaberei effektiv ist.

Die Gegenüberstellung von Besserwisser und Lernendem ist eine Polarisierung. Betrachten Sie sie eher als manichäische Karikaturen, die unsere verschiedenen Neigungen hervorheben sollen. Es gibt nur wenige 100-prozentige Besserwisser und noch weniger 100-prozentige Lernende. Die allermeisten von uns besitzen beide Energien, indem sie mal zu dieser, mal zu jener Seite tendieren. Ich hoffe, dass Sie, wenn Sie vom Besserwisser lesen und sich mit dem Gedanken beruhigen „So bin ich nicht", bemühen, jene Bereiche in Ihrem Leben zu entdecken, wo es Ihnen schwer fällt, Unwissen zuzugeben.

Der Besserwisser ist nicht einer, der alles weiß. Der Besserwisser ist derjenige, der *sein Selbstwertgefühl daraus bezieht, Recht zu haben*. Der Besserwisser ist äußerst zerbrechlich. Ohne die ständige Sicherheit, Recht zu haben, fühlt er sich entsetzlich ausgeliefert und verletzlich. Sein Ego ist wie ein Kristall: hart, unflexibel und zerbrechlich. Es gibt keine größere Bedrohung für ihn als die Steine der Ungewissheit, die die Welt dauernd auf ihn wirft.

Besserwisser gibt es in allen Organisationen. Da ist beispielsweise der Manager, der Anweisungen gibt, auch wenn er weniger als seine Mitarbeiter weiß; der Verkäufer, der lautstark die Vorteile eines Produkts anpreist, das die Bedürfnisse des Kunden eigentlich gar nicht erfüllt; der Direktor, der die Anregungen seiner Assistentin in den Wind schlägt, ohne sie zu analysieren, weil „diese jungen Leute ohne Erfahrung keine Ahnung haben". Das beruhigt sein verschrecktes Ich, aber gleichzeitig bringt es ihn in eine verzwickte Lage: Der Besserwisser muss erklären, wie es – wo er doch alle Antworten kennt – möglich ist, dass etwas immer noch nicht funktioniert.

Um seinen Selbstwert zu retten, muss der Besserwisser die immer wiederkehrenden Fehler erklären, ohne dafür Verantwortung zu übernehmen. Da er ja immer eine richtige Lösung parat hat, kann die Ursache des Problems nur jemand anderes sein, der diese Lösung nicht richtig anwendet. Das war die Ausrede der bereits erwähnten Vizepräsidentin in unserem Gespräch: Sie musste sich

„Absolution erteilen", weil sie nicht wusste, wie sie die Belieferungs-kette verbessern konnte. Alle Besserwisser brauchen einen Notaus-gang, um dem Feuer zu entkommen, das ihre Identität und ihr Selbstwertgefühl bedroht. Dieser Notausgang ist die „beruhigende Erklärung".

Beruhigende Erklärungen sind jene, die ausschließlich jene Faktoren zur Ursache erklären, über die der Erklärende keine Kon-trolle hat. Mit ihnen kann er auch bei realem Misserfolg eine Illusi-on von persönlicher Kompetenz aufrechterhalten. Zum Beispiel ar-gumentiert der IT-Manager auf die Beschwerden der Anwender, für die Fehler sei das niedrige professionelle Niveau der Programmierer verantwortlich (und ignoriert dabei die Tatsache, dass er selbst Supervisor des Projekts war). Beim Verlust eines Kunden argumen-tiert der Account Manager, die Operations-Leute hätten „die ver-sprochenen Zahlungen nicht geleistet" (und verkennt dabei, dass er selbst nie nach den Ursachen für die Unzufriedenheit des Kunden geforscht hat).

Der Besserwisser ist kategorisch, kritisch und unverantwortlich. Er ist immer schnell dabei, den Unschuldigen zu spielen. Um sein Bild in der Öffentlichkeit aufrechtzuerhalten, gibt er dauernd An-weisungen. In lehrmeisterlichem Ton und in seiner Arroganz sehr von sich überzeugt, weiß er immer, was die anderen tun müssten, und spart nicht mit Kritik an jenen, die „nicht tun, was sie tun sol-len". Er meint, ihm könne keiner einen Vorwurf machen, da er ja für das Problem die geringste Verantwortung hat. Hingegen ist er uner-müdlich damit beschäftigt, anderen die Schuld zu geben. Aber da er ja der Ansicht ist, er habe nichts zu dem Problem beigetragen, wird er sich auch nicht als Teil der Lösung sehen können.

Der Besserwisser ist ein hervorragender Zuschauer. Seine Lieb-lingsbeschäftigung ist nicht, Fußball zu *spielen*, sondern Fußball *an-zuschauen*; es geht ihm nicht in erster Linie darum zu spielen, son-dern das Spiel zu beobachten. Das gibt ihm große Sicherheit, denn er kann rein gar nichts tun, damit seine Mannschaft gewinnt; auch kann ihm keiner einen Vorwurf machen, wenn sein Team verliert. In diesem Fall kann er sich immer noch darauf berufen, dass die Spieler, der Coach, der Schiedsrichter, die gegnerische Mannschaft, das Wetter, das Schicksal oder irgendetwas anderes dafür verantwortlich sind. Indem er den anderen die Schuld zuschiebt, kann er weiterhin predigen, was „getan werden müsste". Er krempelt aber nie die Ärmel hoch, um es selbst zu tun. Als reiner Zuschauer vermeidet der Besserwisser jeglichen Fehler. Das Problem ist, dass er dann auch nicht die Chance hat, an seiner unerwünschten Situation etwas zu ändern.

Auf der anderen Seite ist der „Lehrling" – der Lernende – derjenige, dem lösungsorientierte Erklärungen lieber sind. Er gibt zu, dass es wichtige Faktoren gibt, die sich seiner Kontrolle entziehen, konzentriert sich aber auf die Variablen, die er ändern kann. Wer Lehrling sein will, muss sein Selbstwertgefühl auf den langfristigen Erfolg gründen und nicht auf die unmittelbare Befriedigung, Recht zu haben.

Wenn der Lernende unbedingte Verantwortung für sein Leben übernimmt, sieht er sich bei jedem Problem, das ihn betrifft, als Kausalfaktor. Mit der Suche nach einer Lösung, die ihm Möglichkeiten zur Verbesserung eröffnet, stellt er sich als Handelnder in seinem Leben immer ins Zentrum. Die Erklärung dient ihm dazu, effektive Handlungen einzuleiten, und nicht, seine Verantwortlichkeiten zu begrenzen.

Angenommen, ein Besserwisser und ein Lernender gehen gemeinsam ins Büro. Plötzlich fängt es an zu regnen und die beiden werden klitschnass. Als sie ankommen, fragt die Rezeptionistin: „Was ist denn mit Ihnen los? Sie sind ja klitschnass!" Der Besserwisser antwortet: „Der Regen hat uns an einer ungeschützten Stelle erwischt." Der Lernende hingegen antwortet: „Ich habe nicht daran gedacht, einen Schirm mitzunehmen." Er ist nass geworden, weil es regnete und er keinen Schirm dabei hatte. Der Besserwisser schiebt die Schuld auf den Regen; der Lernende übernimmt die Verantwortung dafür, dass er keinen Schirm mitgenommen hat. Beide Erklärungen sind wahr, aber nur die zweite gibt die Möglichkeit, trotz unkontrollierbarer Umstände (Regen) an den unerwünschten Folgen (nass werden) etwas zu ändern.

Während der Besserwisser sich als Opfer der Umstände sieht, sieht sich der Lernende als Protagonist. Mit seinen beruhigenden

Erklärungen meint der Besserwisser, unkontrollierbaren Variablen ausgeliefert zu sein, und vergisst die Variablen, die er steuern könnte (sein Verhalten). Der Lernende sucht nach lösungsorientierten Erklärungen und akzeptiert somit die Realität einer Situation, aber statt sich ihr zu fügen, ist er der Meinung, er habe genügend Macht, um sie durch seine Handlungen verändern zu können.

Der erste Schritt des Lernenden ist also, Unzufriedenheit und Unwissen einzugestehen, der zweite Schritt ist, seine *response-ability* (die Fähigkeit, zu reagieren) angesichts der Umstände zu akzeptieren. Es geht nicht darum, dass wir die äußeren Bedingungen leugnen, sondern uns pro-aktiv (wie Stephen Covey in *Die sieben Wege zur Effektivität*[19] schreibt) auf die Faktoren konzentrieren, auf die wir Einfluss nehmen können. Wer sich das Leben wie ein Kartenspiel vorstellt, kann sich die Karten, die ihm ausgeteilt wurden, natürlich nicht aussuchen. Diese Auswahl bleibt dem Schicksal und dem Zufall überlassen. Wir können aber sehr wohl entscheiden, wie wir jede Runde spielen wollen. Wenn wir uns auf das Austeilen der Karten konzentrieren, fühlen wir uns machtlos; wenn wir uns hingegen auf die Entscheidungen des Spiels konzentrieren, haben wir das Gefühl von Macht.

Die Geschichten vom Opfer und vom Protagonisten sind genau das: Geschichten. Jede Situation lässt sich von beiden Standpunkten aus darstellen. Unsere wichtigste Entscheidung ist vielleicht die, zu überlegen, wie wir unsere Lebensgeschichte erzählen wollen. Der freie Wille ist die bewusste Möglichkeit, die Realität als Rohmaterial für ein Lebenskunstwerk und nicht als Zwangsjacke zu betrachten.

Eines Tages, als ich im Keller unseres Hauses mein Fitnesstraining machte, kam Tomás, mein dreijähriger Sohn, zerknirscht herein. Mit treuherzigem „Ich war es nicht"-Blick sagte er: *„Daddy, I did it by accident* (Papa, ich hab's nicht mit Absicht getan). Argwöhnisch fragte ich: „Was hast du *nicht mit Absicht* getan?" Er antwortete: „Papa, ich wollte es nicht tun." „Ja, Tomás", seufzte ich, „zeig mir, was du nicht tun wolltest." Er nahm mich bei der Hand und führte mich ins Esszimmer, wo eine Tischlampe brannte, die bisher immer ausgesteckt war. „Tomás! Du weißt, dass du nicht mit Strom spielen sollst! Du hast das Kabel trotz meines Verbots in die Steckdose gesteckt!", schalt ich ihn. „*Please, daddy*, sei mir nicht böse", bat er mit dem treuherzigen Blick eines geprügelten Hundes, „es war ein Versehen."

Kinder zeigen uns überdeutlich, woher die Opferhaltung kommt. Wenn wir ihr Verhalten beobachten, entdecken wir die Wurzeln der Verhaltensweisen Erwachsener, die zwar biologisch älter geworden sind, aber niemals emotionale und intellektuelle Reife erlangt haben. Schon sehr früh finden Kinder heraus, dass sie nicht mehr schuld sind, wenn sie Dinge „unabsichtlich" tun. Die Floskel „Es war keine Absicht", ist ein Amulett, das sie jeglicher Verantwortung enthebt. Meine Tochter Sophie teilt mir mit, dass „das Saftglas umgefallen" ist (sie hatte damit natürlich gar nichts zu tun), Paloma erklärt, „die Puppe ist kaputt" (hat sie sich umgebracht?), Rebecca verkündet „die Pizza ist runtergefallen" (sie ist ihr aus der Hand gefallen) und Janette behauptet „die Handschuhe sind weg" (sie selbst hat sie aus der Schublade genommen). Es ist viel leichter, dem Saftglas, der Puppe, der Pizza oder den Handschuhen die Schuld zu geben, als zuzugeben, dass *wir* etwas mit dem unerwünschten Ergebnis zu tun hatten.

In vielen Organisationen herrschen die Sprache der Unverantwortlichkeit und die Opferphilosophie vor. „Das System ist zusammengebrochen", „Das Projekt wurde nicht rechtzeitig fertig", „Das Meeting zog sich in die Länge", „Der Profit ist gesunken", „Es wurden Fehler gemacht", „Es ließ sich keine gute Kommunikation herstellen", „Es fehlte die Unterstützung" und „Es ist kein Begeisterung mehr da" sind Redensarten, die etwas gemeinsam haben: Es gibt kein Subjekt mit Handlungsmacht. „Die Dinge" sind es, die sich ungünstig entwickelt haben; für diese Entwicklung ist *keine Person* verantwortlich. Um diese negativen Ergebnisse umzukehren, ist der erste Schritt, die Sprache (die zugrunde liegende geistige Einstellung) in Richtung „Protagonismus" zu verändern: „Wir haben keine solide Programmierung zustande gebracht", „Ich bin mit dem Projekt in Verzug", „Wir haben nicht auf die Zeit geachtet und das Meeting überzogen", „Wir haben keine Strategie gefunden, um den

Profit zu halten", „Ich habe einen Fehler gemacht", „Ich wusste nicht, wie ich die Kommunikation effektiv gestalten sollte", „Ich bekam keine Unterstützung", „Ich war unkonzentriert", würden in diesem Fall die Formulierungen lauten.

Entscheidend sind nicht die Worte, sondern die Denkweise, die sie widerspiegeln. Wenn wir in der ersten Person sprechen, übernehmen wir die Rolle des Protagonisten und damit auch die Verantwortung. Das heißt, wir entscheiden uns für lösungsorientierte Erklärungen und fangen sofort an, Möglichkeiten zur Verbesserung aufzuzeigen. Im Gegenzug müssen wir darauf verzichten, uns für unschuldig zu erklären. Vielleicht ist eines der besten Mittel, um zu reifen, diese Fähigkeit, für alle Situationen die unbedingte Verantwortung zu übernehmen.

Unbedingte Verantwortung

Wenn es so effektiv ist, Verantwortung zu übernehmen und zum Protagonisten zu werden, und so ineffektiv, sich vom Problem abzukoppeln und als Opfer zu betrachten, weshalb neigen die Menschen dann dazu, wie Opfer zu handeln und nicht wie Protagonisten? Weil wir glauben, dass unsere Sicherheit und unser Glück daher kommen, dass andere uns Anerkennung schenken. Weil wir glauben, dass Wohlbefinden und Erfolg daher kommen, dass wir unschuldig sind, und weil wir anderen gefallen wollen.

Schon in frühester Kindheit lernen wir, Verantwortlichkeit mit Schuld gleichzusetzen. Und dann sprechen wir davon, *für* etwas verantwortlich zu sein. Wenn unsere Mutter sah, dass das Spielzeug im ganzen Haus herumlag und ärgerlich fragte: „Wer ist für dieses Durcheinander verantwortlich?", zeigten die kleinen Finger immer auf den anderen. Wenn unser Papa uns streiten sah und mit Donnerstimme fragte: „Wer hat mit diesem Streit angefangen?", kam automatisch die nachdrückliche Antwort: „Die anderen!" Für ein Kind hat „verantwortlich sein" dieselbe Bedeutung wie „der Verursacher sein" oder an etwas „schuld sein". Und schuld sein ist etwas Schlechtes.

Doch wenn Sie für die Situation keine Erklärung suchen, haben

Sie keine Macht mehr, sie positiv zu beeinflussen. *Wenn Sie nicht Teil des Problems sind, können Sie auch nicht Teil der Lösung sein.* Auch wenn Sie nicht der direkte Verursacher sind, werden Sie feststellen, dass Sie ein Teil des Systems sind, das zu dem unbefriedigenden Ergebnis geführt hat. Immer wenn Sie leiden, haben Sie mit dem Thema etwas zu tun. Lassen Sie uns dies an einem realen Fall erläutern.

Ein Manager, mit dem ich einmal zusammenarbeitete – nennen wir ihn Alberto –, ärgerte sich, weil seine Kollegen den Urlaub des Personals eintrugen, ohne ihn zu fragen. Es würden in seiner Abteilung in einer kritischen Phase also nur wenige Leute anwesend sein. Alberto war wütend, weil ihn keiner nach seinen Bedürfnissen gefragt hatte. „Wie sind die denn auf die Idee gekommen, mir im Februar nur drei Mitarbeiter zu lassen? Die spinnen, wenn sie meinen, wird könnten auf die Anfragen aus den USA reagieren! Dort ist Winter und keiner nimmt Urlaub so wie hier."

Um ihm auf die Sprünge zu helfen, fragte ich ihn: „Alberto, wessen Problem ist das?" „Deren Problem natürlich", antwortete er zornig, „sie hätten mich fragen müssen, bevor sie den Urlaub für meine Mitarbeiter einteilen und den Urlaubsplan aushängen." „Es wäre sicher besser gewesen, wenn sie Sie vorher gefragt hätten, aber so war es nun mal nicht", war mein verständnisvoller Kommentar. Mit meinem Verständnis akzeptierte ich allerdings nicht seine Opferhaltung; ich verlangte von ihm, nach einer Möglichkeit zu suchen, zum Protagonisten zu werden: „Alberto, wer leidet wegen dieser Situation?" „Ich wahrscheinlich", antwortete er. „Wessen Problem ist es also …?"

Es trat Stille ein, und in diesem Moment sah ich Verstehen in seinen Augen aufblitzen. „Sie wollen mir damit sagen, dass es *mein* Problem ist?", fragte er ungläubig. „Aber ich war an dieser Entscheidung ja gar nicht beteiligt." „Stimmt, Sie waren an dieser Entscheidung nicht beteiligt", nickte ich, „aber Sie sind es, der unter den Konsequenzen leidet. *Und wenn Sie leiden, dann haben Sie das Problem.* Niemand hat mehr Möglichkeiten als Sie, korrigierend einzugreifen. Wenn Sie hoffen, ‚sie' – also diejenigen, die die Entscheidung im Einverständnis mit ‚ihnen' getroffen haben – würden sich darum kümmern, eine Lösung für Ihre Situation zu finden, dann wünsche ich Ihnen viel Glück." „Aber das ist ungerecht. Ich bin nicht daran schuld." „Alberto", sagte ich bedauernd, „das Leben ist ungerecht. Und wenn Sie auf Gerechtigkeit hoffen, bleiben Ihnen nur Groll und Resignation. Verabschieden Sie sich von der Illusion, dass andere sich um Ihre Probleme kümmern, nur weil Sie glauben, sie hätten sie verursacht, und stellen Sie sich der Situation, auch wenn Sie sie für ungerecht halten." Ich beendete das Gespräch mit der Empfehlung eines Buches, das mein Leben enorm beeinflusste und immer noch beeinflusst: *Der Mensch auf der Suche nach Sinn* von Viktor Frankl.[20]

In diesem Buch erzählt der österreichische Psychiater von seinen Erlebnissen als Gefangener im KZ Auschwitz im Zweiten Weltkrieg. Eine ungerechtere und zerstörerischere Situation ist wohl nur schwer vorstellbar. Die Gefangenen waren dort nicht aus eigenem Verschulden, sie hatten keinerlei Entscheidungsmacht und konnten die Wachen nicht umstimmen, die sie natürlich jederzeit hätten umbringen können. Unter diesen schrecklichen Lebensbedingungen entdeckte Frankl, dass die erste und letzte Würde des Menschen seine unveränderliche Fähigkeit ist, sich entscheiden zu können, wie er auf eine widrige Situation reagieren will. Mit dieser Reaktion kann der Mensch seine Prinzipien und Werte bedingungslos deutlich machen.

Dass viele Menschen Verantwortung ablehnen und sich als Opfer fühlen, ist die Folge unbewusster Überzeugungen und Annahmen. Fast allen von uns wurde das unmerklich eingetrichtert. Dennoch glauben wir fast ausnahmslos an die traditionelle Verhaltenstheorie und handeln nach ihr: die Theorie von Reiz-Reaktion, die den freien Willen und die Verantwortlichkeit leugnet, wenn sie behauptet, Menschen und ihr Verhalten würden nur von äußeren Faktoren bestimmt.

Wenn man beispielsweise Leute befragt, warum sie ans Telefon gehen oder beim Autofahren bremsen, antworten die meisten, dass sie ans Telefon gehen, weil es geläutet hat, oder dass sie gebremst haben, weil die Ampel auf Rot stand. Diese Erklärung konditioniert ihr Verhalten auf einen äußeren Faktor. In dieser Theorie ist kein Platz für die bewusste Wahl: Der Mensch ist ein Roboter, der nach vorprogrammierten Regeln auf äußere Reize reagiert. Aber das stimmt nicht. Wir alle haben schon die Erfahrung gemacht, dass wir nicht ans Telefon gegangen sind oder nicht vor einer roten Ampel gehalten haben. Es muss eine andere Erklärung dafür geben.

Natürlich wird dieses „andere" unbequem, denn es entlarvt unser Versteckspiel und stellt uns bloß. Wenn das Telefon mitten in einem Meeting läutet und ich schulterzuckend zu meinem Gesprächspartner sage: „Entschuldigen Sie, ich *muss* drangehen", dann lüge ich. Ich *muss* überhaupt keinen Anruf entgegennehmen. Aber ich *entscheide* mich dafür, ihn entgegenzunehmen (vielleicht zum Nachteil des Gesprächs, das ich gerade führe). Es ist viel leichter, dem Telefon die Schuld zu geben, als die Verantwortung für die Unterbrechung zu übernehmen. Das ist, als sagte ich zu meinem Gegenüber: „Wenn Sie das stört, dann regen Sie sich über das Telefon auf und nicht über mich. Ich habe damit nichts zu tun ..."

Jede Verhaltensweise wurzelt im Bewusstsein des Menschen (seinen Denkmustern). Was außerhalb dieses Bewusstseins passiert, *führt* die Handlung nicht *herbei*; sondern beeinflusst sie nur. Wir nehmen den Anruf nicht deshalb entgegen, *weil* es läutet, wir bremsen nicht ab, *weil* die Ampel auf Rot geschaltet hat, und wir tun auch nichts anderes, *weil* etwas geschieht. Wir *entscheiden* uns dafür, das zu tun, was wir tun, als *Reaktion* auf die Situation, die wir wahrnehmen; wir entscheiden uns, so zu handeln, wie wir handeln, weil wir der Ansicht sind, dass wir (unter den gegebenen Umständen) unsere Interessen im Einklang mit unseren Werten am besten durchsetzen. Äußere Faktoren sind keine Reize, sondern *Informationen*.

Ein äußeres Ereignis ist kein Reiz, der eine konditionierte Reaktion auslöst, sondern ein Umstand, der Informationen liefert. Die Information bestimmt nicht, dass jemand etwas tun soll, sie informiert nur über das Geschehen. Es liegt an der Person, zu entscheiden, wie sie ihren Zielen und Werten entsprechend auf diese Information reagieren will. Doch *wenn* das Telefon läutet, nehmen wir ab, *weil* wir mit dem Anrufer sprechen möchten; *wenn* wir sehen, dass die Ampel von Grün auf Rot schaltet, bremsen wir ab, *weil* wir einen Unfall vermeiden wollen.

Dieses Bewusstsein und die Wahlmöglichkeit sind das Kernstück unbedingter Verantwortung, Würde, Freiheit und Menschlichkeit. Unabhängig von den Umständen können wir darauf achten, wahrnehmen und entscheiden, wie wir reagieren wollen. In seinem Buch *Die sieben Wege zur Effektivität* sagt Stephen Covey[21] etwas, das großen Einfluss auf sein Leben hatte: „Zwischen dem Reiz und seiner Reaktion darauf gibt es einen Raum. In diesem Raum zwischen Reiz und Reaktion hat der Mensch die Freiheit zu wählen. Unsere Reaktion entscheidet über unser Wachstum und unser Glück." Dieser Satz fasst den Unterschied zwischen dem Modell von Reiz-Reaktion und dem Modell von Information-Reaktion, zwischen Reaktivität und Verantwortlichkeit zusammen. Wenn wir das Modell gründlicher analysieren, können wir es um neue Variabeln und Beziehungen erweitern.

Menschen sind bewusste Wesen. Ihr *Bewusstsein* gibt ihnen die Fähigkeit, ihre äußere Situation (Fakten, Umstände, Ressourcen, Alternativen, Einschränkungen, historisch bedingte Folgen usw.) und ihre innere Situation (Empfindungen, Impulse, Emotionen, Gedanken, Fähigkeiten usw.) wahrzunehmen. Diese Fakten erreichen zwar unseren Körper und Geist, doch wir stufen sie als Teile der *Situation* ein, da sie sich unserer direkten willentlichen Kontrolle entziehen.

Wenn wir wahrnehmen, betrachten wir unsere Situation in Bezug auf unsere Ziele und Wertvorstellungen. Ausgehend von dieser Bewertung entscheiden wir uns für eine Reaktion und *verhalten* uns dementsprechend. Zusammen mit den äußeren Faktoren beeinflusst das Verhalten die Ergebnisse, die zu Teilen der Situation werden, in der wir uns im nächsten Moment befinden. Wir haben gesagt, das Verhalten sei nicht-konditioniert, da es ja nur vom Willen dieser Person abhängt. Das Ergebnis hingegen ist konditioniert, weil es teilweise von Faktoren abhängt, die wir nicht willentlich beeinflussen können.

Mit Hilfe von Entscheidungen und Handlungen versuchen wir unsere materiellen (d. h. Geld oder Eigentum) und immateriellen

Fähigkeiten und Ressourcen (wie unseren Ruf oder unsere Kenntnisse) bestmöglich einzusetzen, um unsere Ziele gemäß unseren Wertvorstellungen zu erreichen. Der Vergleich zwischen Zielen und Ergebnissen zeigt, wie effektiv wir sind (je größer die Übereinstimmung, desto größer die Effektivität). Der Vergleich zwischen unseren Werten und unserem Verhalten zeigt, wie integer wir sind (je größer die Übereinstimmung, desto größer die Integrität).

Wenn das Ergebnis mit den Zielen übereinstimmt, sagen wir, wir haben Erfolg. Dieser Erfolg führt zu Zufriedenheit und Freude, die wir „bedingt" nennen, und zwar deshalb bedingt, weil das Ergebnis von Faktoren abhängt, die sich unserer Kontrolle entziehen. Trotz intensivster Bemühung kann der Ausgang nicht garantiert werden, denn es kann immer etwas „dazwischenkommen".

Wenn sich das Verhalten einer Person mit ihren Wertvorstellungen deckt, sagen wir, sie habe einen Erfolg „über den Erfolg hinaus" erzielt. Dieser Erfolg bringt den inneren Frieden und das Glück, das wir „un-bedingt" nennen. „Un-bedingt" deshalb, weil das Verhalten nicht von unkontrollierbaren Faktoren abhängt, sondern – unabhängig von äußeren Faktoren – auf der Autonomie des Menschen beruht. Auch wenn das Ergebnis nicht wie gewünscht ausfällt, können wir trotzdem zufrieden sein, weil wir wissen, dass wir unser Bestes getan haben, um uns der Situation würdevoll zu stellen. Die (oberflächliche) Trauer über einen (oberflächlichen) Misserfolg ist vollkommen vereinbar mit der (großen) Ruhe des (großen) Erfolgs. In der *Bhagavad Gita*[22], dem heiligen Buch des Hinduismus, heißt es: „Du hast ein Anrecht darauf, zu handeln, aber kein Anrecht auf die Früchte deines Handelns."

Mit jeder Aktion bezwecken wir zweierlei. Erstens wollen wir damit ein bestimmtes Ergebnis erzielen (Erfolg). Aber abgesehen vom Ergebnis soll die Aktion unsere Identität bestätigen (Frieden). Unsere Aktion können wir interpretieren als Reaktion auf die Herausforderung der Umwelt. Wir setzen unsere Ressourcen und Kompetenzen zur Verfolgung gewisser Ziele innerhalb unseres Werterasters ein. Den Erfolg messen wir daran, ob die Ergebnisse der Aktion mit unseren Zielen übereinstimmen. Frieden lässt sich daran ermessen, ob die Aktion als solche unseren Wertvorstellungen entspricht. Der Erfolg ist mittelbar und bedingt, denn er hängt von Faktoren ab, die wir nicht kontrollieren können, aber der Friede ist unmittelbar und unbedingt möglich. Letztendlich kommt es darauf an, ob unsere existenziellen Verbindlichkeiten durch die Handlung erfüllt wurden oder nicht.

Stellen wir uns einen Firmenmanager vor, den immer wieder-kehrende Qualitätsprobleme plagen. Er analysiert die Situation mit seinem Team und kommt zu dem Schluss, dass bestimmte Maschinen nicht wie vorgesehen arbeiten. Durch Ausprobieren und Angleichen gelingt es dem Team, das in einer von Seriosität und gegenseitigem Respekt geprägten Atmosphäre arbeitet, diese Situation erträglich zu machen; aber das Produkt hat immer noch Mängel. Wir könnten sagen, das Team hat sein Ziel, totale Qualität (null Mängel), „verfehlt", kann gleichzeitig aber zufrieden sein, weil es seine Ressourcen mit den größtmöglichen Kenntnissen und entsprechend seinen Werten eingesetzt hat. Genau wegen dieser Zufriedenheit kann das Team seinen Teilmisserfolg akzeptieren, ohne sich zu schämen, und sich in einem weiteren Lernprozess erneut auf die Suche begeben.

Man muss sich unbedingt klarmachen, dass es zwischen Erfolg und Frieden keinen Widerspruch gibt. Viele Menschen befürchten, dass sie sich, wenn sie zufrieden sind, nicht mehr um das Ergebnis kümmern werden. (Vielleicht weigern sich aus diesem Grund viele Eltern, die schulischen Leistungen ihrer Kinder anzuerkennen, und fragen sie, wenn sie das Zeugnis bekommen: „Und diese Vier? Warum eine Vier und keine Eins?" Was ist da los?") Exzellenz ist einer unserer Grundwerte, und deshalb fühlen wir uns immer veranlasst, mit allen ehrenhaften Mitteln, die uns zur Verfügung stehen, nach Erfolg zu streben. Natürlich erlegt uns die Tugend einige Beschrän-kungen auf. Wer den Erfolg der Integrität unterordnet, beschränkt sich in der Anwendung der Mittel selbst. Er wird zum Beispiel nie-mals einen Kollegen sabotieren, mit dem er um eine Beförderung wetteifert. Natürlich kann manchmal auch korruptes Verhalten die Oberhand gewinnen – kurzfristig. Aber wenn die Integrität dem Erfolg untergeordnet wird, gibt es keine Spielregeln, und das Leben löst sich in existenzielle Leere auf.

In einem Brief an den Philosophen Henry Geiger sinnierte der Psychologe Abraham Maslow[23] über seine klinische Erfahrung: „Mir ist ziemlich klar, dass das Leben uns alle früher oder später verletzen und dass Wohlverhalten öfter belohnt als ignoriert werden wird. Ich glaube auch, dass ich diese Hypothese mit traditionellen Untersuchungsmethoden nun stringent beweisen kann. Im Wesentlichen bin ich zu dem Schluss gekommen, dass im Lauf eines Lebens – langfristig, wie man sagt – die Möglichkeiten, dass Schlechtes bestraft wird, vier zu fünf stehen [fast 85% Wahrscheinlichkeit]. Die Möglichkeiten, dass Wohlverhalten belohnt wird, scheinen um 55% zu liegen; die Wahrscheinlichkeit ist zwar nicht sehr groß, aber immer noch größer als der pure Zufall [50%]."

In Wahrheit glaubt Maslow nicht, dass diese Beobachtungen das Phänomen wirklich beschreiben. In seiner vertiefenden Analyse heißt es weiter: „Aber eigentlich geht es darum, dass Bestrafung und Belohnung prinzipiell intrapsychisch, das heißt, mit dem persönlichen Gefühl von Glück, Frieden und Gelassenheit verbunden sind. Und mit dem Fehlen negativer Emotionen wie Reue, Gewissensbisse oder Schuldgefühle. Äußere Belohnungen kommen gewöhnlich als Befriedigung grundlegender Bedürfnisse, Zugehörigkeitsgefühl, sich geliebt und respektiert zu fühlen und allgemein in einer platonischen Welt aus reiner Schönheit, Wahrheit und Tugend zu leben. Anders gesagt, unsere Belohnung im Leben erfolgt *nicht* unbedingt in Form von Geld, Macht oder sozialem Status."

Ob Gewinner oder Verlierer: Ein weiser Mensch ist – wie es in der *Bhagavad Gita* heißt – immer bereit, das zu akzeptieren, was ihm das Schicksal beschert, und immer weiterzulernen, da die Rückschläge des Lebens sein Selbstwertgefühl nicht zerstören. Im Gegenteil, sein größter Stolz erwächst ihm daraus, diese Herausforderungen gern und begeistert in Angriff zu nehmen.

Die Freiheit, zu wählen, wie man auf eine Situation reagieren möchte (Ver-antwort-ung), führt uns zur ethischen Dimension der menschlichen Existenz. Selbst wenn ein Mensch weder die Ergebnisse (diese hängen teilweise von nichtsteuerbaren Faktoren ab) noch die aktuelle Situation beeinflussen kann (die Realität wird nicht von einer persönlichen Entscheidung bestimmt), hat er immer noch die Möglichkeit, *sich in der gegebenen Situation* bedingungslos für sein Verhalten zu entscheiden.

Gerade in schwierigen Zeiten werden Skrupel entscheidend. Wenn die Welt uns noch mehr aus der Bahn zu werfen und uns an den Felsen des Unbewusstseins zu zertrümmern droht, zeigt sich unsere wahre Herkunft mit größerer Klarheit. Um im Chaos würdig zu handeln, müssen wir uns unserer Werte bewusst sein. Sonst fangen wir an zu zittern wie ein unwuchtiges Rad, handeln kläglich und legen schon jetzt den bitteren Keim für spätere Gewissensbisse.

Freiheit und Achtsamkeit

Die traditionelle Definition von Freiheit ist „die Fähigkeit, das zu tun und zu haben, was man sich wünscht". Diese Freiheit wollen wir „relativ" oder „bedingt" nennen, denn sie hängt von Faktoren ab, die wir nicht kontrollieren können. Es fallen einem sofort die Einschränkungen auf, die die Existenz des Menschen konditionieren. Zum Beispiel hindert uns das Gesetz der Schwerkraft daran, wie Vögel zu fliegen, und wer in Argentinien geboren wurde, kann nicht gebürtiger Australier sein. Trotzdem lässt sich der Grad relativer Freiheit eines Menschen danach bewerten, inwieweit er – trotz gewisser Einschränkungen – tun kann, was er möchte. So hat etwa jemand, der ein Auto benutzen kann, größere Freiheit, woanders hinzufahren, als jemand, der keines hat. So gesehen, vergrößern materielle und immaterielle Ressourcen die Freiheit eines Menschen: Bill Gates kann Dinge tun, die ich nicht tun kann, und jemand mit einem Universitätsdiplom kann Dinge tun, die ein Analphabet nicht tun kann.

Das andere Extrem ist, Freiheit als Fähigkeit zu definieren, mit Hilfe des freien Willens auf eine Situation zu reagieren. Gemäß dieser Definition ist niemand mehr oder weniger frei. Freiheit ist eine absolute Grundbedingung des menschlichen Lebens. Das ist aber eine Tautologie (unnötige Wiederholung eines bereits anders formulierten Gedankens), denn ein Mensch reagiert *immer* auf eine Situation, indem er sich so verhält, wie er es sich ausgesucht hat. Wenn ein bewaffneter Räuber vor ihm steht und ihn mit den Worten „Geld oder Leben" bedroht, kann er zwischen unendlich vielen Reaktionsmöglichkeiten wählen: Er kann das Geld herausrücken, den Räuber angreifen, versuchen zu fliehen, um Hilfe rufen usw. Was er sich *nicht* aussuchen kann, ist, der Verbrecher möge ihn doch nicht gerade angreifen.

Es steht uns immer frei, uns unsere Reaktion auszusuchen, aber manchmal entscheiden wir uns dafür, diese Freiheit nicht wahrzunehmen und so zu tun, als wären wir nicht frei. Das ist die Opferhaltung. In seinem Gedankenmuster sieht sich das Opfer von äußeren Ereignissen bestimmt und übersieht dabei, dass nicht die Tatsachen der Welt, sondern seine Sichtweise es konditionieren. Freiheit bedeutet, sich in einer gegebenen Situation für die Reaktion zu entscheiden, die am ehesten unseren Werten und Interessen entspricht.

Um höhere Leistungen zu erreichen, müssen ein Manager und sein Team gemeinsam Situationen entwerfen, in denen hohe Effizienz und Qualität die besten Alternativen sind, damit die Beteiligten ihre individuellen Ziele und die der Organisation erreichen.

Niemand kann die Bedürfnisse eines anderen befriedigen. Manager können nur Chancen bieten, damit jeder seine Bedürfnisse befriedigt; es ist Aufgabe der Teammitglieder, zu entscheiden, ob sie mit diesen Chancen ihre Interessen effektiv fördern, um nachher davon zu profitieren. Wer wertvolle Alternativen bieten will, muss die Grundbedürfnisse des Menschen verstehen. Mit diesem Wissen können Manager mit ihren Teams gemeinsam Situationen schaffen, in denen effizientes und qualitätsvolles Handeln die beste Option ist.

Dieses Wissen ist sogar für jene wertvoll, die keine Manager sind. Jeder Mensch, der sich aus freiem Willen mit anderen Menschen abgibt, muss sich darum kümmern, die Bedürfnisse seiner „Kollegen" zu befriedigen. Stephen Covey unterstreicht, man müsse Beziehungen wie ein emotionales Bankkonto führen. Die Handlungen, die für den anderen einen Wert schaffen (zum Beispiel der Ehemann, der seiner Frau Blumen mitbringt, oder die Mutter, die den Sohn zum Fußballtraining begleitet), werden als „Guthaben" betrachtet. Handlungen, die den Wert für den anderen schmälern (zum Beispiel der Ehemann, der wegen einer Geschäftsbesprechung zu spät zum Abendessen heimkommt, oder die Mutter, die ihr Versprechen dem Sohn gegenüber nicht hält), gelten als „Auszahlung". Gerät das Konto in die roten Zahlen, wird die Beziehung sehr schwierig. Um die Interaktion zu verbessern, muss man die Beziehung mit neuem emotionalem „Kapital" aufstocken.

Um zu verstehen, welche Dinge einen Wert bringen, müssen wir die Grundbedürfnisse der Menschen verstehen. Der Psychologe, Autor und Firmenberater William Glasser[24] stellt fünf Grundbedürfnisse des Menschen vor, die sich direkt aus der biologischen Struktur seines Gehirns ergeben. Die Befriedigung dieser Bedürfnisse stellt für den Betreffenden einen Wertzuwachs dar.

Überleben und Lebenssinn: Wir alle wollen unser Leben auf körperlicher, psychologischer und existenzieller Ebene verlängern. Dazu sorgen wir dafür, körperlich und psychisch gesund zu bleiben und die Sicherheit, den Schutz und die Stabilität der Umwelt zu garantieren. Abgesehen davon, dass wir als psychisch-physische Wesenheiten überleben wollen, möchten wir auch, dass unser Dasein einen Sinn hat, einen Unterschied bewirkt oder Spuren in der Welt hinterlässt. Überleben ist ein grundlegendes Interesse, aber nicht das einzige. Bei Selbstmördern fällt auf, dass das physische Überleben aufgrund fehlender Zufriedenheit in anderen Lebensbereichen für sie vielleicht nicht mehr wünschenswert war.

Liebe und Zugehörigkeit: Jeder Mensch muss sich geliebt fühlen und zu etwas gehören, das größer ist als er. Als Kind braucht er für sein Überleben die Liebe und Fürsorge seiner Familie genauso wie das Gefühl, dazuzugehören. Auch wenn sein Überleben nicht mehr so sehr von anderen abhängt, erlebt er als Heranwachsender einen ständigen Drang, Liebesbeziehungen aufzubauen und sich in Gruppen wie Familie, Sportteam, Firma, Freunde, Club, Kirche, Nation, Volksgruppe usw. zu integrieren.

Macht und Kontrolle: Wir Menschen wollen spüren, dass wir wirklich Kontrolle über unser Leben und unsere unmittelbare Umgebung haben. Wir wollen die Macht spüren, wir selbst zu sein. Wir erleben diese Macht, wenn wir Ziele erreichen. Das herrschende Paradigma von Reiz-Reaktion treibt den Menschen dazu an, seine Ziele zu verfolgen, indem er Macht über andere anstrebt, damit sie das tun, was er will. Einseitige Kontrolle scheint ihm die beste Form zu sein, um die gesuchten Ergebnisse zu erzielen und sich mächtig zu fühlen. Leider gerät diese Einstellung in Konflikt mit dem Macht- und Kontrollgefühl der anderen, so dass es zu Nullsummenspielen kommt, in denen jeder nur das gewinnt, was die anderen verlieren.

Freiheit und Selbstbestimmung: Das ist eine Konsequenz des menschlichen Wunsches, sein Schicksal zu steuern. Der Einzelne will die Freiheit haben, er selbst zu sein und ungehindert nach seinen Überzeugungen und Wünschen zu handeln. Hat er diese Freiheit nicht mehr, beschließt er, mit aller Macht zu kämpfen oder zu kapitulieren. Egal welche Entscheidung er trifft, er wird sich nicht verpflichtet fühlen, etwas zu unterstützen, was seine Freiheit einschränken wird. In Extremfällen führt die Unfähigkeit zu bestimmen, wer man ist und wie man sich fühlt, dazu, dass man psychisch labil und schizophren wird.

Erholung und Freude: Das ist mehr als Entspannung und Zerstreuung. Erholung ist ein grundlegendes Anliegen aller lebenden Systeme. Es ist eine Kraft, die den Organismus nicht nur ausdehnt und erneuert, sondern auch sein Wachstum und seine Entwicklung fördert. Vergnügen ist eine genetische Belohnung, die uns anspornt, zu lernen, wie wir für unsere Interessen sorgen. Wenn wir beispielsweise eine neue Sportart beherrschen oder eine bestimmte Kompetenz in einer wichtigen Disziplin erlangen, fühlen wir uns glücklich und zufrieden. Das Streben nach Vergnügen ist nicht nur ein Interesse an sich, sondern ein Anreiz, um zu lernen und bestmöglich für die Befriedigung unserer verschiedenen Interessen zu handeln.

Kapitel 2

Lernen lernen

*Nur als Krieger kann man auf dem Pfad des
Wissens überleben.*

*Ein Krieger darf nichts bereuen und sich über
nichts beklagen. Sein Leben ist eine immer währende
Herausforderung, und Herausforderungen sind
niemals gut oder schlecht.*

*Der grundlegende Unterschied zwischen einem
normalen Menschen und einem Krieger ist, dass
der Krieger alles als Herausforderung annimmt,
während der normale Mensch alles entweder als
Segen oder als Fluch auffasst.*

DON JUAN, TOLTEKISCHER SCHAMANE

Lernen heißt, neue Fähigkeiten verinnerlichen, mit denen man Ziele
erreichen kann, die bisher unerreichbar waren. Der Kern jedes
Lernprozesses ist es, aus ineffektiven Handlungen effektive Handlungen zu machen. Gemäß dieser Definition beginnt jeder Lernprozess damit, dass man einen Bereich entdeckt, in dem Inkompetenz herrscht und die Unfähigkeit, ein gewünschtes Ergebnis zu
erzielen. Wenn Sie Lerngelegenheiten finden wollen, müssen Sie
nach Situationen suchen, in denen es eine Diskrepanz gibt zwischen

dem, was Sie erreichen *wollen* (Ihr Ziel), und dem, was Sie erreichen *können* (Ihre Kompetenz). Diese Diskrepanz manifestiert sich
als „Problem". Dass Sie sich dieser Diskrepanz bewusst werden,
erkennt man an der Erklärung: „Ich weiß es nicht."

Zwischen Nicht-Wissen (das zu unbefriedigenden Ergebnissen
führt) und Lernen gibt es einen doppelten Zusammenhang. Um zu
lernen, muss man unbefriedigende Situationen zunächst einmal
erkennen. Andererseits ist jede unbefriedigende Situation auch eine
Gelegenheit zu lernen. Wenn Sie an eine beliebige bedeutsame
Lernsituation in Ihrem Leben denken, werden Sie sehen, dass die
Umstände anfangs alles andere als glücklich sind; normalerweise
tauchen Gefühle wie Angst, Unbehagen, Unruhe, Besorgnis usw.
auf. Der glückliche Ausgang jeder Lernerfahrung erfolgt genau dann,
wenn Sie diese unglücklichen Umstände durch eigene Anstrengung
verwandeln. Am Ende des Weges verschwinden die anfangs
„schwierigen" Emotionen, und es kehren Zufriedenheit, Vertrauen,
Freude und Friede ein. Umgekehrt können wir aus dieser Logik
schließen, dass jede derzeit unbefriedigende Situation nichts anderes ist als eine potenzielle Lernerfahrung, deren Protagonist noch
nicht herausgefunden hat, wie er sie zu einem glücklichen Ende
bringt.

Der nordamerikanische Anthropologe Joseph Campbell[25] nennt
dieses Erfolgsmuster den „Weg des Helden". Er hat Mythen aus unterschiedlichen Kulturen analysiert und eine gemeinsame Struktur
erkannt, die allen Geschichten zugrunde liegt.

Wir wollen diese Erzählung anhand eines modernen Mythos
von Walt Disney analysieren: der Geschichte vom König der Löwen.
(Übungshalber können Sie ja Entsprechungen in Ihrem Lieblings-
mythos oder -märchen suchen: Rotkäppchen, Dornröschen, Hänsel
und Gretel, Samson und Delilah, Herkules, Krieg der Sterne, usw.)
Zu Beginn herrscht eine offensichtliche Stabilität und alles funktioniert bestens. König Mufasa hat einen Sohn, der von allen – fast allen – Tieren als Kronprinz anerkannt wird. Aber es gibt dunkle
Mächte (Scar, Mufasas Bruder, und seine Helfershelfer, die Hyänen),
die sich anschicken, die Macht zu ergreifen. Diese Randpersonen
verkörpern die unterdrückten, unbewussten und nicht-integrierten

Aspekte der Situation. In mythologischen Geschichten herrscht zu Anfang immer eitel Wonne; die glückliche Fassade bekommt jedoch Risse, die bald eine Krise auslösen werden.

In Phase 2 wird die Krise deutlich. Sie ist nichts anderes als der Höhepunkt des bereits existierenden schwelenden Prozesses. Die Probleme gärten schon seit langem. Psychologisch (soziologisch) gesehen, stellt diese Krise das Eindringen bestimmter Persönlichkeitsanteile (der Gesellschaft) dar, die bisher an den Rand, in den Schatten des Bewusstseins (des politischen Schauplatzes) gedrängt worden waren. Der Zusammenbruch der Stabilität symbolisiert das Erscheinen von Energien auf der Bühne, die bisher unterdrückt waren. Obwohl sich die anfängliche Stabilität dramatisch auflöst, ist diese Desillusionierung heilsam. So wie wir anhand des Symptoms die Krankheit erkennen und behandeln, geben uns Probleme die Gelegenheit, ihre tiefer liegenden Ursachen aufzuspüren und sie zu lösen.

In der Geschichte vom König der Löwen gelingt es Scar, „zwei Spatzen mit einem einzigen Schuss" zu erlegen. Mit einer List schafft er sich Mufasa vom Hals und redet dem Prinzen Simba ein, er sei am Tod seines Vaters schuld. Simba flieht und flüchtet sich in die Wälder, wo er seine wahre Identität versteckt und sich einredet, es lohne sich nicht, sich um irgendetwas Sorgen zu machen. Abstumpfung und Sich-gehen-Lassen gehören zum „Sturz" des Helden. Dieser Sturz wird von einem Verbündeten aufgehalten, der den Helden an seine wahre Identität erinnert. Beim König der Löwen hat Nala, Simbas Freundin aus Kindertagen und spätere Gefährtin, die Aufgabe, ihm die Augen zu öffnen. Die Bewusstwerdung ist schmerzlich, und deshalb vollzieht der Held sie nur widerwillig und leistet seinen unmittelbaren Impulsen Widerstand. Wie in Disneys Geschichte muss das Schicksal den Helden oft „weich klopfen", damit er wach wird und die Verantwortung für seine Handlungen übernimmt.

Der von Scar und seinen Hyänen unterdrückte König Mufasa liegt im Sterben. Der rechtmäßige König muss unbedingt die Macht übernehmen, um seine Untertanen zu retten. Aber dazu muss er den Schmerz, die Scham und die Angst überwinden, die ihn anfangs dazu trieben, sich aus dem Staub zu machen. Diese dritte Phase, die manchmal als „dunkle Nacht der Seele" bezeichnet wird, ist der Moment, wo der Held die Realität der Situation akzeptiert und beschließt, sich ihr zu stellen. In Mythen gibt es immer zwei Kämpfe. Der erste – und schwierigste – ist der innere; die Konfrontation des Helden mit der Versuchung, die Hände in den Schoß zu legen und keine Verantwortung zu übernehmen. Hat der Held diesen Kampf gewonnen, kann er auch seinen äußeren Feinden gegenübertreten. Das geschieht in der vierten Phase: Simba stellt sich Scar in einem Entscheidungskampf entgegen, der mit dem Tod des Bösen endet. Auf der Ebene der Archetypen gibt es den Tod nicht; Energie kann man weder erzeugen noch vernichten. Der Tod symbolisiert die Integration der besiegten Energie ins Bewusstsein des Siegers. Mit seinem Sieg über Scar vollzieht Simba seinen „Übergangsritus" und ist nun berechtigt, König zu sein. Simba darf den Thron besteigen, weil er über seinen Vater hinausgewachsen ist, der die dunkle Energie seines Bruders nie integrieren konnte.

In der fünften Phase wird die Ordnung wiederhergestellt, die Krise ist überwunden und die unbewussten Energien sind ins Bewusstsein integriert. Der Held kehrt mit einem Geschenk in seine Gemeinschaft zurück: der Wiederherstellung einer Ordnung, die weiter entwickelt, umfassender und solider ist als am Anfang. Aber in dieser neuen Ordnung (These) wird es sicher weiterhin zerstörerische Kräfte geben. Sie werden einen dialektischen Prozess in Gang setzen, der zu einer Antithese und, mithilfe des Helden, zu einer noch höheren Synthese führen wird. Deshalb ist Phase 5 die Phase 1 (eine Linie), die Anfangssituation der nächsten Episode. Die Geschichte vom König der Löwen endet mit der Geburt des Kindes von Simba und Nala, ein Symbol für die Kreisform – oder besser Spiralform – des Lebens.

Campbells These lautet, dass sich in der universellen Wiederholung dieser Verwicklungen strukturelle (archetypische) Aspekte der menschlichen Psyche spiegeln. Somit spiegelt der Weg des Helden nicht nur die Transformation eines Einzelnen wider, sondern gilt auch für das Wachstum von Gruppen, Organisationen und alle Arten menschlicher Gemeinschaft. So wie das Lernthema kann auch das Heldenthema individuell oder kollektiv sein. Ein Beispiel aus der Mythenwelt sind die Ritter der Tafelrunde. Jeder von ihnen hat persönliche Prüfungen bestanden; aber auch gemeinsam haben sie schwierige Zeiten durchgemacht, die sie eng zu einer Gruppe zusammengeschweißt haben. Während ihrer Abenteuer wurde das Wachstum jedes einzelnen Ritters von einem kollektiven Wachstum begleitet und verstärkt. Dasselbe gilt für alle persönlichen, beruflichen oder unternehmerischen Vereinigungen. Ein Managementteam beispielsweise wächst und entwickelt sich, wenn es sich Herausforderungen stellt, mit denen die Welt es konfrontiert.

Ich erinnere mich an ein begeistertes Team, das sich gegen die Konkurrenz durchgesetzt hatte, um im Ausland eine Fabrik zu bauen. Bei der Eröffnungsfeier teilte mir jeder der Manager einzeln und vertraulich mit, er habe gewisse Befürchtungen: „Ich weiß nicht, ob dieses Projekt so toll ist, wie meine Kollegen glauben. Vielleicht haben wir uns damit übernommen." Das Interessante dabei war, dass sie zwar alle dieselbe Unruhe verspürten, aber keiner von ihnen der „Miesmacher" sein wollte, der „alles verdarb" und die Feier vermasselte. Obwohl ich darauf bestand, das Thema zu klären, erhob sich keine Stimme gegen die Feststimmung. Die Illusion des so glänzenden Erfolgs erstickte alle Sorgen.

Aber diese Sorgen, die in den „Keller" des Bewusstseins verbannt worden waren, sollten bald zum Vorschein kommen. Die Kellertür öffnete sich in Form einer Krise, zu der es kurz nach der Übernahme der Fabrik kam. Die leitenden Angestellten, die in das andere Land versetzt worden waren, fielen immer mehr zurück. Berge von Arbeit, ungastliche Arbeitsbedingungen, kulturelle Probleme und die politische Situation schufen höchst unvorteilhafte Bedingungen. Es kam zu Scheidungen, Herzinfarkten, explosionsartigen Gefühlsausbrüchen; die Situation wurde unerträglich.

In einem entscheidenden Meeting analysierte das Management-Team die Situation, ohne ihren Ernst zu verhehlen. Als alle Informationen in einem globalen Szenario nebeneinander gestellt wurden, stellten die leitenden Angestellten fest, dass die Lage viel schlimmer war, als sie gedacht hatten. Nicht dass es Geheimniskrämerei gegeben hätte, aber jeder von ihnen hatte versucht, den

Schwierigkeiten mit Optimismus zu begegnen. Doch in dem Moment, wo das Team seine Illusionen verlor, blieb ihm nichts anders übrig, als sich der Herausforderung zu stellen. In nur zwei Stunden erstellten diese Führungskräfte einen Desinvestment-Plan, mit dem sie die finanziellen und menschlichen Verluste gering halten konnten. Der Plan wurde umgesetzt und das Unternehmen zog sich aus der Leitung dieser Fabrik zurück.

Vor diesem entscheidenden Meeting (Phase 4 der Geschichte) musste jede Führungskraft in sich gehen und entscheiden, ob sie riskieren wollte, ihre Befürchtungen auszusprechen (Phase 3). Dank dieser Einzelentscheidungen gelang es dem Team, etwas zu „sehen", was vorher unsichtbar war: Sie hatten einen Fehler gemacht, dieses Geschäft war nicht gut für sie. Das Unternehmen zahlte sehr viel Lehrgeld, aber es konnte überleben und aus den Schwierigkeiten sogar Kapital schlagen. Mit seiner internationalen Erfahrung schloss es sich einem Konsortium an, dem es gelang, in einem anderen Land einen höchst profitablen Sektor ausfindig zu machen (Phase 5). Außerdem erreichte die Geschäftsleitung einen viel höheren Grad an Authentizität in ihren Beziehungen. Mit den Worten von Nietzsche: „Was mich nicht umbringt, macht mich stärker."

Der Weg des Helden ist eine Landkarte, die wir im Gebiet des Lernens gut gebrauchen können. Wer Probleme hat, kann herausfinden, durch welche blinden Flecken er in diese Situation geraten ist. Ohne zu hart mit sich ins Gericht zu gehen, kann er zugeben, inwiefern er für die Ereignisse verantwortlich ist, und sie als Integrations- und Wachstumserfahrung verbuchen. Die Entwicklung des Bewusstseins verläuft nicht linear; in verschiedenen Traditionen heißt es, man müsse „in die Hölle hinabsteigen, um in den Himmel zu gelangen". Wer diesen Prozess verstanden hat, kann auch in Schwierigkeiten gelassen bleiben und nach dem gangbarsten Ausweg suchen.

Diese Weisheit steckt auch in der japanischen Redensart zum Thema Total Quality: „Jeder Fehler ist ein Schatz." Jeder Fehler ist ein Schatz ... potenziell. Wer sich die Mühe macht und genug Engagement aufbringt, um dem zugrunde liegenden Prozess auf die Spur zu kommen, kann seinen Fehler korrigieren und auch den

Prozessablauf verbessern, um diesen Fehler künftig zu vermeiden (und wird vielleicht viele andere mögliche Fehler ausschalten, bevor sie gemacht werden). Deshalb empfehlen die Qualitäts-Päpste bei jedem Fehler, fünfmal zu fragen: „Warum?"

Genau diese „heroische" Lehrzeit spiegelt sich in der Bewunderung des Ostens für die Lotosblüte wider, die aus dem stinkenden Schlamm der Sümpfe zu größter Schönheit erblüht. Antonio Machado[26], eine westliche Stimme, formuliert es ähnlich:

Als ich schlief die letzte Nacht,
da träumte ich – Wunschbild wundervoll! –,
in mein Herz sei eingebracht
ein Bienenstock: summend schwoll
der Bienen goldener Schwarm,
und der verwandelte insgeheim
all meinen bitteren Harm
in weißes Wachs und in Honigseim.

Der Weg des Lernenden

In einem anderen Gedicht sagt Machado: „Wanderer, da ist kein Weg. Ein Weg entsteht, wenn man geht." Um den Weg des Lernenden zu beschreiten, muss der Wanderer bestimmte Bedingungen erfüllen.

1. Eine Vision haben.

2. Sich der Kluft zwischen seiner Vision und seiner Realität bewusst werden.

3. Sich (vorübergehend) für inkompetent erklären, um seine Sehnsüchte zu befriedigen.

4. Sich auf den Lernprozess einlassen.

   4.1. Verantwortung dafür übernehmen, kompetenter zu werden.

   4.2. Akzeptieren, dass er ein Anfänger ist, und sich Fehler gestatten.

4.3. Einen Meister oder Coach suchen und ihm Erlaubnis und Autorität geben, zu helfen.

4.4. Seine Zeit und Ressourcen darauf verwenden, unter der Supervision des Coachs in einer angemessenen Umgebung fleißig zu üben.

In *Alice im Wunderland* beschreibt Lewis Carroll[27], wie wichtig es ist, ein Reiseziel festzulegen, bevor man eine Reise antritt. Alice hat sich verlaufen und bittet die grinsende Edamer Katze um Hilfe: „Edamer Mieze, (...) würdest du mir bitte sagen, wie ich von hier aus weitergehen soll?" „Das hängt zum großen Teil davon ab, wohin du möchtest", sagte die Katze. „Ach, wohin ist mir eigentlich gleich", sagte Alice. „Dann ist es auch egal, wie du weitergehst", sagte die Katze.

Wer im Leben pro-aktiv sein will, braucht unbedingt eine Vision und muss sich mit dieser Vision entsprechende Ziele setzen; nicht alle Wege führen an denselben Ort, denn es gibt ja kein Ziel, das erreicht werden muss. Ohne Vision ist der Betreffende verloren und reagiert schließlich wie ein Tier nur noch von einem Moment zum anderen: Er sucht nach sofortigem Vergnügen und geht Schwierigkeiten aus dem Weg. Tiere kennen keine Zukunft und deshalb reagieren sie instinktiv. Wir Menschen hingegen können uns mögliche Zukunftsszenarien vorstellen und mit diesem Bewusstsein Situationen und die Konsequenzen unseres Handelns viel vorausschauender einschätzen. Demnach ist es unmöglich, etwas ohne Präferenzmaßstab einzuschätzen. Um beurteilen zu können, ob eine Sache besser ist als eine andere, müssen wir einen Maßstab anlegen. Genau diese Bewertungskriterien leiten sich aus unserer Vision ab.

Der erste Schritt zur Besteigung eines Berges ist der Entschluss, oben anzukommen. Eine Geländekarte erweist sich dann als nützlich, sobald man das Ziel festgelegt hat. Vorher ist sie nur eine Zeichnung auf einem Blatt Papier. Die Karte erhält ihre Bedeutung und ihren Sinn durch unseren Wunsch, den Gipfel zu erreichen. Die vier Himmelsrichtungen geben der Karte eine konventionelle Orientierung, aber die Vision verleiht ihr eine persönliche Orientierung. Die Vision gibt dem Gelände Bedeutung; dank ihr gibt es Unterscheidungen zwischen „dem, was mich näher bringt", und „dem, was mich davon abbringt". Genauso verleiht der Wunsch, an einen Ort zu gelangen, dem Leben Bedeutung und Sinn. Die Vision bewirkt, dass Situationen als befriedigend oder unbefriedigend erlebt werden. Die Verpflichtung gegenüber der Vision erzeugt die Energie, die für das Handeln in der Welt nötig ist.

Diese Verpflichtung bereitet uns auch geistig darauf vor, nach Gelegenheiten zu suchen, die wir ansonsten nicht sehen würden. Das ist nicht geheimnisvoller als ein Radio, das Wellen mit einer bestimmten Frequenz auffängt. Wenn es richtig eingestellt ist, ersetzt die Musik die Statik. Wenn ein Mensch sich auf seine Vision „einstellt", sieht die Welt für ihn ganz anders aus. Manchmal muss man glauben, um zu sehen. Sir Edmund Hillary, der als Erster den Mount Everest bestieg (und lebend zurückkehrte), wird folgender Ausspruch zugeschrieben: „Bis ein Mensch sich [für seine Vision] verpflichtet, ist er unentschlossen, erwägt einen Rückzieher und ist ständig uneffektiv. Bei allen Initiativen und schöpferischen Handlungen gibt es eine elementare Wahrheit, und die zu ignorieren, hat schon zahllose spektakuläre Pläne und Ideen vernichtet. In dem Moment, wo wir uns einlassen, spielt auch die Vorsehung mit. Es geschehen dann alle möglichen positiven Dinge, die ansonsten nie geschehen wären. Aus der Entscheidung erwächst eine Reihe von Taten, die uns zufällige Ereignisse und materielle Unterstützung bescheren, die sich keiner hätte träumen lassen. Egal wie dein Traum aussieht, mach einen Anfang. In der Kühnheit liegen Genie, Macht und Magie."

In Wirklichkeit sind alle Werke des Menschen zweimal geschaffen worden. Zuerst im Geist des Schöpfers und dann in der materiellen Welt. Zum Beispiel existierten die Gebäude und Häuser, in denen wir wohnen, bereits im Bewusstsein des Architekten, bevor sie gebaut wurden; jedes Auto, in dem wir fahren, existierte als Idee eines Ingenieurs, bevor es gebaut wurde; bevor es sich in der realen Welt manifestierte, entstand dieses Buch in meinem Kopf. Man kann unmöglich ein Gebäude ohne Plan errichten, unmöglich ein Auto ohne Projekt bauen und unmöglich ein Buch ohne Konzeptgerüst schreiben. Diese Pläne, Projekte und Gerüste entstehen als ideale Wesenheiten, Visionen von Möglichkeiten. Ohne Vision gibt es keine Realität; deshalb ist der erste Schritt für pro-aktives Lernen, eine persönliche Vision aufzubauen. Mit den Worten von Jack Welch, dem CEO von General Electric: „Nimm deine Zukunft (mithilfe der Entwicklung deiner Vision) in die Hand, sonst macht es ein anderer für dich ..."

Keine Zukunftsvision zu haben heißt, keine Richtung, kein Vorhaben, kein eigenes Ziel zu haben. Es bedeutet, sich aufs Geratewohl vom Fluss des Lebens forttragen zu lassen. Es bedeutet, von den Werten, Ideen und Vorhaben der anderen „gelebt zu werden", statt die eigenen zu leben. Es ist, als hätte man keine Wirbelsäule, als wäre man eine flüssige Masse, die sich widerstandslos den Regeln der Umwelt anpasst.

Auf kollektiver Ebene ist eine gemeinsame Vision absolut lebensnotwendig. Man kann sich leicht vorstellen, was für eine Katastrophe es wäre, wenn ein Programmierer-Team versuchte, ein Informatiksystem ohne mehrere gemeinsame Grundideen auf die Beine zu stellen. Eine Katastrophe wäre auch, wenn ein Management-Team ohne gemeinsame Vision und Pläne operiert. Man kann ein Unternehmen nicht rational verwalten, wenn man nicht an einem Strang zieht.

In fast allen Werken der Managementliteratur der letzten zehn Jahre ist hervorgehoben worden, wie wichtig eine gemeinsame Vision ist. Peter Senge hat sie in seinem Buch *Die fünfte Disziplin* als eine der „fünf Kerndisziplinen" eingeführt. Sie ist später von Hunderten von Akademikern, Beratern und Unternehmenslenkern immer wieder betont worden. Diese Betonung ist paradoxerweise ein Zeichen dafür, dass die Geschäftswelt die Lektion noch nicht verinnerlicht hat. Niemand schreibt über die Notwendigkeit, zu atmen, um zu leben, niemand schreibt über die Notwendigkeit, die Augen aufzumachen, wenn man sehen will, und keiner schreibt über die Notwendigkeit, dass man verkaufen muss, wenn man Profit machen will. Offensichtliche Wahrheiten sind nicht der Rede wert; es verdient nur das Erwähnung, was weder einleuchtend noch offensichtlich ist. Die ganze Aufmerksamkeit, die einer gemeinsamen

Vision geschenkt wird, heißt nichts anderes, als dass diese Disziplin noch nicht in Fleisch und Blut übergegangen ist.

Wenn ein Team mich um Hilfe bittet, beginne ich bei meiner Beratungstätigkeit meistens mit einer Übung, die die Augen öffnet. Ich bitte jedes einzelne Teammitglied, mir unter vier Augen fünf Fragen zu beantworten: 1) Welche Vision, welchen künftigen Zustand strebt dieses Team an? 2) Was ist die wichtigste Mission, das Hauptvorhaben, das der Existenz dieses Teams Sinn gibt? 3) Welche drei Grundwerte sollten das Verhalten dieses Teams bestimmen? 4) Mit welcher Strategie erfüllt das Team seine Mission im Einklang mit seinen Werten? 5) Welche quantifizierbaren Zwischenziele, welche konkreten Ziele müsste das Team kurzfristig erreichen? Dann bitte ich jeden Einzelnen, den anderen seine Antworten vorzulesen. Normalerweise sind die Teilnehmer beeindruckt, wie unterschiedlich und unzusammenhängend die Antworten ausfallen.

Obwohl die meisten Manager Bücher gelesen haben, in denen betont wird, wie wichtig die gemeinsame Vision ist, wissen sie nicht, wie sie damit umgehen sollen. Natürlich wissen sie, dass eine gemeinsame Vision wichtig ist, aber zwischen Information und Aktion gähnt eine Kluft. Das ist das Problem mit dem abstrakten Wissen: Wie wir weiter hinten in diesem Kapitel sehen werden, ist Bildung ohne die Verpflichtung, sie in die Praxis umzusetzen, nichts anderes als ein Versteck für Inkompetenz.

Eine gemeinsame Vision taucht nicht durch göttliche Eingebung auf; man muss sie sich mithilfe eines Prozesses erarbeiten, der Raum für Phantasie und Dialog lässt. Für diesen Prozess braucht man Zeit und Ressourcen. Wenn diese Ressourcen nicht verteilt werden, ist es eine Illusion, zu glauben, das Team werde die gemeinsame Vision erreichen.

Da wir gerade von Ressourcen sprechen: Ich muss hier die Opportunitätskosten und den Return on Investment erwähnen. Zeit und Mühe für die Schaffung einer gemeinsamen Vision aufzubringen, heißt, sie nicht für andere Dinge aufzuwenden. Woher wollen wir wissen, dass der durch eine Vision erzielte Ertrag größer sein wird, als wenn er durch etwas anderes erzielt wurde? Der Zusammenhang zwischen dem visionären Wesen eines Konzerns und seinen wirtschaftlichen Resultaten ist so klar wie der zwischen (Nicht-)Rauchen und Gesundheit. So informieren uns Collins und Porras, dass „visionäre Unternehmen langfristig außerordentliche Resultate erzielen". Hätte jemand am 1. Januar 1926 1 US-Dollar in den allgemeinen Index des US-amerikanischen Marktes investiert – erklären die Autoren von *Immer erfolgreich – die Strategien der Topunternehmen* –, wären aus dieser Investition am 31. Dezember 1990 415 US-Dollar geworden. Hätte man andererseits zum gleichen Zeitpunkt 1 US-Dollar in einen Index visionärer Unternehmen investiert, wären daraus in derselben Zeit 6356 US-Dollar geworden, das heißt, 15-mal mehr als auf dem allgemeinen Markt.

Leider sind die empirischen Daten über die Folgen des Rauchens im Hinblick auf die Lebensdauer für Millionen von Rauchern nicht überzeugend. Leider sind auch die empirischen Daten über die Folgen einer Vision im Hinblick auf die Rentabilität nicht überzeugend für die Hunderte von Management-Teams, die meinen, sie hätten „keine Zeit für so einen Unsinn".

Wir können nach neuen Kenntnissen nur dann suchen (und sie anwenden), wenn wir uns bewusst machen und zugeben, dass wir „nicht wissen". Viele Menschen erleben auf ihrem Lernweg Frustration und lassen sich von dieser ersten Hürde abhalten, weil sie unfähig oder nicht bereit sind, die Kluft zwischen Wollen und Können bewusst wahrzunehmen. Um emotionale Spannungen zu vermeiden, weigern sie sich, ihr derzeitiges Unwissen zu akzeptieren, geben äußeren Faktoren die Schuld oder schrauben ihre Wünsche hinsichtlich der Resultate herunter.

Peter Senge unterstreicht, wie wichtig diese Spannung zwischen Können und Wollen ist: „Kreative Spannung entsteht zwischen dem eigenen Wollen – die Vision – und der gegenwärtigen Realität. Die Lücke zwischen beiden erzeugt eine natürliche Spannung. Kreative Spannung lässt sich auf zweierlei Arten lösen: man hebt die derzeitige Realität auf die Höhe der Vision an oder holt die Vision auf die momentane Realität herunter. Einzelmenschen,

Gruppen und Organisationen nutzen die Energie dieser Spannung, um die gegenwärtige Realität ihren Visionen anzunähern."

„Ohne Vision gibt es keine kreative Spannung", fährt Senge fort. „Kreative Spannung entsteht nicht einfach aus der momentanen Realität. Auch reichen alle Analysen der Welt nicht aus, um eine Vision zu erzeugen. Aber kreative Spannung kann nicht nur der Vision entspringen; dazu ist auch ein getreues Abbild der momentanen Realität erforderlich."

Lernen ist viel mehr als Probleme lösen. Bei der Problemlösung ist das Bemühen reaktiv: Die Energie für die Veränderung entspringt dem Wunsch, sich von etwas Unerwünschtem freizumachen. Lernen ist pro-aktiv: Die Energie für die Veränderung entsteht aus dem Wunsch, die Vision zu erreichen. Der Unterschied mag zwar minimal erscheinen, aber er hat weit reichende Folgen. Viele Menschen und Organisationen fühlen sich nur durch äußere Faktoren (Krisen, Probleme usw.) zu einer Veränderung motiviert. Um zu wachsen, müssen sie daher hin und wieder der Realität ins Auge sehen. Die Widrigkeiten des Lebens lösen bei ihnen Sorge, Schmerz, Angst, Groll und Resignation aus. Andere Menschen und Organisationen reagieren auf den angeborenen Wunsch, ihr größtmögliches Potenzial zu entwickeln. Von den Herausforderungen des Lebens bleiben sie deshalb aber nicht verschont. Doch da sie diese Herausforderungen als Teil ihres Lernprozesses und ihres Weges zur Vision betrachten, nehmen sie sie mit Gelassenheit, Aufgeschlossenheit, Vertrauen, Frieden und Begeisterung hin.

Vom Blinden zum Experten

Ein „Blinder" ist unfähig, eine Aufgabe zu erfüllen, aber das weiß er nicht. Sein mangelndes Bewusstsein in Verbindung mit seiner Inkompetenz ist sehr zerstörerisch für seine Umgebung. Aber er empfindet weder Schmerzen noch Schuld, noch Gewissensbisse.

Es ist eine interessante Übung, sich einmal zu fragen, in welchen Lebensbereichen man blind ist. Um die Antwort zu finden, sollten Sie auf den Gemütszustand der Menschen in Ihrer Umgebung achten; oder noch besser, Sie fragen, wie sie sich fühlen. Wenn Sie merken, dass ringsherum Leid herrscht, können Sie bewusst tiefer gehen, sich der Lernerfahrung verpflichten und sie fragen, was Sie tun könnten, um ihr Leiden zu lindern. Egal ob Sie *für* dieses Leid verantwortlich sind oder nicht, können Sie *angesichts* dieses Leids immer *Verantwortung übernehmen*. Wir Menschen sind alle bis zu einem gewissen Grad blind. Dennoch können wir Gelegenheiten finden, um unsere Beziehungen zu verbessern, indem wir das Leid um uns herum erforschen.

Wenn der Blinde sich bewusst wird, wird er zu einem „Unwissenden". Der Unterschied zwischen einem Blinden und einem Unwissenden ist, dass Letzterer weiß, dass er nichts weiß; der Unwissende ist sich seiner Inkompetenz bewusst. Und dann hat er drei Möglichkeiten:

1. Er kann beschließen, sich aus dem Staub zu machen und das „Spielfeld" zu verlassen. Wenn er beispielsweise merkt, dass er nicht kochen kann, kann er beschließen, weder kochen zu lernen noch es einmal zu versuchen. Die Entscheidung, sich aus dem Staub zu machen, führt zwar nicht zu Kompetenz, doch es werden weitere Fehler und Leid vermieden.

2. Er kann beschließen, zu „schauspielern" und auf dem „Spielfeld" zu bleiben. Dabei weiß er, dass er nichts weiß, tut aber so, als wüsste er Bescheid. Um bei unserem Beispiel zu bleiben: Obwohl er weiß, dass er nicht kochen kann, versucht er eine Mahlzeit zuzubereiten. Abgesehen von den Problemen, die er anderen damit bereitet (die Gäste sind verpflichtet, seine scheußlichen Gerichte zu essen), fügt sich der „Schauspieler" auch selbst viel Leid zu. Nur wenige Dinge sind anstrengender, als Wissen vorzutäuschen, wenn uns in Wahrheit doch bewusst ist, dass wir nichts wissen. Wenn wir Lebensbereiche entdecken, in denen wir leiden, verhalten wir uns in diesen Bereichen möglicherweise wie ein „Schauspieler".

3. Er kann beschließen, zu einem „Anfänger" zu werden und sich verpflichten, dazuzulernen und effektiver zu werden.

Ein Anfänger zu sein, bedeutet, bereit zu sein, die Schwelle des Lernens zu überschreiten. Doch in unserer Kultur stellt es ein gewisses Risiko dar, sich als Anfänger zu bezeichnen. Zuzugeben, dass wir etwas nicht wissen, kann negative Konsequenzen für uns haben. Deshalb erfordert Lernen großes Engagement. Dem Anfänger ist seine künftige Kompetenz wichtiger als seine derzeitige Scheinkompetenz.

Bezeichnet sich jemand als Anfänger, verpflichtet er sich, eine Reihe von Schritten durchzuführen.

1. *Verantwortung dafür übernehmen, kompetenter zu werden.* Der Anfänger sieht sich als für sein Schicksal verantwortlich. Lernen ist nicht etwas, „was er von anderen bekommt", sondern die Entwicklung persönlicher Kompetenzen, die er sich selbst aneignet (möglicherweise mithilfe anderer).

2. *Zugeben, dass man ein Anfänger ist, und sich Fehler gestatten.* Obwohl sie ihre Inkompetenz bereits zugegeben haben, machen sich viele Lernende deswegen (oder weil sie so langsam lernen) dauernd Vorwürfe. Ein echter Anfänger gestattet sich Fehler, ohne sich Vorwürfe zu machen, denn er weiß, dass er nur lernen kann, wenn er versucht, Dinge zu tun, die seine Kompetenz überschreiten.

3. *Hilfe bei einem Meister oder Coach suchen und ihm Erlaubnis und Autorität geben, ihm zu helfen.* Sie brauchen nicht jedes Mal das Rad neu zu erfinden. Ein Coach (Trainer oder Lehrer) ist ein Quell des Wissens, das er dem Anfänger zur Verfügung stellt. Ein guter Coach kennt nicht nur das „Spielfeld", sondern weiß auch, wie er den Anfänger in die wesentlichen Praktiken einführt. Ein guter Coach respektiert die Integrität des Anfängers und ist bereit, ihm als Partner bei der Entwicklung seiner Kompetenzen zu helfen.

4. *Zeit und Ressourcen aufbringen, um unter der Supervision des Coachs in einer angemessenen Umgebung fleißig zu üben.* Lernen ist keine theoretische Aktivität. Um neue Kompetenzen zu verinnerlichen, muss man sie immer wieder einüben. Diese Praktiken fordern vom Anfänger Engagement, damit er seine Trägheit und sein Unbehagen überwindet. Ein Anfänger muss nicht nur Zeit, sondern auch die notwendigen Ressourcen für die Übungen aufbringen.

Der Anfänger muss die Supervision durch den Coach unbedingt akzeptieren (und seine Anweisungen und Vorschläge befolgen), damit er Fähigkeiten und keine Fehler einübt. Das Übungsfeld muss eine risikoarme Umgebung sein, in der Fehler keine größeren Folgen haben und wo er die Handlung mit unterschiedlichem Tempo wiederholen kann. Beispiele für Übungsfelder sind Flugsimulatoren, Orchesterproben und Sporttraining. Übungsfelder sind enorm wichtig für empirisches Lernen (weniger für theoretisches Lernen). Um eine neue psychomotorische Fähigkeit zu verinnerlichen, muss man die Handlung mehrmals durchführen. So gewöhnen sich Körper und Geist an die Bewegungsabläufe und automatisieren sie als unbewusste Prozesse.

Wenn beispielsweise jemand zum ersten Mal Ski fährt, fühlt er sich total unwohl und unsicher; und das zu Recht. Wenn er fleißig übt, wird er nach einiger Zeit langsam „den Bogen raushaben" und herausfinden, wie er sich bewegen muss, um anmutig auf dem Schnee dahinzugleiten. Dazu muss er die Grundbewegungen mehrmals in einer „sicheren" Zone – auf der Anfängerpiste – üben. Versucht er sich sofort an einer steilen Abfahrt, wird er das Skifahren niemals lernen; und wahrscheinlich tut er sich dabei noch weh. Dasselbe geschieht, wenn wir zum ersten Mal einen Golf- oder Tennisschläger in die Hand nehmen oder Verhandlungen über einen Outsourcing-Vertrag führen. Auf dem Weg des Lernens gibt es keine Abkürzungen, die die Sache leichter machen; man muss ihn Schritt für Schritt gehen. Man kann lediglich dafür sorgen, dass die ersten, naturgemäß unsicheren Schritte in einer wohlwollenden Umgebung stattfinden.

Ein Anfänger, der die Bedingungen 1 bis 4 nicht erfüllt, ist kein Anfänger, sondern ein Hochstapler, der sich als Anfänger ausgibt. Wir sollten uns gelegentlich selbst bewerten, um zu sehen, ob wir nicht unbewusst in diese Falle tappen.

Wenn Sie sich bei Ihrem Lernprozess von jemandem leiten lassen, der Beurteilungen abgibt und Anweisungen erteilt, stehen wir vor dem Dilemma der Autonomie. Wir geben einen Teil unserer Autorität über uns ab, um dadurch künftig größere persönliche Macht zu erlangen.

Dieses Opfer unterstreicht, wie wichtig es ist, seinen Coach sorgfältig auszusuchen. Aufgrund seiner Macht kann ein Coach ohne ethische Grundsätze dem Anfänger schaden und ihn vom Lernen abhalten. Es ist ganz entscheidend, dass der Lernende eine vertrauensvolle Beziehung zu seinem Coach aufbaut. (Es sei hier daran erinnert, dass der Coach nicht unbedingt ein Mensch aus Fleisch und Blut sein muss: Sie können beispielsweise auch mit einem Buch, einem Video oder einem Computerprogramm lernen. Dabei spielt es zwar keine Rolle, wer oder was Ihr Coach ist, aber das Vertrauen ist trotzdem ein wesentlicher Punkt.)

In ihrem Buch *Künstliche Intelligenz: Von den Grenzen der Denkmaschine und dem Wert der Intuition* schlagen Hubert und Stuart Dreyfus[28] die Entwicklung eines Fünf-Stufen-Lernmodells vor.

Stufe 1: *Der Neuling oder Anfänger (novice).* Dreyfus nennen das erste Stadium „der Neuling" (entspricht unserem *Anfänger*). In dieser Phase sucht sich der Lernende ein Handlungsfeld und gibt ohne Scham zu, dass er in diesem Bereich nicht effektiv wirken kann. Er geht eine Verpflichtung mit einem Coach ein, in der er dies zugibt und dem Coach die Erlaubnis gibt, ihn zu unterrichten. Der Coach definiert die Elemente, die die Lernsituation enthält und die er für den Lernenden als wichtig erachtet und die „kontextunabhängig" sind; das heißt: Für die Durchführung einer bestimmten Handlung gibt es Regeln und Richtlinien, die nicht von äußeren Variabeln abhängen. Wenn jemand beispielsweise Autofahren lernt, weist ihn der Coach darauf hin, dass er zu dem Auto vor ihm immer einen bestimmten Abstand halten muss. Diese Anweisung ignoriert den Kontext, etwa dichten Verkehr oder die Geschwindigkeit; es ist eine „kontextunabhängige" Regel, die dem Lernenden helfen kann, ohne allzu viele Komplikationen effektiv zu operieren.

Stufe 2: *Der fortgeschrittene Anfänger (Advanced beginner).* Auf diesem Level wird der Lernende vor Situationen des wirklichen Lebens gestellt, die sich von den kontextunabhängigen Situationen unterscheiden, mit denen der Novize konfrontiert war. Seine Leistung unter solchen Umständen hat sich so weit entwickelt, dass seine Leistungen von den anderen Verkehrsteilnehmern als „akzeptabel" bezeichnet werden. Ein Fahrschüler beispielsweise kann nur die Grundlagen des Autofahrens erlernen; ein fortgeschrittener Anfänger entwickelt bereits eine gewisse Kompetenz auf der Straße, immer unter dem wachsamen Blick oder der Kontrolle des Lehrers. Der fortgeschrittene Anfänger ist sich dessen bewusst, dass er allein Probleme bekäme, und verlässt sich deshalb auf die Supervision und die Anweisungen seines Coachs, der ihm als Sicherheitsnetz dient.

Stufe 3: *Der kompetente Akteur.* Hier hat der Lernende bereits genug Erfahrungen in echten Situationen gesammelt, um eine bestimmte Aufgabe angemessen zu bewältigen, aber nur, wenn er einige andere Folgeschritte anwendet, etwa Regeln, die er bewusst und mechanisch benutzt. In unserem Beispiel weiß der kompetente Autofahrer, dass er beim Abbiegen blinken, langsamer fahren, bremsen (falls nötig), in die richtige Richtung schauen und das Lenkrad drehen muss, während er gleichzeitig vorsichtig Gas gibt. Auf dieser Stufe erbringt der Lernende nur in „normalen" Situationen eine gute Leistung. Noch kann er nicht mit Notfällen oder unvorhergesehenen Situationen umgehen.

Stufe 4: *Gewandtheit (Proficiency).* Ein gewandter Lernender kombiniert analytisches Denken mit einer nahezu automatischen Ausführung der Aufgabe und einer gewissen Portion Intuition. Er kann mögliche unvorhergesehene Situationen vorwegnehmen und die notwendige operationale Analyse anwenden, ohne seine Aufgabe zu unterbrechen. Bei diesem Lernschritt distanziert sich der Coach, und der bereits geschickte Fahrer erbringt eine eigenständige Leistung.

Stufe 5: *Expertentum (Expertise).* „Ein Experte [Spezialist] weiß im Allgemeinen, was er tun muss", schreiben Dreyfus. „Mit wachsender Erfahrung wird seine Leistung flüssig und schnell." Auf diesem Niveau könnte sich ein Experte über die Grundregeln hinwegsetzen. Verfügt er über genügend konkrete Erfahrungen, ist sein Verhalten weder logisch noch rational, sondern intuitiv und basiert auf dem, was er in diesem Moment für das Beste hält. An diesem Punkt des Lernprozesses ist der Experte fähig, zu handeln, ohne zu denken: Er hat ins Terrain der unbewussten Kompetenz gewechselt.

Die Gefahr für den Experten besteht darin, dass er dem zum Opfer fallen kann, was Chris Argyris[29] „geschulte Inkompetenz" nennt. Inkompetente Experten sind jene, die die veränderten Umfeldbedingungen ignorieren, sobald sie ein bestimmtes Kompetenzniveau erreicht haben. Diese Veränderungen erfordern eine bestimmte Art zu operieren, und deshalb sind Experten, die an ihrer bisherigen Handlungsweise nichts ändern, rückständig und werden ineffektiv. Das gilt vor allem in unseren Zeiten, wo sich ständig etwas verändert. Ein Experte, der sich der Grenzen seiner Fachkenntnisse nicht bewusst ist, kann möglicherweise nicht mehr mithalten und die Effektivität seines Teams oder seines Unternehmens vermindern.

Die Meisterschaft ist die letzte Lernstufe. Der Meister hat sich auf seinem Gebiet so viel Fachkenntnis angeeignet, dass er neue Maßstäbe für Exzellenz setzen kann. Albert Einstein, Winston Churchill, Pelé, Isadora Duncan und Johann Sebastian Bach waren Meister; sie erreichten ein so hohes Niveau, dass sie die Geschichte in ihren jeweiligen Fachgebieten neu schrieben. Im Gegensatz zu Experten bewahren sich die wahren Meister immer den Geist von Anfängern und sind mit ihrer unbewussten Kompetenz aufgeschlossen und aufmerksam für neue kreative Möglichkeiten, die dem Experten entgehen.

Es ist ein langer Weg von der Blindheit zur Meisterschaft. Unsere Gesellschaft und ein Großteil ihrer Unternehmenskultur leiden darunter, dass sie sofort Ergebnisse sehen wollen. Sie müssen große Disziplin entwickeln, um dem Druck zu widerstehen, der durch Ungeduld entsteht.

George Leonard[30], Professor, Aikido-Schwarzgurt und Autor eines Buches über Meisterschaft, sagt, die meisten Menschen erlangen die Meisterschaft deshalb nicht, weil sie die – wie er es nennt – „Frustration des Plateaus" nicht aushalten können. Seine Beschreibung des Lernweges ist genau das Gegenteil von dem belohnenden Ideal, dem zufolge der Lernende stetig und konstant zum Meister aufsteigt. Leonard glaubt, dass dieser Weg großteils aus Plateaus besteht, die sich mit einigen kurzen Fortschritts-„Sprüngen" abwechseln, die den Lernenden auf ein etwas höheres Plateau anheben. Jeder, der etwas Neues lernen will, verbringt laut Leonard einen Großteil seiner Zeit auf einem bestimmten Kompetenz- (oder Inkompetenz)niveau, während es nur sporadisch Verbesserungsschübe gibt.

Dieser Prozess ist meist frustrierend für alle, die Meisterschaft anstreben. Statt in der Disziplin und in der Praxis konstant zu bleiben, schreibt Leonard, bleiben viele Lernende in einer der drei folgenden Kategorien stecken:

1. *Der Dilettant:* Er geht mit großer Begeisterung und viel Energie an eine neue Sportart, ein neues Hobby, eine neue Diät oder irgendeine andere Beschäftigung heran. Doch beim ersten oder zweiten Plateau ist er schon frustriert und gibt auf oder sucht sich etwas Neues.

2. *Der Fanatiker.* Getrieben von einem maßlosen Wunsch, versucht er, das Plateau zu überwinden, indem er bis an Grenzen seiner Fähigkeiten geht. Die Ratschläge seines Coachs lehnt er ab oder ignoriert sie und gibt zum Schluss ganz auf. Im Sport passiert dies oft, wenn sich der Betreffende durch Überanstrengung eine Verletzung zugezogen hat.

3. *Der Phlegmatiker*: Er erreicht ein Niveau, auf dem er „das Problem löst" und beschließt, dies sei genug. Aufgrund dieses Erfolgs hält er sich für einen „recht guten" Angler, Schriftsteller oder Künstler, der es nicht nötig hat, weiterhin zu kämpfen, um dazuzulernen.

Leonard sagt, es sei schade, dass die meisten Lernenden als Dilettanten, Fanatiker oder Phlegmatiker enden. Hingegen erreicht jener, der auf unmittelbare Ziele verzichtet und sich für gründliches Üben entscheidet, im Allgemeinen höhere Ziele (sowohl was seine Handlungskompetenz als auch seine Zufriedenheit betrifft) als jemand, der auf schnelle Ergebnisse aus ist. Er schließt daraus, dass das typische Merkmal jener Menschen, die die Meisterschaft erreichen, ihre Fähigkeit ist, „die Plateaus zu lieben" und unabhängig vom unmittelbaren Ergebnis weiterhin kontinuierlich zu üben.

Jeder Mensch kann zu heiterer Selbsterkenntnis gelangen, wenn er über seine Muster nachdenkt, die bei ihm eine Abneigung gegen die Meisterschaft hervorrufen. Wenn der Lernende die Dynamik seiner Neigungen versteht, wird ihm bewusst, wie er sich auf dem Weg zur Exzellenz bremst, und lässt sich dadurch dann nicht mehr abbringen.

Die Feinde des Lernprozesses

Jeder behauptet von sich, er finde Lernen gut. In Wahrheit fällt den meisten das Lernen schwer. Beängstigende Bedrohungen warten auf denjenigen, der nach Wissen sucht. Diese negativen Kräfte nennen wir „die Feinde des Lernprozesses".

Lernsituationen beginnen meistens mit schwierigen Gefühlen. Das sind die „Torhüter" des Lernens. Wer sich von ihnen abschrecken lässt und sich zurückzieht, wird niemals zu Wissen gelangen. Nur wer sich ihnen mutig und entschlossen stellt, hat es verdient, ihre Geheimnisse zu erfahren.

Einige dieser Feinde des Lernprozesses sind:

1. *Blindheit* (in Bezug auf die eigene Inkompetenz). Man kann nicht den Weg des Wissens beschreiten, ohne sich bewusst zu sein, dass man nichts weiß. Ein Blinder weiß nicht, dass er nichts weiß, und ist doch der irrigen Meinung, er brauche nichts zu lernen.

2. *Angst* (sein Unwissen zuzugeben). Das Selbstwertgefühl des Besserwissers steht auf äußerst wackeligen Füßen. Das Eingeständnis, etwas nicht zu wissen oder inkompetent zu sein, würde sein Bild zerstören. Deshalb leidet er lieber (und verursacht Leid), statt zuzugeben, dass er etwas lernen muss.

3. *Scham* (seine Inkompetenz zu zeigen). Der Lernende hat immer Angst, sich lächerlich zu machen. Wenn er neue Verhaltensweisen ausprobiert, werden seine Handlungen störend, unpassend, ja komisch sein. Wenn er nicht fähig ist, seine Inkompetenz ständig zu zeigen, wird er den Weg des Wissens gedemütigt verlassen.

4. *Versuchung* (sich als Opfer zu sehen). Es ist viel leichter, äußeren Faktoren die Schuld an Schwierigkeiten zu geben. Wer die Ursache der Probleme nach draußen verlagert, fühlt sich frei von der Verantwortung, zu lernen.

5. *Stolz* (der verhindert, um Hilfe und Unterweisung zu bitten). Wer um Hilfe bittet, gibt zu, dass er etwas benötigt. Sich unterweisen zu lassen, heißt, Autonomie abzugeben. Menschen, die ihren persönlichen Stolz auf vermeintliche Unabhängigkeit gründen, gehen diesem „Feind" in die Falle.

6. *Arroganz* (zu glauben oder vorzugeben, man „wisse Bescheid"). Das ist eine Form von Simulantentum. Wir wissen, dass es „keinen schlimmeren Blinden gibt als den, der nicht sehen will". Ohne Demut kann man unmöglich die Chancen zur Verbesserung erkennen, da man in seiner Arroganz der Überzeugung ist, es gebe nichts zu verbessern. Bei den Navajo Indianern heißt eine Redensart: „Man kann einen Menschen, der sich schlafend stellt, nicht aufwecken."

7. *Faulheit* (statt fleißig zu üben). Lernen ist eine anspruchsvolle Aufgabe. Wer neue Fähigkeiten verinnerlichen will, muss gewissenhaft üben. Faule weichen dieser Anstrengung aus. Sie richten sich lieber bequem in ihrer Inkompetenz ein.

8. *Ungeduld* (man will sofortige Belohnung) und *Langeweile*. Ohne langfristige Motivation kann man unmöglich die nötige Anstrengung aufbringen, um Wissen zu erlangen. Das Bedürfnis nach ständiger Belohnung erzeugt beim Lernenden große Frustration und veranlasst ihn, den Weg zu verlassen. Wer nach Zerstreuung sucht, hält die Suche nach Wissen nicht lange durch.

9. *Mangelndes Vertrauen* (in den Lehrer oder sich selbst). Wie sehr ein Meister helfen kann, hängt ganz von dem Vertrauensverhältnis zwischen ihm und dem Lernenden ab. Wenn die Beziehung nicht von Vertrauen geprägt ist, gestaltet sich der Lernprozess extrem schwierig. Hält sich andererseits der Lernende selbst für unfähig zu lernen, ist die Sache hoffnungslos. In den Worten von Henry Ford: „Ob du glaubst, du kannst etwas, oder ob du glaubst, du kannst es nicht, du hast in beiden Fällen Recht." Oder in den Worten von Saint-Exupéry: „Wenn du deine Grenzen verteidigst, dann gehören sie dir erst recht."

10. *Niedergeschlagenheit* und *Verwirrung*. Oft meint der Lernende, er könne den Grund für diese oder jene Praxis oder Übung unmöglich begreifen. Deshalb ist das Vertrauen in den Coach so wichtig. Niedergeschlagenheit und Verwirrung rühren von dem ungläubigen Gedanken: „Ich verstehe nicht, was los ist, und das gefällt mir nicht." Wenn der Lernende in einem von Vertrauen und Sicherheit geprägten Umfeld aktiv wird, kann er seine Situation neu interpretieren und denken: „Ich verstehe nicht, was los ist ... und das begeistert mich."

Das einzig nützliche Wissen ist „wissen, wie" (*to know how*), nicht „wissen, dass" (*to know that*). Die Information ist die notwendige, wenngleich nicht hinreichende Voraussetzung dafür, in seinem Tun effektiv zu werden. In einer Welt, in der der Wandel beständig ist, ist das Nützlichste nicht, „etwas" Spezifisches zu wissen (alle Praktiken werden irgendwann überholt sein, je mehr man weiß), sondern zu wissen, wie man neue Disziplinen erlernt. Wenn wir Lernen lernen, indem wir zu Lern-Meistern werden, können wir effektiv auf jede Veränderung reagieren.

Kapitel 3

Probleme, Erklärungen und Lösungen

*Die Lösung des Problems des Lebens merkt man
am Verschwinden dieses Problems. (Ist nicht dies
der Grund, warum Menschen, denen der Sinn des
Lebens nach langen Zweifeln klar wurde, warum
diese dann nicht sagen konnten, worin dieser Sinn
bestand?) Es gibt allerdings Unaussprechliches.
Dies zeigt sich, es ist das Mystische.*

LUDWIG WITTGENSTEIN,
TRACTATUS LOGICUS PHILOSOPHICUS

*H*ouston, wir haben ein Problem. Mit dieser Information begann das Epos des Raumschiffs Apollo 13. Das Abenteuer hielt die Welt so lange in Atem, bis die Astronauten wieder wohlbehalten auf der Erde zurück waren. Der Satz „Wir haben ein Problem" bringt tagtäglich viele von uns aus der Ruhe. Im Berufsleben wie auch im Privatleben stehen wir regelmäßig vor Situationen, die unsere Effektivität und unser Wohlbefinden bedrohen, Situationen, die wir „Problem" nennen. An jedem Arbeitsplatz ist man hauptsächlich damit beschäftigt, Probleme zu lösen. Personen, Teams und Organisationen verwenden Zeit, Aufmerksamkeit, Mühe und

Ressourcen für dieses Ziel. Aber diese Bemühungen sind in vielen Fällen ineffizient (wenn zu viele Ressourcen dabei verbraucht werden) und unwirksam (wenn das Problem dadurch nicht gelöst wird). Grund für ihre mangelnde Effektivität ist, dass sie von einer irrigen Voraussetzung ausgehen: der Überzeugung, es gäbe so etwas wie ein Problem.

Traditionell hält man Probleme für reale Dinge, die da draußen in der Welt sind, unabhängig vom Beobachter, der sie beschreibt. Die Interpretation einer „problematischen" Situation hängt von der Perspektive und den Fähigkeiten dessen ab, der sie erlebt. Das Problem wird so definiert, wie der Mensch die Geschehnisse interpretiert und ihnen einen Sinn gibt. Deshalb gehen unterschiedliche Menschen mit unterschiedlichen Denkstrukturen und unterschiedlichen Fähigkeiten die Sache unterschiedlich an. Das ist an sich kein Hindernis. Im Gegenteil, die Vielfalt der Perspektiven kann ein Vorteil sein. Schwierig wird es dann, wenn jeder glaubt, *seine* Definition des Problems sei *die wahre*. Hier kommt es dann zu Konflikten darüber, wer Recht hat. Man kann diese Konflikte nicht objektiv lösen, weil das Problem kein Objekt, sondern eine Interpretation ist. Jeder der Gesprächsteilnehmer liegt richtig, aber keiner von ihnen hat letztendlich Recht.

Die Behauptung „So was wie ein echtes Problem gibt es nicht" heißt nicht, dass es keine Probleme gibt, sondern dass Probleme nichts Reales sind. Probleme sind Interpretationen, die wir von Situationen machen. Deshalb sollte man Probleme nicht als *Objekte* begreifen, sondern genauer untersuchen, was das *Subjekt* macht, wenn es sich in Umständen befindet, die es „problematisch" nennt. Dabei soll nicht eine „getreuere" Beschreibung eines Problems gefunden, sondern die Frage beantwortet werden, wie wir die Herausforderungen des Lebens verstehen sollen, damit wir effektiver und integrer handeln können. Dazu müssen wir bei der grundlegenden Frage beginnen: Was ist ein Problem?

Sehen wir uns einmal ein typisches Problem an: ein Radio, das nur Geräusche produziert. Ist das Geräusch ein Problem? Physikalisch ausgedrückt, sicher nicht: Alle Elektronen verhalten sich völlig den Naturgesetzen entsprechend. Menschlich ausgedrückt, ja: Der

Betreffende sieht, dass sein Wunsch, Musik zu hören, nicht erfüllt wird. Nehmen wir noch ein anderes, dramatischeres Problem: Ein Orkan zerstört eine Stadt. Für einen völlig abgeklärten Wissenschaftler ist das kein Problem, sondern ein völlig verständliches Klimaphänomen. Aber für denselben Wissenschaftler, der sich jetzt um die Bewohner dieser Stadt sorgt, ist der Orkan ein großes Problem. Ein Problem ist immer ein Urteil, das eine Person über die Existenz einer Diskrepanz zwischen ihrem Wunsch und der Realität gefällt hat. Deshalb liegen Probleme nie außerhalb des Betreffenden und sind auch nicht unabhängig von ihm.

Wenn wir von einem „Problem" sprechen, beschreiben wir damit eine äußere Realität, beurteilen damit aber gleichzeitig unsere Fähigkeiten in Bezug auf unsere Umstände und Ziele. „Problem" bedeutet, dass die durch die Situation gegebene Herausforderung die Reaktionsfähigkeit dessen übersteigt, der ein Ziel erreichen will. Das Problem ist immer ein Problem *für jemanden*, der nicht weiß, wie er effektiv reagieren kann. Es gibt kein Problem ohne eine Person, für die die Situation problematisch ist.

Ein und dieselbe Situation kann für ein und dieselbe Person ein Problem oder eine Chance sein. Wie wir in den vorigen Kapiteln erklärt haben, ist beispielsweise ein Fehler ein Problem, aber zugleich auch ein Schatz: eine Gelegenheit, den Ablauf zu verbessern. Anerkennen, dass Probleme nichts Reales sind, heißt nicht, Probleme würden einfach verschwinden, nur weil man sich eingeredet hat, sie existierten nicht.

Tagtäglich werden wir mit Unannehmlichkeiten konfrontiert. Das Auto springt nicht an, die Verbindung ins Internet wird unterbrochen, ein Kunde beschwert sich, die Lieferung entspreche nicht seinen Erwartungen, es fehlt ein Teil, das der Lieferant versehentlich nicht mitgeliefert hat. Die meisten dieser Situationen sind keine weltbewegenden Herausforderungen; wir können sie praktisch automatisch lösen. Aber es gibt bestimmte Probleme (die wir *schwierig* nennen), die auf automatische Lösungen nicht ansprechen. Obwohl sie für den, der mit ihnen konfrontiert ist, scheinbar real sind, sind Worte wie „schwierig" oder „komplex" keine

Beobachtungen von Fakten, sondern Urteile, Meinungen, die von den Parametern dessen abhängen, der sie ausspricht. Probleme sind nicht per se „schwierig" – es ist die betreffende *Person*, die nicht weiß, wie sie sich in dieser Situation, die sie als „schwieriges Problem" bezeichnet, angemessen verhalten soll. Zum Beispiel wurde eine Computerdatei gelöscht und nun braucht man sie; das ist ein ernsthaftes Problem für den einen, aber für einen anderen, der sich mit dem Programm zur Rettung verlorener Dateien auskennt, ist das Ganze nur eine Nebensache.

Schwieriges Problem und *nicht wissen, wie man das gewünschte Ergebnis erzielt*, sind zwei Seiten derselben Medaille. Der Betreffende sagt, er habe ein schwieriges Problem, wenn er nicht weiß, wie er zu dem gewünschten Ergebnis kommen soll; und wenn er nicht weiß, wie er zu dem gewünschten Ergebnis kommen soll, sagt er, er habe ein schwieriges Problem. Wer die Schwierigkeit als Fakt betrachtet, konzentriert sich meistens auf die äußeren Umstände. Meistens liegen diese Umstände außerhalb seiner Kontrolle und deshalb hat dieser Mensch wenig Macht, um seine Realität zu verändern. Wer andererseits in der Schwierigkeit einen Hinweis auf das eigene Nicht-Wissen sieht, konzentriert sich meistens auf sich selbst. Durch die Konzentration auf die eigenen Möglichkeiten, Fähigkeiten zu erlernen oder zu erweitern, hat der Betreffende viel mehr Macht, um das Problem „leichter" zu machen.

Eine Erklärung ist keine objektive Wahrheit. Eine Erklärung ist eine Interpretation, eine Antwort auf die Frage eines Beobachters, der eine Erfahrung macht, die seine Neugier weckt. Eine gute Erklärung befriedigt die Interessen des Beobachters. Durch sie wird die Erfahrung in Bezug auf andere, frühere Erklärungen schlüssig. Auf diese Weise verändert die Erklärung die Gemütsverfassung des Beobachters: Seine Ratlosigkeit weicht der Gelassenheit. Ein Beispiel: Ein Mann kommt nach Hause und trifft dort niemanden an. Er wundert sich, denn er hoffte, seine Frau und die Kinder zu sehen; er überlegt eine Weile und sagt sich dann: „Natürlich. Heute ist ja die Schulaufführung. Sie sind noch dort." In der äußeren Realität hat sich nichts verändert – Frau und Kinder sind noch immer nicht zu Hause –, aber mit seiner Erklärung fühlt sich der Mann beruhigter.

Das grundlegende Kriterium für die Zuhilfenahme von Erklärungen ist die Effektivität. Innerhalb mehrerer wahrer Erklärungen sind einige effektiver als andere. Das heißt, Erklärungen, die wirksamere (schneller zum Ziel führende) und effizientere Lösungswege (bei denen weniger Ressourcen benötigt werden) aufzeigen. Um ein Problem zu lösen, um eine Situation so zu verändern, dass sie sich mit unseren Wünschen deckt, müssen wir die effektivsten Erklärungen auswählen. Aber eine Lösung zeichnet sich objektiv betrachtet natürlich nicht durch Effektivität aus. Auch sie ist eine Meinung. Lösungen sind effektiv für eine bestimmte Person, die zu einem bestimmten Moment und unter bestimmten Umständen ein bestimmtes Anliegen hat.

Der Mensch erklärt die Dinge, weil er damit etwas bezwecken möchte: seine Fähigkeit zu effektiverem Handeln verbessern, Übereinstimmungen oder wissenschaftliche Gesetzmäßigkeiten finden, einen Kollegen überzeugen oder Freunde beeindrucken. Je nach seinen Wünschen wird jeder Mensch sich seine Erklärungen ausdenken.

Eine Erklärung ist wie eine Landkarte. Es wäre lächerlich, zu fragen, ob eine Seekarte „wahrheitsgetreuer" ist als eine topografische Karte, wenn man davon ausgeht, dass beide das Gelände wahrheitsgetreu abbilden. Es wäre auch lächerlich zu fragen, welche dieser Karten „besser" ist, solange man nicht weiß, für welchen Bereich sie angewendet wird. Wenn jemand segeln will, wird er von einer Seekarte mehr profitieren; will er Bergsteigen gehen, hilft ihm eher die topografische Karte weiter.

Die Macht einer Erklärung sowie die einer Karte besteht darin, dass sie die Komplexität der Welt verringert, um sie einem bestimmten Zweck anzupassen. Wir müssen Erklärungen so auswählen, wie wir Karten aussuchen: Am Anfang muss die Frage stehen, warum wir das erklären wollen, was wir zu erklären versuchen. Wenn ein Unternehmer bei seinen Angestellten beispielsweise mehr Initiative sehen will, muss er verstehen, weshalb diese Angestellten bisher keine Initiative gezeigt haben. Will er dem Thema ausweichen und sich nicht mit dem Problem befassen, wird er nach einer *beruhigenden* Erklärung (der Erklärung des Opfers) suchen müssen. Will er in die Situation eingreifen, um seine Angestellten zu mehr Initiative anzuspornen, muss er eine *lösungsorientierte* Erklärung (die Erklärung des Protagonisten) suchen.

Eine *lösungsorientierte* Erklärung hilft dem Erklärenden, in seinem Interesse auf die Situation zu reagieren, und bietet ihm Möglichkeiten an, wie er sein Ziel erreichen kann. Eine beruhigende Erklärung hilft ihm, weniger Frust über ein nicht erreichtes Ziel zu verspüren, indem er den anderen (oder den Umständen) die Schuld daran gibt. Lösungsorientierte Erklärungen geben ihm Macht, verlangen aber von ihm, Verantwortung für sein Tun zu übernehmen. Beruhigende Erklärungen gewähren ihm „Immunität", verlangen aber von ihm, dass er seine Macht abgibt, etwas an seiner Lage zu ändern.

Lösungsorientierte Erklärungen werden immer in der ersten Person geäußert. Wenn eine Führungskraft etwa eine Erklärung dafür sucht, warum ihre Mitarbeiter keine Energie und Teilnahme zeigen (statt zu denken: „weil sie Faulpelze sind"), würde sie sich fragen, ob dies nicht deshalb so ist, „weil ich sie für ihren Einsatz nicht lobe und nicht mit ihnen über ihr apathisches Verhalten spreche". Lösungsorientierte Erklärungen setzen voraus, dass der Betreffende in der Lage ist, auf das momentane Geschehen – wenn schon nicht effizient, dann wenigstens integer – zu reagieren. Selbst wenn es ihm nicht gelingt, sein Vorhaben durchzusetzen, kann er immer noch seinen Werten treu bleiben. Beruhigende Erklärungen werden immer in der dritten Person formuliert. Eine Äußerung wie „Sie sind unentschlossen und ihre Eltern haben sie nicht richtig erzogen" klingt so, als ob der Erklärende Opfer von Umständen wäre, die sich außerhalb seiner Kontrolle befinden.

Die Quelle der Macht liegt darin, Verantwortung zu übernehmen. Angenommen, jemand möchte seinen Alkoholkonsum reduzieren. Eine mögliche Erklärung, weshalb Menschen sich betrinken, ist: Sie sind unmoralisch, ihnen fehlt die Disziplin und sie sind genetisch unfähig, sich ohne äußere Belohnungen und Strafen zu beherrschen. Nach dieser Vorstellung würde der Betreffende eine Kampagne starten, um der Öffentlichkeit den Konsum alkoholischer Getränke zu verbieten und jeden Konsumenten (in Form von Steuern oder Gefängnis) zu bestrafen. Diese Philosophie stand hinter dem Prohibitionsgesetz in den USA der 1920er Jahre. Nach gewaltigen Anstrengungen und Entbehrungen, um dieses Gesetz durchzubringen, wurde die Situation jedoch nicht besser, sondern viel schlimmer. Also was tun?

Der erste Schritt ist, diese Erklärung nicht fälschlich für wahr zu halten. Wenn sich eine Karte im Gelände als untauglich erweist, muss man eine andere nehmen. Leider verharren viele in ihrer unbewussten Arroganz, Gewissheit darüber zu haben, dass das Gelände sich ändern muss. Diejenigen, die in der Welt der „Wahrheit" leben, sind unfähig, ihre Erklärungen im Licht ihrer Misserfolge zu betrachten.

Als das Prohibitionsgesetz scheiterte, bestand die beruhigende Option darin, auf der Erklärung zu beharren und den Alkoholikern die Schuld zu geben, die ihre angeborene, nicht behebbare „Schwäche" in die Kriminalität treibt (eine vom Gesetz eigens „erfundene" Kriminalität). Diese Erklärung macht die Sache keineswegs besser, sorgt aber für eine gewisse Erleichterung: Ich erreiche zwar mein Ziel nicht, aber wenigstens weiß ich warum; und noch wichtiger: Ich weiß, dass es nicht meine Schuld ist; ich weiß, dass die anderen (die Alkoholiker) schuld sind, und deshalb werden sie (und nicht ich) bezahlen, wenn die Strafe fällig wird.

Die lösungsorientierte Option besteht darin, sich die Diskrepanz zwischen den angestrebten Zielen und den tatsächlichen Ergebnissen anzuschauen; sich selbst und die Erklärung als Teile des Problems und Teile des Systems zu betrachten, das zu den unerwünschten Ergebnissen führt. Mit dieser Sichtweise können Sie nach effektiveren Erklärungen suchen. Nach dem Scheitern des Prohibitionsgesetzes würden Sie versuchen zu verstehen, woran es lag, und nach Möglichkeiten suchen, mit denen jenen geholfen wäre, die mit dem zwanghaften Trinken gern aufhören möchten. So könnten Sie Alkoholismus beispielsweise als abgeschwächte Version von spirituellem Durst betrachten, eine (zerstörerische) Methode, um Selbstwert, Glück und inneren Frieden zu erreichen. Mit dieser Vorstellung wäre die Entwicklung von Rehabilitationsprogrammen wie die Anonymen Alkoholiker möglich.

Ist Alkoholismus wirklich das Streben nach transzendenten Bewusstseinszuständen? Nein, wenn „wirklich" bedeutet, dass dies *die einzig* wahre Erklärung ist. Alkoholismus ist ein Phänomen, das sich vielfältig interpretieren lässt: Einige Menschen assoziieren mit Sich-Betrinken etwas völlig anderes als das hier Beschriebene. In unserer Kultur hat sich die Erklärung, mit der die Anonymen Alkoholiker arbeiten, als wirksamere Hilfe für Menschen erwiesen, die „trocken" werden möchten, als die Vorstellung, die die moralische Schwäche des Alkoholikers anprangert.

Das Prohibitionsgesetz gibt es nicht mehr. Aber die Erklärung dahinter wirkt immer noch nach. Der „Drogenkrieg" verschlingt in den USA jedes Jahr Milliarden Dollars. Fast 90% der Häftlinge in den USA (dem Land mit dem höchsten Prozentsatz und der weltweit größten Zahl Strafgefangener) wird wegen Verbrechen im Zusammenhang mit Drogen verurteilt (und die Hälfte davon wegen gewaltloser Verbrechen, das heißt Drogenkonsum oder -handel). Jede Woche wird ein neuer Korruptionsskandal bei der Polizei aufgedeckt, und nach mehr als zehn Jahren „Kampf" steigt der Drogenkonsum weiter. Vielleicht ist all das ein Hinweis darauf, dass man die Erklärung des Motivs, weshalb Menschen Drogen nehmen, neu hinterfragen und dementsprechend die Antidrogenpolitik neu definieren muss.

In der Unternehmerwelt gibt es unzählige solcher beruhigenden Erklärungen: „Mein Chef ist unmöglich", „Mit diesen Gewerkschaftlern kann man nicht verhandeln", „Die Asiaten verkaufen billiger, weil sie niedrigere Lohnkosten haben", „Die Regierung tut nichts für die Inlandsproduktion" usw. Diese Erklärungen mögen wohl begründet sein, aber sie schieben die Ursache und die Verantwortung für das „Problem" auf Faktoren, die außerhalb der Kontrolle des Subjekts liegen. Dennoch behaupten sie, eine Veränderung dieser Faktoren (eine nicht kontrollierbare Tatsache) sei die Voraussetzung dafür, dass sich die Ergebnisse ändern. Wenn es Ihnen nicht gelingt, Ihre Aufgabe zu erledigen, weil Ihr Chef unmöglich ist, dann werden Sie Ihre Arbeit nur machen können, wenn sich der Chef ändert; wenn die Lohnkosten im Osten das wirtschaftliche Ergebnis Ihres Unternehmens bestimmen, dann werden Sie Ihre Ziele nur erreichen, wenn diese Faktoren es zulassen.

Diese beruhigenden Erklärungen sind nicht unbedingt „falsch" – zum Teil stimmen sie –, aber sie schwächen Sie. Um die Situation in den – wie Stephen Covey es nennt – „Einflussbereich" zu bringen, müssen wir festlegen, welche Rolle wir in dieser Situation spielen. Selbst wenn wir die Situation nicht herbeigeführt haben, können wir doch die Art ändern, wie sie uns betrifft. Sie könnten beispielsweise nach neuen Formen der Zusammenarbeit mit Ihrem Chef suchen oder diejenigen Mitarbeiter schulen oder austauschen, die nicht Ihren Bedürfnissen und Erwartungen entsprechen. Gleich welcher Situation Sie gegenüberstehen, betrachten Sie sie als Herausforderung und fragen Sie sich: „Wie würde ich unter den gegebenen Umständen reagieren?"

Die Antwort auf diese Frage wirkt sich auf unsere Erfolgsmöglichkeiten aus. Handlungen beeinflussen die Richtung, die unser Leben nimmt. Aber keine Handlung entscheidet über den unbedingten Erfolg; jedes Resultat hängt von Faktoren ab, die wir kontrollieren können oder nicht. Wenn Sie etwa einen Defekt an einer bestimmten Maschine entdecken, können Sie versuchen, sie unter Einsatz all Ihres Wissens zu reparieren. Wenn Sie für die Reparatur aber ein Ersatzteil brauchen, das Sie nicht vorrätig haben, werden Sie die Maschine erst dann wieder in Gang setzen können, wenn Sie dieses Ersatzteil haben – selbst wenn Sie sich auf den Kopf stellen: Die Gesetze der Physik, die in der Mechanik herrschen, sind unveränderlich.

Die Antwort auf diese Frage offenbart immer schonungslos, ob die Wertvorstellungen des Einzelnen mit seinen Handlungen übereinstimmen, indem sie ihm ein inneres Gefühl von Frieden und Würde beschert. Die Bedingung für diesen inneren Frieden ist, wirklich überzeugt zu sein, dass Sie Ihr Möglichstes getan haben (oder gern tun würden), indem Sie Ihre Ressourcen zur Zielerreichung so effizient wie möglich genutzt haben und Ihren Wertvorstellungen treu geblieben sind. Außer einem zielorientierten

Vorhaben (Erfolg haben) haben wir immer ein prozessorientiertes Ziel (unsere Integrität bewahren). Angesichts der Herausforderungen des Lebens ist die Frage nach dem Endergebnis lediglich eine erste Annäherung. Wir fragen uns immer eingehender: „Habe ich alles getan, was ich tun konnte, tun wollte oder tun musste?"; „Habe ich meine Fähigkeiten und Ressourcen richtig eingesetzt?"; „Habe ich tugendhaft (im Einklang mit meinen Werten) gehandelt?" und „Welche Lehre ziehe ich aus dieser Erfahrung?". Das sind die transzendenten Fragen, die über den Erfolg hinausgehen.

Optimisten und Pessimisten

In seinem Buch *Pessimisten küsst man nicht* unterscheidet Martin Seligman[31] zwischen allgemein verwendeten Erklärungen für Optimisten und Pessimisten. „Pessimisten", schreibt er, „sind überzeugt, dass alles Unerfreuliche lange anhält, ihnen die Lebensfreude raubt und ihr eigener Fehler ist. Den Optimisten setzt das Leben mit ebenso harten Schlägen zu; doch sie denken über ihre Missgeschicke ganz anders. Sie halten Niederlagen für vorübergehend, betrachten sie lediglich als Rückschläge, die nur auf diesen einen Fall beschränkt bleiben. Sie schreiben sich ihr Unglück nicht selbst zu: die Umstände, eine Pechsträhne oder andere Leute haben es herbeigeführt. Solche Menschen lassen sich durch Niederlagen nicht unterkriegen. Eine schwierige Situation betrachten sie als Herausforderung und strengen sich besonders an." Optimisten sind überzeugt, ihre Reaktionsfähigkeit durch Lernen erhöhen zu können, und haben deshalb genügend Vertrauen, um sich den Herausforderungen des Lebens zu stellen.

Unterschiedliche Erklärungen haben enorme Konsequenzen auf das Leben dessen, der sie verwendet. Gedanken wirken sich auf die Gefühle, das Verhalten, ja, sogar die Physiologie von Menschen aus: Die Art, wie jemand seine Gegenwart erklärt und seine Vergangenheit interpretiert, bestimmt seine Zukunft. Seligman präsentiert mehrere Studien, die beweisen, dass Pessimisten sich leichter geschlagen geben und häufiger depressiv werden. Optimisten hingegen schneiden in der Schule und an der Uni, in der Arbeit, im Sport, in gesellschaftlichen Beziehungen und in der Politik besser ab; sie erfreuen sich besserer Gesundheit, leiden weniger an Stress, leben länger und haben eine bessere Lebensqualität: „Unsere Gedanken sind nicht einfach Reaktionen auf Ereignisse; sie beeinflussen auch das Geschehen", sagt Seligman. „Wenn wir wie die Pessimisten prinzipiell glauben, dass Unglück unsere eigene Schuld ist, dass es sich ständig wiederholen wird und all unsere Bemühungen zunichte macht, dann stößt uns auch wirklich mehr Unglück zu als bei einer positiveren Einstellung. Ich bin davon überzeugt, dass uns eine solche Weltsicht depressiv macht, dass wir hinter unseren eigenen Möglichkeiten zurückbleiben und dass wir sogar häufiger krank werden."

Grund für den Unterschied zwischen Optimisten und Pessimisten ist das, was Seligman das „Erklärungsmuster" nennt. Das ist eine Art, automatisch über die Ursachen von Ereignissen nachzudenken, eine Angewohnheit, die durch die persönliche Geschichte und durch kulturelle Einflüsse entstanden ist. Diese Denkgewohnheit versetzt den Betreffenden in die Lage, Erfahrungen mit lösungsorientierten oder beruhigenden Erklärungen zu begreifen. Pessimisten sind süchtig nach gedanklichen Tranquilizern (und greifen meistens auch zu chemischen Beruhigungsmitteln). Um ihren Selbstwert nicht zu verlieren, müssen sie sich als Opfer von Faktoren außerhalb ihrer Kontrolle sehen. Bestimmte Charakteristika ihrer Persönlichkeit (etwa Faulheit oder Apathie) erscheinen in ihrer Sprache als äußere Faktoren. Auf diese Weise können sie sich selbst bei größtem Schmerz und bei Niederlagen schuldlos fühlen.

Optimisten sind handlungsorientiert, denn sie betrachten sich als Protagonisten. Das Selbstwertgefühl eines Optimisten beruht auf seiner Fähigkeit, dazuzulernen und auf Herausforderungen zu reagieren. Er setzt alle seine Ressourcen (Effektivität) ein, um seine Ziele zu erreichen, und bleibt seinen Werten treu (Integrität). Er sperrt sich nicht gegen Unvorhergesehenes, Unbekanntes und Ungewisses; stattdessen empfindet er Dankbarkeit und betrachtet diese Umstände als Gelegenheiten, seine Entschlossenheit, sein persönliches Engagement und seine Lernbereitschaft unter Beweis zu stellen. Für den Optimisten sind Probleme immer Chancen.

Ein klassisches Beispiel für Probleme, die aufgrund von beruhigenden Erklärungen unlösbar scheinen, ist mangelnde Kreativität oder mangelnde Führungseignung. Das Haupthindernis besteht darin, zu glauben, „Kreativität" und „Führungseignung" seien geheimnisvolle Eigenschaften, die uns angeboren sind (oder auch nicht). Wenn jemand beruflich nicht weiterkommt, kann er dies auf seine mangelnde Kreativität schieben und das Schicksal verfluchen, dass er sich nicht besser als Führungskraft eignet. Auf diese Weise versucht er, einer Situation einen Sinn zu geben. Natürlich lässt sich nicht schlüssig beweisen, ob Kreativität und Führungseignung erworbene Fähigkeiten oder angeborene Eigenschaften sind. Doch wenn man sie als Faktoren betrachtet, die sich dem Einflussbereich des Subjekts entziehen, wirken sie lähmend und behindern das Wachstum. Wenn wir uns für eine deterministische Erklärung entscheiden, klammern wir alle operationalen Mittel aus, mit denen wir die Situation verändern könnten. Diese Erklärung führt niemals zu irgendeiner effektiven Handlung. Mit ihr blockieren wir uns genauso wie ohne sie. Der einzige Unterschied ist der, dass wir jetzt „wissen", weshalb wir gescheitert sind; wir sind immer noch unglücklich, aber jetzt gibt es eine Erklärung für unser Unglück.

Eine lösungsorientierte Erklärung zeigt einen Weg aus der Sackgasse, einen Handlungslauf, mit dem wir unsere Ziele erreichen und „eine kreative Führungskraft" werden. Der erste Schritt einer lösungsorientierten Erklärung wäre beispielsweise, Kreativität und Führungseignung als Urteile einer Gemeinschaft zu betrachten, die die Handlungen eines Menschen mit bestimmten Parametern vergleicht. Jemand besitzt scheinbar weder Führungseignung noch Kreativität, weil er nicht weiß, was er tun muss, um das Niveau der Gemeinschaft zu erreichen, die ihn beurteilt. Es ist sinnlos, das Problem als genetisch oder durch die Persönlichkeit bedingt erklären zu wollen; es wäre viel effektiver, sich klarzumachen, dass dieser Mensch *noch* nicht weiß, wie er sich so verhalten kann, dass andere ihn für kreativ halten oder einer Führungsposition für würdig erachten. Dann beginnt er zu ergründen, wie sich einflussreiche Menschen Urteile über Kreativität und Führungseignung bilden; und durch Analyse des Verhaltens, das zu diesen Urteilen geführt hat, lernt er, sich dementsprechend zu verhalten. Sobald er die neuen Verhaltensweisen in die Praxis umsetzt, werden auch die Urteile anders ausfallen.

Probleme kann man auf vielerlei Art lösen, die meisten sind allerdings nicht gerade effektiv. Die Schwierigkeit, diese Werkzeuge anzuwenden, liegt nicht in ihrer Qualität begründet. Ihre Logik ist unwiderlegbar. Das größte Hindernis ist das Bewusstsein (oder besser, das Unbewusstsein) des Anwenders. Solange er am Paradigma von Gewissheit und Objektivität festhält, wird es ihm schwer fallen, irgendeine gewählte Methode effektiv anzuwenden. Dazu muss er zuerst die entsprechende Geisteseinstellung entwickeln. Einerseits Demut, um sagen zu können: „Ich weiß nicht, wie ich mit dieser Situation umgehen soll, aber ich kann mir den Beitrag derjenigen zunutze machen, die diesen Lösungsprozess (Methode) vorbereitet haben." Andererseits braucht er Selbstvertrauen, um sagen zu können: „Auch wenn andere die abstrakte Seite der Probleme untersucht haben, ist meine Situation einzigartig und besonders. Deshalb genügt es nicht, ihre Empfehlungen auf meinen konkreten Fall anzuwenden." Hat sich diese Balance eingestellt, wird er sich auf die Suche nach einer Lösung machen.

Die folgenden Prinzipien, die auf der Grundlage der Arbeiten von Nadler und Hibino[32] entwickelt wurden, dienen als Richtschnur für die Lösung von Problemen.

1. Einzigartigkeit. Jedes Problem ist einzigartig und erfordert eine spezifische Lösung. Mit allgemeinen Modellen lassen sich die Besonderheiten einer bestimmten Situation nicht erfassen. Der erste und vielleicht schlimmste Fehler ist die Annahme, ein Problem sei identisch mit einem anderen. Die Anwendung einer importierten Lösung zu erzwingen, kostet im Allgemeinen viel mehr Zeit und Geld als die Entwicklung einer neuen Lösung. Eine effektive Lösung muss die besonderen Bedürfnisse, Interessen, Fertigkeiten, Grenzen und Fähigkeiten aller Betroffenen vereinen und die zur Verfügung stehende Zeit und Ressourcen effizient nutzen. Außerdem ist jedes Problem in ein einzigartiges System von miteinander verknüpften

Problemen eingebettet. Wer sich auf die lösungsorientierten Komponenten konzentriert, kann nicht erkennen, durch welche spezifischen Bedingungen jedes Problem zu etwas Einzigartigem wird.

2. Übergreifender Zweck. Wenn Sie eine Absicht vor Augen haben und sie in jeden Ihrer Schritte einbinden, können Sie die Kluft zwischen Realität und Wunsch effektiver schließen. Der zweithäufigste Fehler bei der Problemlösung liegt darin, dass man sich auf das konzentriert, was schlecht läuft, und versucht, es abzustellen. Diese negative Einstellung (vermeiden, was man nicht will, statt etwas anzustreben, was man will) engt den Raum für mögliche Lösungen ein, weil er die Kreativität behindert. Andererseits reagieren Menschen viel begeisterter auf positive Visionen als auf negative. Liebe ist viel motivierender als Abneigung.

Man sollte Probleme unbedingt so angehen, dass man sich bemüht, „das erwünschte Vorhaben anzustreben", und sich nicht darauf beschränkt, „das zu reparieren, was nicht funktioniert". Auf diese Weise vergeudet man keine Ressourcen für Strategien, deren Ziel nicht Effektivität ist. Beispielsweise setzt die Übernahme der Definition „Tippfehler der Sekretärinnen korrigieren" voraus, dass man diese Sekretärinnen weiterhin beschäftigen muss. Eine umfassendere Definition, wie „fehlerfreie Dokumente erstellen", könnte radikale Strategien beinhalten: beispielsweise die Sekretärinnen entlassen und eine Software anschaffen, mit der die Chefs ihre Dokumente selbst in den Computer diktieren und editieren können.

Das Wort „Zweck" kann Nützlichkeit bedeuten, wie in dem Satz „Der Zweck eines Kühlschranks ist es, Getränke zu kühlen". Oder „Absicht", wie in dem Satz „Seine Absicht war zu helfen". Oder „Mission", etwa wenn man festlegt, dass es „die Mission des Unternehmens ist, Personen und Gegenstände auf dem Luftweg zu transportieren". Es kann aber auch ein Ziel bedeuten, wie in dem Satz „Das Ziel dieses Meetings ist, eine Handelsstrategie zu erarbeiten". Diese ganzen Bedeutungen helfen Ihnen dabei, das Problem pro-aktiv anzugehen. Deshalb ist der erste Schritt bei allen Lösungsprozessen die Frage: „Was ist mein (unser) Ziel?"

Das ist nur der erste Schritt, denn bald muss man das ursprüngliche Ziel erweitern, indem man sich nacheinander folgende Fragen stellt: „Und welchem Zweck dient das?", „Warum ist das wichtig für mich (uns)?", „Was würde ich erreichen, wenn ich mein ursprüngliches Ziel erreiche, das für mich noch wichtiger ist als jenes?", „Was will ich (wollen wir) eigentlich erreichen?" und „Was ist meine (unsere) Mission unter diesen Gegebenheiten?". Mit dieser Fragekette kommt man auf eine Reihe von Mitteln zum Zweck, mit denen sich die Zahl der möglichen Lösungen erhöhen lässt.

Wer beispielsweise meint, in der Arbeit überlastet zu sein, würde es als sein wichtigstes Ziel bezeichnen, „mit der Arbeit fertig zu werden". Dann könnte er als Lösung beispielsweise „länger im Büro bleiben" in Betracht ziehen. Die Frage „Und welchem Zweck dient das?" könnte zu folgender Fragenkette führen: „Die Arbeit rechtzeitig abgeben, die Erwartungen des Kunden erfüllen, einen zufriedenen Kunden haben, als exzellent auf dem Markt gelten, den Profit des Unternehmens steigern." Damit er die Arbeit rechtzeitig abgeben kann, könnte der Betreffende länger im Büro bleiben, er könnte aber auch andere um Hilfe bitten. Um die Erwartungen seines Kunden zu erfüllen, könnte er die Arbeit rechtzeitig abgeben oder den Kunden anrufen und die Abgabefrist neu aushandeln, wenn dadurch keine Nachteile entstehen. Und so vergrößert er Schritt für Schritt die Bandbreite seiner Reaktionsmöglichkeiten.

Ein übergreifendes Ziel schafft auch einen Kontext, der den Schritten zur Lösung eines spezifischen Problems einen Sinn gibt. Mit solch einem Kontext kann sich der Betreffende für ein wichtiges Projekt engagieren. Nur so werden Menschen in punkto Kreativität und Anstrengung ihr Bestes geben.

3. Visionäre Lösung. Wenn man eine langfristige umfassende Lösung anstrebt, kann man kurzfristige Lösungen organisieren und ihnen eine Richtung geben. Wenn man auf die Dynamik des Problems achtet, ist sichergestellt, dass die Lösung auch langfristig effektiv und machbar ist. Der dritthäufigste Fehler ist, sich keine Gedanken über die unmittelbare Situation hinaus zu machen und das

Problem auf eine Weise zu „lösen", die in Zukunft noch viel größere Probleme aufwerfen wird.

Das Prinzip der visionären Lösung regt die Phantasie zur Suche nach der Ideallösung an; einer Lösung, die vielleicht im Moment nicht durchführbar ist, aber immerhin als Lichtstreif am Horizont dienen kann. Aus der Sofortlösung wird dann einfach ein Übergangsschritt zur visionären Lösung. Deshalb hat die visionäre Lösung, auch wenn sie in der Zukunft lebt, eine unmittelbare Wirkung auf die Gegenwart. Die Frage: „Und was kommt dann? Und dann? Und dann?", verbindet die Handlungen von heute mit den Zielen von morgen. Aber wenn dieses Morgen näher rückt, wird man auch das Morgen der Vergangenheit berücksichtigen müssen. Alle Lösungen sind Übergangsschritte. So wie sich die Umstände und Ziele unweigerlich ändern, muss jede Lösung die Möglichkeit einer Veränderung mit berücksichtigen.

Das Prinzip der visionären Lösung wirft Fragen auf, die nicht zu einer, sondern zu vielen Lösungen führen. Diese Lösungen sind ungemein kreativ, weil sie nicht von vermeintlichen Einschränkungen behindert werden, von denen sie in der Gegenwart möglicherweise abhängig wären.

Der Schlüssel zur Entwicklung visionärer Lösungen ist, der Kreativität freien Lauf zu lassen, indem man die Regeln des *Brainstorming* befolgt:

☐ Jegliche Kritik während der Ideenfindung ist verboten. Urteile dürfen erst in einer späteren Bewertungsrunde gefällt werden.

☐ Zur freien Äußerung ermuntern, auch wenn die Ideen sinnlos scheinen.

☐ Jemanden zur Teilnahme einladen, der mit dem betreffenden Thema nichts zu tun hat.

☐ Alle Ideen aufschreiben, damit jede durchgesprochen wird.

☐ Anregende Fragen vorschlagen wie:

  • Wie sähe die Lösung aus, wenn es keine Einschränkungen gäbe?

- Wie sähe die Idealsituation aus, wenn wir unsere höheren Ziele erreichen könnten?

- Wie sähe die Lösung aus, wenn wir noch einmal bei Null anfangen könnten?

☐ Die Unterhaltung darauf fokussieren, wie man die vorgeschlagenen Lösungen zum Funktionieren bringt, statt darüber zu diskutieren, warum sie nicht funktionieren.

☐ Mit Humor, freiem Assoziieren und Phantasie arbeiten.

4. Systemisches Verstehen. Probleme sind nicht die Folge isolierter Faktoren. Jedes Problem ist das Ergebnis vom Zusammenspiel vieler Faktoren und spielt seinerseits eine Rolle bei der Entstehung globalerer Probleme. Der vierte große Fehler bei der Problemlösung ist es, ausschließlich nach der analytischen Methode vorzugehen, das heißt, das Problem in seine Bestandteile zu zergliedern, ohne die Zwischenbeziehungen zu untersuchen. Verfährt man nach dem systemischen Prinzip, muss man die Teile zu einem Ganzen synthetisieren, sprich: sie vereinen und dieses Ganze in seinen Kontext einbetten. Nur so ist gewährleistet, dass die Lösung später funktioniert und keine unerwünschten Folgen hat. Sprichwörtlich sind die Beispiele von zerstörerischen Interaktionen, wenn eine Abteilung des Unternehmens beschließt, etwas zu tun, was der Effektivität des Ganzen schadet.

Ein ganz typisches Merkmal jedes Systems ist, dass man das Funktionieren der Teile suboptimieren (unterordnen) *muss*, damit das Ganze funktioniert; denn wenn alle Teile optimal funktionieren, wird auch das Funktionieren des Ganzen suboptimiert. Das Problem ist, dass Abteilungsleiter das System im Allgemeinen nicht global betrachten. Deshalb bestehen sie trotz der kontraproduktiven Auswirkungen meistens auf „Teilverbesserungen" in ihren Bereichen, die zu einer totalen Verschlechterung führen. Um dies zu vermeiden, muss man sich klarmachen, was ein System ist, wie es funktioniert und wie man am effektivsten eingreifen kann, um es zu verbessern.

Ein System ist eine Gruppe zusammenhängender Elemente, das *Inputs* (Eingaben) bekommt und diese in einem bestimmten Prozess zu *Outputs* (Ausgaben) verarbeitet, mit der Absicht, ein bestimmtes Ziel zu erreichen. Alles lässt sich als System begreifen. Zum Beispiel nimmt ein Buch als *Input* einen Leser an, der seinen Inhalt nicht kennt, doch die notwendige Energie aufbringt, um es zu lesen, und über das Lesen zu einem informierten Leser wird (*Output*).

5. Limitierte Information. Zu viele Informationen über das Problem zu sammeln, bringt nur Problem-Experten hervor, aber keine Lösungen. Außerdem kann zu viel Information die Kreativität beeinträchtigen. Führungskräfte, die Probleme effektiv lösen, wissen, dass man unmöglich alle Daten zusammentragen kann; eine Information ist niemals perfekt. Deshalb können sie zu einem gewissen Grad mit Zweifeln und Ungewissheit umgehen. Der fünfte große Fehler ist, zu glauben, mit dem erschöpfenden Sammeln von Daten ließe sich die Lösung von Problemen vorantreiben. Das Prinzip der limitierten Information bedeutet, dass man sich auf die nützliche und relevante Information konzentrieren muss, um das gemeinsame Vorhaben durchzuführen und der visionären Lösung näher zu kommen. Wer auf der Suche nach dem „totalen Wissen" unterschiedslos Informationen anhäuft, vergeudet nicht nur Zeit, Anstrengung und Geld, sondern verhindert auch die Lösung des Problems, weil er die Beteiligten mit einer wahren Lawine von unwichtigen Details überschüttet.

Das Prinzip der limitierten Information kehrt die traditionelle Reihenfolge bei strategischer Planung um. Strategische Planung gründet sich auf drei Fragen: *Wo stehen wir? Wo wollen wir stehen?* und *Wie kommen wir von der ersten Antwort zur zweiten?* Das klingt einfach, direkt und vernünftig, ist aber ein großer Irrtum. Beginnt die Organisation mit der Frage „Wo stehen wir?", gerät sie in einen Sumpf von Details, aus dem sie nicht mehr herausfindet, um die optimale Lösung zu finden. Welche Folgen diese Methode hat, sieht man am besten daran, wie viele Millionen Arbeitsstunden mit dem endlosen Sammeln von Informationen vergeudet wurden, die nachher nicht verwendet werden. Diese Frage mag zwar gut gemeint sein, doch sie ist der sichere Weg zum Misserfolg. Sie hält keine Herausforderungen bereit, sondern akzeptiert die der Überlegung zugrunde liegenden Annahmen, die das Problem in erster Linie verursacht haben. Um mit Einstein zu sprechen: „Man kann ein Problem niemals mit derselben Denkweise lösen, durch die es entstanden ist."

Viel produktiver und kostensparender ist es, zunächst den Zweck des betreffenden Systems zu untersuchen, indem man ihn erweitert, um für die aktuelle Situation eine visionäre Lösung zu entwerfen. Nur dann wird man in der Lage sein, zweckdienliche, *relevante* Informationen zu suchen, mit denen sich mehrere, dem Ideal nahe kommende Lösungen durchführen lassen.

6. Interessierte Personen. Alle, die das Problem betrifft, und diejenigen, die es lösen sollen, müssen eng und ständig am Lösungsprozess mitarbeiten. Mehr noch: Jeder kann beachtlich dazu beitragen. Entscheidend ist, dass eine Atmosphäre entsteht, die jeden Einzelnen anregt, sein Bestes zu geben. Dazu muss man alle anhören und darf keine Vorurteile haben, wenn sich die Frage stellt, wer qualifiziert ist, um Ideen anzubieten. Dabei entdeckt man vielleicht, dass man von der falschen Voraussetzung ausgeht, Menschen wollten keine Veränderung. Menschen sträuben sich gegen eine Veränderung, die sie nicht begreifen, eine Veränderung, die ihnen aufgezwungen wird, die sie als bedrohlich erleben, die größere Risiken für ihre Vorteile birgt oder mit ihren anderen Prioritäten kollidiert. Der sechste große Fehler bei der Lösung von Problemen ist, den Prozess auf eine Gruppe von „Spezialisten" zu beschränken und alle anderen Interessierten außen vor zu lassen.

Eine kleine Spezialistengruppe könnte zwar eine effizientere, akzeptable Lösung finden, würde aber die Bedürfnisse und Wünsche aller Interessierten doch nur schwer kreativ erfassen. Und selbst wenn, ist es doch ebenso zwingend, diese Lösung schnell zu finden, wie sie anzuwenden – vielleicht sogar noch zwingender. Wer Veränderungen einführen will, braucht das aktive Engagement derjenigen, die mit ihnen zurande kommen müssen. Ihr Engagement hängt von einem tiefen Verständnis für die Lösung, ihre Entwicklung und ihre Konsequenzen ab. Damit sie dieses Verständnis aufbringen, müssen sie sich am Ausarbeitungsprozess beteiligen. Die Umsetzung von Lösungen geschieht zu Beginn des Projekts, unter Miteinbeziehung der betroffenen Personen, die sie umsetzen müssen.

Um zwischenmenschliche Synergien nutzen zu können, muss man den Gruppenprozess sorgfältig strukturieren. Viele Bemühungen um einen Kompromiss scheitern, weil man das Negative in den Vordergrund rückt. So beginnen viele Meetings mit der Bitte, die Anwesenden möchten doch das Problem, die Schwierigkeiten und deren Ursachen schildern oder die für das Problem Verantwortlichen benennen. Dieser konventionelle Ansatz erzeugt meistens ein Gefühl von Machtlosigkeit. Der klassische Lösungsprozess führt dazu, dass man automatische Problemdefinitionen akzeptiert, zum „Tunnelblick" (Scheuklappen in der Wahrnehmung), der Beibehaltung des Status quo, der Suche nach der *einzigen* richtigen Lösung, zu Interessenskonflikten, Fehlern und Verzögerungen in der Ausführung usw. Andererseits erhält sich eine Gruppe, die zu Beginn ihr übergreifendes Ziel und dessen visionäre Lösung definiert, ihre Begeisterung und ihr Engagement. Die Frage, *wie* ein Meeting verläuft, ist genauso wichtig wie die Frage, *wer* daran teilnimmt.

7. Ständige Verbesserung. Eine Lösung kann man nur dadurch lebendig erhalten, dass man sie in ein fortlaufendes Verbesserungsprogramm einbaut. Der siebthäufigste Fehler bei der Lösung von Problemen besteht darin, zu glauben: „Wenn es nicht kaputt ist, braucht man es nicht zu reparieren." Entgegen dieser landläufigen Meinung lautet das Prinzip der beständigen Verbesserung aber: „Man sollte es reparieren, bevor es kaputt geht." Die Möglichkeit eines Systemzusammenbruchs verringert sich erheblich, wenn künftige Veränderungen mit berücksichtigt werden. Wenn man eine Lösung umsetzt, muss man auch die spätere Entwicklung dieser Lösung und ihr potenzielles Überholtsein berücksichtigen. Peter Drucker[33] schrieb dazu, der Gewinner in der globalen Wirtschaft werde jener sein, der sich systematisch von seinen eigenen

Produkten trennt. Keine Handlung, kein Ergebnis ist endgültig; Lösungen existieren in einem Kontinuum, in dem sich immer bessere und größere Stufen von Wohlbefinden erreichen lassen.

Die Einstellung „Reparieren, bevor es kaputt geht" hilft, Problemen zuvorzukommen. Zahllose Studien kamen zu dem Schluss, dass präventive Erhaltung viel effektiver ist als korrigierende Erhaltung. Ein Sprichwort sagt: „Vorbeugen ist besser als heilen." Mit dieser Philosophie lässt sich der Schlag, den eine Krise versetzt, vermeiden. Ian Mitroff[34], der Direktor des Center of Crisis Management der University of California, hat dokumentiert, wie Krisen Organisationen zwingen, „nicht nur zu reagieren, sondern auch ihre eigenen Strukturen neu zu gestalten, um das Auftreten von Krisen zu vermeiden". Die Betrachtung künftiger Krisenszenarien hilft, die Gegenwart vorzubereiten, um diesen Eventualitäten pro-aktiv zu begegnen.

Eine echte Innovation ist nicht nur der Große Knall oder die drastische Veränderung, sondern auch der Garant für beständige Veränderung und Verbesserung in jedem Bereich. Zu einer visionären Lösung können attraktive, innovative Ideen gehören, die der Betreffende gern sofort umsetzen möchte. Aber radikale Veränderungen bergen meistens Risiken und Hürden. Es ist viel unbedenklicher, schrittweise kleine Veränderungen vorzunehmen und auf diese Weise voranzukommen. Kleine Erfolge sorgen dafür, dass das Projekt in die richtige Richtung zielt, und lassen größere Begeisterung und Engagement entstehen. Jede dieser Veränderungen ist eine Erfahrung, deren Weiterführung das System der Ideallösung einen Schritt näher bringt. Schon Laotse sagte: „Auch eine Reise von tausend Schritten beginnt mit dem ersten Schritt." Das könnten wir ergänzen mit: „... und geht Schritt für Schritt weiter."

So wie es dieses Ding namens Problem nicht gibt, gibt es auch so etwas wie eine Lösung nicht. Dinge, die jemand tut, um die Diskrepanz zwischen seiner momentanen Situation und der gewünschten Situation zu beseitigen, sind niemals endgültig. „Lösung" nennen wir den in diesem Moment gewählten Schritt. Aber wenn wir diesen Schritt gehen, verändert sich der Horizont (sowohl der Standpunkt als auch das Ziel); dann muss der folgende Schritt vielleicht in eine andere Richtung gehen. Deshalb muss man das

Wort „Lösung" definieren als „eine Veränderung, die den Keim ihrer eigenen späteren Veränderung in sich trägt".

Probleme im Team lösen

Ein Team, das mit dem Paradigma von der einzigen Wahrheit operiert und Probleme als objektive Phänomene betrachtet, wird höchst ineffektiv sein. Sind die Teammitglieder mit einer bestimmten Situation konfrontiert, werden einige von ihnen behaupten, es gebe eine Diskrepanz zwischen der Realität und ihren Wünschen; das heißt, sie werden meinen, sie hätten ein Problem, während andere diese Diskrepanz nicht sehen – und das bedeutet, dass sie gar kein Problem haben. Der Grund dafür sind unterschiedliche Standpunkte oder andere Ziele. Selbst wenn alle sich auf das aktuelle Geschehen verständigen könnten, wären sie sich ohne gemeinsame Vision nicht darin einig, dass es ein Problem gibt. In diesem Moment wird sich eine ebenso erbitterte wie fruchtlose Diskussion darüber entspinnen, „ob wir ein Problem haben oder nicht".

Diese Diskussion ist genauso sinnlos wie ein Streit über den Geschmack von Lachs und Forelle. Der Lachs schmeckt nicht besser als die Forelle, die Forelle schmeckt nicht besser als der Lachs. „Schmeckt besser" soll heißen: „Mir schmeckt es besser." Wenn zwei Personen feststellen, dass Meinungen über den Geschmack von Fischen subjektiv sind, ist die Diskussion beendet: „Mir schmeckt Lachs besser", sagt der eine. „Und mir schmeckt Forelle besser", sagt der andere. „Über Geschmack lässt sich nicht streiten", sagen beide. Genauso endet die Auseinandersetzung über die Frage, ob es ein Problem gibt oder nicht, sobald die Beteiligten merken, dass Meinungen zu Problemen subjektiv sind. Es „gibt" weder ein Problem, noch „gibt es keines". „Problem" ist eine Redensart, mit der man sagen will, dass es den Beteiligten „nicht gefällt, was gerade geschieht". „Mir gefällt nicht, was gerade geschieht", sagt die eine. „Mir macht es nichts aus", sagt die andere; „Und was machen wir jetzt?", fragen beide. Bei der lösungsorientierten Frage geht es nicht darum, ob es *wirklich* ein Problem gibt oder nicht, sondern darum, *was zu tun ist*, wenn ein Teil des Teams mit der erlebten Realität unzufrieden ist und der andere Teil nicht.

Selbst wenn sich die Teammitglieder darauf einigen, dass es ein Problem gibt, führen sie wahrscheinlich trotzdem unproduktive Diskussionen über dessen „wahres" Wesen und dessen „wahre" Ursache. Das führt zu Konfrontationen und persönlichen Antipathien. Um das Problem zu lösen, muss man sich auf die Effektivität konzentrieren (das heißt die Fähigkeit, das Ziel zu erreichen) und nicht auf die Gewissheit. Ein pragmatisches Team kann kritisch diskutieren und reflektieren, aber seine Mitglieder werden über den lösungsorientierten Aspekt reden und nicht über den Wahrheitsgehalt der Erklärungen. Ihre Überlegungen werden darauf hinauslaufen, dass sie Geschichten erzählen, die sie befähigen, in dieser unbefriedigenden Situation etwas zu tun. Etwas, womit sie ihrem gemeinsamen Ziel näher kommen können, indem sie all ihre Fähigkeiten und Ressourcen koordiniert und ihren Wertvorstellungen entsprechend einsetzen.

Der erste Schritt bei der Diskussion über ein Problem ist, sich zu erinnern, dass die Denkmuster für das Verständnis einer Situation verantwortlich sind. Diese Erkenntnis verhindert, dass das Team einen starren, verzerrten Standpunkt einnimmt. Wenn dann ein Problem auftaucht, weiß es, dass man es auf viele wirksame und hilfreiche Arten betrachten kann.

Man muss sich eine Zeit lang damit beschäftigen, diese Möglichkeiten auszuloten. Wenn ein Team sich auf eine bestimmte Benennung des Problems festlegt, legt es sich auch auf eine begrenzte Anzahl möglicher Lösungen fest. Einige Kenner der Gruppendynamik heben hervor, eine der häufigsten Schwierigkeiten bei kooperativen Problemlösungen bestehe darin, dass die Gruppe den Denkprozess viel zu schnell beendet, indem sie das Problem so definiert, wie es ihr am offensichtlichsten erscheint. Vielleicht ist diese Definition nicht falsch, aber sie schließt andere, womöglich effektivere Definitionen aus. Beispielsweise glaubt ein Verkaufsteam, sein Problem – der Rückgang seiner Verkaufszahlen – sei die Folge davon, dass der Preis seines Produkts im Vergleich zu dem der Konkurrenz relativ hoch sei. Aber bei genauerer Betrachtung (vielleicht durch Kundenbefragung) wird dieses Team feststellen, dass der höhere Preis signifikant wurde, weil die Qualität des Produkts nachgelassen hat. Statt nun intern eine Kampagne zur Preissenkung zu starten, würde das Verkaufsteam seine Anstrengungen nun darauf konzentrieren, die Qualität zu verbessern.

Innezuhalten und die Vielfalt möglicher Interpretationen wahrzunehmen, ist der erste Schritt zu dem, was Edward de Bono[35] „laterales Denken" nennt. Anders als bei der herkömmlichen Logik, bei der wir Informationen linear verwenden, benutzt laterales Denken Informationen dazu, intuitive Sprünge auszulösen, die restriktive Interpretationen durchbrechen und die Kreativität anregen. In dem klassischen Beispiel geht es darum, die neun Punkte durch vier durchgehende Striche miteinander zu verbinden, ohne den Stift abzusetzen:

(Lösung am Ende des Kapitels)

Um dieses Problem zu lösen, muss man über seine selbst gesetzten Grenzen hinausdenken. Unbewusst gehen wir von bestimmten Restriktionen aus (normativen Restriktionen, würde Eliyahu Goldratt sagen) und reduzieren den Raum der möglichen Lösungen, weil wir von nie überprüften Annahmen ausgehen. Das gilt für alle Lebensbereiche. Deshalb ist es so wertvoll, die Probleme gemeinsam zu durchdenken: Ein effektives Team hat viel weniger blinde Flecken als irgendeines seiner Mitglieder.

Bei den meisten Alltagsproblemen spielt es keine Rolle, ob wir sie uns als reale Objekte vorstellen oder ob wir die erklärenden Annahmen nicht überprüfen; wir wissen, wie wir sie mit dem Autopilot lösen können. Doch bei komplexen Problemen (bei denen viele Variablen ins Spiel kommen) – wie etwa einem Rückgang der Produktivität, Marktanteilsverlust oder schwindender Profit eines Unternehmens –, wäre es verhängnisvoll, wenn man sich an eine starre Interpretation des „Problems" klammern würde, besonders wenn verschiedene Personen an unterschiedlichen Interpretationen festhalten und nur miteinander kommunizieren, um den anderen ihre Sichtweise aufzudrängen.

Wenn sich die Beteiligten von starren Interpretationen lösen, können sie zu einer gemeinsamen Vision des Problems finden. Die Gruppe kann einen Dialog beginnen, der unterschiedliche Aspekte der Situation beleuchtet. Wenn bekannt ist, dass eine Sichtweise an sich nicht richtig oder falsch ist, hat die Gruppe die Aufgabe, eine Karte zu entwerfen, mit der alle einverstanden sind und die ihr dabei hilft, ihre Aktionen so zu koordinieren, dass sie ihr Ziel erreicht (ob eine Sichtweise „richtig" oder „falsch" ist, sollte die Gruppe entscheiden, und zwar indem sie betrachtet, welche operative Macht jede dieser Sichtweisen im Hinblick auf die Zielerreichung hat).

„Leben heißt, mit den Dingen fertig zu_werden, mit allerlei Umständen, von denen viele schwierig sind, zu kämpfen und in ihnen zu bestehen. Schwierige Umstände bieten Schwierigkeiten, und man kann sagen, dass leben bedeutet, mit Schwierigkeiten fertig_zu werden", sagt E.F. Schumacher[36] in seinem Buch *Rat für die Ratlosen*.

Schumacher definiert zwei Arten von Problemen: konvergierende und divergierende. Konvergierende Probleme sind diejenigen, bei denen sich die von den Forschern angebotenen Lösungen immer mehr annähern, bis sie in eine einzige Antwort, „die" Antwort, münden. Nehmen wir als Beispiel die Frage, wie man ein Verkehrsmittel auf zwei Rädern entwirft, die vom Benutzer in Gang gesetzt werden. Wenn wir die historische Entwicklung betrachten, sehen wir, dass die Lösungen konvergierend aufeinander folgten, und das Ergebnis war das Fahrrad. Dieser Entwurf erwies sich langfristig als äußerst dauerhaft. Schumacher behauptet, die Lösung auf ein konvergierendes Problem sei erstaunlich dauerhaft, weil sie den

Naturgesetzen des Universums entspricht. Je mehr wir uns damit beschäftigen, desto mehr nähern wir uns einer idealen Lösung.

Konvergierende Problem lassen sich in bereits gelöste und – aufgrund fehlender Zeit oder Werkzeuge – bisher nicht gelöste einteilen. Die Kategorie „ungelöste" gibt es nicht.

Divergierende Probleme sind jene, die von vielen fähigen und intelligenten Menschen untersucht werden und zu widersprüchlichen Antworten führen, die nicht konvergieren. Je klarer sie andererseits erläutert und je logischer sie entwickelt werden, desto mehr divergieren sie, bis einige von ihnen das genaue Gegenteil der anderen zu sein scheinen.

Solch ein Dilemma kann man nur lösen, wenn man darüber hinausgeht und versucht, es in eine höhere Bewusstseinsebene zu integrieren. Man kann ein divergierendes Problem nicht mit Logik oder Statistik lösen. Auch ist es sinnlos, eine „richtige Formel" aufzustellen oder das perfekte Rezept zu finden, mit dem man mechanisch operieren kann.

Das ist ganz wichtig in der Geschäfts- und Firmenwelt. Dort gibt es Bereiche, die konvergierend operieren. Etwa Engineering-Probleme, mechanisches Design oder Computerprogrammierung. Doch die Kämpfe um die Wettbewerbsvorteile werden nicht dort ausgetragen. Der strategische Schlüssel zum Sieg liegt im Bereich der Divergenzen, dem Bereich, zu dem Menschen gehören, diese geheimnisvollen, mit Bewusstsein, Freiheit und Innenleben ausgestatteten Wesen. Hier sind die Probleme divergierend und können nur mit einem existenziellen Quantensprung überwunden werden. Um Kreativität und Kontrolle, Innovation und Ordnung, Freiheit und Notwendigkeit, individuelle Autonomie und Gruppenzusammenhalt erfolgreich zu verbinden, muss man an eine höhere Bewusstseinsebene appellieren. Auf dieser Ebene sind Gegensätze keine Gegensätze mehr, sondern gehen eine harmonische Verbindung ein.

Das mag sehr metaphysisch klingen, ist aber ganz praktisch. Integration lässt sich nicht logisch erklären, weil sie „trans-logisch" ist: Man muss sie existenziell erfahren. So weiß jeder Vater, dass Liebe, Mitgefühl und Zukunftsvision seine einzigen Ratgeber sind, wenn er entscheiden muss, ob seine Tochter noch ein Eis essen darf oder nicht. Er möchte ihr größtmögliches Wohlbefinden und Freude bescheren, nicht nur als Kind, das sie jetzt ist, sondern auch später, wenn sie erwachsen ist. Dazu muss er ein Gleichgewicht zwischen ihrem sofortigen Vergnügen und ihrer späteren Gesundheit finden. Das kann man als mathematisches Problem betrachten (Optimierungsaufgabe), dennoch ist es eine Illusion zu glauben, die Lösung ließe sich mithilfe der Mathematik finden.

Genauso wenig kann eine Führungskraft logisch entscheiden, wie ihre Organisation „am besten" aussehen sollte. Die Managementwissenschaft wird ihr höchstens ein Menü mit kongruenten Alternativen anbieten, aber die endgültige Entscheidung wird letztendlich nicht von technischen Überlegungen gelenkt. Die Führungskraft muss die „Kunst" des Managements praktizieren und sich dabei auf ihre Intuition und ihr Bewusstsein verlassen. Je mehr sie ihre höheren Fähigkeiten (oder ihre „Werte und Tugenden", wie wir sie weiter unten in Kapitel 13 nennen werden) entwickelt, desto leichter wird sie natürlich Polaritäten überwinden und integrieren können, die zur menschlichen Dimension der Businesswelt einfach dazugehören.

Lösung des Problems der 9 Punkte:

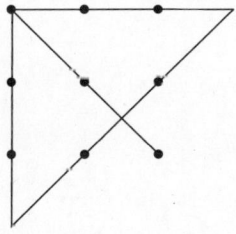

Kapitel 4

Denkmuster

*Wir sehen die Dinge nicht so, wie sie sind,
sondern so, wie wir sind.*

TALMUDE

John: *Papa, ist es naiv, an Gespenster zu glauben?*
Pirsig: Du glaubst doch nicht an Gespenster, oder?
John: *Nein.*
Pirsig: Ich auch nicht. Sie bestehen nicht aus Materie und haben keine Energie, und deshalb existieren sie nach den Gesetzen der Wissenschaft nicht, außer in den Köpfen der Leute. Es ist am besten, wenn man sich in diesen Dingen streng an die Wissenschaft hält und weder an Gespenster noch an die Gesetze der Wissenschaft glaubt. Dann kann einem nichts passieren.
John: *Aber, Papa ...*
Pirsig: Ich meine das ernst. Zum Beispiel nehmen wir doch als selbstverständlich an, dass die Gravitation und das Gravitationsgesetz auch schon vor Isaac Newton existiert haben. Die Idee, dass es bis zum siebzehnten Jahrhundert keine Gravitation gegeben hat, würde uns verrückt vorkommen.
John: *Natürlich.*
Pirsig: Seit wann besteht also dieses Gesetz?
John: *Ich verstehe nicht.*
Pirsig: Was ich wissen will, ist, ob du glaubst, dass es vor der

Entstehung der Erde, bevor sich die Sonne und die Sterne bildeten, bevor überhaupt irgendetwas entstand, das Gravitationsgesetz schon existierte.

John: *Ich glaube ja.*

Pirsig: Einfach so, obwohl es keine Masse, keine Energie hatte, obwohl es in niemandes Kopf war, weil es niemanden gab, obwohl es nicht im Weltraum war, weil es auch noch keinen Weltraum gab – trotz alledem hat dieses Gravitationsgesetz schon existiert?

John: *Na ja, da bin ich mir jetzt nicht sicher.*

Pirsig: Wenn dieses Gravitationsgesetz damals schon existierte, dann weiß ich ehrlich gesagt nicht, was ein Ding tun muss, um *nicht* zu existieren. Mir scheint, das Gravitationsgesetz hat jede Probe auf Nichtexistenz bestanden, die es gibt. Man kann sich kein einziges Attribut der Nichtexistenz ausdenken, das diesem Gravitationsgesetz gefehlt hätte. Oder auch nur ein einziges wissenschaftlich definiertes Attribut der Existenz, das es gehabt hätte. Und trotzdem glaubst du, dass es existierte.

John: *Ich glaube, da müsste ich erst drüber nachdenken.*

Pirsig: Wenn du lange darüber nachdenkst, wirst du dich ewig im Kreis drehen, immer und immer und immer wieder, bis du dann schließlich zu der einzig möglichen, rationalen, vernünftigen Schlussfolgerung kommst. Das Gravitationsgesetz und die Gravitation selbst waren vor Isaac Newton *nicht existent.* Eine andere plausible Schlussfolgerung gibt es nicht. Und das bedeutet, dass das Gravitationsgesetz nirgends existiert außer in den Köpfen der Leute! Es ist ein Gespenst! Wir sind alle schnell bei der Hand, wenn es darum geht, anderer Leute Gespenster zur Strecke zu bringen. Wir halten sie für unwissend und barbarisch und abergläubisch, aber selbst sind wir genauso unwissend, barbarisch und abergläubisch, was unsere eigenen Gespenster betrifft.

ROBERT PIRSIG,
ZEN UND DIE KUNST, EIN MOTORRAD ZU WARTEN

Ein Denkmuster ist die Gesamtheit von Bedeutungen, Annahmen, Vernunftregeln, Folgerungen usw., die uns dazu bringt, eine bestimmte Interpretation vorzunehmen. Peter Senge[37] nennt sie mentale Modelle, die „tief verwurzelte Vorstellungen, Verallgemeinerungen, Bilder und Geschichten sind, die uns an vertraute Denk- und Handlungsweisen binden". Sie wirken ununterbrochen und unbewusst in unserem Privatleben, im beruflichen und sozialen Umfeld und helfen uns, der Realität einen Sinn zu geben und effektiv in ihr zu handeln. Denkmuster beherrschen alle unsere Interpretationen und Handlungen. Sie legen fest, wie wir wahrnehmen, fühlen, denken und interagieren.

Unterschiedliche Denkmuster können zu unterschiedlichen Wahrnehmungen, Gefühlen, Meinungen und Handlungen motivieren. Einem Finanzmanager beispielsweise zeigt ein bestimmtes Ergebnis eines Unternehmens, dass es stabil ist und seinen Kurs beibehalten sollte. Für den Vizepräsidenten der Marketingabteilung ist das Ergebnis der Beweis, dass das Unternehmen stagniert und es eine neue Werbekampagne starten sollte. Für ein Mitglied der Geschäftsleitung ist es eine Ablehnung der Politik des CEO. Für einen Investor ist es ein Hinweis, dass es Zeit ist, seine Aktien zu verkaufen; für einen anderen, Aktien zu kaufen. Das Ergebnis ist dasselbe, der weltliche Kontext ist derselbe; die Unterschiede lassen sich mit unterschiedlichen Denkmustern erklären.

Unterschiedliche Wahrnehmungen, Meinungen und Handlungen sind an sich kein Problem. Es entstehen erst dann Konflikte daraus, wenn jeder Beteiligte glaubt, *seine* Sichtweise (gemäß seinem Denkmuster) sei die *einzige*, zumindest aber die einzig „vernünftige". Natürlich ist „Vernunft" selbst eine Meinung, die durch das Denkmuster eines jeden vorgegeben ist. Jeder glaubt, sein Denkmuster sei das richtige. Statt sich unterschiedliche Wahrnehmungen zunutze zu machen, um das eigene Blickfeld zu erweitern, und sie in eine gemeinsame Vision einzubringen, hält jeder Beteiligte an seinem Standpunkt fest. Statt die Argumentation des anderen nachzuvollziehen, um sein Denkmuster zu begreifen, kämpfen die Teilnehmer darum, wer Recht hat und die Realität „richtig" interpretiert.

Denkmuster sind auch ein Archiv, in dem Routineverhalten gespeichert ist. Wie wir schon gesehen haben, muss jemand, der etwas Neues lernt (zum Beispiel Autofahren), bewusst darauf achten, keine vorprogrammierten Entscheidungen zu treffen. Aber im Lauf der Zeit entwickelt er die Fähigkeit, automatisch zu handeln, indem er die Entscheidungen ins Unbewusste verlagert und damit von dem profitiert, was Gregory Bateson[38] „die Ökonomie der Gewohnheit" nennt. Diese Ökonomie ist ganz lebenswichtig, denn ohne sie könnte man unmöglich so schnell reagieren, wie es die Umstände erfordern. Aber sie hat auch ihren Preis: Automatische Routineabläufe sind unflexibel.

Die fehlende Flexibilität einer Gewohnheit ist ganz entscheidend, wenn man in einem stabilen Kontext effizient operieren will. Wie der Autopilot eines Flugzeugs erlaubt es die Gewohnheit, dass der Pilot auf andere Dinge achtet. Aber mit Autopilot in einem Unwetter zu fliegen, ist sehr gefährlich. Mangelnde Flexibilität und Anpassungsfähigkeit bei verändertem Kontext sind einer der Hauptgründe für das Aussterben von Arten (wie die Dinosaurier), Kulturen (wie die römische), Unternehmen (99 von 100 Unternehmen verschwinden in den ersten 10 Jahren ihrer Existenz und die geschätzte durchschnittliche Lebensdauer der *Fortune-500*-Unternehmen beträgt weniger als 40 Jahre), Familien (60% der Ehen in den USA werden geschieden) und Personen (laut der US-amerikanischen Regierung ist in den USA das Verhalten der Betreffenden für 50% der Todesfälle vor dem 40. Lebensjahr verantwortlich).

Ursachen von Denkmustern

Die Filter, mit denen wir Menschen unsere Erfahrungen sortieren und ihnen einen Sinn geben, stammen aus vier Quellen: der Biologie, der Sprache, der Kultur und der persönlichen Geschichte. Diese vier Quellen bestimmen auch die „gewohnte" Reaktion auf bestimmte Umstände, die im Denkmuster vorprogrammiert wird.

Biologie

Der erste Filter bei Denkmustern ist das Nervensystem. Wir haben
physiologische Grenzen, die verhindern, dass wir bestimmte Phänomene mit unseren Sinnen wahrnehmen. Das Hörvermögen des
Menschen etwa reicht von 20 bis 20.000 Schwingungen pro Sekunde, während Hunde höhere und Elefanten tiefere Töne hören können. Das Nachtsichtvermögen des Menschen ist nicht zu vergleichen mit dem von Katzen, und wir sehen längst nicht so weit wie
ein Falke. Der Mensch kann Wellenlängen mit Frequenzen zwischen 380 und 680 Millimikronen wahrnehmen, das heißt nur einen winzigen Bruchteil des elektromagnetischen Spektrums.

Die Unmöglichkeit, bestimmte Dinge wahrzunehmen, bedeutet Handlungsunfähigkeit. Während ein Hund auf ein Ultraschall-
pfeifen reagiert, hört ein Mensch es nicht einmal. Wo eine Fleder-
maus in völliger Dunkelheit fliegt, verirrt sich ein Mensch. Deshalb
erfinden wir Instrumente wie Sonar- und Radargeräte, um die
Wahrnehmungsreichweite unserer Sinne und damit unsere Handlungsfähigkeit zu erhöhen.

Unsere Schnittstelle zur Welt ist viel komplizierter, als wir denken.
Die objektive Wahrnehmungstheorie besagt, die Welt „da draußen"
schaffe direkte Veränderungen und rufe Wirkungen im Nervensystem
„hier drinnen" hervor. Die Wahrnehmungserfahrung des Subjekts
wird in viel größerem Umfang von der Struktur seines Nervensystems
bestimmt als von einer äußeren Störung. Humberto Maturana und
Francisco Varela[39] setzen sich über diese Theorie hinweg und behaupten, das Nervensystem werde allenfalls von außen „perturbiert".
In ihrem Buch *Der Baum der Erkenntnis* definieren die beiden das
Nervensystem als ein geschlossenes System. Diese Ansicht widerspricht der üblichen Vorstellung, der zufolge es definiert wird als „ein
Instrument, das Informationen von außen bekommt und ein Abbild
der Welt konstruiert, mit dem der Organismus das für sein Überleben
erforderliche Verhalten berechnet". Maturana und Varela sind der
Ansicht: „In Bezug auf die Biologie und die kognitiven Strukturen des
Menschen befindet sich die innere Welt unserer Erfahrungen in uns
selbst; so etwas wie Erfahrung von da draußen gibt es nicht."

Diese Theorie erklärt, weshalb alle Menschen dasselbe Bild sehen, wenn sie einen Gegenstand betrachten, selbst wenn keiner von ihnen die äußere Welt erleben kann. Die Ähnlichkeit unserer Biologie gestattet uns, in einer gemeinsamen Realität zu operieren. Maturana und Varela behaupten, dass das, was ein Mensch erlebt, die „(Realität)" und nicht die „Realität" sei. So in Klammern gesetzt, bedeutet die „(Realität)" eine innere Erfahrung des – äußeren, nicht erkennbaren – Energiefelds, das wir „Realität" ohne Klammern nennen. Wir leben in einer intersubjektiven (Realität), nicht weil die sichtbare (Realität) die reale, äußere und objektive Realität ist, sondern weil die Umwelt in unserem Nervensystem ähnliche Reaktionen auslöst.

Sprache

Der zweite Filter bei Denkmustern ist die Sprache. Sie strukturiert das Bewusstsein des Menschen und ist der Bedeutungsraum, in dem die (Realität) einsehbar und kommunizierbar erscheint. Dank der Sprache können wir uns mit uns selbst und anderen über das verständigen, was um uns und in uns existiert.

Das traditionelle Verständnis von Sprache ist die „Etikettentheorie". Dieser Theorie zufolge sehen wir die Dinge in der Welt so, wie sie sind, und geben ihnen anschließend einen Namen, ein Etikett. Das ist die erste Verwendungsmöglichkeit der Sprache: als beschreibendes System, mit dem wir bereits existierende, doch unabhängige Wahrnehmungen etikettieren und klassifizieren. Diese Theorie ist sehr lückenhaft und sagt nur über einen sehr kleinen Funktionsbereich der Sprache etwas aus. Kognitions-, Gehirn- und Bewusstseinsforscher kamen zu dem Schluss, dass Sprachkategorien keine Etiketten sind, mit denen man bereits vorhandene Wahrnehmungen versieht; vielmehr präkonditionieren und definieren sie vor allem die Wahrnehmung: *Der Mensch spricht nicht von dem, was er sieht, sondern sieht nur das, worüber er sprechen kann.*

Einem Finanzmanager fallen in einer Bilanz Dinge auf, die dem Maschinenbau-Ingenieur entgehen. Er sieht zwar dieselben Zahlen, aber er besitzt nicht das Unterscheidungsvermögen des Finanzmanagers (die Sprache), um diese Zahlen zu interpretieren. Der Maschinenbau-Ingenieur kann ein System von Differentialgleichungen „lesen", das dem Finanzmanager völlig unverständlich ist. Dieser sieht zwar dieselben Zeichen, aber er besitzt nicht dasselbe Unterscheidungsvermögen wie der Ingenieur (die Sprache), um sie zu interpretieren. Die Fähigkeit, Unterscheidungen zu treffen und die Welt in operative Kategorien aufzuteilen, nennt man „Intelligenz".

Kultur

Die dritte Quelle für Denkmuster ist die Kultur. Wir könnten Kultur als ein kollektives Denkmuster bezeichnen. Nach Edgar Schein[40] ist die Kultur einer Gruppe „ein Muster gemeinsamer Grundprämissen, das die Gruppe bei der Bewältigung ihrer Probleme externer Anpassung und interner Integration erlernt hat. Der Beweis dafür, dass dieses Muster funktioniert, ist, dass es sich so gut bewährt hat, dass es als bindend und damit geeignet gilt; daher wird es an neue Mitglieder als rational und emotional korrekter Ansatz für den Umgang mit diesen Problemen weitergegeben."

„Autorität wird hier nicht in Frage gestellt." „Hier werden Konsensentscheidungen getroffen." „Hier kaufen wir bei einem Lieferanten, der die besten Preise hat." „Hier bauen wir strategische langfristige Beziehungen zu den Lieferanten auf." „Hier gehen die Männer arbeiten, während die Frauen zu Hause bleiben." „Hier sind die Frauen unabhängig und leben ihr eigenes Leben." „Die Natur ist eine Ressource, die vom Menschen genutzt werden soll." „Die Natur ist heilig und die Aufgabe des Menschen ist es, sie zu erhalten." Jeder dieser Sätze stellt eine kulturelle Prämisse dar. Die jeweiligen Vorstellungen fügen sich zu einem kollektiven Denkmuster zusammen, das die (Realität) einer Kultur organisiert.

Innerhalb einer beliebigen Gruppe (Familien, Berufsverbände, Organisationen, Industrien, Nationen) entwickeln sich kollektive Denkmuster auf der Basis gemeinsamer Erfahrungen. Im Lauf ihrer Geschichte müssen sich die Gruppenmitglieder Herausforderungen stellen. Als Reaktion darauf entwickeln sie die Gewohnheit (im Sinne

Batesons), Situationen auf eine bestimmte Art zu interpretieren und zu handeln. Das wird allmählich zu einem Teil des kollektiven Denkmusters und von einer Generation an die nächste als „Wissen" der Gruppe weitergegeben. Das Problem dabei ist, dass solch ein Wissen, da es zeitlich sehr weit zurückreicht, seine Erfahrungshintergründe verliert und zu einer absoluten Wahrheit wird. Statt „die Art zu sein, mit der unsere Gruppe effektiv auf frühere Herausforderungen reagierte", gibt es nun „die *einzig richtige Art*, auf derzeitige und künftige Herausforderungen zu reagieren".

Außerdem haben kollektive Denkmuster – wie Individuen – zwei Seiten: Einerseits helfen sie der Gruppe, auf der Basis früherer Erfahrungen ein effektives und effizientes Verständnis für ihre Realität zu strukturieren; doch andererseits bestimmen sie die Bandbreite möglicher künftiger Erfahrungen. Mit diesem sich selbst bestätigenden System lassen sich die Stabilität und die Bedeutung innerhalb einer Gruppe aufrechterhalten – doch in Zeiten drastischer Veränderungen kann die Kultur zu einem Klotz am Bein werden. Die Herausforderung der gemeinsamen Überzeugungen erzeugt Angst und führt zu Verschanzung. Die Veränderung kultureller Annahmen ist ein äußerst schwieriger Prozess.

Persönliche Geschichte

Die vierte Kraft, die Denkmustern ihre Form verleiht, ist die persönliche Geschichte: Rasse, Geschlecht, Nationalität, ethnische Herkunft, familiäre Einflüsse, soziale und finanzielle Stellung, Ausbildungsniveau, die Art, wie wir von unseren Eltern, Geschwistern, Lehrern und Spielkameraden behandelt wurden, die Art, wie wir anfangen zu arbeiten und uns selbst versorgen, usw. All diese Erfahrungen formen das Denkmuster, mit dem der Betreffende durch die Welt steuert. So wie sich kollektive Lernerfahrungen in der Kultur verändern, nisten sich persönliche Lernerfahrungen in tieferen Bewusstseinsschichten ein und führen zu automatischen Interpretations- und Handlungsweisen.

Beim Denkmuster gibt es Prämissen, die die Menschen schon im frühen Kindesalter übernehmen, ja sogar bevor sie die Fähigkeit besitzen, kritisch zu reflektieren. Im Lauf des Lebens bleiben diese unbewusst aufgenommenen Ideen erhalten und sind Ursache der unzähligen Urteile, Einstellungen und Verhaltensweisen, die der Betreffende für „offensichtlich" hält. Zum Beispiel wächst ein Mädchen in einer Familie ohne Vater auf und meint deshalb, dass „man sich nicht darauf verlassen kann, dass Männer ihren Verpflichtungen nachkommen". Gleichzeitig wächst der Junge in derselben Familie mit der Meinung auf, dass „Männer tun können, was sie wollen".

Wir glauben, unsere Geschichte sei Vergangenheit, aber Denkmuster projizieren diese Vergangenheit in die Gegenwart und die Zukunft. Wie ein Computer kann ein Gehirn ständig auf im Gedächtnis gespeicherte Lebenserinnerungen zugreifen und sie als Richtschnur für Interpretation und Handeln in die Gegenwart und die Zukunft extrapolieren.

Das ist besonders dann gefährlich, wenn das Denkmuster in einer Situation „verankert" ist, die in der Vergangenheit nicht gelöst wurde. In diesen Fällen gerät der Betreffende möglicherweise in einen Teufelskreis, in dem er symbolisch irgendeine traumatische Erfahrung immer wieder neu provoziert und versucht, ihren Ausgang zu verändern. Jemand, der sich beispielsweise rebellisch gegen seinen Chef auflehnt, regrediert damit vielleicht in seine Kindheit, weil er versucht, unerledigte Themen mit seinem Vater abzuschließen. Das Signal, das auf die Regression hinweist, ist sein Unbewusstsein, mit dem er handelt. Wieder zu Hause, versucht er seiner Frau zu erklären, weshalb er entlassen wurde, und sagt: „Ich weiß nicht, was los war; als mein Chef sagte, ich solle die ganze Arbeit noch einmal machen, habe ich die Nerven verloren und ihn angeschrieen."

Persönliche Erfahrungen, Biologie, Sprache und Kultur formen das Denkmuster jedes Einzelnen. Dieses Denkmuster führt uns dazu, dass wir uns bestimmten Individuen anschließen und anderen nicht; dass wir auf eine bestimmte Art denken und eine andere ablehnen; dass wir bestimmte Dinge tun, andere dafür außer Acht lassen; dass wir entscheiden, was akzeptabel ist und was nicht. Jeder Mensch funktioniert aus seinem Denkmuster heraus und lebt natürlich in „seiner" (Realität). Aber diese (Realität) ist vielleicht nicht jene, die von anderen wahrgenommen wird, die eine andere Biologie, Sprache, Kultur und eine andere persönliche Geschichte haben. Alle Menschen leben in derselben Realität, erleben sie aber subjektiv anders. Deshalb leben auch nicht alle Menschen in derselben (Realität) – eine Tatsache, die ernsthafte Folgen hat.

Der Sinn jeder Kommunikation ist von Natur aus zweideutig; jede Botschaft muss, damit sie sich definieren lässt, vom Hörer interpretiert werden. Das ist die Konsequenz aus der *Polysemie* der Sprache. Polysemie ist ein Wort griechischen Ursprungs, das „mit vielfältigen Bedeutungen" bedeutet. Worte, Sätze und Texte können vielfältige Bedeutungen haben. Deshalb müssen sie interpretiert werden, bevor man sie versteht. Wenn Sie ein Wort im Wörterbuch suchen, werden Sie mindestens drei oder vier Bedeutungen finden; das ist Polysemie auf ihrer grundlegendsten Ebene. Wenn Sie beispielsweise jemand anderen bitten, „das Radio abzustellen", bitten Sie ihn um etwas ganz anderes als wenn Sie sagten, er solle „den Koffer abstellen". Abstellen hat verschiedene Bedeutungen und ohne weitere Informationen kann man nicht wissen, was es jeweils heißen soll.

Polysemie ist eine große Herausforderung für die objektive Kommunikationstheorie. Wenn ein Wort mehrere mögliche Bedeutungen hat, wie soll man dann die richtige auswählen? Die Antwort lautet: Ohne spezifischen Kontext gibt es keine *richtige* Bedeutung. Sprache ist hierarchisch strukturiert: Phoneme, die Wörter bilden, Wörter, die Sätze, und Sätze, die Texte bilden. So wie der Klang (Phonem) eines Buchstabens von den ihn umgebenden Buchstaben abhängt – dasselbe „e" wird in den Wörtern „Farbe" und „lesen" unterschiedlich ausgesprochen –, hängt die Wahl einer spezifischen Bedeutung, die das Wort verständlich macht, von dem Satz ab, in dem es auftaucht. Deshalb gibt „das Radio" dem Verb „abstellen" eine völlig andere Konnotation als „der Koffer".

Ebenso hängt das Verständnis des Satzes von dem Text ab, in dem er erscheint. Und das Verständnis des Textes hängt vom Kontext ab, in dem er auftaucht. Dieser Kontext, den wir mithilfe unserer Denkmuster interpretieren, bestimmt die Bedeutung der Botschaften, die wir erhalten. Zum Beispiel ist die Erklärung „Ich liebe dich" eine Sache, wenn Julia sie von Romeo hört, und eine ganz andere, wenn sie sie von ihrer Mutter hört. Die Worte sind dieselben, aber die Bedeutung ist grundlegend verschieden. Im Geschäftsleben ist der Satz „Bitte kommen Sie sobald wie möglich in mein Büro" *nicht derselbe*, wenn der Chef, ein Kollege, ein Mitarbeiter, ein Lieferant oder ein wichtiger Kunde des Unternehmens ihn ausspricht. Ebenso wenn derjenige, an den er gerichtet ist, gerade einen Erfolg gehabt hat („Bitte kommen Sie zur Feier"), versagt hat („Bitte, kommen Sie und erklären Sie mir") oder sich mit einem Problem herumschlägt („Bitte kommen Sie, damit ich helfen kann"). Die Bitte ist dieselbe, der linguistische Kontext, in dem sie geäußert wird, ist derselbe, aber das Denkmuster und die Umstände dessen, der sie interpretiert, machen den Unterschied aus.

Wenn Sprecher und Zuhörer unterschiedliche Denkmuster haben, kann es zu ernsthaften Kommunikationsschwierigkeiten kommen, wie der nordamerikanische Präsident Ronald Reagan in seinen Gesprächen über die Zollbeschränkungen mit dem japanischen Premierminister Yasuhiro Nakasone erfahren musste. Während Reagan energisch für eine Veränderung der japanischen Reglementierungen eintrat, nickte der japanische Premier und sagte immerzu *hai*. Da *hai* wörtlich übersetzt „Ja" bedeutet, interpretierte Reagan dies als Zustimmung. Bei der Pressekonferenz verkündete er voller Zuversicht, sie seien zu einer Einigung gekommen und es fehlten nur noch die Details des neuen Handelsvertrags, der die Einfuhrbeschränkungen für Waren aus Nordamerika aufheben würde. Nakasone hingegen sagte, es sei keine Einigung erzielt worden und er sei nicht bereit, die japanische Politik zu revidieren. Das führte zu einer äußerst peinlichen Situation. Was war geschehen? Kulturelle Polysemie. Wenn ein Japaner immer wieder *hai* sagt, während der andere spricht, heißt das „Ja, ich höre zu" und nicht „Ja, ich bin einverstanden".

Wenn jemand in die Falle der Gewissheit tappt, meint er, die Realität *müsse* so sein, wie er die Dinge sieht, und alle anderen *müssten* sie daher genauso sehen. Ist der andere mit seinen Wahrnehmungen, Meinungen, Gefühlen und Handlungen nicht einverstanden, wird er missverstanden oder als unwissend oder dumm hingestellt. Die Gewissheit lässt keinen Raum für anders geartete Denkmuster und hindert den Betreffenden daran, zu erkennen, dass seine persönliche Erfahrung nicht die unbedingte Realität ist. Wenn er glaubt, *seine* Wahrheit sei *die* (absolute und gewisse) Wahrheit, kann er sich nicht verändern, wenn die Welt sich verändert. Er bleibt in seiner (Realität) gefangen und hält sie für die Realität; er bleibt alten Vorstellungen verhaftet, die ihn daran hindern, sich anzupassen.

Diese Haltung ist Ursache für zahlreiche zwischenmenschliche Probleme. Ein Chef sagt zu seinem Mitarbeiter, seine Arbeit sei „wirklich" nicht akzeptabel, statt zu sagen, dass er selbst nicht mit ihr zufrieden ist. Ein Kunde sagt zu seinem Lieferanten, das Produkt sei „wirklich" sehr teuer, statt zu sagen, dass er selbst nicht gewillt ist, diesen Preis zu zahlen. Ein Manager sagt zu seinem Kollegen, das Design des Produkts müsse „wirklich" verändert werden, statt zu sagen, dass er selbst eine Veränderung wünscht. Ein CEO sagt zu seinem Personal, das Unternehmen müsse sich durch Entlassungen „wirklich" gesundschrumpfen, statt zu sagen, dass er selbst nicht weiß, wie er das Unternehmen wieder profitabel machen kann, ohne die Gehälter zu kürzen.

Amnesie

In *Die Struktur wissenschaftlicher Revolutionen* beschreibt Thomas Kuhn[41], wie schwierig es für Wissenschaftler ist, sich daran zu erinnern, dass ihre vorherrschenden Paradigmen historische Entwicklungen sind und keine zeitlosen Wahrheiten. Ein Paradigma ist ein kollektives Denkmuster, das eine schlüssige Sicht der Realität darlegt und die existierenden Theorien in ein System bringt. Diese Paradigmen sind zunächst revolutionäre Herausforderungen für die traditionelle Herangehensweise. Aber sobald sie akzeptiert sind, werden sie zum etablierten Dogma des Berufsstands. Im Lauf der Zeit „vergisst" die wissenschaftliche Gemeinschaft, dass es vor der letzten Revolution viele Paradigmen gab, die bei passender Gelegenheit

„entmachtet" wurden und dass ein jedes von ihnen zu seiner Zeit als „das endgültige" galt. Manchmal meinen Wissenschaftler, das jeweilige Paradigma sei das „wirklich" endgültige. Deshalb bekommen sie immer wieder Angst bei Anomalien (Beobachtungen, die mit dem vorherrschenden Paradigma nicht vereinbar sind).

Zu wissenschaftlichen Revolutionen kommt es, wenn sich so viele Anomalien angehäuft haben, dass man das Paradigma revidieren muss. Diese Paradigmen-Veränderungen sind wie alle Veränderungen an Denkmustern traumatisch und sehr unbequem. Die Unbeständigkeiten bedrohen den *Status quo* und künden den Tod eifersüchtig gehüteter Überzeugungen an. Deshalb gibt es eine große Trägheit, sie zu unterdrücken. Aber Anomalien widersetzen sich dem Verschwinden, stattdessen kündigen sie an, dass die Kategorien der Vergangenheit nicht mehr tauglich und nicht die letzte Wahrheit sind.

Robert Pirsig[42] nennt ein Beispiel dafür, wie gefährlich es ist, Kategorien einzuführen und nachher zu vergessen, dass sie eingeführt wurden. „Die ersten Zoologen klassifizierten jene Tiere als Säugetiere, die ihre Jungen säugen, und als Reptilien jene, die Eier legen. Dann wurde in Australien das Schnabeltier entdeckt, das wie ein Reptil Eier legt und seine Jungen nach dem Ausschlüpfen wie ein Säugetier säugt. Die Entdeckung verursachte große Aufregung. Welch ein Rätsel! hieß es. Welch ein Geheimnis! Welches Naturwunder! Als das erste Exemplar Ende des 18. Jahrhunderts von Australien in England eintraf, glaubten die Zoologen, sie hätten eine Fälschung vor sich. Noch heute erscheinen Artikel in naturwissenschaftlichen Zeitschriften und stellen die Frage, warum es dieses Paradox der Natur gibt. Diese Frage ist der Gipfel der Lächerlichkeit. Das Schnabeltier hat Eier gelegt und seine Jungen gesäugt, schon Jahrmillionen bevor die Zoologen es für illegitim erklärten. Das wahre Mysterium ist vielmehr, dass reife, objektive und ausgebildete wissenschaftliche Beobachter dem armen unschuldigen Schnabeltier die Schuld daran geben konnten, dass sie sich selbst in den Kategorien geirrt hatten."

In ihrer Amnesie glaubt die betreffende Person, die Kategorien, die sie zur Systematisierung der Welt verwendet, stammten genau aus der Welt. Dabei wurden sie von jemandem erfunden und dann in ihr Denkmuster integriert.

Wenn alles gut läuft, ist es sehr effizient, innerhalb der vorgegebenen Schemata zu operieren. Aber wenn ein offenbar unlösbares Problem auftaucht (wie das Schnabeltier), wird die Amnesie ineffektiv und blockiert den Lernprozess. Bevor der Betreffende die Voraussetzungen der von ihm verwendeten Muster revidiert, muss er daran denken, dass diese Muster und Kategorien nicht direkt von der Realität abgeleitet sind. Paradigmen sind von Menschen geschaffen und werden durch Denkmuster bedingt, die im Augenblick ihrer Erschaffung gerade gelten. Um die Kategorien an die Notwendigkeiten der Gegenwart anzupassen, muss man verstehen, dass, wenn das Schnabeltier aus derselben Gegend stammen würde wie die ersten Zoologen, sie sich etwas anderes hätten einfallen lassen, um die Arten im Tierreich zu unterscheiden. Das Problem ist, dass die Kategorien des vorherrschenden Denkmusters zwar willkürlich sind, aber durch ständigen Gebrauch real und glaubwürdig werden. Wenn die Vorstellungen bis auf Urzeiten zurückgehen, werden sie starr und dogmatisch.

Man muss den Dogmatismus unbedingt aufgeben, wenn man vor einem Reengineering-Prozess steht. Um Prozesse neu gestalten zu können, muss man sich daran erinnern, dass das, was heute gemacht wird (auch wenn es „immer" so gemacht wurde), nur die Form ist, in der irgendjemand das Problem seinem Denkmuster und seinen Möglichkeiten entsprechend gelöst hat. Mit der Weiterentwicklung der Technologie und den Veränderungen auf den Märkten ist es normal, dass dieser Prozess nicht mehr die beste Form ist, unter neuen Bedingungen zu operieren. Aber durch Wiederholung gewinnt der Prozess an „Realität", bis er zu einer „natürlichen" und „offensichtlichen" Art wird, wie Dinge getan werden. Es ist nicht verwunderlich, dass beim Reengineering der schwierigste Teil nicht der Umgang mit den Materialien, sondern der mit den Denkmustern ist. Solange die Menschen nicht aus ihrer Amnesie herauskommen und die Illusion aufgeben, der herkömmliche Prozess sei der „wahre", wird man in einer Organisation keine Veränderungen durchsetzen können.

Wenn in einem Unternehmen während eines Reengineering-Projekts ineffiziente Prozesse modifiziert werden, werden die dadurch erzielten Einsparungen oft ganz detailliert beschrieben. Aber niemand weist darauf hin, dass die Betreffenden schon lange wussten, dass die Prozesse ineffizient waren, sie aber aus Gewohnheit wie bisher weitergearbeitet haben. Wenn sie meinten, es gebe eine bessere Arbeitsweise, weshalb machten sie dann so weiter wie bisher? Was hindert sie daran, bei veränderten Bedingungen künftig den neuen modifizierten Prozess anzuwenden, wenn doch alle wissen, dass er ineffizient geworden ist? Diese Fragen würden die Freude über die erzielten Erfolge bald verderben, denn sie machen deutlich, dass das Denkmuster, das die Operationen lähmt, sich überhaupt nicht verändert hat.

Die Schwierigkeit, kontinuierlich dazuzulernen, könnte man als eine Art Amnesie bezeichnen: die „doppelte Amnesie". Einfache Amnesie ist, wenn ein Mensch vergisst, dass die Welt, in der er lebt und agiert, durch seine Denkmuster bedingt wird. Er vergisst, dass die von ihm wahrgenommene Realität von seinem Nervensystem gefiltert wird, dass die Bedeutung dieser Realität durch seine Sprache bedingt ist, dass das Gehörte von seinen Interpretationsmustern abhängt und dass diese wiederum von seiner Kultur und seiner persönlichen Geschichte abhängen. Er vergisst, dass seine „natürlichen" Wahrnehmungen und Handlungen nur für jemanden mit demselben Denkmuster natürlich sind. So wie er die gewohnten operativen Prozesse durchführt, ohne sie zu überprüfen oder über ihre historische Bedingtheit nachzudenken.

Doppelte Amnesie ist das Vergessen des Vergessens, die Amnesie der Amnesie. Bei der einfachen Amnesie vergisst der Mensch sein Vergessen und glaubt, nichts vergessen zu haben, aber bei der doppelten Amnesie vergisst er, dass er vergessen hat. Betrachten wir den Unterschied anhand eines einfachen Beispiels: Angenommen, jemand hat vergessen, wo er seinen Kugelschreiber hingelegt hat; wenn er ihn braucht, wird er anfangen, ihn zu suchen. Angenommen, er hat den Kugelschreiber ganz vergessen (das heißt, er hat sogar sein Fehlen vergessen); dann denkt er nicht einmal daran, ihn zu suchen, weil der Kugelschreiber für ihn ja gar nicht existiert.

Einfache Amnesie ist die Ursache von Gewohnheiten; sie ist ökonomisch und notwendig. Es wäre unmöglich und ineffizient, alles jeden Moment zu bedenken und immer wieder bei Null zu beginnen. Die einfache Amnesie ist nicht das Problem: Was die Kommunikation, die Effektivität und den Lernprozess erschwert, ist die doppelte Amnesie. Obwohl Sie tagtäglich mit dem Autopilot agieren, können Sie daran denken, in schwierigen Situationen auf die Routine zu verzichten und bewusst auf das zu achten, was Sie gerade tun. Dieses Bewusstsein gestattet es Ihnen, Ihre Wahrnehmungen, Gedanken, Emotionen und Handlungen unvoreingenommen zu überprüfen. Wenn Sie erkennen, dass Ihre Vorstellungen vom eigenen Denkmuster bedingt werden und Ihre Sichtweise blinde Flecken hat (für die Sie wiederum blind sein können), sind Sie in der Lage, sich viel weniger schmerzhaft von den alten Paradigmen loszusagen.

Die gute Nachricht ist, dass man, sobald man die Existenz von Denkmustern entdeckt hat, nicht mehr in die doppelte Amnesie verfällt. Der Mensch ist wie ein von Geburt aus Blinder, der drei Sekunden lang die Möglichkeit hat zu sehen, um dann für den Rest seines Lebens blind zu bleiben. Es ist möglich, dass der Blinde in späteren Jahren vergisst, *was* er gesehen hat, doch er wird nie im Leben vergessen, *dass* er gesehen hat. Obwohl er sich an den Inhalt seiner visuellen Erfahrung nicht erinnert, wird er sich immer daran erinnern, dass es die Möglichkeit zu sehen gibt. Selbst nachdem wir seine Existenz entdeckt haben, können wir die Inhalte des Denkmusters vergessen. Aber sobald ich einmal merke, dass die Realität, die ich erlebe, von meinem Denkmuster bedingt und systematisiert wird, kann mir doppelte Amnesie nicht mehr passieren; ich kann nicht mehr glauben, dass das, was ich sehe, das ist, was existiert; dass das, was ich höre, das ist, was der andere sagt, und dass das, was ich sage, das ist, was der andere hört.

Kapitel 5

Von der einseitigen Kontrolle zum gegenseitigen Lernen

Nicht-humanistische Themen, wie etwa Statistik, Flussdiagramme, Finanzen oder High Technology, sind wesentlich für das Management eines erfolgreichen Unternehmens, aber Unternehmen scheitern nicht etwa, weil dieses technologische Wissen fehlt: Ihr Scheitern hat mit den Menschen zu tun. Erfolglosen Unternehmen entgeht anscheinend, dass Menschen nicht aus dem Grund in ihrer Arbeitseffizienz nachlassen, weil sie mit den technischen Anforderungen ihrer Arbeit nicht effizient umgehen können, sondern aufgrund der Art, wie sie von den anderen behandelt werden und wie sie die anderen behandeln.

WILLIAM GLASSER

Viele Manager haben die neuen Theorien über Management und Human Resources studiert. Begriffe wie „Teamwork", „Empowerment", „Vision", „Leadership", „Teilnehmerschaft", „Selbstmanagement" und „Konsens" tauchen immer häufiger in der Unternehmenssprache auf. Aber die meisten dieser Manager haben den Wortschatz der neuen Theorien übernommen, ohne sich von ihrem alten autokratischen Modell der einseitigen Kontrolle zu verabschieden. Zwar hat sich an der Oberfläche scheinbar etwas geändert, doch im Grunde ist alles beim Alten geblieben. Mit Wortspielen wie jenen, die George Orwell in seinem Roman *1984* beschreibt, wird aus dem Kriegsministerium das Friedensministerium; fehlender Leadership-Geist oder der Verzicht auf Leadership wird zu *„Empowerment"*, stiller Groll wird zu „Höflichkeit", aus Aggressionen wird „ehrliche Kommunikation" und harsche Kritik heißt jetzt „Feedback". Obwohl der Diskurs sich ändert, bleibt das Verhalten gleich. Oder, wie „Der Leopard" von Lampedusa sagen würde: Der Diskurs ändert sich, damit das Verhalten gleich bleiben kann.

Wie bereits gesagt, sind Denkmuster Vorstellungen und Überzeugungen, die tief im Menschen verwurzelt sind und die sein Verständnis von der Welt und sich selbst formen. Mit Denkmustern geben Menschen ihren Umständen einen Sinn und handeln dementsprechend. Sie sind die Voraussetzung für die Folgerungen und Interpretationen, die wir von der Realität machen, denn sie liefern uns die automatischen Handlungsprogramme, die wir im Alltag verwenden. Denkmuster sind die Landkarten, mit denen wir uns effektiv in der Welt bewegen.

Denkmuster sind so allgegenwärtig und so wichtig wie Luft. Und so wie Luft sind sie normalerweise unsichtbar. Wir können unser ganzes Leben lang an die absolute Gewissheit unserer Wahrnehmungen und Schlussfolgerungen glauben, ohne jemals zu merken, dass unser Erleben und Denken vom eigenen Denkmuster gefiltert und bedingt wird. Wie Sonnenbrillen färben Denkmuster unser gesamtes Leben. Und wie farbige Kontaktlinsen sind sie so nah an den Augen, dass wir sie nicht sehen können; *durch sie hindurch* sehen wir besser. Jeder Mensch wählt sein eigenes Denkmuster aus einem in seiner Kultur vorhandenen Menü heraus und übernimmt es. Im Westen ist es das Modell der einseitigen Kontrolle, das normalerweise persönliches und unternehmerisches Handeln lenkt.

Das Modell der einseitigen Kontrolle

In der Geschäftswelt wirkt ein Paket von Überzeugungen, die wir (nach der Arbeit von Argyris und Schön)[43] „Modell der einseitigen Kontrolle" nennen wollen. Dieses Modell ist (und war schon immer) die philosophische Richtschnur der Unternehmer. Obwohl es sich für die Entwicklung des Managements bis heute als hilfreich erwiesen hat, hat es doch erhebliche Mängel, die die künftige Entwicklung beeinträchtigen. In einem immer komplexer werdenden und sich rapide verändernden Umfeld behindert das Modell der einseitigen Kontrolle die Effektivität, Flexibilität, Innovation, Qualität, Profitabilität, Wettbewerbsfähigkeit und das Überleben einer Organisation.

Das Modell der einseitigen Kontrolle ist eine Denkart mit dem grundlegenden Ziel, die Kontrolle aufrechtzuerhalten und den Schein zu wahren. Es wird mit allen Mitteln vermieden, dass man sich wegen eines Fehlers bloßstellt oder blamiert. Dieses Verhaltensprogramm läuft nach gewissen Annahmen, Strategien und Taktiken ab und führt damit zu bestimmten Konsequenzen.

Annahmen des Modells der einseitigen Kontrolle

1. **Ich bin vernünftig; ich sehe die Dinge, wie sie wirklich sind.** Meine logische Sichtweise bezieht alle wichtigen Faktoren mit ein. Mein Standpunkt ist objektiv, wird nicht von Emotionen beeinträchtigt und nicht von persönlichen Interessen beeinflusst. Ich kann die wahre Natur von Situationen erkennen und ihnen immer effektiv begegnen. Meine Wahrnehmungen und Handlungen werden von meinem Denkmuster nicht beeinflusst.

2. **Ich bin zugänglich und anpassungsfähig (aber nur, wenn man mir Argumente liefert, die ich „logisch" finde).** Ich bin bereit, meine Meinung zu ändern, solange mir jemand ein unfehlbar vernünftiges Argument liefern kann, das mich überzeugt. Im – höchst unwahrscheinlichen – Fall, dass ich mich irre, bin ich geneigt, meine Meinung zu ändern. Natürlich muss der

andere mir unwiderlegbare Argumente liefern, die mich zufrieden stellen und mich davon überzeugen, dass die Situation anders ist, als ich bisher angenommen habe.

3. **Die anderen sind unvernünftig, unzugänglich und nicht anpassungsfähig.** Leider sind die meisten Menschen nicht so vernünftig wie ich. Sie haben geistige Scheuklappen und klammern sich an ihre (falschen) Vorstellungen. Sie erfassen die Dinge nicht klar und wollen die Wahrheit nicht sehen. Sie sind mit ihren Meinungen verhaftet und sind trotz meiner logischen (und unwiderlegbaren) Argumente nicht bereit, von ihrer Position abzurücken. Wenn ich nicht auf die Vorstellungen dieser Menschen hereinfallen will, gehe ich ihnen am besten aus dem Weg (indem ich sie übergehe und das Problem hinter ihrem Rücken mit ihrem Vorgesetzten erörtere).

4. **Die Meinungen der anderen sind unveränderbar.** Menschen sind, wie sie sind, und werden sich niemals verändern. Der Versuch, sie von ihrem Standpunkt abzubringen, ist sinnlos, da sie darauf bestehen. Ich muss die Situation illusionslos betrachten und mich über alle hinwegsetzen, die sich mir in den Weg stellen. Ich muss diese Widersacher aus dem Weg räumen, weil ihre eingeschränkte Sichtweise für effektives Handeln hinderlich ist.

5. **Fehler sind Vergehen, die bestraft werden müssen.** Wenn Menschen das Richtige tun, ist alles in Ordnung. Wenn also etwas nicht so gut läuft, dann hat vermutlich jemand einen Fehler gemacht. Man muss zeigen, dass falsches Handeln nicht gestattet ist. Wenn ich herausfinde, dass jemand einen Fehler gemacht hat, muss ich ihn bestrafen. Wenn jemand merkt, dass ich einen Fehler gemacht habe, wird er mich bestrafen. Also muss ich meine Fehler verschweigen, um negative Konsequenzen zu vermeiden.

Diese Annahmen, die so offensichtlich sind, dass sie gar nicht mehr sichtbar sind, beeinflussen die Gedanken, Gefühle, Handlungen und Interaktionen von Menschen. Wenn jemand glaubt, Wissen speise sich nur aus Vernunft, wird er sich sehr unwohl fühlen, wenn der andere seine Gefühle zeigt oder seine

Intuition ins Spiel bringt. Wenn er glaubt, er könne die anderen nicht beeinflussen, wird er nicht einmal versuchen, mit ihnen ins Gespräch zu kommen; und wenn, dann nur mit der Absicht, sie zu überzeugen. Wenn andere seine Argumente nicht akzeptieren, dann deshalb, weil sie unrettbar dickköpfig sind; deshalb wird er versuchen, ihnen aus dem Weg zu gehen oder sie zu manipulieren. Wenn etwas schief läuft, ist ihm vor allem daran gelegen, einen Schuldigen zu finden (der er *selbst* natürlich nicht ist!).

Typische Taktiken des Modells der einseitigen Kontrolle

1. **Aufgaben und Prozesse einseitig definieren und managen.** Die Aufgabe an mich reißen und sie kontrollieren, indem ich Handlungen im Geheimen und allein plane. Der Versuch, andere zu überreden und ihnen zu schmeicheln, damit sie meine Definition der Situation und meine Empfehlungen unterstützen. So tun, als wäre ich der Einzige, der über jeden Zweifel erhaben ist und weiß, was in dieser Situation getan werden muss (selbst wenn ich keine Gewissheit habe). Ist jemand nicht einverstanden, gehe ich davon aus, dass er Unrecht hat und seinem Irrtum so aufgesessen ist, dass er unfähig oder nicht bereit ist, meine Argumentation zu begreifen, selbst wenn ich sie ihm erkläre.

2. **Die anderen (und mich) in Schutz nehmen, indem ich abstrakt bleibe und Gefühle unterdrücke.** Ich verwende Abstraktionen, damit meine Worte zweideutig bleiben. Wenn die anderen keinen Erfolg haben, dann deshalb, weil sie mich nicht verstanden haben. Raum für mehrere Interpretationen lassen. Mit Informationen hinterm Berg halten, um andere in Schutz zu nehmen (vor allem negative Leistungsbeurteilungen), ihnen fromme Lügen auftischen, negative Gefühle unterdrücken und Mitgefühl heucheln. Ich handele so, als müsste der andere in Schutz genommen werden, da er ja nicht die nötige Reife besitzt, um die Wahrheit zu akzeptieren. Ich gehe davon aus, dass

ich ihn heimlich in Schutz nehmen muss, um seine Gefühle nicht zu verletzen.

3. **Meinen eigenen Standpunkt erneut bekräftigen, indem ich die Wahrheit der Argumentation, die sie stützt, als selbstverständlich bezeichne.** Meine Schlussfolgerungen darlegen, als seien sie Fakten. Fakten, Kriterien und Argumente verheimlichen, die zu solchen Schlussfolgerungen führen. So handeln, als könnten (oder bräuchten) die anderen meine Argumentationen nicht verstehen. Sich selbst bestätigende Schlussfolgerungen ziehen. Auf der Grundlage unbekannter persönlicher Theorien agieren, die die anderen weder bestreiten noch ablehnen können. Wenn ich beispielsweise glaube, dass die anderen über gewisse Themen nicht diskutieren wollen, bringe ich sie nicht zur Sprache, weil ich davon ausgehe, dass die anderen nicht darüber diskutieren wollen. Die fehlende Diskussion über diese Themen als Bestätigung dafür verwenden, dass die anderen nicht darüber sprechen wollen, ohne dass ich dies irgendwie überprüfe.

4. **Die Ansichten der anderen nicht hinterfragen.** Nur so fragen, dass die Fragen die von mir verteidigte Position stützen (und die Position des anderen angreifen). So handeln, als wüsste ich schon, dass die anderen Unrecht haben und es peinlich für sie wäre, wenn ich ihre Fehler ans Licht bringe. Ihnen helfen, den Schein zu wahren, indem ich ihre Meinung nicht in Frage stelle und ihre Position ignoriere, obwohl ich sie damit diplomatisch schwäche. Politische Themen außerhalb der Konferenz ansprechen.

5. **Die Opferrolle einnehmen, indem ich den anderen die ganze Verantwortung für die Probleme zuschiebe.** Wenn es ein Problem gibt, annehmen, es sei durch den Fehler irgendeines anderen verursacht worden. Wenn andere mich enttäuschen, denken, dass dies ihrem negativen Charakter zuzuschreiben ist und dass ich und mein Verhalten nichts mit ihrer Handlungsweise zu tun haben. Mich selbst nicht als Teil des Problems betrachten. Wenn die Mitarbeiter beispielsweise keine Initiative ergreifen, annehmen, dass sie faul sind.

6. **Kontroverse Themen aus der Diskussion heraushalten, aber so tun, als sei alles „diskussionswürdig".** Die offene Diskussion über heikle Themen, Konflikte, Zweideutigkeiten oder Widersprüche vermeiden. Entscheidungen allein hinter geschlossenen Türen treffen und dabei so tun, als sei ich eine „partizipierende Führungskraft". Annehmen, dass die anderen geistig und emotional nicht in der Lage sind, mit der Situation offen umzugehen. Um ihnen Unannehmlichkeiten zu ersparen, tue ich so, als täte ich *nicht* das, was ich in Wirklichkeit tue. Diese Scheinheiligkeit als notwendig rechtfertigen, um mich vor den anderen zu „schützen".

7. **Konfrontationen vermeiden.** Konflikte ignorieren oder unterbinden. Sich abstrakt oder zweideutig äußern, um Übereinstimmungen vorzugaukeln, die gar nicht existieren. Unterstellen, andere könnten durch die Konfrontation verletzt werden, da sie ja nicht reif genug sind, um sich ihr zu stellen. Jegliche explizite Uneinigkeit vermeiden, um die anderen nicht zu „beunruhigen".

Da das Modell der einseitigen Kontrolle Taktiken einsetzt, wie man sein Gesicht wahrt, wirkt es nicht so tückisch, wie es tatsächlich ist. Aber unter seiner oberflächlichen „Höflichkeit" kann man seine objektiven Hindernisse entdecken: Menschen zum eigenen Vorteil manipulieren, sich über vernünftige Argumente hinwegsetzen, sich Vorteile verschaffen, die anderen gering schätzen und genau dies verheimlichen.

Die Konsequenzen des Modells der einseitigen Kontrolle sind einfach und zerstörerisch: Ineffektivität, mangelnde Flexibilität und Kreativität, schlechte Qualität, hohe Kosten, fehlende Wettbewerbsfähigkeit, Veraltetsein, keinerlei Profitabilität, immer wiederkehrende Krisen und letztendlich Zusammenbruch des Unternehmens.

Wenn Manager entdecken, dass das Modell der einseitigen Kontrolle ineffektiv ist, fallen sie in ihrem Eifer, etwas zu verändern, was nicht funktioniert, mitunter ins andere Extrem: Sie verzichten auf ihre Autorität und Verantwortung, indem sie die Kontrolle ganz abgeben. Leider funktioniert das nicht. Das Aufgeben der Kontrolle, ohne dass man überprüft, wie Ängste die offene Kommunikation behindern, schafft so viele Probleme wie die Aufrechterhaltung der einseitigen Kontrolle.

In dieser unserer Zeit der „Intelligenten Organisationen", des „Empowerment", der „partizipierenden Unternehmensführung", der „Lerngemeinschaften" und „Verflachung der Organigramme" wird die Hierarchie völlig gering geschätzt (man könnte sagen *enthierarchisiert*). Aber die Veränderung äußerer Strukturen ohne die Veränderung der Denkmuster ist – im besten Fall – ineffektiv und höchstwahrscheinlich auch kontraproduktiv. Im Allgemeinen ist es so, dass trotz äußerer Veränderungen innen alles beim Alten bleibt.

Das Gegenstück zum Modell der einseitigen Kontrolle ist das Modell der „Nicht-Kontrolle". Es beruht auf einem dichotomischen Denkansatz: entweder entscheiden Sie oder die anderen; dazwischen gibt es nichts. Das heißt, um den anderen nicht ihre partizipierende Macht wegzunehmen, müssen Sie sich heraushalten, ohne Ihre Gedanken überhaupt aussprechen zu können. Sie können die anderen nur gewinnen, wenn Sie sie „die Wahrheit, die Sie schon kennen" selbst herausfinden lassen. Die Struktur des Modells der Nicht-Kontrolle ähnelt bemerkenswert dem Modell der einseitigen Kontrolle. Beide haben dasselbe zentrale Ziel und gehen von identischen Grundannahmen aus: die Kontrolle um jeden Preis aufrechterhalten (aber „partizipierend" erscheinen) und verhindern, dass negative Urteile und Gefühle zur Sprache kommen, um die anderen nicht in die Klemme zu bringen (denn sie sind ja nicht reif genug, um aus ihren Fehlern zu lernen oder mit Konflikten umzugehen).

Wenn ein Chef sich dem Modell der Nicht-Kontrolle verschrieben hat, werden seine Untergebenen übertrieben wachsam und entwickeln ausgeklügelte Systeme, um seine Gedanken zu lesen. In einem Meeting etwa werden sie darauf achten, ob er lächelt, die Brauen hochzieht oder auf ein Blatt Papier kritzelt. Alle werden darüber spekulieren, was in ihm vorgeht, aber keiner wird ihn fragen. Der Chef würde ja sowieso nicht auf solche Fragen antworten, denn „wenn ich meine Meinung sage, könnte ich ja dem Team seine partizipierende Macht wegnehmen".

Der Chef merkt dabei aber nicht, dass er dem Team seine partizipierende Macht in jedem Fall nimmt, egal ob er seine Ideen geheim hält oder ausspricht. So wie ein Schizophrener die Kontrolle über andere aufrechterhält, indem er eine große „Sanftmut" an den Tag legt, mit seiner Körpersprache aber Wut zeigt, kann ein Chef seine Mitarbeiter verrückt machen, indem er sich „passiv" verhält und scheinbar die Kontrolle abgibt, in Wahrheit aber die Zügel fest in der Hand hält.

Das Modell gegenseitigen Lernens

Mitglieder einer Organisation sind aber nicht dazu verurteilt, in Situationen mit einseitiger Kontrolle oder Nicht-Kontrolle zu arbeiten und zu leben. Es gibt eine dritte Option: ein Denkmuster, das nicht nur die Arbeitseffektivität steigert, sondern auch die Qualität der zwischenmenschlichen Beziehungen und das Selbstwertgefühl der Betreffenden erhöht. Wir wollen es „Modell gegenseitigen Lernens" nennen.

Das Modell gegenseitigen Lernens basiert auf anderen Annahmen und Zielen als das Modell der einseitigen Kontrolle. Deshalb bedient es sich anderer Strategien, die zu anderen Konsequenzen führen.

Annahmen des Modells gegenseitigen Lernens

1. **Ich bin ein Mensch, der von seinen Denkmustern eingeschränkt wird.** Meine Meinungen hängen von meinen Informationen, Argumentationen, Emotionen und Interessen ab. Mein Denkmuster filtert meine Wahrnehmungen und bedingt meine Interpretationen. Meine Sichtweise ist immer parteiisch. Ich kann keinerlei Gewissheit darüber beanspruchen, wie die Dinge sind oder wie sie sich künftig entwickeln werden. Meine Überzeugungen sind nur mögliche Beschreibungen der Situation.

Ich habe die „Wahrheit" nicht für mich gepachtet. Es besteht immer die Möglichkeit, dass ich Unrecht habe.

2. **Die Gedanken der anderen haben ihre eigene innere Logik.** So wie meine Denkmuster meinen Erfahrungen eine Bedeutung geben, können die (andersartigen) Denkmuster der anderen ihren Erfahrungen eine (andere) Bedeutung geben. Egal welche Position die anderen verteidigen, sie haben gewichtige Gründe dafür. Ich bin offen dafür, die innere Logik ihrer Sichtweise, die sich aus ihren Denkmustern ergibt, zu verstehen. Mit diesem Verständnis werde ich versuchen, die unterschiedlichen Standpunkte zu einem umfassenderen Bild zu vereinen.

3. **Alle Menschen können vernünftig handeln und gleichzeitig für die Meinungen anderer offen sein.** Wenn der Wille und das Engagement für den Dialog vorhanden sind, können wir uns gegenseitig verstehen und gemeinsam lernen. Die anderen bemühen sich so wie ich, innerhalb der Grenzen ihrer Denkmuster ihr Bestmöglichstes zu tun. Jeder von uns kann zu einer kollektiven Lösung beitragen. Wir sind reif genug, um uns Fragen anzuhören und aufgeschlossen und kritisch-konstruktiv darauf zu antworten. Produktives Nachfragen regt alle Beteiligten zum Lernen an.

4. **Begrenzungen ermutigen uns, unsere Erfindungsgabe zu schärfen.** Menschen und Situationen sind fließend und formbar. Man kann sie aus unendlich vielen Perspektiven betrachten. Aus gewissen Blickwinkeln erscheinen Grenzen nicht so unveränderlich. Es gibt immer Raum zum Verhandeln. Selbst wenn eine Einschränkung unabänderlich ist, kann ich mich entscheiden, so effektiv, ehrlich und integer wie möglich darauf zu reagieren. So wie die Schwerkraft die Muskeln stärkt, festigen Begrenzungen den Geist.

5. **Fehler sind Lerngelegenheiten, die zu untersuchen sich lohnt.** Probleme sind Gelegenheiten, um die Prozesse neu zu überdenken, die sie haben entstehen lassen, und auf diese Weise zu lernen, effektiver zu arbeiten. Schwierigkeiten sind im Allgemeinen eher Folgen misslungener Prozesse als persönlicher Schuld.

Wenn man die „Fähigkeit zu beschuldigen" zu einer „Fähigkeit zu reagieren" macht, verbessert dies nicht nur die Arbeitsleistung der Gruppe, sondern vertieft auch die Beziehungen und das Selbstwertgefühl.

Diese Voraussetzungen schaffen einen ganz anderen emotionalen Raum als das Modell der einseitigen Kontrolle. Wenn Menschen nach dem Modell gegenseitigen Lernens handeln, sind die vorherrschenden Emotionen Begeisterung, Freude und Frieden. In dieser Atmosphäre lässt sich Verantwortung teilen, man kann die Visionen der anderen als genauso wertvoll wie die eigenen betrachten und alle sind fähig, zur Lösung des Problems beizutragen.

Typische Taktiken des Modells gegenseitigen Lernens

1. **Die Aufgabe und den Prozess im Kollektiv definieren und managen.** Die Kontrolle aufteilen, damit jeder frei ist, zu wählen und sich persönlich einzusetzen. Interessierte an der Definition der Ziele und dem Weg dorthin teilhaben lassen. Alle einladen, ihren Standpunkt zu äußern und anschließend die Aufgabe und den Prozess im Konsens verhandeln. Die Ziele der Gruppe mit den Bedürfnissen und Interessen ihrer Mitglieder verbinden.

2. **Eine Atmosphäre mit geringer Abwehrhaltung und hohem Lerngehalt schaffen.** Sich so konkret und deutlich wie möglich ausdrücken. Die eigenen Ideen präsentieren und die anderen ermuntern, ihre anderslautenden Reaktionen und Einwände kundzutun. Um Kommentare und Herausforderungen für meine Argumente bitten. Die anderen ermuntern, ihre Ideen vorzutragen und sie zu erörtern. Mit konkreten Veranschaulichungen und klaren Bedeutungen arbeiten, damit alle sie verstehen. Davon ausgehen, dass der andere reif genug ist, um mir zuzuhören und von mir zu lernen. Davon ausgehen, dass der andere nicht in Schutz genommen werden muss, da er ja besonnen genug ist, um mit seinen Gefühlen umzugehen.

3. **Die Argumentation hinter meiner Sichtweise erläutern, indem ich sie zur Diskussion stelle.** Die Gründe für meinen Standpunkt darlegen. Akzeptieren, dass meine Sichtweise nicht die einzig mögliche ist, dass sie Mängel haben kann und dass die anderen vielleicht nicht damit einverstanden sind, auch wenn sie sie verstehen. Die Folgerungen öffentlich überprüfen. Auf der Basis klarer, empirisch überprüfbarer Theorien operieren. Wenn ich beispielsweise glaube, die anderen wollten nicht gern über bestimmte Themen reden, überprüfe ich diese Annahme und bringe meine Besorgnis etwa so zum Ausdruck: „Ich halte diese Themen für sehr wichtig, aber ich fürchte, dass einige von Ihnen sie für unangebracht halten. Was meinen Sie dazu?" Alle ermuntern, es Ihnen gleichzutun.

4. **Die Standpunkte der anderen erkunden.** Fragen stellen in dem Bestreben, etwas zu lernen. Beachten, dass die anderen wertvolle Beiträge zu leisten haben und dass Nachfragen immer den Wert erhöht: Wenn ich der Ansicht bin, die Meinungen der anderen seien hilfreich und fundiert, kann ich sie in mein Denken integrieren; andernfalls fordere ich sie heraus und schaffe eine gemeinsame Perspektive, indem ich Konflikte nutze, statt sie zu verhindern. Sich nach Informationen, Begründungen, Erwartungen, Interessen und Handlungsvorschlägen erkundigen.

5. **Die Rolle des Protagonisten spielen, indem ich die volle Verantwortung für das Problem übernehme.** Davon ausgehen, dass ich immer Teil des Problems bin und deshalb immer Teil seiner Lösung sein kann. Bedenken, dass sich mein Verhalten möglicherweise auf die anderen auswirkt und zur Ineffektivität der Gruppe beiträgt. Wenn Mitarbeiter beispielsweise keine Initiative ergreifen, vermute ich, dass dies (teilweise) deshalb so ist, weil ich mich nicht effektiv mit ihnen auf die Art der Teamarbeit geeinigt oder ihnen keine Schulung oder das Instrumentarium dazu angeboten habe. Diese Theorien öffentlich überprüfen, indem ich mit dem Team über das Thema spreche. Die Gruppenmitglieder fragen, ob ich derjenige bin, der ihre partizipierende Macht beeinträchtigt oder es ihnen erschwert, die Initiative zu ergreifen.

6. **Dafür sorgen, dass über alles diskutiert werden kann, besonders über kontroverse Themen und Konflikte.** Offen über einen Konflikt, ein Hindernis oder ein Dilemma reden. Die Diskussion sowohl über den Text (Thema) als auch über den Kontext (Beziehungsraum, in dem über das Thema diskutiert wird) zulassen. Nach alternativen Denkansätzen suchen, um die Situation anzugehen und den Konflikt zu überwinden. Voraussetzen, dass die anderen reif genug sind, um die Widersprüche und Paradoxe des Lebens auszuhalten.

7. **Zu produktiver Konfrontation aufrufen.** Zulassen, dass Konflikte und Emotionen an die Oberfläche kommen. Den Konflikt nicht unterbinden, sondern ihn dem Team bewusst machen. Schwierige Emotionen wie Langeweile, Scham oder Angst nicht unterdrücken.

Das Modell gegenseitigen Lernens hat enorme *Konsequenzen* auf das Verhalten und den Lernprozess:

1. **Die Menschen müssen sich nicht defensiv oder manipulierend verhalten.** Sie werden schlüssig und ohne Angst vor Fehlern handeln. Sie werden den Großteil ihrer Gedanken und Gefühle produktiv mitteilen. Politische Spielchen und unterschwellige Auseinandersetzungen werden nicht gefördert.

2. **Die Beziehungen zwischen einzelnen Menschen und Gruppen werden nicht mehr so defensiv sein.** Die Gruppendynamik wird flexibler werden, wenn aus dem „Gewinnen-Verlieren"-Standpunkt ein „Zusammenarbeiten und Lernen" wird. Gemeinsame Ziele werden von Kameradschaftlichkeit, Vertrauen, offener Kommunikation, Initiative, Innovation und persönlichem Engagement begleitet sein.

3. **Die betroffenen Personen werden Begeisterung, Ruhe und Zufriedenheit verspüren**. Es wird eine von Frieden, Neugier und Dankbarkeit geprägte Stimmung herrschen. Die Betroffenen werden sich glücklich schätzen, in einem Umfeld zu arbeiten, wo sie ihr Schicksal in die Hand nehmen können. Sie werden

loyal und verantwortungsvoll auf die Organisation reagieren. Sie werden sehr gut zusammenarbeiten und große Initiative zeigen.

4. **Fehler werden schnell aufgeklärt und die Prozesse werden ständig verbessert werden.** Die Betreffenden werden sich mehr darum bemühen, Fehler zu korrigieren, als sie zu verheimlichen. Im Licht des Bewusstseins werden diese Fehler zu Schätzen, mit denen sich die Prozesse stetig optimieren lassen. Die Beteiligten werden unmittelbar auf enttäuschende Ergebnisse reagieren und sie als Lerngelegenheit betrachten. Es wird kurze, konkrete Diskussionen zur Lösung spezifischer Probleme geben. Die Gruppe wird stolz darauf sein, dass sie auf Probleme effektiv und integer reagiert.

5. **Man hat unumschränkte Freiheit, um neue Ideen und Möglichkeiten ausfindig zu machen.** Menschen und Teams werden auf ihrem Weg zur Exzellenz für stetige Verbesserung, hohe Energie und Begeisterung sorgen. Fehler werden aufgedeckt, erklärt und unverzüglich korrigiert werden. Niemand wird Angst haben, geltende Normen und Überzeugungen in Frage zu stellen. Kreatives und innovatives Denken wird zur Norm werden.

6. **Ziele und Vorgehensweisen werden kollektiv (im Konsens) festgelegt.** Mithilfe der offenen Kommunikation werden die Teams ihre Ziele und Strategien im Konsens festlegen. Alle Teilnehmer werden verstehen, was getan werden muss und was für einen Sinn dies hat. Wenn die Gruppe so arbeitet, wird sie bei Herausforderungen eine große innere Verpflichtung, gegenseitigen Respekt und Begeisterung erleben. Die Menschen werden sich machtvoll (*empowered*) fühlen.

Die ultimativen Konsequenzen des Modells gegenseitigen Lernens sind der Traum eines jeden Managers: Effektivität, Flexibilität, Innovation, hohe Qualität, niedrige Kosten, Wettbewerbsfähigkeit, stetige Verbesserung, hohe Profitabilität, persönliche Entwicklung und unternehmerisches Wachstum.

Der Manager im Modell gegenseitigen Lernens

William Glasser[44] hat sich mit den Auswirkungen der unterschiedlichen Denkmuster auf die Effektivität und Qualität von Management beschäftigt. Seine Überlegungen spiegeln ziemlich genau die Unterscheidung, die wir zwischen dem Modell der einseitigen Kontrolle und dem Modell gegenseitigen Lernens treffen. Nach Glasser bedeutet das Modell gegenseitigen Lernens, „Boss Management" in „Lead Management" zu verwandeln.

Boss Management. Glasser unterscheidet zwischen „bossing" (herumkommandieren; einseitige Kontrolle) und „leading" (führen; gegenseitiges Lernen). Mit dem autoritären Stil eines Boss Managers tut ein Manager einseitig Folgendes:

- Er legt die Ziele der Organisation autoritär fest.
- Er legt die Aufgaben und Parameter für seine Mitarbeiter autoritär fest.
- Er allein entscheidet über den Arbeitsprozess, ohne seine Mitarbeiter zu fragen.
- Er allein misst und bewertet die Arbeit, ohne mit seinen Mitarbeitern zu sprechen.
- Er setzt Belohnungen und Strafen ein, damit seine Mitarbeiter sich an die festgelegten Vorgehensweisen halten.

Mit diesem Managementstil wird Effektivität unmöglich, weil der autoritäre Stil die Menschen und auch die Qualität der Ergebnisse kaputt macht.

Lead Management. Um in der Wirtschaft von morgen operieren zu können, sagt Glasser, müssen die Manager die Rolle von Führungskräften übernehmen.

- Eine Führungskraft ist verantwortlich für die Stimmigkeit zwischen dem Ziel und der darüber hinausgehenden Identität der

Organisation. Die Führungskraft ist vollkommen verantwortlich dafür, dass es für die Menschen, die sie führt, eine Zukunft gibt. Damit die Arbeitnehmer eine Qualitätsarbeit liefern und sich mit Einsatz und Engagement ihrer Aufgabe widmen, müssen sie davon überzeugt sein, dass es hier im Unternehmen eine Zukunft für sie gibt.

▪ Die Arbeitnehmer arbeiten *im* System. Die Führungskraft arbeitet *am* System, um dafür zu sorgen, dass dieses System Produkte von möglichst hoher Qualität zu möglichst niedrigen Kosten hervorbringt (indem sie sich um die darin arbeitenden Menschen kümmert). Die Führungskraft ist verantwortlich für das System als Ganzes.

Für die Führungskraft sind folgende Handlungen typisch:

▪ Mit dem Ziel, eine gemeinsame Vision zu entwickeln, bezieht sie jene, die sie führt, in ein Gespräch über die Vision, die Mission, die Ziele und Werte der Organisation mit ein.

▪ Sie legt die Aufgaben und Prozesse gemeinsam mit ihrem Team fest.

▪ Sie spricht über ihre Leistungserwartungen und entwirft gemeinsam mit dem Team Methoden, mit denen diese Erwartungen erfüllt werden können. Sie lässt Innovation zu und ermuntert zur Selbstkontrolle.

▪ Sie minimiert externe Beurteilungen und gibt dem Team die Macht, seine eigene Leistung zu messen und zu bewerten.

▪ Sie handelt als „Facilitator", indem sie dem Team die besten Instrumente und Prozesse zur Verfügung stellt und gleichzeitig eine freundschaftliche, nicht-bedrohliche Atmosphäre schafft, in der kein Zwang herrscht.

Wenn Manager im Stil gegenseitigen Lernens führen statt mit einseitiger Kontrolle, wirkt sich das wie folgt aus:

▪ Das Arbeitsumfeld wird heimelig und stimulierend. Die Angestellten vertrauen den Führungskräften, weil sie wissen, dass diesen ihr Wohlergehen am Herzen liegt. Das Verhältnis zwischen Vorgesetzten und Untergebenen ist von Klarheit und gegenseitiger Anerkennung geprägt.

- Die Angestellten verstehen die grundlegende Mission und die Werte des Unternehmens. Sie sehen diese Werte in der Politik des Unternehmens und in den unternehmerischen Entscheidungen verwirklicht.

- Die Angestellten machen nur sinnvolle Arbeit (sie begreifen, inwiefern ihre Arbeit für das ganze System nützlich ist). Sie tragen aktiv zum Nutzen dessen bei, was getan wird.

- Die Angestellten lernen, sich selbst zu bewerten; sie werden herausgefordert und geben sich größte Mühe, die Qualität ihrer Arbeit stetig zu verbessern. Mithilfe von Kreativität und Teamarbeit entwickeln sie ein Gefühl von Stolz und Zugehörigkeit.

- Die Angestellten bekommen Anerkennung für ihre Bemühungen, so dass sie sich respektiert und als maßgeblich Beteiligte am Unternehmenserfolg geschätzt fühlen.

Um ihre Verpflichtung für diese Führungsphilosophie und ihr Vertrauen darauf unter Beweis zu stellen, sagt Glasser, müssen die Manager die Initiative ergreifen und sich als Menschen zeigen, die an der Entwicklung authentischer Beziehungen zu den Menschen, die sie führen, interessiert sind. Ganz entscheidend ist auch, dass sie vermeiden, Tadel an ihren Mitarbeitern in Form persönlicher Angriffe auszusprechen. Das heißt nicht, dass sie schwierigen Themen oder Problemen ausweichen sollen. Man kann eine Situation oder eine Verhaltensweise durchaus konstruktiv ansprechen, ohne aggressiv zu werden.

Die beste Definition einer guten Führungskraft, desjenigen, der das Modell gegenseitigen Lernens vorantreibt, hat wohl Laotse vor 2 000 Jahren gegeben:

Herrscht ein ganz Großer,
so weiß das Volk kaum, dass er da ist.
Mindere werden geliebt und gelobt,
noch Mindere werden gefürchtet,
noch Mindere werden verachtet.
Wie überlegt muss man sein in seinen Worten!
Die Werke sind vollbracht, die Geschäfte gehen ihren Lauf,
und die Leute denken alle:
„Wir sind frei."

Der Übergang vom Modell der einseitigen Kontrolle zum Modell gegenseitigen Lernens kann nicht nur durch kosmetische Veränderungen in der Sprache geschehen. Die Veränderung von Denkmustern erfordert großen persönlichen Einsatz. Wer eine Kultur der Offenheit und stetigen Verbesserung schaffen will, muss sich persönlich transformieren – eine Transformation, die die höchste Stufe des Lernprozesses darstellt.

Wir haben schon gesehen, dass Lernen bedeutet, die eigene Handlungsfähigkeit zu erhöhen, um die gewünschten Ergebnisse zu erzielen. Deshalb beginnt der Lernprozess immer mit einer Kluft zwischen dem, was wir erreichen *wollen*, und dem, was wir erreichen *können*. Manchmal schließen wir diese Kluft, indem wir uns einfach für eine andere Handlung entscheiden. In anderen Fällen lässt sich die Kluft nicht so leicht schließen. Dann müssen wir unsere Kompetenzen erweitern, um Dinge zu tun, die uns vorher nicht gelangen. Dazu müssen wir manchmal unsere Denkmuster verändern.

Der Weg von der Bewusstwerdung bis zur Aktion beginnt, wenn wir unser Umfeld mithilfe unseres Denkmusters verstehen. Automatisch wählen wir das aus, was relevant ist, und schaffen einen Situationsrahmen. Dieser Rahmen ist jedoch keine „objektive Darstellung" der Realität, sondern eine durch unsere Denkmuster bedingte Interpretation.

Bei der Beurteilung einer Situation legen wir eine ganze Reihe möglicher Aktionen fest. Wir vergleichen die geplanten Ergebnisse dieser Aktionen mit unseren Zielen und wählen die Aktion, mit der wir die gesuchten Ergebnisse mit größter Wahrscheinlichkeit erreichen werden. Die Durchführung dieser Aktion führt zu Ergebnissen. Wenn diese sich mit unseren Wünschen decken, sind wir zufrieden und verspüren kein Bedürfnis, an unserem Tun etwas zu ändern. Wenn aber das Ergebnis nicht mit unseren Wünschen übereinstimmt, verspüren wir eine Unzufriedenheit, die uns zu einer Veränderung antreibt. Je nachdem, wie schwierig es ist, die Kluft zu schließen, müssen wir bei dem Lernprozess unsere Aktionen, Gedanken und Gefühle in unterschiedlichen Stufen der Tiefe neu überdenken.

Wir müssen uns klarmachen, dass wir das begrenzte Menü von Optionen, die sich als „offensichtlich" präsentieren, nicht anzunehmen brauchen. In keinem Restaurant steht auf der Speisekarte: „Wenn Ihnen kein Gericht dieser Speisekarte zusagt, können Sie aufstehen und ein anderes Restaurant ausprobieren." Diese Option nimmt man nur wahr, wenn man sein Blickfeld erweitert. Ebenso stacheln vertrackte oder hartnäckige Probleme den Menschen an, seinen Horizont zu erweitern. Diese Veränderung erlaubt es ihm, sein Denkmuster zu erweitern, indem er sich neue Möglichkeiten erschließt. Wenn Sie schon alle Strategien des Modells der einseitigen Kontrolle ausprobiert haben und mit Ihrer Effektivität, Ihren Beziehungen zu anderen und Ihrer Lebensqualität immer noch unzufrieden sind, dann sind Sie bereit, über Ihre kulturelle Konditionierung hinauszugehen und ein Leben in einem Umfeld gegenseitigen Lernens zu beginnen.

Kapitel 6

Schizophrenie in Organisationen

„S etzen Sie sich, Mercedes", sagt Claudia. – „Im Namen aller Mitarbeiter der Abteilung heiße ich Sie willkommen. Ich hoffe, dass Sie die Arbeit mit uns interessant und zufrieden stellend finden werden."

Es ist Mercedes' erster Tag als Forscherin bei Block, Barnes & Cia., einem Marktforschungsunternehmen. Claudia ist die Managerin. Nach der Begrüßung kommt sie zur Sache.

„Ich vertrete die Politik der offenen Türen", erklärt sie. „Wenn Sie ein Problem oder einen Vorschlag haben, kommen Sie zu mir. Ich möchte immer im Bilde sein. Sie brauchen nicht hinterm Berg zu halten, besonders wenn es um Kritik oder Ideen zur Verbesserung der Abteilung geht. Ich bin überzeugt, dass offene Kommunikation unsere Beziehungen verbessert und die Teamarbeit fördert. Ich bin stolz darauf, nur selbstständig arbeitende Forscher einzustellen, Menschen, die fähig sind, die Initiative zu ergreifen und neue Wege zu beschreiten, auch wenn diese Wege nichts mit der Beschreibung ihrer normalen Aufgaben zu tun haben. Es gibt immer Raum, etwas zu verbessern. Deshalb möchte ich Sie ermuntern, immer zu sagen, was Sie denken, Risiken auf sich zu nehmen und Fragen zu stellen. Ich bin dazu da, Ihnen zu dienen und zu helfen. Einverstanden?"

Später geht Mercedes mit zwei ihrer neuen Kollegen, Cecilia und Gustavo, zum Mittagessen. Nachdem sie bestellt haben, redet

Gustavo mit Cecilia darüber, was einem anderen Teammitglied passiert ist:

„Heute hat Norberto einen Rüffel bekommen. Er ging mit einem Vorschlag zur Chefin, wie man das Arbeitsaufkommen der Abteilung neu organisieren könnte. Der Ärmste, er war so begeistert und sie hat ihn hochkant rausgeschmissen. ‚Behalten Sie Ihre brillanten Ideen für sich', hat Claudia gesagt. ‚Hier habe ich das Sagen. Gehen Sie in Ihr Büro und setzen Sie sich an Ihre Arbeit, dafür werden Sie bezahlt.' Gustavo lacht zynisch.

Verwirrt sieht Mercedes ihn an. Cecilia sieht ihn vorwurfsvoll an:

„Hör mal, Gustavo, wir wollen doch Mercedes an ihrem ersten Tag nicht verschrecken."

„Nein, nein, kein Problem", sagt Mercedes. „Aber ich verstehe nicht ganz. Claudia hat immer wieder betont, dass sie Anregungen schätzt."

Die anderen sehen sich bedeutungsvoll an.

„Aha, sie spult mal wieder ihr Liedchen ab", seufzt Gustavo. „Natürlich hat sie mit Ihnen auch über die Politik der offenen Türen gesprochen. Von wegen dass Kritiken willkommen sind und dass sie hier ist, um Ihnen zu dienen und blablabla. War's nicht so?"

„Ja, genau so", sagt Mercedes beunruhigt.

„Mercedes, ich werde Ihnen erzählen, wie das hier wirklich läuft", erklärt Cecilia. „Claudia sagt das zu allen neuen Mitarbeitern. Vielleicht glaubt sie es sogar selbst. Aber sie handelt nicht danach. Ich rate Ihnen, vorsichtig bei ihr zu sein. Sagen Sie ihr nur das, was sie hören will. Vermeiden Sie um jeden Preis irgendeine Auseinandersetzung und kommen Sie bloß nicht unangemeldet in ihr Büro."

„Und Vorsicht mit Veränderungsideen", ergänzt Gustavo. „Die einzige erwünschte Initiative ist, dass Sie mit der Arbeit auf dem Laufenden sind. Behalten Sie Ideen über das Funktionieren der Abteilung für sich. Es ist viel besser, den Mund zu halten, das hat Norberto gerade herausgefunden. Und glauben Sie nicht eine Sekunde an diese Geschichte, sie sei hier, um Ihnen zu dienen. Sie erwartet, dass Sie hart arbeiten und sie nicht belästigen. In Wahrheit denkt sie nämlich, dass Sie hier sind, um ihr zu dienen."

„Und das Wichtigste", fügt Cecilia hinzu, „ist, dass Sie die Sachen so machen, wie Claudia sagt. Sie müssen so tun, als sei die Kommunikation hier bestens, als wären wir ein sehr geeintes Team, als wären wir die große Familie Block, Barnes & Cia."

In der Kultur von Block, Barnes & Cia. gibt es implizite Normen, wie sie viele Organisationen haben – widersprüchliche, paradoxe und nicht kongruente Verhaltenscodes:

☐ Geben Sie Ihrem Vorgesetzten das Gefühl, Sie hätten keine Probleme, selbst wenn Sie welche haben.

☐ Gehen Sie Risiken ein, aber machen Sie keinen Fehler.

☐ Informieren Sie die anderen, aber verheimlichen Sie Fehler.

☐ Sagen Sie die Wahrheit, aber warten Sie niemals mit schlechten Neuigkeiten auf.

☐ Schlagen Sie die anderen, aber lassen Sie es so aussehen, als hätte keiner verloren.

☐ Arbeiten Sie „im Team", aber denken Sie daran, dass Ihre individuelle Leistung das Einzige ist, was zählt.

☐ Bringen Sie Ihre Ideen von sich aus zur Sprache, aber widersprechen Sie Ihren Vorgesetzten nicht.

☐ Seien Sie kreativ, aber ändern Sie nichts an traditionellen Vorgehensweisen.

☐ Versprechen Sie nur das, was Sie halten können, aber schlagen Sie Ihrem Vorgesetzten niemals eine Bitte ab.

☐ Stellen Sie Fragen, aber geben Sie nie zu, dass Sie etwas nicht wissen.

☐ Denken Sie ans globale System, aber kümmern Sie sich nur um die Resultate Ihres Aufgabengebiets.

☐ Denken Sie langfristig, aber kümmern Sie sich nur um Ergebnisse in Ihrem unmittelbaren Umfeld.

☐ Handeln Sie so, als ob keine dieser Regeln existieren würde.

In den allermeisten Organisationen wird anscheinend vieles verheimlicht und so getan, als ob das, was geschieht, nicht das ist, was in Wirklichkeit geschieht. Um in solch einer Kultur zu überleben, müssen Sie so tun, als gäbe es diese Widersprüche nicht – dann kann man nicht darüber diskutieren oder sie verändern. Es verwundert daher nicht, dass der vorhandene Stresspegel letztendlich zu Herzinfarkten oder Depressionen führt. Verheimlichung und Unterdrückung der Realität sind der Auslöser aller psychischen und psychosomatischen Krankheiten.

Gewisse Verhaltensmuster, die wir – mit Chris Argyris[45] – „Abwehrroutinen in Organisationen" nennen wollen, führen zu schwer wiegenden Ineffizienzen, zerstören zwischenmenschliche Beziehungen und wirken sich auf die psychische Stabilität der Menschen aus.

In ihren Studien zum Verhalten von Managern haben Chris Argyris und Donald Schön[46] festgestellt, dass Manager auf die Frage, wie sie auf bestimmte Umstände reagierten, mit einer „espoused theory", einer „verlautbarten Theorie" (d. h. einer offiziellen Theorie) auf jede Situation reagierten, ein Handlungsmuster, das sich an einigen Werten orientierte, auf die sie stolz waren. Auf dieser Stufe sagen die meisten Manager, sie verhielten sich nach dem Modell gegenseitigen Lernens. Claudia beispielsweise glaubt an Teilnehmerschaft (zumindest in der Öffentlichkeit) und aufgrund dieser offiziellen Theorie ermuntert sie ihre Mitarbeiter, ihre Ideen auszusprechen.

Als Argyris und Schön jedoch untersuchten, wie sich Millionen Menschen tatsächlich verhalten, stellten sie fest, dass das, was Manager zu tun vorgeben, meist etwas ganze anderes ist als das, was sie tatsächlich tun. Die praktische Handlungsweise eines Managers und die Richtlinien, die er befolgt, sind das, was diese Autoren als „theory-in-use" („angewandte" bzw. „praktizierte Theorie") bezeichnen. Auf dieser Stufe folgen die allermeisten Manager dem Modell der einseitigen Kontrolle. Die Theory-in-use stimmt mit der offiziellen Theorie nicht immer überein. Das hat nicht unbedingt etwas mit Scheinheiligkeit zu tun: Der betreffenden Person ist vielleicht nicht bewusst, dass die beiden Theorien verschieden sind. Claudia etwa fürchtet den Verlust der Kontrolle und Autorität, und deshalb führt ihre Theory-in-use dazu, dass sie jegliche eigenständige Äußerung ablehnt: Sie unterbindet Initiativen, bringt Kritiker zum Schweigen, sorgt sich um ihr Image, regt nicht zu Fragen an, hält die Kontrolle aufrecht und sorgt dafür, dass alles so gemacht wird wie immer. Was sie *ihren Worten nach* tut (vielleicht sogar das, was sie *glaubt* zu tun), passt nicht zu dem, was sie *tatsächlich* tut.

Nicht nur bei Individuen gibt es einen Unterschied zwischen offiziellen Theorien und Theories-in-use. Bei Organisationen gibt es dieselbe Diskrepanz zwischen Worten und Taten. In *Dilbert*, dem Comic, der die doppelte Botschaft der Firmen satirisch aufs Korn nimmt, gibt es eine besonders bissige Bemerkung über eine der Botschaften, die am häufigsten verbreitet und am häufigsten missachtet werden: „Menschen sind unsere wichtigste Ressource." Auf dem ersten Bild sehen wir Dilberts Chef, der verkündet: „Unsere Mitarbeiter sind die 17. wichtigste Ressource." Auf dem zweiten Bild bemerkt Dilbert: „Ich traue mich gar nicht zu fragen, welches die 16. wichtigste ist." Auf dem dritten Bild antwortet der Chef: „Die Briefbeschwerer."

Um die Konfrontation mit den Unvereinbarkeiten zwischen ihren verlautbarten und den praktizierten Theorien zu vermeiden, verwenden Menschen (und Organisationen) zweideutige oder paradoxe Botschaften. Mit diesen widersprüchlichen Botschaften umgehen sie die Inkongruenz ihrer nach außen hin vertretenen Werte und ihrer wahren Werte. Bei Organisationen wirkt sich dieser Mechanismus tief greifend auf das Verhältnis zwischen Chefs und Untergebenen aus; doch in der Familie richtet er den größten Schaden an.

Neueren medizinischen Studien zufolge soll Schizophrenie durch ein chemisches Ungleichgewicht im Gehirn entstehen; aber nicht alle Menschen mit einer chemischen Prädisposition entwickeln die Symptome der Krankheit. Damit die physikalisch-chemischen Bedingungen die psychische Verwirrung auslösen, braucht es einen zusätzlichen Faktor: den Auslöser (Trigger).

Laut dem Anthropologen, Soziologen und Philosophen Gregory Bateson wird Schizophrenie dann ausgelöst, wenn das Opfer einer widersprüchlichen Botschaft unfähig ist, sich über Metakommunikation mitzuteilen; das heißt, wenn es nicht darüber reden kann, wie man kommuniziert. Nicht nur die eigentliche Widersprüchlichkeit der Botschaft richtet Schaden an, sondern auch die Unfähigkeit, die Metabotschaft in verbale Sprache zu übersetzen und über den Vorfall zu sprechen. Metakommunikation ist für Menschen enorm wichtig, behauptet Bateson, aber das Opfer eines Double Bind kann darüber unmöglich sprechen. Es kann die Widersprüche der Person, von der sie ausgehen, nicht aufdecken, sonst würde es bestraft; ebenso wenig kann es über die Unmöglichkeit diskutieren, solche Widersprüchlichkeiten aufzudecken, denn auch dann würde es bestraft.

Unfähig, sich an seine widersprüchliche Umgebung anzupassen, unfähig, über die Widersprüchlichkeiten zu sprechen, unfähig, das Machtverhältnis im Double Bind der Beziehung zu seinem Vater oder seiner Mutter zu verändern, und unfähig, alldem zu entfliehen, wird das Opfer laut Bateson zu einem perfekten Schizophrenie-Kandidaten. Man braucht keine großen logischen Sprünge zu machen, um diese Situation auf das berufliche Umfeld zu übertragen, wo die psychische Gesundheit der Menschen großem Druck ausgesetzt ist. Widersprüchlichkeiten, die Unmöglichkeit, darüber zu diskutieren, und Drohungen sind in Organisationen weit verbreitet.

Abwehrroutinen in Organisationen

Die Ideen von Argyris sind denen Gregory Batesons abgeleitet. Argyris nennt bestimmte Verhaltensmuster der Angehörigen einer Organisation „organisationale Abwehrroutinen". Diese Verhaltensweisen sollen das Selbstbild und die Kontrolle dessen aufrechterhalten, der die Diskrepanz zwischen seiner verlautbarten und seiner praktizierten Theorie nicht sehen will.

Wie Argyris erklärt, sind organisationale Abwehrroutinen Strategien, mit denen verhindert wird, dass Personen oder Gruppen sich bloßgestellt fühlen. Die Betreffenden sind dann für die mangelnde Übereinstimmung ihrer Worte und Handlungen nicht mehr verantwortlich. Mit diesen Strategien wird das Modell der einseitigen Kontrolle bewahrt, der Lernprozess wird verzögert und es wird versucht, die Sicherheit des Einzelnen zu wahren, während die Organisation in eine selbstzerstörerische Abwärtsspirale getrieben wird.

Organisationale Abwehrroutinen haben viele typische Merkmale:

1. Es gibt mindestens zwei Parteien, die *Autoritätsperson* und den *Untergebenen*.

2. Der Untergebene glaubt, sein Wohlergehen hänge von der Autoritätsperson ab.

3. Die Autoritätsperson hat die Macht, den Untergebenen zu bestrafen (nachteilig auf sein Wohlergehen einzuwirken).

4. Die Autoritätsperson sendet widersprüchliche Botschaften, die den Untergebenen in eine Zwickmühle bringen.

   4.1. Einen primären Auftrag unter Strafandrohung erledigen oder

   4.2. Einen sekundären Auftrag erledigen (der in einer Metasprache kommuniziert werden kann), der im Widerspruch zu dem primären Auftrag steht und ebenfalls von einer Strafandrohung begleitet wird.

5. Die Autoritätsperson verbietet unter Androhung von Strafe, dass über die Widersprüche ihrer Botschaften diskutiert wird oder sie in Frage gestellt werden.

6. Die Autoritätsperson verbietet unter Androhung von Strafe, dass diese „Indiskutabilität" in Frage gestellt wird.

7. Der Untergebene schließt daraus, dass er sich der Autoritätsperson nicht ohne erhebliche negative Konsequenzen entziehen kann.

Ein Beispiel: Ein Fabrikmanager sagt zu einem Maschinenarbeiter, er müsse das Fließband sofort anhalten, wenn er einen Fehler bemerke. Tags darauf sagt der Manager zum selben Maschinenarbeiter, er dürfe das Band niemals anhalten, wenn ein Eilauftrag eingeht. Wenn nun also ein Fehler an der Maschine genau dann auftritt, wenn er gerade einen Eilauftrag bearbeitet, steht der Arbeiter vor einem echten Dilemma: Wenn er die Produktion anhält, bekommt er Probleme; wenn er sie nicht anhält, bekommt er auch Probleme.

Würde dieser Arbeiter um Hilfe bitten, um den scheinbaren Widerspruch zu lösen, würde der „schizophrene" Manager antworten: „In dieser Fabrik kommen intelligente, selbstständige Menschen weiter, aber die Dummen werden entlassen. Die Intelligenten kommen allein zurecht, die Dummen machen nur Probleme. Verstanden?" An diesem Punkt wird der Arbeiter „verstehen", dass er sich an diese Regeln halten muss, selbst wenn er damit zum Scheitern verurteilt ist.

Chefs bringen Mitarbeiter in eine Zwickmühle, wenn sie mit ihrer Autorität drohen; aber auch Mitarbeiter können ihre Chefs in eine Zwickmühle bringen. Ein gekränkter Mitarbeiter „bestraft" seinen Chef, indem er die Zusammenarbeit verweigert oder gar die Arbeit sabotiert. Typischerweise bringen Mitarbeiter ihren Chef in Schwierigkeiten, wenn sie denken:

- Wenn er mir nicht alle geforderten Ressourcen gibt, werde ich seine Hilfsangebote nicht mehr ernst nehmen. Gibt er mir alles, was ich brauche, werde ich mehr fordern.

- Wenn er mir nicht garantiert, dass Versagen keine Konsequenzen hat, werde ich keinerlei Risiko eingehen. Gibt er mir diese Garantie, werde ich alle Vorsicht außer Acht lassen.

- Wenn er nicht tut, was ich vorschlage, werde ich ihn für autoritär und autokratisch halten. Tut er es, werde ich ihn für schwach und unentschlossen halten.

- Wenn er von mir etwas verlangt, werde ich ihn für unsensibel und ausbeuterisch halten. Verlangt er nichts von mir, werde ich gerade so viel tun, wie nötig ist.

Diese Zwickmühlen sind der Grund, weshalb gewisse Manager lieber ihre Autoritätsstellung auf- und die Kontrolle ausdrücklich abgeben, um ihre Mitarbeiter unterschwellig zu manipulieren.

Abwehrroutinen können in Organisationen – angefangen bei multinationalen Konzernen bis hin zum Familienunternehmen – alle möglichen Schäden anrichten. Sie boykottieren nicht nur den Profit, sondern schaden auch den zwischenmenschlichen Beziehungen und der psychischen Gesundheit der Betreffenden. Sie verleiten zu Manipulation und politischen Spielchen. Die Angehörigen der Organisation sind mehr daran interessiert, in Deckung zu gehen (den Schein zu wahren), als die Probleme zu lösen. Mit ihren Bemühungen wollen sie vor allem ihren Einfluss erhöhen und damit verhindern, dass man sie bei einem Fehler erwischt. Ihr oberstes Ziel ist nicht, Fehler zu vermeiden, sondern zu vermeiden, dass ein Fehler *entdeckt wird*. So, wie „Angriff die beste Verteidigung" ist, bleiben Ihre Handlungen am ehesten unbemerkt, wenn Sie den anderen die Schuld zuschieben. Die Interaktionen sind von Misstrauen und Argwohn geprägt.

Wenn die Beziehungen zwischen den Angehörigen einer Organisation schizophren werden und in Konfrontation ausarten, gerät die Organisation in eine depressive Lähmung. Durch diese Lähmung kommt es häufiger zu schwer wiegenden Fehlern, weshalb sich die Betreffenden noch mehr bemühen müssen, diese zu verheimlichen. Darauf verwenden sie die Energie, mit der diese Fehler eigentlich korrigiert werden sollten. Im Extremfall fällt die Organisation materiell und psychologisch in einen Abgrund und reißt all diejenigen mit, die nicht rechtzeitig aussteigen.

Bei seiner Gruppenarbeit stieß Scott Peck[47] auf ein ähnliches Verhaltensmuster, wie es Argyris bei Firmen beobachtet hatte. Zu Beginn ihrer Beziehung verhalten sich die Menschen „als ob" sie eine echte Gemeinschaft wären. Alle vertragen sich und sind sich freundschaftlich verbunden. Das Problem ist, dass in dieser oberflächlichen „Freundschaft" heikle Themen oder Konfrontationen gewöhnlich ausgeklammert werden. Obwohl die Betreffenden scheinbar ein gutes Verhältnis zueinander haben, herrschen Unruhe und eine gewisse Besorgnis. Man spürt, dass das Gleichgewicht der Gruppe instabil ist.

In einer Gruppe gibt es unterschwellige, nicht integrierte Kräfte – Dissonanzen, Aggressivität, Meinungsverschiedenheiten, negative Urteile usw. –, die die (Illusion von) Harmonie zu zerstören drohen. Der Schein trügt: zwar lächeln die Masken, aber die Gesichter hinter den Masken sind unglücklich. Aber die Gruppe will den Anschein von Einigkeit wahren, auch wenn sie sich dazu verstellen muss. Deshalb entwickelt sie Abwehrroutinen, die manchmal „Höflichkeitsregeln" genannt werden und die die Unterschiede in eine dunkle Ecke verbannen, wo niemand auf sie achtet.

Diese Spannung zwischen einer ruhigen Oberfläche und in der Tiefe brodelnden, unterdrückten Konflikten führt zur zweiten Phase des Gemeinschaftsprozesses. In dieser Phase treten die Dissonanzen in Form von Streitigkeiten, verletzenden Beschimpfungen, Antagonismen zu Tage. Der bisher herrschende „Friede" scheint zerstört zu sein, aber das Einzige, was wirklich zerstört wurde, ist die Illusion von Frieden. Wer nicht versteht, wie Abwehrroutinen entlarvt werden, erlebt die Desillusionierung als Rückentwicklung; wer eine systemische Sichtweise hat, weiß, dass dies in Wahrheit eine Weiterentwicklung ist. Erstere werden konservative Argumente vorbringen und sich die Rückkehr der „guten alten Zeiten" wünschen; Letztere werden gelassen bleiben, weil sie wissen, dass das Chaos der erste Schritt zu gemeinsamer Reife ist.

Die dritte Phase ist die „Schweigephase". Nach Pecks Worten ist die Gruppe am Ende ihrer Geduld angelangt. Keiner hat mehr die Kraft, um den Schein zu wahren. Die Menschen sind verwirrt, desorientiert, desillusioniert. Das ist ein entscheidender Augenblick: Die Auflösung ist in Sicht. Wenn die Beteiligten diese Krise nicht als persönliche Herausforderung betrachten, als unausweichliche Aufforderung, ihr Bewusstsein zu erweitern und den anderen mit seinen Unterschieden als rechtmäßig zu akzeptieren, dann wird die Gruppe eingehen. Wenn hingegen jeder in sich geht und dort einen bedingungslosen Respekt für sich selbst und alle anderen findet, dann wird die Gruppe in die letzte Phase eintreten, wo sie zu einer echten Gemeinschaft wird.

Eine ähnliche Dynamik, sagt Stephen Covey[48], gibt es innerhalb der Familie. In einer ersten Phase besteht zwischen Eltern und Kindern ein Abhängigkeitsverhältnis. Die jugendliche Rebellion leitet die Chaosphase ein, die im Schweigen (Abkoppelung) der Unabhängigkeit endet. Die Reife schließlich tritt ein, wenn man die Interdependenz entdeckt. Jede dieser drei Übergangsphasen bringt das bisherige Gleichgewicht durcheinander und wird deshalb meistens mit Angst erlebt. Gleichzeitig ist jede dieser drei Phasen für die Weiterentwicklung der Familie enorm wichtig. Im Unternehmerleben tritt ein ähnliches Paradox auf. Die Deaktivierung von Abwehrroutinen bringt die bisherige scheinbare Ruhe durcheinander, weil sie reaktive Kräfte entfesselt, die den Status quo beibehalten wollen. Deshalb muss man sich zu Beginn eines jeden Veränderungsprozesses klarmachen, dass Besorgnis und Unsicherheit für Wachstum unerlässlich sind.

So wie ein guter Vater versteht, dass die Distanzierung eines Jugendlichen ein wichtiger Teil seiner Entwicklung (und nicht der Vater-Kind-Beziehung) ist, versteht ein guter Manager, dass die durch Entlarvung von Abwehrroutinen ausgelöste Unruhe ein wichtiger Faktor in der Entwicklung der Organisation ist.

Wie man Abwehrroutinen deaktiviert

Unstimmigkeiten, Zweideutigkeiten und Widersprüche sind nicht das Problem; es gibt erst dann ein Problem, wenn diese Unstimmigkeiten, Zweideutigkeiten und Widersprüche *indiskutabel* sind. Bei einer Abwehrroutine kann man die missliche Lage nicht aufzeigen und die Stimmigkeit von Unzusammenhängendem nicht in Frage stellen. (Schlimmer noch: Wir können das Problem nicht einmal durch eine Diskussion über die Botschaft zur Sprache bringen oder um Erklärungen zu dem erhaltenen Auftrag bitten.)

Also ist die beste Strategie, um einen Double Bind zu deaktivieren, ihn anzusprechen und zu einem zentralen Gesprächsthema zu machen (statt ihn in den Untergrund zu verbannen). Solange der Widerspruch unerkannt bleibt, hat er unumschränkte Macht. Doch wenn er ans Licht kommt, wird das Gespräch nicht mehr so weitergehen, als wäre nichts gewesen. Diese Unterbrechung öffnet den Raum für das Metagespräch, das heißt ein Gespräch, mit der sich der Double Bind auflösen lässt.

Es ist ein Leichtes, den Täter als einzigen Agenten (aktiven Verursacher) des Double Bind und das Opfer als passiven Teilnehmer zu betrachten. Diese Ansicht gibt uns einen bequemen moralischen Leitfaden an die Hand, der Menschen in gut und böse, schuldig und unschuldig einteilt. Das Problem ist, dass man sich Unschuld auf Kosten der Macht erwirbt. Wenn der einzige Verursacher des Double Bind der Täter ist, dann ist er auch der Einzige, der ihm ein Ende setzen kann. Bei dieser Interpretation fehlt dem Opfer immer die Macht, etwas effektiv zu verändern.

Der Double Bind ist ein systemisches Phänomen, bei dem beide, Opfer und Täter, ihre Rollen spielen müssen. Wenn einer der Beteiligten aussteigt, weil er gemerkt hat, wie das Spiel läuft, verlieren die Abwehrroutinen ihre Macht. Schon eine einzige bewusste und mutige Person genügt, um den Teufelskreis aus Ineffizienz, Entfremdung und Leid zu durchbrechen. Es spielt keine Rolle, wie schwierig die Situation zu sein scheint – ein Mensch hat immer die Fähigkeit, zu reagieren, zwischen Bewusstsein und Blindheit, Empathie und Hass, Mitgefühl oder Urteil, Mut oder Feigheit zu wählen. Um den Double Bind aufzulösen, muss man von folgender Prämisse ausgehen: „Wenn ich leide, habe ich ein Problem; keinem ist so viel wie mir daran gelegen, dieses Leid zu beenden, und deshalb ist es meine Aufgabe, etwas dagegen zu tun."

Das operative Prinzip lautet: Wem das Problem bewusst ist, der kann auch darauf antworten – er hat Ver-antwort-ung. Ist dem Täter klar, dass es seine Opfer in eine Zwickmühle bringt, kann er das Problem kraft seiner Autorität lösen. Ist hingegen dem Opfer das Dilemma bewusst (das ist die häufigste Situation, da Leid ein lauter „Weckruf" ist), braucht es bestimmte außergewöhnliche Fähigkeiten, da es ja nicht dieselbe Autorität wie der Täter besitzt, um die Drohungen und die Indiskutabilität anzusprechen.

Das Problem von Abwehrroutinen löst man, indem man sie *auflöst*. Man kann einen Widerspruch unmöglich auseinander nehmen, denn er ist kein Objekt, sondern eine Art, einer Botschaft Bedeutung zu geben (oder besser: nicht zu geben). Jedes Dilemma ist eine Interpretation der Person, der es nicht gelingt, die auslösenden Prämissen miteinander zu vereinbaren. Ob man die verschiedenen Teile einer Folgerung für kongruent hält, hängt von den Überzeugungen und Annahmen dessen ab, der sie analysiert. Zum Beispiel scheint „mehr Produktion mit weniger Ressourcen" paradox, bis Sie die Möglichkeit in Betracht ziehen, die Produktivität zu steigern. „Mehr Qualität mit weniger Kosten" scheint sinnlos, bis Sie sich von der Vorstellung verabschieden, dass Qualitätskontrolle ausschließlich von der Zahl an Inspektoren abhängt, die die fertigen Produkte kontrollieren. Es sind genau diese scheinbaren Dilemmata, die zur Veränderung von Paradigmen zwingen. Die Lösung ist, diese Dilemmata „diskutabel" zu machen.

Eine Methode, um verantwortungsvolle Metagespräche über Abwehrroutinen zu führen, könnte folgende Schritte beinhalten:

a) **Individuelle Vorbereitung.** Nehmen Sie sich vor Gesprächsbeginn ein wenig Zeit, um sich zu konzentrieren und tief durchzuatmen. Fragen Sie sich, was Ihr Dilemma ist und wie es sich auf Sie auswirkt. Überlegen Sie auch, wie Ihr Verhalten auf den anderen wirken würde. Fragen Sie sich, warum Sie dieses Gespräch führen möchten, was Sie lösen möchten oder was Sie erreichen wollen. Überprüfen Sie, ob Ihre Absichten (Aufgabe, Beziehung, Identität) mit Ihren persönlichen Werten übereinstimmen, und verpflichten Sie sich noch einmal, sich so zu verhalten, dass Sie stolz darauf sein können. Denken Sie daran, dass im Widerspruch selbst der Schlüssel liegt, um Ihre Effektivität zu erhöhen, Ihre Beziehung zum anderen zu verbessern und sich auch unter schwierigen Umständen integer zu verhalten.

b) **Definition des Kontexts.** Erklären Sie Ihrem Gegenüber zu Beginn des Gesprächs Ihre Absicht und fragen Sie ihn, ob er bereit ist, über das Problem zu sprechen. Versuchen Sie, eine „dienende" Haltung einzunehmen, indem Sie betonen, inwiefern die Schwierigkeit nicht nur Ihre eigene ist, sondern auch Ihr Gegenüber betrifft. Zum Beispiel: „Wenn ich nicht weiß, ob Sie von mir um Rat gefragt werden wollen, muss ich vielleicht Entscheidungen treffen und Ihnen Themen vorenthalten, von denen Sie gern erfahren würden ..." Vergewissern Sie sich, dass die Situation (Zeitpunkt, Ort und anderen Kontextfaktoren) für ein Gespräch geeignet ist. Ist der Moment für beide günstig, preschen Sie vor; wenn nicht, versuchen Sie einen geeigneten Zeitpunkt festzulegen, um über das Thema zu sprechen.

1. **Darlegung des Widerspruchs und seine Auswirkungen (Plädieren).** Präsentieren Sie Ihre Interpretation der widersprüchlichen Prämissen, indem Sie klarstellen, dass dies *Ihre* Interpretation ist, die möglicherweise unvollständig ist oder von falschen Voraussetzungen ausgeht. Erklären Sie, dass Sie so, wie Sie den anderen verstanden haben, nicht wissen, wie Sie auf seine Bitte reagieren sollen. Es ist wichtig, dass Sie die Verantwortung für diese Interpretation übernehmen. Prämissen sind nicht per se paradox, doch Sie verstehen die Logik nicht, durch die sie vereinbar würden. Erklären Sie die negativen Auswirkungen dieser Situation (für Sie und den anderen) und bitten Sie ihn um Unterstützung. Sie könnten etwa sagen: „Einerseits höre ich, dass die Zufriedenheit des Kunden unsere höchste Priorität ist. Andererseits bekomme ich jedes Mal einen Rüffel, wenn ich einem Kunden einen kostenlosen Vorteil einräume. Ich weiß nicht, wie ich mich verhalten soll. Es wäre sehr hilfreich für mich, Ihre Sichtweise zu erfahren. Wie sehen Sie die Situation?"

2. **Erkunden.** Fragen Sie Ihr Gegenüber nach seinen Interpretationen, Fakten, Folgerungen, Interessen und konkreten Bitten. Denken Sie daran, dass Sie nicht „beweisen" wollen, dass die Prämissen widersprüchlich sind; Sie wollen versuchen, die

Sichtweise des anderen zu begreifen, effektiv handeln und Ihren
Stress verringern.

3. **(Schweigendes) Zuhören und Überprüfung des Verständnisses.** Unterbrechen Sie Ihr Gegenüber nicht. Lassen Sie ihn ausreden, und hören Sie schweigend zu. Machen Sie am Ende eine Zusammenfassung und fragen Sie ihn, ob Sie ihn richtig verstanden haben. Wenn seine Worte für Sie einen Sinn ergeben, überprüfen Sie, ob die daraus folgenden Schritte den Erwartungen Ihres Gesprächspartners entsprechen. Falls seine Sichtweise für Sie keinen Sinn ergibt, kehren Sie zu Punkt 1 zurück und sagen Sie: „Ihre Bitte ist mir noch nicht klar ..." Ein Beispiel wäre etwa: „Entschuldigung, wenn ich insistiere, aber ich habe noch nicht verstanden, wie ich herausfinden soll, ob Sie in bestimmten Fällen von mir um Rat gefragt werden wollen oder nicht."

4. **Die Indiskutabilität in Frage stellen (optional).** Wenn Ihr Gesprächspartner versucht, das Gespräch zu beenden, ohne Ihre Zweifel zu zerstreuen, oder wenn er Ihnen droht oder zu verstehen gibt, Sie seien ihm lästig, betonen Sie noch einmal, dass Sie weder aggressive noch despektierliche Ziele verfolgen, ganz im Gegenteil. Sie versuchen nur herauszufinden, wie Sie Ihrem Chef (Kunden, Ehepartner usw.) besser dienen können. Diese Technik heißt *one down* und dazu muss man sich dem anderen unterordnen, indem man ihm lediglich einen Dienst erweisen will. Fragen sollen den anderen nicht verwirren, sondern ihn dazu bringen, Ihnen Ihre Verwirrung zu nehmen, wenn Sie versuchen, ihm zu helfen. (Sie dürfen diese Technik keinesfalls als List anwenden, um sich aus der Affäre zu ziehen. Damit sie funktioniert, müssen Sie ehrlich die Absicht haben, dem anderen einen Dienst zu erweisen.)

5. **Materieller und psychologischer Selbstschutz (optional).** Wenn Sie mit bedingten Strategien nicht weiterkommen, können Sie nur noch unbedingte Ziele verfolgen. Bei bedingten oder ergebnisorientierten Zielen müssen äußere Faktoren zusammenspielen, das heißt, Faktoren, die außerhalb der Kontrolle des Betreffenden liegen. In diesem Fall wären bedingte Ziele

etwa: den anderen verstehen, ein besseres Arbeitsverhältnis schaffen, Hilfe bekommen usw. Unbedingte beziehungsweise prozessorientierte Ziele sind jene, die von keinem Faktor abhängen, den der Betreffende nicht willentlich beeinflussen könnte. In diesem Fall wären unbedingte Ziele etwa: sich integer verhalten, Schwierigkeiten respektvoll zur Sprache bringen, dem anderen aufgeschlossen zuhören, eine dienende Haltung einnehmen usw.

Drei besonders wichtige unbedingte Ziele sind: die Erhaltung des materiellen Wohlergehens sowie die Bewahrung von Integrität und geistiger Gesundheit. Wenn Ihr Gegenüber das Gespräch hartnäckig durch Angriffe oder Drohungen verhindern will, können Sie sich immer noch entscheiden, „sich zurückzuziehen", und anerkennen, dass sich das Problem derzeit nicht lösen lässt. Dann können Sie überlegen, ob Sie Ihren Arbeitsplatz behalten wollen, weil Sie wissen, dass Sie hin und wieder bestimmte „Strafen" für einen Misserfolg einstecken müssen, oder Sie können kündigen.

In unserer Geschichte zu Beginn des Kapitels hätte Mercedes einigen Widersprüchen auf den Grund gehen können, die ihr zwischen dem Gespräch mit Claudia und den Worten ihrer Kollegen aufgefallen sind. Als sie ihre Chefin sagen hörte, sie wolle gern Vorschläge hören, dann aber von ihren Kollegen erfuhr, es sei besser, nichts vorzuschlagen, hätte Mercedes fragen können:

„Claudia, mir ist es sehr wichtig zu verstehen, welche Hilfe Sie von mir bei dieser Aufgabe erwarten. Wenn Sie sagen, Sie wollten meine Vorschläge hören, verstehe ich das so, dass Sie an meinen Ideen interessiert sind und mich bitten, sie Ihnen mitzuteilen. Ist das so?"

„Ja, so ist es", antwortet Claudia.

„Andererseits", würde Mercedes fortfahren, „habe ich von einigen Personen gehört, dass sie Kritik und Empfehlungen geäußert haben, die bei Ihnen nicht sehr gut angekommen sind, wie etwa im Fall von Norberto. Ist das so?"

„Ja."

„Also, jetzt brauche ich Ihre Hilfe. Ich würde Ihnen gern Vorschläge machen, ohne den Fehler der anderen zu wiederholen. Weshalb hatten sie keinen Erfolg, und was könnte ich anders machen, um für Sie nützlicher zu sein?"

An diesem Punkt würde Claudia sich entweder entspannen oder stur werden.

Wenn sie sich entspannt, könnte sie sagen:

„Stimmt, Mercedes, manchmal bin ich etwas ungeduldig und ein bisschen schroff. Aber ich mag es einfach nicht, wenn jemand versucht, mir etwas vorzuschreiben, besonders meine Angestellten! Da Sie den Fall nun schon erwähnt haben, möchte ich Ihnen erzählen, was mit Norberto war. Er kam nicht mit einem Vorschlag in mein Büro, sondern mit einer Forderung. In autoritärem Ton sagte er zu mir ‚So kann es nicht weitergehen' und ich ‚müsse dringend die Arbeitsbelastung der Gruppe reduzieren', sonst bekäme wegen mir jemand einen Nervenzusammenbruch. Ich atmete tief durch und bat ihn, mir das Problem zu erklären. Wissen Sie, was er antwortete? ‚Das Problem ist, dass Sie uns verrückt machen', sagte er, ‚Sie dürfen nicht so anspruchsvoll sein.' In diesem Moment riss mir der Geduldsfaden und ich warf ihn raus. Was mich ärgerte, was nicht, dass er mit einem Problem zu mir gekommen war, sondern dass er so eigenmächtig auftrat und mir sagte, was ich zu tun habe. Als wäre er der Chef und ich die Angestellte. Das ist doch ärgerlich, finden Sie nicht auch?"

(Dieser Fall ist ein gutes Beispiel dafür, wie Angestellte ihren Chef in die Falle des Double Bind locken. Claudia zufolge wollte Norberto nicht „einen Vorschlag unterbreiten", sondern „Gehorsam einfordern". In Wahrheit wurde Claudias ablehnende Haltung – die vielleicht zu energisch, aber in gewisser Hinsicht berechtigt war – sofort als Machtmissbrauch und als krasser Widerspruch zu ihrer Einladung, sich zu beteiligen, ausgelegt. Wenn Claudia an dieser kulturellen Verwirrung etwas ändern wollte, müsste sie eine Versammlung einberufen und dem Team ihr Dilemma schildern.)

Stellt sich Claudia stur, würde sie vielleicht sagen:

„Hören Sie mal, Mercedes, ich will meine Anweisungen nicht immer neu wiederholen. Sie sind ganz klar. Halten Sie sich an meine Regeln, dann kommen wir wunderbar miteinander aus. Kümmern Sie sich nicht um Gerüchte."

An diesem Punkt könnte Mercedes antworten:

„Entschuldigen Sie, Claudia, vielleicht bin ich ja begriffsstutzig, aber das ist mir jetzt lieber, als Sie in Zukunft zu enttäuschen. Ihre Anweisungen mögen ganz klar sein, aber ich verstehe sie immer noch nicht."

Wenn Claudia fragt: „Was verstehen Sie nicht?", könnte sich ein Metagespräch anschließen. Würde Claudia sich noch mehr verschanzen, indem sie etwa sagt: „Wenn Sie sich wie ein Dummerchen fühlen, dann deshalb, weil Sie ein Dummerchen sind; ich habe keine Zeit für Ihre Dummheiten, auf Wiedersehen", sollte Mercedes das Büro besser verlassen und ernsthaft darüber nachdenken, ob sie für jemanden arbeiten möchte, der ihre psychische Gesundheit in Gefahr bringt.

Ob sie bleibt oder geht, wird Mercedes' Entscheidung sein. Aber diese Entscheidung würde sie bewusst und verantwortungsvoll treffen, egal wie sie ausfällt. Sie könnte denken: „Mir gefällt es überhaupt nicht, wie Claudia ihre Leute behandelt, aber diese Arbeit ist mir sehr wichtig; so wichtig, dass ich bereit bin, Claudia eine Zeit lang zu ertragen. Wenn ich auf diese Arbeit nicht angewiesen wäre, würde ich sofort wieder gehen. Aber in diesem Moment habe ich diese Möglichkeit nicht; ich werde lernen müssen, mit Claudia zu arbeiten, indem ich den Schaden begrenze, den sie mir zufügen kann, bis ich eine bessere Gelegenheit finde (oder mir ausdenke). Bis dahin werde ich mein Möglichstes tun, um ihr so effektiv wie möglich zur Hand zu gehen."

Mercedes' Vorstellungen allein werden an der Haltung ihrer Chefin wahrscheinlich nichts ändern, doch verhindern, dass Mercedes sich wie in einer Falle fühlt. Ihr psychisches Wohlbefinden wird besser geschützt sein und sie wird mit möglichen Zwischenfällen besser zurechtkommen, ohne Groll und Verbitterung zu empfinden. Sie wird akzeptieren, dass sie sich in diesem Moment für das Unternehmen entscheidet, dass dies aber keine Einbahnstraße ist. Ihre Entscheidung dient der Entwicklung neuer Möglichkeiten. Damit ist Mercedes kein Opfer mehr, sondern wird zur Protagonistin in ihrem Leben.

Wären Claudia und ihr Team fähig gewesen, eine Unternehmenskultur ohne Abwehrroutinen zu etablieren, wäre Mercedes' erster Arbeitstag ganz anders verlaufen.

Das Forschungsteam von Block, Barnes & Cia. hält sein wöchentliches Meeting im Konferenzraum ab. Claudia eröffnet die Sitzung:

„Guten Tag zusammen. Wir heißen unsere neue Kollegin Mercedes Anderson herzlich willkommen."

Alle begrüßen Mercedes.

„Mercedes", erklärt Claudia, „bei Block, Barnes & Cia. haben wir eine besondere Art, unsere Meetings zu beginnen. Wir nennen sie *check-in*."

Claudia erklärt, was ein *check-in* ist.

„Damit sorgen wir dafür, dass wir geistig wirklich anwesend sind statt irgendwo anders und uns während des Meetings mit den Dingen beschäftigen, die uns wirklich wichtig sind."

Claudia eröffnet die Runde und dann spricht jeder im Raum über das, was ihn beschäftigt. Cecilia sagt:

„Ich bin von dem Tokai-Projekt enttäuscht. Ich habe gerade ein paar Informationen bekommen, die die Forschung in eine ganz andere Richtung lenken. Entweder verhandeln wir mit ihnen neu, oder ich brauche Hilfe, um den Abgabetermin einhalten zu können. Ich könnte so weitermachen, als wäre nichts gewesen, und rechtzeitig fertig werden, aber dann wäre es keine gute Arbeit mehr. Ich bin in der Klemme: Entweder mache ich für den Kunden korrekte Arbeit und liefere zu spät ab, oder ich mache schnell-schnell und kann den Termin halten, ohne Hilfe zu benötigen. Ich weiß nicht, was ich tun soll."

Gustavo bemerkt dazu:

„Cecilias *check-in* erinnert mich an ein Gespräch, dass wir gestern über das Arbeitsaufkommen geführt haben. Ich habe gesagt, dass ich mir jedes Mal Sorgen mache, wenn ich Überstunden machen und auch am Wochenende reinkommen muss. Aber das Schlimmste ist, dass an diesen Tagen fast alle im Büro sind. Ich mache mir Sorgen, weil die Leute sich mit so viel Arbeit „fertig machen". Das kann eine kurzfristige Lösung sein, aber wenn das so weitergeht, werden die Leute wirklich bald am Ende sein, und dann haben wir wirklich ein ernsthaftes Problem ..."

Aufgrund der *check-ins* von Cecilia und Gustavo beschließt Claudia, dass es im Meeting ab jetzt vor allem um die Frage des Arbeitsaufkommens gehen soll.

„Auch mich beschäftigt dieses Thema. Ich möchte, dass wir produktiv sind, aber ich will nicht, dass jemand ‚kaputtgeht' und nur noch schlechte Ergebnisse liefert."

Das Team diskutiert über die Situation und gibt unterschiedliche Kommentare ab. Claudia ermuntert jeden, seine persönliche Ansicht und seine Vorschläge darzulegen. Auch Mercedes präsentiert ein paar Ideen aufgrund ihrer Erfahrungen an ihrer früheren Arbeitsstelle. Am Ende des Meetings hat das Team einige Entscheidungen innerhalb seines Einflussbereichs getroffen und Claudia hat eine Liste von Optionen, die über ihre Befugnisse hinausgehen und die sie mit ihrem Chef besprechen muss.

Als nach dem *check-out* alle den Raum verlassen, erklärt Claudia Mercedes:

„Das Meeting war heute ein bisschen turbulenter als sonst, wenngleich genauso unvorhersehbar wie sonst. Man weiß nie, was passieren wird, wenn beim *check-in* der Deckel hochgeht."

„Mich hat Ihr Teamgeist beeindruckt", antwortet Mercedes. „Ich bin es nicht gewohnt, dass schwierige Themen so offen behandelt werden. Ich habe das Gefühl, dass die Menschen hier als Profis und als Menschen geschätzt werden."

„So ist es", antwortet Claudia. „Wir versuchen, offen zu kommunizieren. Wenn wir Probleme haben, reden wir darüber, korrigieren sie und machen ohne Groll weiter. Wir zahlen einen hohen

Preis, wenn Dinge, die nicht im Meeting diskutiert werden, auf den Fluren besprochen werden. Es ist besser, Gerüchte gar nicht erst aufkommen zu lassen und sich die Wahrheit mit Anstand ins Gesicht zu sagen. Ich glaube, so können wir am Allerbesten arbeiten und miteinander auskommen ...“

Kapitel 7

Öffentliche und private Gespräche

Oft beginnen wir mit einem Meeting und merken nicht, dass zwei Drittel der Anwesenden nicht wissen, warum sie hier sind. Natürlich haben wir keine Zeit, es ihnen zu erklären, da wir so damit beschäftigt sind, den Terminplan einzuhalten. Am Ende des Meetings gehen wir – ohne es zu überprüfen – davon aus, dass alle die Themen verstanden und sich auf die Entscheidungen festgelegt haben. Später erfüllt sich das, worauf wir uns geeinigt haben, nicht. Es ist eine Katastrophe. Und wir wundern uns, denn wir fanden das Meeting ja toll. Ja, wir denken immer, je weniger Fragen gestellt werden, desto besser.

Wenn keine Fragen gestellt werden, unterstellen wir, dass jeder verstanden hat und einverstanden war.

DAVID MEADOR,
VICE-PRESIDENTE DE FINANÇAS,
COMPANHIA ELÉKTRICA DE DETROIT

D amit Gespräche mehr Qualität bekommen (größere Effektivität, bessere Beziehungen, mehr Selbstachtung und Zufriedenheit), gibt es einen Drei-Phasen-Zyklus. Diese Phasen sind: Vorbereitung, Ausführung und Nach-Denken (hier wird das Nachdenken zur Vorbereitungsphase der folgenden Sequenz).

1. **Vorbereitung.** Vor Gesprächsbeginn sollte man den Kontext vorbereiten. Geeignete äußere Bedingungen (Zeitpunkt, Ort, Teilnehmer, Vorabinformation usw.) und innere Bedingungen (klare Lernziele, Gelassenheit, Bewusstsein) schaffen. Diese vorbereitenden Maßnahmen sind *keine* Strategien, mit denen der Gesprächspartner „besiegt" oder „überzeugt" werden soll; Ziel des Gesprächs ist nicht, zu gewinnen, sondern auf den drei grundlegenden Ebenen effektiv zu sein: der Aufgabe, der Beziehung zum Gesprächspartner und den persönlichen Werten.

Die folgenden Fragen sind zur Vorbereitung eines qualitativ hochwertigen Gesprächs hilfreich.

☐ Was macht dieses Gespräch wichtig?

☐ Welche Sorge oder welches Interesse veranlasst mich, dieses Gespräch zu führen?

☐ Können wir das Thema sofort angehen oder müssen wir zuerst für andere unerledigte Themen eine Lösung finden?

☐ Welcher emotionale Zustand herrscht zwischen mir und meinem Gesprächspartner?

☐ Was soll in Bezug auf die Aufgabe meiner Meinung nach geschehen?

☐ Welches Verhältnis möchte ich zu meinem Gesprächspartner aufbauen?

☐ Welche Werte möchte ich gern als Richtschnur für mein Verhalten heranziehen?

☐ Welches wären die geeigneten Bedingungen für dieses Gespräch (wann, wo, wie lange, mit wem, wie, persönlich, telefonisch, per E-Mail usw.)?

2. **Ausführung.** Während des Gesprächs sollten Sie vor allem die ganze Zeit über achtsam sein. Am schwierigsten ist es, „daran zu denken", das Gesprächsinstrumentarium richtig einzusetzen. Im Eifer des Gefechts lässt man sich leicht von emotionalen Impulsen mitreißen und „spricht, bevor man das Gehirn einschaltet". Deshalb muss man sich eine ganz wichtige Disziplin aneignen, bevor man das Instrumentarium einsetzt: *bewusstes Atmen.*

Während eines Atemzyklus (der Zeit, die Sie fürs Ein- und Ausatmen benötigen – ungefähr 10 Sekunden), kann der Geist Millionen von Operationen durchführen. Durch bewusstes Atmen können Sie Emotionen und Gedanken annehmen, sie kritisch analysieren und überlegen, wie Sie sie effektiv und würdevoll zum Ausdruck bringen. Solch eine Atmung bereitet Körper, Emotionen und Geist darauf vor, das Gesprächsinstrumentarium einzusetzen. Das Bewusstsein unterbricht den Teufelskreis von Aggression und Reaktion, indem es eine effektivere und ehrbarere Sichtweise eröffnet.

Die psychische und physische Verinnerlichung dieser Fähigkeiten hat eine kognitive Komponente (zum Beispiel diese Seiten zu lesen), doch damit dies automatisch geschieht, so automatisch wie ein Golfschlag, muss man sie immer wieder üben.

3. **Nach-Denken.** Nach einem Gespräch können Sie es noch einmal Revue passieren lassen und nach Gelegenheiten suchen, etwas zu lernen und zu verbessern. Fragen, die zum Nach-Denken anregen, sind: „Was hätte ich anders machen können?", „Was könnte ich noch tun, um das Geschehene zu korrigieren?" und „Was kann ich aus dieser Situation lernen, um künftige Interaktionen zu verbessern?"

Nach-Denken ist auch der erste Schritt zur Vorbereitung künftiger Gespräche. Gelegenheiten, etwas zu verbessern und zu lernen, sind der Auslöser für die nächsten Aktionen und Interaktionen. Wenn Sie etwa merken, dass Sie unzufrieden sind, weil Sie Ihre wahre Meinung nicht sagen konnten, könnten Sie überlegen, was Sie abgehalten hat und wie Sie den Kern Ihrer Wahrheit geschickter ausdrücken könnten.

Vom Gespräch zum Metagespräch

Manchmal steckt das Problem nicht im Text des Gesprächs, sondern in seinem Kontext. Zum Beispiel kann Groll den Interaktionen der Beteiligten schaden, obwohl sie „die richtigen Worte" verwenden. Ein grundlegendes Gesprächsprinzip lautet: Wenn ein angemessenes Gespräch in einem unangemessenen Kontext stattfindet, kommt dabei ein unangemessenes Gespräch heraus. Wer schon einmal versucht hat, mit einer wütenden Person zu argumentieren, wird bestätigen, wie sinnlos diese Versuche waren. Genauso erleben wir eine Enttäuschung, wenn wir ein komplexes Problem auf dem Gang lösen wollen. Wenn Sie also den Verdacht haben, dass Kontextfaktoren das Gespräch beeinflussen, sollten Sie es beenden und ein Metagespräch vorschlagen – das heißt, ein Gespräch darüber, wie man sich unterhält.

Das Metagespräch verwandelt den Kontext in Text. Die Atmosphäre des Gesprächs wird zum „Thema" des Metagesprächs. Wenn Sie beispielsweise beim Gesprächspartner eine gewisse Ungeduld bemerken, würden Sie sagen: „Es sieht so aus, als wären Sie in Eile. Ist dies ein guter Zeitpunkt für ein Gespräch? Vielleicht könnten wir uns später treffen und in aller Ruhe sprechen ..." Oder wenn Sie argwöhnen, dass alte unerledigte Themen den Fortschritt des Gesprächs blockieren, würden Sie sagen: „Ich frage mich, ob uns unsere früheren Schwierigkeiten nicht auch jetzt noch beeinflussen. Vielleicht könnten wir dem Thema auf den Grund gehen, bevor wir über das neue Thema diskutieren. Was halten Sie davon?"

In extremeren Fällen kann es sinnvoll sein, sich komplett aus dem Gespräch zurückzuziehen. Wenn der Gesprächspartner emotional so unausgeglichen ist, dass er aggressiv wird (oder wenn Sie merken, dass Sie gleich „ausrasten"), ist es vielleicht besser, das Ganze abzubrechen und auf Distanz zu gehen. Man kann das Gespräch jederzeit wieder aufnehmen, wenn die Gemüter sich beruhigt haben. Sie würden sich dann etwa mit folgenden Worten entschuldigen: „Es tut mir Leid, wenn ich Sie verärgert habe. Ich schlage vor, wir machen eine Pause, um über das Thema nachzudenken, und setzen das Gespräch morgen fort ..." Oder: „Ich bin nicht gewillt, so hitzig über dieses Thema zu diskutieren. Wie wäre es, wenn wir eine Pause einlegen und in einer halben Stunde weitermachen?" Ein Metagespräch vorzuschlagen, ist eine gewagte Handlung, die Taktgefühl und Erfahrung erfordert. Bevor man das Gesprächsinstrumentarium auf den Kontext anwendet, empfiehlt es sich, zu lernen, wie man es auf den Text anwendet.

In dem Augenblick, wo Sie ein abträgliches Gefühl entdecken, lässt es sich unmöglich vermeiden: Sie spüren es bereits. Sie können jedoch Ihr Bewusstsein sorgfältig schulen, um das Auftauchen solcher Gedanken und Gefühle zu minimieren und in dem Moment, wo sie auftauchen, geschickter mit ihnen umzugehen.

Im Gespräch selbst kann ich meine psychische Verfassung nicht verändern. Wenn ich mir immer wieder vorsage: „Ich bin ein guter Mensch und habe keine negativen Gefühle", mache ich womöglich alles schlimmer. Ich habe nicht nur negative Gefühle, sondern auch ein schlechtes Gewissen, weil ich sie verspüre. Aber wenn ich an einem Schulungsprogramm teilnehme (mit konzeptuellen Übungen, wie sie in diesem Buch vorgeschlagen werden), kann ich nach einer gewissen Zeit meine automatische Reaktionsweise auf Situationen verändern. Die Fähigkeit zum Nach-Denken, Verantwortungsgefühl, unbedingte Integrität, Mitgefühl, Respekt und andere Tugenden sind so entwicklungsfähig wie Muskeln. Um diese Kompetenzen zu steigern, muss man das Leben wie Sportunterricht betrachten und ständig trainieren. Bei einer Herausforderung können Sie nämlich zufrieden darüber lächeln, dass Sie mit dem schwersten „Gewicht" trainieren. Mit diesem „Gewicht" lassen sich Muskeln am effektivsten aufbauen.

Jedes ineffektive Gespräch enthält den Keim für Lernen und Transformation. Die wichtigste Kompetenz von Menschen und Organisationen ist wohl die Fähigkeit, Fehler zu verarbeiten, um sie in Chancen zur Verbesserung umzuwandeln, denn sie sind der Rohstoff für Wachstum.

Der Preis für diesen Prozess ist, die Augen für die automatischen Routinen in unseren Denk- und Kulturmodellen offen zu halten. Dazu müssen wir die Verantwortung übernehmen, sie unabhängig von den ursächlichen Zusammenhängen zu transformieren. Obwohl wir die Kultur des Betrügens und der Heuchelei nicht erfunden haben, können wir uns doch dafür entscheiden, der Dreh- und Angelpunkt für die Veränderung dieser Kultur zu sein. Wir Menschen kreisen alle mit der Erdrotation und bewegen uns harmonisch mit den sozialen Strömungen. Doch einige Menschen steigen bis zur frischen Luft der Berggipfel auf und andere versinken in der Fäulnis der Sümpfe.

Feststellungen und Meinungen

Eduardo wirft den Bericht lässig auf Claras Tisch.

„Das hier ist eine Katastrophe!"

„Das kann nicht sein", reagiert Clara überrascht und wütend. „Ich habe fünf Tage für die Vorbereitung dieses Berichts gebraucht."

„Fünf verlorene Tage. Das hier taugt überhaupt nichts. Er ist viel zu lang, schlecht geschrieben und die Darlegung ist noch schlechter. Außerdem ist die Schlussfolgerung unklar. Es ist eine Aneinanderreihung von zusammenhanglosem Zeug. Wie oft muss ich Ihnen noch erklären, wie wichtig diese Berichte sind? Bitte schreiben Sie ihn jetzt neu. Ich brauche etwas Akzeptables, das ich im Meeting vorstellen kann."

Eduardo verlässt das Büro. Wütend packt Clara den Bericht und brummt vor sich hin:

„Also dieser Mann ist wirklich schwierig! Nichts ist ihm gut genug. Ich habe keine blasse Ahnung, was er von mir erwartet. Na ja, wieder eine Nacht durcharbeiten ..."

Eduardo, der Chef, beurteilt Claras Bericht als inakzeptabel und bittet sie, ihn noch einmal zu schreiben. Clara, die Angestellte, hat hart an der Vorbereitung dieses Berichts gearbeitet und findet, Eduardo verlange zu viel. Eduardo denkt, Clara sei nachlässig und aufsässig; Clara meint, Eduardo halte nichts von ihrer Arbeit, gebe ihr unklare Anweisungen und erkenne ihre Bemühungen nicht an. Das Schlimmste bei der Sache ist, dass Clara auch nach dieser Begegnung (besser gesagt, diesem „Zusammenprall") nicht mehr über Eduardos Wünsche weiß als vorher. Wahrscheinlich wird ihre neuerliche Bemühung umsonst sein. Clara kann Eduardos Gedanken nicht lesen und das Gespräch hat ihr keinen Anhaltspunkt geliefert, wie sie den Bericht so umschreiben kann, dass er den Wünschen ihres Chefs entspricht.

Dies ist ein typischer Fall von schädlicher Interaktion, die keine Probleme löst, sondern sie verschlimmert, persönlichen Beziehungen schadet und den allgemeinen Stresspegel erhöht. Leider häufen sich solche Fälle in Organisationen und Familien.

Wie oft kritisieren wir andere öffentlich oder privat? Wie oft fühlen wir uns von anderen verletzt? Wer hat nicht schon Arbeitsverhältnisse, Beziehungen und Menschen gesehen, die Schaden erlitten, weil die Betreffenden selbst oder Dritte ihre Meinung nur unzureichend zum Ausdruck gebracht haben? Gedankenlose Meinungsäußerung hat äußerst nachteilige Folgen; doch in Organisationen kommt dies sehr oft vor. Das Gespräch zwischen Eduardo und Clara wiederholt sich tagtäglich in Büros und an heimischen Herden auf der ganzen Welt.

Gespräche wie dieses zerstören die Effektivität, erschweren die Koordination von Aktionen, verhindern Kollegialität und verbittern das Leben. Häufig enden unsere Versuche, im Team zu arbeiten oder gemeinschaftlich zu leben, mit Uneinigkeit und Groll. Vielleicht zeigen aus diesem Grund Untersuchungen immer wieder, dass eines der ernstzunehmendsten Probleme in Unternehmen mit der „Kommunikation" zusammenhängt.

Kommunizieren heißt nicht Worte austauschen. Kommunikation ist die Art, mit der wir Handlungen koordinieren, damit wir insgesamt effektiver sind als die Summe der individuellen Fähigkeiten. Der Kern einer Organisation ist der Kommunikationsraum, in dem seine Teilnehmer produktive und synergetische Beziehungen knüpfen können. Deshalb besteht die grundlegende Aufgabe einer Führungskraft darin, eine Kultur zu etablieren und aufrechtzuerhalten, die solche Verbindungen fördert. Da es leider an Führungseigenschaften, einer produktiven Kultur und der Fähigkeit mangelt, effektiv miteinander zu kommunizieren, führen viele menschlichen Beziehungen zu Chaos. Fehlendes Verständnis für den anderen führt dazu, dass Interaktionen den Wert zerstören, statt ihn zu erhöhen.

Eines der grundlegendsten Probleme der Kommunikation ist die Verwirrung zwischen Feststellungen (Fakten) und Meinungen (Urteilen). Wenn wir unsere Interpretationen so darstellen, als wären es absolute Wahrheiten, können wir nicht effektiv und in gegenseitigem Respekt handeln. Wenn jeder Gesprächsteilnehmer glaubt, seine Meinung sei die *einzige* Wahrheit, artet das Gespräch zu einem Kampf ums Rechthaben aus (weil man annimmt, nur einer könne Recht haben), und das ursprüngliche Ziel – die Effizienz des Ganzen und das Wohlbefinden jedes Teilnehmers zu steigern – rückt in den Hintergrund. Das neue Ziel ist jetzt, zu beweisen, dass „ich Recht habe und die anderen nicht".

Dieses Gewinner-Verlierer-Modell zeigt sich an der Sprache. Unsere Art zu sprechen und zu denken sind zwei Seiten derselben Medaille (das Denkmodell); deshalb werden wir die Sprache als Instrument zur Diagnose und Verbesserung einsetzen. Die Verwirrung zwischen Fakten und Interpretationen führt zu schwer wiegenden Problemen in der Kommunikation und deshalb schlagen wir ein Kommunikationsmodell vor, das sich auf Effektivität und nicht auf die Wahrheit konzentriert.

Sehen Sie sich folgende Sätze an:

1. „Der Stuhl ist rot." „Der Bericht hat sechs Seiten." „Marcos ist im Büro."

2. „Der Stuhl ist elegant." „Der Bericht ist knapp." „Marcos sitzt in der Klemme."

Diese sechs Sätze wirken ähnlich: Sie beziehen sich alle auf Dinge oder Personen, alle weisen sie ihnen Eigenschaften (Aussehen, Lage usw.) zu, alle beschreiben scheinbar diese Dinge oder Personen. (Wie ist der Stuhl, wie ist der Bericht, wo ist Marcos.) Aber zwischen der ersten und zweiten Gruppe gibt es signifikante Unterschiede.

„Der Stuhl ist rot", „Der Bericht ist knapp" und „Marcos ist im Büro" sind *Feststellungen*.

„Der Stuhl ist elegant", „Der Bericht ist knapp" und „Marcos sitzt in der Klemme" sind *Meinungen*.

Feststellungen (zum Beispiel „Vicente ist 37 Jahre alt") sind faktische Bestätigungen einer äußeren Realität, die die Gesprächspartner feststellen können. Sie gelten als *objektiv*, wenngleich es korrekter wäre, sie „intersubjektiv" zu nennen, da sie nicht von der konkreten Person abhängen, die sie äußert. Es sind Wahrheiten (oder Falschheiten), die sich unmittelbar als offensichtlich erweisen und von jedem beliebigen „Zeugen" überprüft werden können.

Meinungen (zum Beispiel „Vicente ist sehr jung") sind Bestätigungen über die innere Erfahrung (Ideen, Emotionen, Empfindungen, Vorlieben) dessen, der sie äußert. Sie gelten als *subjektiv*, da sie nicht unbedingt von allen Gesprächsteilnehmern geteilt werden. Zwei Teilnehmer würden problemlos akzeptieren, dass Vicente 37 Jahre alt ist, wären aber völlig unterschiedlicher Meinung darüber, ob Vicente nun zu jung für den Posten des Vizepräsidenten Finanzen ist oder nicht. Zu unproduktiven Diskussionen kommt es dann, wenn die Gesprächsteilnehmer versuchen, über Vicentes Jugendlichkeit so zu diskutieren wie über sein Alter.

Mit einer Feststellung soll ein gemeinsames Szenario geschaffen werden, das von allen Gesprächsteilnehmern als Grundlage akzeptiert wird. Mit Feststellungen lässt sich ein gemeinsames Bild der Realität erzeugen, in der sich die Gesprächsteilnehmer begegnen. Wie jeder Sprechakt weist eine Feststellung auf eine Handlung hin. Deshalb ist eine Feststellung dann effektiv, wenn sie dem Feststellenden (und dem Zuhörer) effizientes, effektives Handeln gestattet.

Wenn João sagt „Marcos ist im Büro", macht er eine Feststellung, eine Faktenbeschreibung. Diese Fakten sind unbestreitbar und von jedem sofort feststellbar, der Marcos kennt, weiß, wo sein Büro liegt, nicht blind ist und dieselbe Sprache wie João spricht. Feststellungen sind Erklärungen, die jedes beliebige Mitglied einer Gemeinschaft zweifelsfrei als wahr oder falsch identifizieren kann. Diese Gemeinschaft bezeichnet man als „biolinguistische Gemeinschaft": eine Gruppe von Personen, die dieselbe Biologie haben und ein und dieselbe Sprache sprechen. Jeder Teilnehmer dieser Gemeinschaft kann bestätigen, was vom Sprecher gesagt wird, und zwar mithilfe eines unwiderlegbaren Beweises: der direkten Information durch seine fünf Sinne.

Eine effektive Feststellung beruht auf offensichtlichen Sachverhalten. Wer eine Feststellung macht, verpflichtet sich, offenkundige Sachverhalte als Anhaltspunkte zu liefern. Wenn jemand bezweifelt, dass Marcos in seinem Büro ist, können wir ihm sagen: *Sieh* doch nach! Wenn jemand überprüfen will, ob das Radio eingeschaltet ist, können wir ihm sagen: *Hör* hin! Wenn jemand Zweifel hat, dass sich vor ihm eine Glastür befindet, können wir ihm sagen: *Berühre* sie! Bei einer Herausforderung muss der Feststellende auf den Imperativ „Probier's aus!" zurückgreifen. Letztendlich ist die Grundlage jeder Feststellung die Erfahrung des Feststellenden. Eine Feststellung ist solide verankert, wenn sie in die sinnliche Realität der Gesprächspartner eingebettet ist.

Eine effektive Feststellung ist wahr. Feststellungen können wahr oder falsch sein. Wenn Sie den Stuhl betrachten und sehen, dass er rot ist, werden Sie sagen, dass die Feststellung wahr ist; wenn Sie sehen, dass der Stuhl blau ist, werden Sie sagen, die Feststellung sei falsch. Die Wahrheit einer Behauptung stellen Sie fest, indem Sie überprüfen, dass Ihre Worte mit der Welt übereinstimmen, die Sie mit Ihren Sinnen wahrnehmen. Stimmen die Worte mit der Erfahrung der Gesprächspartner überein, ist die Feststellung (für sie) wahr; stimmen die Worte nicht mit ihrer Erfahrung überein, ist die Behauptung falsch. Das Entscheidende für den Wahrheitsgehalt der Behauptung ist, dass man darüber nicht zu diskutieren braucht. Die Wahrheit muss so offensichtlich und so nachweisbar für denjenigen sein, der mit ihr konfrontiert wird, dass man denjenigen, der sie anzweifelt, für blind hält oder meint, er verstehe die Sprache nicht, mache sich lustig oder sei verrückt.

Eine effektive Feststellung ist „erfahrbar". Über faktische Sätze kann durchaus Uneinigkeit herrschen. Während beispielsweise einige Personen behaupten, dass „sehr schwere Gegenstände schneller fallen als leichte", versichern andere, „Gegenstände fallen gleich schnell, unabhängig von ihrem Gewicht". Diese widersprüchlichen Aussagen können nur *vor* der Erfahrung existieren. Vergleicht man die effektive Fallgeschwindigkeit zweier unterschiedlich schwerer Objekte, zeigt sich die Wahrheit oder Unrichtigkeit der Behauptung unwiderlegbar. Die so genannte „wissenschaftliche Methode" ist der Prozess der empirischen Überprüfung faktischer Behauptungen. (Jahrhunderte lang führten intelligente Menschen theoretische Diskussionen darüber, ob das Gewicht die Fallgeschwindigkeit von Gegenständen beeinflusse. Galileo Galilei war es, der die Diskussion mit seinem Experiment am Schiefen Turm von Pisa beendete.

Wenn Sie in einem Gespräch merken, dass Sie theoretisch über Fakten diskutieren, sollten Sie das abstrakte Argumentieren sein lassen und sich auf die Suche nach konkreten Fakten machen (oder sie mithilfe eines Experiments beschaffen). Stellen Sie sich beispielsweise zwei Manager vor (Produktion und Einkauf), die darüber diskutieren, ob ein bestimmtes Material robust genug ist, um die Feldbedingungen zu tolerieren, in denen es eingesetzt werden wird. Statt theoretische Argumente vorzubringen, könnten sie einen Test machen, der ihnen objektive Tatsachen über die Eigenschaft dieses Materials liefert.

Eine effektive Feststellung hat ihren Sinn. Feststellungen existieren immer im Rahmen dessen, wie eine Gemeinschaft Sinn strukturiert. „Heute ist Dienstag" ist eine Feststellung, selbst wenn sie sich wissenschaftlich nicht bestätigen lässt. Sie wissen, dass heute Dienstag ist (oder auch nicht), aufgrund der Normen, die innerhalb Ihrer Gemeinschaft üblicherweise gelten. Der Kalender als Institution ist in unserer Gesellschaft so tief verwurzelt (durch die Erziehung und andere Akkulturationsprozesse), dass man nicht länger darüber diskutieren kann, ob heute Dienstag ist oder nicht, als man braucht, um einen Blick auf den Kalender zu werfen. Ein Besucher aus der Steinzeit könnte der Behauptung, dass heute Dienstag ist, nicht zustimmen (ihr aber auch nicht widersprechen), weil es in seiner Sprache die Unterscheidung für das, was wir „Dienstag" nennen, nicht gibt.

Nehmen wir als Beispiel die Zunft der Buchhalter. Buchhalter haben eine Institution, die festlegt, was für sie „real" ist: den Nationalrat für Wirtschaftswissenschaften oder sein Äquivalent in einem anderen Land. Man könnte sagen, dass dieser Rat, der die Prüf- und Beweisstandards für den Beruf des Buchhalters vorgibt, eine „ontologische" Macht hat: Er gibt die Kategorien vor, nach denen sich die Buchhalterrealität ausrichten muss. Buchhalter müssen beispielsweise nach absolut strikten Vorgaben verfahren, um den Gewinn eines Unternehmens zu ermitteln. Seltsamerweise werden in der Bilanz für die Aktionäre andere Gewinne präsentiert als in der fürs Finanzamt. Das ist so, weil die Steuergemeinschaft ihre eigenen „Realitätsregeln" hat, die die Bedeutung von „Gewinnen" anders definiert als die Buchhaltergemeinschaft. Jede technische Gemeinschaft – Anwälte, Ingenieure, Tänzer, Friseure – entwickelt spezialisierte Sprachen und Kategorien, die bestimmte Realitäten zulassen oder verhindern.

Auf diese Weise kann man das, was bis zur Definition des Standards lediglich eine Meinung war, zu einem Fakt machen. In einem Unternehmen etwa könnte das Management festlegen, dass die „zufrieden stellende" Zuwachsrate der Verkäufe 30% pro Jahr beträgt. Mit dieser Präzisierung können die Mitarbeiter des Unternehmens „feststellen", ob die Zuwachsrate bei den Verkäufen zufrieden stellend ist oder nicht. Ohne diese Präzisierung wären einige mit 20% zufrieden, andere würden 40% fordern. Die Definition von Standards und Kategorien für diese Feststellung gehört zu den wichtigsten Aufgaben für jeden, der eine Organisation aufbauen will. Das Kategoriensystem zur Systematisierung der Welt (Sprache) ist die grundlegende Struktur einer Unternehmenskultur.

Um das Gesprächsziel zu erreichen, müssen der Feststellende und der Zuhörer einen gemeinsamen Sinnkontext haben, ein System gesellschaftlicher und sprachlicher Praktiken, das der Feststellung eine schlüssige Bedeutung gibt. Wenn beispielsweise der Chef fragt: „Wie viel Geld haben wir auf der Bank?", könnte der Mitarbeiter antworten: „US$ 150.000" (der Saldo des Unternehmens) oder „US$ 28.000" (die Summe des Saldos der persönlichen Konten des Chefs und des Mitarbeiters). Das zweite wäre eine ehrliche, aber ineffiziente Antwort; mit ihr wäre der Chef nicht zufrieden. Innerhalb des Kontexts üblicher Bedeutungen bezieht sich die Frage des Chefs auf die Aktiva des Unternehmens und nicht auf den persönlichen Kontostand. Es kommt oft zu Verständnisproblemen, wenn Sprecher und Zuhörer fälschlich davon ausgehen, sie verstünden den Sinnkontext des anderen.

Wenn verschiedene Kulturen aufeinander treffen (Nationen, Organisationen oder Abteilungen), wird die Sache noch schwieriger. Für einen Franzosen aus der Normandie ist die Limousine kein Fahrzeug, sondern eine Kuh-Art. Für ein neues Unternehmen bedeutet *langfristig* sechs Monate; für eine etablierte Firma zwischen fünf und zehn Jahren. Für die Verkaufsabteilung ist *Order* die Interessensbekundung eines Kunden; für die Produktionsabteilung bedeutet es einen konkreten Auftrag. Wenn es kulturelle Diskrepanzen zwischen den Gesprächspartnern gibt, muss man unbedingt Brücken zwischen den Sinnkontexten bauen, damit sie effektiv kommunizieren können.

Eine effektive Feststellung ist relevant. Wir machen ständig unendlich viele Feststellungen. Genau in diesem Moment stellt der Leser unendlich viele Dinge fest: die Buchstaben auf dieser Seite, die Umgebungsgeräusche, seine Körperhaltung, das Licht, die Temperatur usw. Die Liste ließe sich beliebig fortsetzen. Bei dieser unendlich großen Bandbreite von Projekten und Phänomenen, die man jederzeit wahrnehmen kann, darf der Betreffende nur die Feststellungen in Betracht ziehen, die für seine Interessen relevant sind, und nur das auswählen, was ihm wichtig erscheint, den Rest aber außer Acht lassen. Bei der Begegnung mit Clara hätte Eduardo darauf hinweisen können, dass „Ihr Bericht nicht die Daten über den Produktivitätszuwachs in den einzelnen Abteilungen enthält" – das wäre relevant gewesen. Etwas ganz anderes wäre es, wenn er gesagt hätte: „Ich sehe, dass Sie Ihre Haare gefärbt haben."

Dieses *Selektieren von Relevantem* geschieht im Allgemeinen unbewusst. Der Verstand ist vorprogrammiert, um automatisch abzuschätzen, was wichtig und unwichtig ist (für uns selbst, denn „wichtig" ist eine Meinung). Damit halten wir uns Platz in unserem Bewusstsein frei für das, was wir als wichtig einstufen. Eduardo beispielsweise fällt vielleicht niemals auf, dass Clara sich die Haare gefärbt hat, obwohl seine Augen die neue Farbe wahrnehmen. Dieser Selektionsprozess wird von früheren Erfahrungen jedes Gesprächspartners bedingt. Mit jedem Denkmuster werden wieder andere Fakten relevant (treten aus dem Hintergrund hervor), auch wenn die Situation die gleiche ist. Für eine effektive Kommunikation müssen wir Menschen die von unseren unterschiedlichen Denkmustern geschaffenen Barrieren überwinden. Denn sie führen zu unterschiedlichen Meinungen darüber, was ein jeder für „relevant" hält, und damit zu unterschiedlichen Feststellungen. Wenn wir nicht verstehen, warum jeder Mensch auf einen anderen Punkt am Horizont fokussiert ist, wird es uns nie gelingen, effektiv zu kommunizieren.

Es soll an dieser Stelle betont werden, dass jede in einem Gespräch geäußerte Feststellung eine Meinung darüber beinhaltet, was relevant ist. Feststellungen, die vom Kriterium der Relevanz des Beobachtenden unabhängig sind, gibt es nicht.

Effektive Feststellungen sind ein Lernanreiz. Faktische Diskrepanzen sind hervorragende Lerngelegenheiten. Wenn unterschiedliche Personen unterschiedliche Feststellungen machen, erzeugen sie ein enormes Potenzial, um etwas über den anderen zu lernen: seine empirischen Informationen, seine Denkmuster, seine Art, Schlüsse zu ziehen und die Welt zu erleben, seine Sinnstrukturen und seine Interessen. Durch gegenseitiges Lernen gelangen die Gesprächspartner leichter auf eine höhere Stufe des Verstehens, denn damit können sie ihre Erfahrungen einordnen und ihre Handlungen koordinieren.

Noch etwas zum Fall von Eduard und Clara: Eduardo hätte zahllose effektive Feststellungen über den Bericht machen können: „Er ist mit der Hand geschrieben", „Er enthält Daten, die von den Zuhörern bestritten wurden", „Er ist 18 Seiten lang", „Er enthält keine Angaben zur Produktivität der einzelnen Abteilungen". Jede dieser Feststellungen entspricht den Kriterien einer effektiven Feststellung. Aber Eduardos Behauptungen („Das ist eine Katastrophe", „Er ist schlecht geschrieben", „Er ist viel zu lang" usw.) sind keine Feststellungen, sondern Meinungen. Das ist an sich kein Problem. Meinungen sind genauso wichtig wie Feststellungen, wenn es um effektive Handlungen geht. Die Schwierigkeit besteht darin, dass Eduardos Meinungen nicht produktiv, sondern schädlich sind.

Wenn jemand sagt „Der Stuhl ist elegant", „Der Bericht ist knapp" oder „Marcos ist in der Klemme", gibt er Meinungen zum Besten: Er bringt seine persönliche Interpretation zum Ausdruck und erklärt seinen Standpunkt in Bezug auf seine Umwelt. Eine Meinung ist ein Urteil, eine Bewertung, ein Ausspruch, ein Ausdruck der Sichtweise des Sprechers. So wie Feststellungen „objektiv" sind, sind Meinungen „subjektiv". Sie beziehen sich nicht auf die sinnlich erfahrbare Welt, sondern auf die Bewertung, die der Beobachter über diese Welt macht.

Der Mensch lässt sich definieren als „Lebewesen, das Meinungen kundtut". Er urteilt ständig: wenn er ein Büro betritt, einen neuen Kollegen kennen lernt, eine Nachricht hört, wenn er an einem Meeting teilnimmt. Egal, was er tut, egal, wo er ist, der Mensch stellt fest, dass er Meinungen über alles hat, was ihn umgibt; seine Meinung sagen ist so natürlich wie atmen. Ein Chef meint, der Kandidat sei für die Arbeit „geeignet", und bietet ihm einen Vertrag an. Ein Kandidat meint, das Unternehmen biete ihm „gute" Karrieremöglichkeiten, und nimmt die Stelle an. Ein Produktmanager argumentiert, der „beste" Zeitpunkt, um die neue Linie zu lancieren, sei im März. Eduardo reagiert, weil er meint, Claras Bericht sei „schlecht". Jemand beschließt, Aktien zu kaufen, weil er glaubt, sie seien „unterbewertet", und ein anderer beschließt, sie zu verkaufen, weil sie seiner Ansicht nach „überbewertet" sind. Meinungen wie „geeignet", „gut", „am besten", „gewöhnlich", „billig" und „teuer" bilden die Grundlage, auf der wir Menschen über unsere Handlungen entscheiden.

Nicht alle Meinungen werden bewusst getroffen. Zwar sind einige überlegt, doch die meisten sind die Folge einer automatischen Reaktion. Wir machen uns beispielsweise innerhalb der ersten fünfzehn Sekunden nach dem Kennen lernen einen Eindruck von einem anderen Menschen. Wir reagieren instinktiv beim Lesen eines Zeitungsartikels, obwohl wir nicht mehr als die minimalsten Details des Geschehens kennen. Urteile zu fällen ist keine willentliche Entscheidung; wir bilden uns ständig Meinungen über unsere Umwelt. Einige dieser Meinungen sind nützlich und effektiv, andere sind schädlich.

Schädliche Urteile zu verschweigen, erspart uns gewisse Probleme. Aber selbst wenn wir unsere Zunge im Zaum halten können – der Verstand lässt sich nicht kontrollieren; wenn Sie eine Meinung einfach nur für sich behalten, schaffen Sie sich genau die (oder schlimmere) Probleme, die Sie vermeiden wollen. Im vorigen Kapitel haben wir gesehen: Wenn wir nicht alle relevanten Informationen, einschließlich der Urteile und Interpretationen, mitteilen, treten die wahren Probleme nie zu Tage, die Beziehungen werden oberflächlich und heuchlerisch, und die Menschen setzen ihre Integrität aufs Spiel. Um eine möglichst hohe Effektivität zu erzielen, die Beziehungen zu verbessern und authentisch zu handeln, muss man diese schädlichen Meinungen „verarbeiten", indem man ihre innere Wahrheit extrahiert. Selbst die unbewusstesten und impulsivsten Meinungen enthalten Rohmaterial für individuelles oder kollektives Lernen.

Meinungen produktiv zu bewerten und auszudrücken, ist eine Kompetenz, die für das Überleben im Beruf (und sogar für das biologische Überleben) dringend notwendig ist. Manche Menschen meinen, Feststellungen seien „gut" und Meinungen nicht. Unser Standpunkt ist, dass sowohl die einen wie die anderen effektiv oder schädlich sein können. Beide sind komplementäre Wahrnehmungs- und Gesprächsakte; beide sind notwendig für das Koordinieren von Handlungen und für die Effektivität.

Meinungen haben besonderes Gewicht, weil sie Möglichkeiten zum Handeln eröffnen. Wenn Sie beispielsweise meinen, es werde regnen, werden Sie einen Schirm mitnehmen. Wenn Sie glauben, Sara sei eine außergewöhnliche Chefin, werden Sie für sie arbeiten wollen. Wenn Sie der Ansicht sind, das Angebot sei ein „schlechter Deal", werden Sie es ablehnen. Wenn Sie meinen, der Bericht sei fehlerhaft, werden Sie um Überarbeitung bitten. Wenn Sie von Joãos Arbeit positiv beeindruckt sind, werden Sie eine Beförderung empfehlen; wenn Sie von seiner Arbeit enttäuscht sind, werden Sie ihn vielleicht auf eine Schulung schicken oder ihn versetzen.

Aber so außerordentlich effektiv eine Meinung sein kann, so außerordentlich zerstörerisch kann sie auch sein. Da eine Meinung von Natur aus subjektiv ist, gilt sie nicht automatisch für alle Mitglieder einer Gemeinschaft. Wenn Menschen mit Meinungen so umgehen, als wären es Feststellungen, endet die Unterhaltung meistens in einer Konfrontation. Streit hat zwei Ursachen: erstens steht der Selbstwert der Gesprächspartner auf dem Spiel und ihr Wunsch, „Recht zu haben"; zweitens lenkt eine Meinung bereits künftige „vernünftige" Handlungen. Wenn wir eine Meinung verteidigen, rechtfertigen wir einen Handlungsverlauf.

Betrachten wir den Fall eines Ehepaars, das sich über die Raumtemperatur nicht einig ist:

„Es ist kalt", sagt sie, „lass uns die Heizung einschalten."

„Das stimmt nicht, es ist warm", sagt er. „Lass uns das Fenster öffnen."

„Bist du verrückt? Es ist eiskalt."

Das Ehepaar sieht, dass das Gespräch nirgendwohin führt, und beschließt, aufs Thermometer zu schauen.

„Siehst du", sagt er mit einem überlegenen Lächeln, „es zeigt 19 Grad an."

„Genau", antwortet sie triumphierend. „Es ist kalt."

„Nein, neunzehn Grad ist nicht kalt."

Beide sind sich einig bei der Feststellung, dass das Thermometer „19 Grad anzeigt", aber nicht darin, was das bedeutet. Da die beiden unterschiedliche Meinungen haben, haben sie auch unterschiedliche Handlungsvorschläge. Daraus entsteht der Konflikt: nicht aus den unterschiedlichen Meinungen, sondern aus den unterschiedlichen Handlungen.

Ziel einer Meinung ist es, die Realität einzuschätzen, mit der wir konfrontiert sind, und zwar im Einklang mit unseren Wünschen und Interessen. Eine Meinung erhärtet eine persönliche Sichtweise in Bezug auf eine Situation, in der wir uns befinden, und in Bezug auf die möglichen Reaktionen (vorausgesetzt, es entspricht unseren Interessen und Zielen). Genau wie Feststellungen zielen Meinungen auf eine Handlung ab. Deshalb ist eine Meinung dann effektiv, wenn sie demjenigen, der sie äußert (und dessen Zuhörer) gestattet, effektiv und effizient zu handeln. Wenn etwa jemand sein Team vergrößern will, indem er einen Computerspezialisten einstellt, könnte er einen Kollegen fragen: „Wen würden Sie mir als Systembeauftragten empfehlen?" Die Antwort „Marcos scheint mir für diese Arbeit kompetent zu sein" liefert eine relevante Information, um das Bedürfnis des Fragenden zu befriedigen.

Meinungen sind ganz wesentlich für die Koordination von Handlungen. Wir handeln gemäß so, wie wir Situationen interpretieren, und müssen daher, wenn wir harmonisch operieren wollen, als Erstes solche Interpretationen in Einklang bringen. Wer glaubt, das Kostensystem sei „nicht in Ordnung", wird es schwer haben, Handlungen mit seinem Kollegen zu koordinieren, der eine Produktlinie herausnehmen will, weil sie „nicht kostendeckend ist". Wer gemeinsame Entscheidungen treffen will, muss sich zuerst auf die Verlässlichkeit der Kosteninformation einigen. Wenn beide der Ansicht sind, die Daten seien fragwürdig, könnten sie eine detailliertere Analyse durchführen, bevor sie entscheiden, was mit der Produktlinie geschehen soll.

Effektive Meinungen sollen wirksam, nicht wahr sein. Anders als Feststellungen (die wahr oder falsch sind: entweder ist der Stuhl rot oder nicht) sind Urteile oder Meinungen gültig oder ungültig. Das heißt, es gibt keine „äußere Welt", die für irgendein Mitglied der Gemeinschaft unmittelbar erfahrbar ist, mit der seine Meinung unbedingt übereinstimmen muss. Sie können feststellen, dass Marcos im Büro ist. Aber wenn Sie meinen, Marcos sei „in der Klemme" („Marcos hat ein Problem"), in welcher Realität existiert dann dieses Problem? Wo lässt sich Marcos' existenzielle (nicht physikalische) Situation beobachten? Wie bereits gesagt, ist ein Problem kein Ding, sondern die Bewertung einer Situation, die den Wünschen des Bewertenden nicht entspricht. Ein Problem ist eine Meinung und wie jede Meinung nicht ein „reales Problem", sondern ein „Problem für jemanden". Man kann nicht von Meinung sprechen, ohne von der Person zu sprechen, die diese Meinung vertritt. Wenn ich beispielsweise meinen größten Kunden verliere, dann ist das ein sehr ernsthaftes Problem für mich; aber für meinen Konkurrenten (der meinen Ex-Kunden für sich gewinnen konnte) ist es ein großer Erfolg.

Effektive Meinungen sind „Eigentum" dessen, der sie zum Ausdruck bringt. Wenn Sie sagen „Es ist warm", bringen Sie damit eine Wärmeempfindung zum Ausdruck und beschreiben nicht die Umgebungstemperatur. Die „19 Grad" sagen nichts über Wärme oder Kälte aus, 19 Grad sind 19 Grad. Die Gültigkeit einer Meinung beruht nicht auf ihrer Übereinstimmung mit der Außenwelt, sondern vielmehr auf der Übereinstimmung zwischen der Äußerung und dem Bewusstseinszustand des Sprechers. Eine Meinung äußern, als wäre sie eine Wahrheit, ist im Allgemeinen der erste Schritt zu Meinungsverschiedenheiten. Statt „Es ist warm" ist es viel effektiver zu sagen „Ich spüre Wärme". Wenn Eduardo erklärt, „Dieser Bericht ist eine Katastrophe", macht er keine Feststellung über irgendeine dem Bericht anhaftende Eigenschaft, sondern bringt seine persönliche Bewertung zur Sprache. Aufrichtiger und produktiver wäre es, wenn er sagte: „Mit dem Bericht bin ich nicht zufrieden."

Wenn wir in der ersten Person sprechen, müssen wir einen Teil von uns preisgeben. Wenn ich sage „Die Arbeit ist schwierig", kann ich meiner Meinung ausweichen. Wenn ich zugebe, dass ich „diese Arbeit nicht machen kann", kann ich mich von der Situation nicht distanzieren. Im Allgemeinen bezeichne ich etwas als „schwierig", das ich nicht zu tun weiß; als „schön" etwas, das mir gefällt; als „köstlich" etwas, das mir schmeckt; als „gut" etwas, das mir gefällt; als „unpassend" etwas, das mir nicht passt; und als „lästig" etwas, was mich nervt. Ich kann mich sicherer fühlen, wenn ich mich als Subjekt verstecke, aber meine Wahrheit zum Ausdruck zu bringen, ohne sie den anderen als absolute Wahrheit aufzudrängen, ist, anzuerkennen, dass jede Meinung subjektiv ist.

Wir werden dieses Anerkennen der Subjektivität einer Meinung *Aneignung* nennen. Mir eine Meinung anzuzeigen, bedeutet: dass ich sie in der ersten Person formuliere, anerkenne, dass meine Wahrheit (in Form einer Meinung) nicht die Wahrheit für alle ist, und damit die Gültigkeit der Meinung des anderen akzeptiere. Wenn ich mir meine Interpretationen aneigne, die ich unterstütze, kann ich sie mit einer Portion Demut ausdrücken, ohne sie als absolut hinzustellen. Es kann jemand von der Gültigkeit einer Idee überzeugt sein, doch er kann unmöglich behaupten, dass alle seine Gesprächspartner sie unbedingt teilen müssen. Humberto Maturana sagt dazu: Die objektive „Realität" der eigenen Meinung zu verteidigen, ist nichts anderes als ein rhetorischer Kunstgriff, mit dem man Gehorsam einfordert und Vielfalt unterbindet.

Wenn ein Vater zu seinen Kindern sagt, es sei „Zeit, ins Bett zu gehen", scheint er eine objektive Wahrheit zu beschreiben. In Wirklichkeit gibt es aber keine Uhr, die solch einen Moment anzeigt. „Zeit, ins Bett zu gehen" ist ein Euphemismus, der heißen soll „Ich möchte, dass ihr jetzt schlafen geht". „Warum, Papa?", fragt der kleine Junge. In der Antwort liegt die Ethik der Vater-Sohn-Beziehung: Mit der Begründung „weil es Zeit ist" fordert er ontologischen Gehorsam ein. Es ist keine persönliche Bitte, dem Wunsch des Vaters zu gehorchen, sondern eine Einforderung von Gehorsam, die über die vom Vater offenbarte Wahrheit hinausgeht, der lediglich als „Sprachrohr" einer obersten Autorität fungiert.

Wenn ich aber zu meinen Kindern sage, ich möchte, dass sie ins Bett gehen, damit sie morgen ausgeruht in den Tag starten können, dann achte ich ihr Bewusstsein. Diese Achtung verhindert nicht, dass der Vater sich bei Widerspruch („Mir ist es egal, ob ich ausgeruht bin, warum kann ich nicht noch ein bisschen aufbleiben?") auf seine Autorität beruft und sagt „Dann geh schlafen, weil ich es sage." Das ist der Unterschied: Wenn Sie den Imperativ verwenden (Geh schlafen [weil ich es sage]", handeln Sie mit verantwortungsvoller Autorität; wenn Sie den Indikativ verwenden („Es ist Zeit, ins Bett zu gehen [weil das die Realität ist oder weil Gott es so will oder weil alle braven Kinder um diese Zeit ins Bett gehen])" nehmen Sie eine absolute, autoritäre Haltung ein.

Eine Meinung kann man sich am einfachsten dadurch aneignen, indem man sie mit einem „Ich finde, dass ..." oder einem „Ich glaube, dass ..." einleitet. Statt „die Fabrik arbeitet ineffizient" sagen Sie: „Ich finde, die Fabrik arbeitet ineffizient." Statt „Sie haben

Unrecht" sagen Sie: „Ich glaube, Sie haben Unrecht." Alternativ
können Sie auch das Verb „sein" gegen das Verb „scheinen" ersetzen und das Pronomen der ersten Person hinzufügen. Also statt zu
sagen „Das Meeting war langweilig", sagen Sie: „Das Meeting
schien mir langweilig." Statt „Es ist spät" sagen Sie: „Mir scheint,
dass es spät ist."

Mit dieser Technik kommt man aber nicht weit. Der Satz „Ich
glaube, Sie sind ein Dummkopf" ist nicht viel besser, als dem anderen seine Dummheit direkt vorzuwerfen. Um sich Meinungen wirklich anzueignen, muss man sie nicht nur in der ersten Person äußern, sondern auch vom Modalverb (sein, werden, scheinen), ja
selbst vom Nebensatz trennen. Sie stellen beispielsweise fest, dass
Sie niemals einem „Dummkopf" begegnet sind, der wie Sie denkt,
und verstehen dann, dass Sie mit „Dummkopf" jene bezeichnen,
mit denen Sie nicht einer Meinung sind oder die Sie nicht verstehen. Statt „Sie sind ein Dummkopf" könnten Sie sagen: „Ich bin
nicht Ihrer Meinung" oder „Ich verstehe nicht, inwiefern Ihre Vorstellung auf unsere Situation zutrifft".

Effektive Meinungen beruhen auf Feststellungen. Eine fundierte Meinung beruht auf beobachtbaren Gegebenheiten. Auf eine
Frage Ihres Gesprächspartners müssen Sie Fakten präsentieren, die
Ihr Urteil stützen. Obwohl Ihr Gegenüber mit der Logik oder den
Kriterien, die Sie von Feststellungen zu Schlussfolgerungen geführt
haben, nicht einverstanden ist, wird er die Übereinstimmung der
faktischen Grundlagen des Urteilenden akzeptieren müssen. Hätte
Eduardo beispielsweise gesagt „Die achtzehn Seiten des Berichts
sind mehr, als ich erwartet habe, ich brauche etwas, das man in
maximal fünf Minuten durchlesen kann", dann wäre Clara vielleicht
nicht mit dieser Einschränkung einverstanden gewesen, aber doch
mit der Tatsache, dass der Bericht 18 Seiten hat und man 18 Seiten
nicht in fünf Minuten aufmerksam durchlesen kann.

Fakten sind kein Beweis für eine Meinung, sondern nur ihr
Fundament. Manche Menschen glauben, sie könnten mit einer
Anhäufung von Fakten die Wahrheit einer Meinung demonstrieren.
Meinungen sind weder wahr noch falsch. Fakten bilden lediglich
die Grundlage einer Interpretation; sie stützen sie und verleihen ihr

Gültigkeit. Fakten können nicht garantieren, dass eine Meinung wahr ist. Andererseits wird eine Meinung durch fehlende Fakten nicht ungültig. Sie können eine Vorahnung haben und davon ausgehend eine Situation beurteilen. Ein Problem gibt es erst dann, wenn Sie so tun, als gäben Sie dem Urteil eine faktische Grundlage, die gar nicht existiert. Legitimer und effektiver ist es, die intuitive Quelle der Meinung zuzugeben, etwa: „Ich weiß nicht genau warum, aber dieser Deal gefällt mir nicht. Ich habe keine konkreten Anhaltspunkte, aber meine Intuition schickt mir ein Warnsignal ..."

Effektive Meinungen entstehen durch logische Prozesse. Eine Meinung entsteht immer aus dem Vergleich von Feststellungen (oder Folgerungen) und Standards. Wenn Sie eine effektive Meinung äußern, verpflichten Sie sich gleichzeitig, eine für den anderen verständliche Begründung zu liefern, der die Fakten, die ihm vorliegen, mit den Bewertungskriterien vergleichen kann. Wenn ich sage, eine Arbeit sei „zufrieden stellend", dann ist das dasselbe wie zu erklären, dass die Arbeit meinen Standards entspricht. Wenn ich sage, dass ein Deal „sich lohnt", dann ist es dasselbe wie zu sagen, dass der Gewinn höher ist, als ich erwartet habe. Zu sagen, dass sich ein Mitarbeiter „unverschämt" verhält, ist dasselbe wie die Erklärung, diese Person erfülle nicht im Geringsten meine Erwartungen.

Oft werden Kriterien unbewusst angewandt. Es ist eine lohnende Übung, sie für andere explizit und verständlich zu machen. Automatisierte Meinungen können zwar unumstößlich wirken, doch sie sind mit großen Mängeln behaftet. Zum Beispiel wird jemandem vorgeworfen, er „arbeite nicht im Team", weil er sich dem Mehrheitsbeschluss nicht fügt. Wenn man sich aber den Standard ansieht, stellt man fest, dass „im Team spielen" nicht heißt, dass der Betreffende sein individuelles Gewissen außer Acht lässt und seinen Maßstab dem der Mehrheit unterordnet. Produktiver wäre vielleicht eine Vorgabe, bei der der Teamspieler mit jemandem verglichen wird, der seine Ressourcen und Gedanken rückhaltlos für das gemeinsame Ziel einsetzt.

Mit der Ablehnung von Claras Bericht vergleicht Eduardo dieses Dokument mit gewissen Richtlinien des Unternehmens und mit seinem persönlichen Maßstab. Da der Bericht Rechtschreibfehler enthält, 18 Seiten lang ist und keine Informationen über die Produktivität enthält, entspricht er nicht Eduardos Erwartungen. Dass Clara „fünf Tage an diesem Bericht gearbeitet" hat, ist kein Argument dafür, dass Eduardo ihn akzeptiert; die Bemühung ist für ihn kein Qualitätsmaßstab.

Effektive Meinungen werden von denen ausgesprochen, die dazu „autorisiert" sind. Jeder Mensch kann Urteile fällen, aber nicht jeder kann gültige Urteile aussprechen. Die Gültigkeit eines Urteils ist mit der (eigenen oder übertragenen) Autorität dieser Person verbunden, die es fällt und eventuell als Grundlage künftiger Handlungen heranzieht.

Fußballmannschaften erteilen dem Schiedsrichter die Befugnis, einzuschätzen, ob ein Spieler sich an die Regeln hält oder sie übertritt. Ein Geschworener kann einen Angeklagten für unschuldig oder schuldig erklären. In seiner Eigenschaft als Chef ist Eduardo in der Lage, Claras Bericht zu bewerten, weil das Unternehmen (und Clara selbst, als sie sich entschied, für ihn zu arbeiten) ihm dazu die Befugnis erteilt. Wollte Eduardos Sohn Claras Bericht abwerten oder würde ein Fußballfan einen Strafstoß verlangen, wären ihre Meinungen ungültig und unwirksam, weil keiner von beiden zu diesen Urteilen befugt ist.

Die Erlaubnis, etwas zu bewerten, ist ein sehr wirksames Instrument. In der Unternehmerwelt beispielsweise gab es grundlegende Veränderungen hinsichtlich der Frage, wer befugt ist, die Produktqualität zu bewerten. In der Zeit vor dem Total Quality Movement waren die Unternehmen der Ansicht, die Ingenieure für Qualitätskontrolle seien als Einzige befugt, die Fehler von Produkten und Dienstleistungen zu bewerten. Eine der Innovationen, die sich aus der Philosophie der totalen Qualitätskontrolle ergab, bestand darin, diese Befugnis von den Ingenieuren auf die Kunden zu übertragen. Der – interne oder externe – Endbenutzer war schließlich der Einzige, der festlegen durfte, ob ein Produkt oder eine Dienstleistung von hoher oder niedriger Qualität ist (das heißt, ob es zufrieden stellend ist oder nicht).

Im Privatleben ist es der Einzelne selbst, der (vielleicht unbewusst) anderen die Befugnis gibt, ihn zu bewerten. Wenn der Betrunkene, der mich auf dem Bürgersteig anrempelt, zu mir sagt, ich sei unerträglich, reagiere ich ganz anders, als wenn das ein enger Freund wäre. Der Unterschied ist, dass ich dem Betrunkenen nicht erlaube, mich zu qualifizieren (das heißt, sein Urteil ist mir egal, auch wenn ich ihn nicht daran hindern kann, dies laut zu sagen), meinem Freund hingegen schon.

Effektive Meinungen beeinflussen das Handeln. Eine Meinung zählt erst dann, wenn sie praktische Konsequenzen hat. Handlungen, die sich aus einer Meinung ergeben, müssen ihrem „Besitzer" helfen, auf seine Situation zu reagieren, und zwar in Einklang mit seinen Bedürfnissen und Interessen. Wenn ich beispielsweise meine, ein potenzieller Kollege sei „vertrauenswürdig", bin ich sicher geneigt, mich mit ihm abzugeben. Wenn ich meine, ein Finanzgeschäft sei „höchst riskant", werde ich eine höhere Rendite verlangen. Wenn ich glaube, ein Kandidat sei für eine bestimmte Arbeitsstelle qualifizierter als ein anderer, werde ich ihm den Vorzug geben. Eine effektive Meinung bietet einen Handlungsablauf an. Ein Urteil, das die Realität nur beschreiben will, ist fehl am Platz, denn nur Feststellungen beschreiben die Realität.

Während sich Feststellungen auf die Vergangenheit beziehen, stehen Meinungen mit Vergangenheit und Zukunft in Zusammenhang. Jemand sagt „Artur ist nicht fähig, Chef der Buchhaltung zu werden" und begründet das mit Feststellungen, die sich auf das Verhalten oder die Erfahrungen der Vergangenheit beziehen: Arturs Chef hat ihm schlechte Noten in punkto zwischenmenschliche Beziehungen gegeben; Artur war niemals Teamleiter; mehrere Kunden haben sich über seine barschen Antworten beschwert. Artur mag technisch kompetent sein, aber es gibt frühere Beweise dafür, die seine Fähigkeit im Umgang mit Menschen in Frage stellen. Die Vergangenheit ist die faktische Grundlage für jede effektive Meinung.

Andererseits bildet sich der Mensch eine Meinung, weil er sich um die Zukunft sorgt. Wir projizieren uns immer in den nächsten Moment, die nächste Woche, das nächste Jahr. Die Konsequenzen unseres Handelns finden in der Zukunft statt. In der Zukunft werden die Ziele erreicht werden oder nicht. Urteile verdichten frühere Erfahrungen und extrapolieren sie als Richtschnur für die Handlung, die die Zukunft bestimmen wird. Sie sind Verallgemeinerungen, die Bekanntes auf Unbekanntes ausweiten. Sie wissen nicht, ob Ihr Mitarbeiter sich künftig verantwortungsvoll verhalten wird, vertrauen ihm aber aufgrund seines bisherigen Verhaltens. Natürlich bietet kein Urteil Sicherheiten: Meine Pünktlichkeit in der Vergangenheit ist keine Garantie dafür, dass ich auch zum nächsten Meeting pünktlich komme. Fundierte Urteile sind für uns aber eine Richtschnur, anhand derer wir Schlüsse ziehen können über Dinge, die wir noch nicht beobachten können.

Personen bewerten

Besonders viele Missverständnisse und Probleme gibt es dann, wenn wir Personen beurteilen. Die Art, wie wir andere (und uns selbst) bewerten, hat enorm große Bedeutung. Meinungen über Menschen nennen wir „Charakterisierungen". Charakterisierungen sind nützlich, wenn man mehrere Feststellungen über einen Menschen zusammenfassen und extrapolieren will. Aber sie sind gefährlich, wenn sie mit überheblicher Gewissheit ausgesprochen werden. Wer Charakterisierungen zur Beschreibung eines Menschen benutzt, muss zwangläufig annehmen, das frühere Verhalten dieses Menschen bestimme sein künftiges Benehmen. Oder sein Verhalten in einem bestimmten Lebensbereich beschreibe sein Verhalten in allen anderen. (Genauer gesagt ist es die Annahme, das beobachtete Verhalten werde durch eine ständige und unveränderliche Eigenschaft dieser Person bestimmt. Man geht davon aus, dass diese typische Eigenschaft auch weiterhin das Verhalten des Betreffenden ausnahmslos bestimmen wird.)

Eine Charakterisierung ist eine Verallgemeinerung, eine experimentelle Projektion von Bekanntem auf Unbekanntes. Jede Projektion oder Verallgemeinerung über Menschen wird dennoch durch die dem Menschen eigene Autonomie und Freiheit eingeschränkt. Trotz der Auswirkungen unserer Trägheit können wir dank unseres freien Willens dem materiellen oder historischen Determinismus entkommen und Tendenzen und Neigungen unserer Persönlichkeit verändern. Hier beginnt der Lern- und Wachstumsprozess: die Möglichkeit, sich zu verändern. Die arrogante Behauptung, ich wüsste, was der andere sei und somit tun wird, heißt, dass ich vergesse, dass der andere ein „Du" ist (wie Martin Buber sagt), und aus ihm ein „Es" mache. (Andererseits heißt es, dass wir auch uns selbst für ein „Es" halten.) Mit Bubers Worten „Eine Ich-Du-Beziehung ist etwas völlig anderes als eine Ich-Es-Beziehung."

Ein Sprichwort lautet: „Wer mit dem Schwert kämpft, wird durch das Schwert umkommen." Wer andere in schädlicher Weise charakterisiert, tut dies meistens auch bei sich selbst. Die Annahme „Ich bin gut" ist so gefährlich wie die Annahme „Ich bin schlecht". Beide Charakterisierungen halten den ständigen Fluss des Lebens an und verdinglichen unseren kontinuierlichen Entwicklungsprozess. Wer in der Welt der unbewussten Meinungen lebt, leidet meistens an niedrigem Selbstwertgefühl, da er sich selbst so verdinglicht, wie er es mit anderen tut. Rumi[49], der berühmte Sufi-Mystiker, sagt:

Begrenze mich, schränke mich ein,

dann beraubst du dich deiner selbst.

Sperr mich in eine Kiste kalter Worte,

dann wird diese Kiste dein Sarg werden.

Ich weiß nicht, wer ich bin,

ich bin verblüfft und verwirrt.

Ich bin weder Christ noch Jude,

ich bin nicht einmal Moslem ...

Natürlich war Rumi Moslem, aber was er hier mit „Moslem" meint, ist ein Etikett wie jedes andere auch. Sein wahres Selbst geht, wie das eines anderen Menschen, über jede Einschränkung hinaus.

Wenn wir Charakterisierungen für Feststellungen halten, behindern wir den Lernprozess und „frieren" die Menschen ein. Angenommen, jemand findet, dass „José mittelmäßig ist". Mit dieser Charakterisierung meint er, Mittelmäßigkeit sei eine angeborene und unveränderliche Eigenschaft von José. In dem Maß, wie er solch eine Charakterisierung als Feststellung und nicht als Urteil interpretiert, wird er José für ein statisches Objekt halten, das unfähig ist, sich zu verändern – das kann er von seinem privilegierten Standpunkt aus genau beschreiben.

Mittelmäßigkeit ist nämlich keine Eigenart von José, sondern nur die Meinung eines Einzelnen, die von seinem besonderen Standpunkt herrührt und auf der Basis beschränkter Erfahrungen innerhalb eines begrenzten Umfelds aus eigenen Interessen und Sorgen getroffen wurde. Fakt ist, dass die Meinung über Mittelmäßigkeit eher die Unzufriedenheit dieser Person über José (und sein Verhalten) widerspiegelt als irgendeine angeborene Eigenschaft von José. Ein anderer Mensch mit anderen Parametern könnte José beispielsweise für „glänzend" halten, obwohl er von denselben Feststellungen ausgeht. José ist nicht mittelmäßig. José ist ein Mensch, der sich (bisher) in einer Weise verhalten hat, die den Leistungskriterien nicht entspricht, die jemand in einem bestimmten Bereich anlegt, und deshalb verspürt dieser Jemand keine besondere Neigung, José für eine wertvolle Ressource zu halten. Relativiert er diese Charakterisierung, hat José die Möglichkeit, zu lernen und eine Leistung zu zeigen, die den Erwartungen des anderen entspricht. José mag sich bisher „mittelmäßig" verhalten haben, aber vielleicht lernt er, sich künftig „exzellent" zu verhalten.

Wer begreift, dass Charakterisierungen vorübergehend sind und aufgrund früheren Verhaltens gemacht werden, versteht auch, dass das jetzige Verhalten die Basis für eine anderslautende Charakterisierung in der Zukunft sein kann. Wie gesagt ist die Gegenwart die Zukunft der Vergangenheit (unsere momentane Identität ist die Folge früherer Handlungen). In seinem gesellschaftlichen Umfeld schaffen wir uns sowohl durch unsere Handlungen und Meinungen, die andere aufgrund unserer Handlungen von uns haben, eine Identität. Was ich tue, erzeugt ein Bild im Kopf anderer Menschen und bildet das Fundament dafür, wie sie mich charakterisieren. Diese Urteile und Meinungen haben Folgen: Sie eröffnen und versperren Möglichkeiten. Wenn andere beispielsweise meinen, ich sei vertrauenswürdig, werden sie mich ganz anders behandeln, als wenn sie mich nicht für vertrauenswürdig halten. Wer zum Beispiel im Management oder im Marketing Kompetenz zeigt, den werden die anderen an bestimmten Gesprächen teilnehmen lassen, von denen er ausgeschlossen wäre, wenn er sich nicht das Urteil der Kompetenz auf diesen Gebieten erworben hätte.

Der Schlüssel zur Bildung einer öffentlichen Identität ist: verstehen, dass Identität nicht etwas ist, was wir in unserem Inneren *haben* und was die anderen entdecken, sondern etwas, was wir mit Handlungen *erschaffen*. Wenn wir glauben, es fehlten uns beispielsweise Führungseigenschaften oder Kreativität, laufen wir Gefahr, in die Falle der Inkompetenz zu geraten. Führungseigenschaften und Kreativität sind nicht Dinge, die in uns existieren, die wir besitzen oder nicht, sondern es sind Urteile einer Gemeinschaft über unsere Fähigkeit, bestimmte Handlungen effektiv durchzuführen. Wir fragen uns dann, welche Kompetenzen wir entwickeln müssen, um so zu handeln, dass die anderen uns für kreativ oder für eine geeignete Führungsperson halten. Durch diese Frage wird Raum für den Lernprozess und die Transformation geschaffen.

Charakterisierungen sind riskant; aber um sich in der Welt zurechtzufinden, muss man sie machen. Man muss sich eine Meinung über die Menschen bilden, wenn man bestimmen will, wen man befördern, wem man vertrauen, wen man um Rat fragen, wem man sich anschließen, von wem man lernen, um wen man sich kümmern, vor wem man sich hüten will. Das Zauberwort heißt: sich die Charakterisierungen „aneignen" und demütig und vorsichtig damit umgehen, so wie man es mit anderen Interpretationen macht, in dem Wissen, dass sie weder wahr noch falsch, sondern effektiv oder zerstörerisch sind. Effektive Charakterisierungen sind verantwortungsvoll, fundiert, autorisiert, logisch begründet (verglichen mit ausdrücklichen Standards) und lenken unsere Handlungen auf eine wünschenswertere Zukunft.

Mit einer besseren Gesprächsführung wäre die Begegnung zwischen Clara und Eduardo produktiver gewesen.

Eduardo kommt in Claras Büro und fragt:

„Können wir einen Moment über den Bericht sprechen?"

„Natürlich", antwortet Clara. „Wie fanden Sie ihn?"

„Nun ja, es tut mir Leid, aber ich war nicht zufrieden damit. Ich weiß, dass Sie hart daran gearbeitet haben, und ich weiß Ihre Mühe zu schätzen. Um ehrlich zu sein, finde ich, dass der Großteil gut ist, aber ein paar Dinge sollten geändert werden."

„Wie ärgerlich! Es wundert mich, dass er Ihnen nicht gefallen hat, immerhin habe ich mir solche Mühe gegeben, all Ihre Forderungen zu erfüllen. Ich hatte gehofft, Sie wären mit dem Endergebnis mehr als zufrieden."

„Ich verstehe Sie und wiederhole, dass ich Ihre Mühe zu schätzen weiß. Sehen Sie, obwohl es einige Probleme mit Ihrem Entwurf gibt, lautet die gute Nachricht, dass wir Zeit haben, ihn zu korrigieren. Wenn Sie das Format ändern könnten, die beiden ersten Abschnitte zusammenfassen und mehr Informationen über die Produktivität einbauen könnten, haben wir, glaube ich, so um die zehn Themen. Wann könnten Sie damit fertig werden?"

„Sofort. Wie ich Ihnen gesagt habe, hat dieser Bericht bei mir oberste Priorität. Es wäre sehr hilfreich, wenn Sie mir mehr Details zu den Veränderungen geben würden, die ich vornehmen soll. Zehn Minuten von Ihrer Zeit, damit wir uns gemeinsam ansehen können, was ich bereits gemacht habe, wären für mich sehr wertvoll."

„Aber sicher! Es freut mich zu sehen, dass Sie das Problem so bald wie möglich anpacken wollen. Gehen wir doch in den Konferenzraum. Dort können wir uns an den großen Tisch setzen und Seite an Seite arbeiten ..."

Kapitel 8

Plädieren
und erkunden

Wie viel du weißt, bedeutet mir erst dann etwas,

wenn ich weiß, wie viel ich dir bedeute.

STEPHEN COVEY

E s gibt im Geschäfts- oder Privatleben viele Gespräche, bei denen die Sprecher Monologe halten, ohne dem anderen zuzuhören oder ihm Fragen zu stellen. Jeder verkündet seine Meinung, als wäre sie die einzige Wahrheit, und versucht, die Meinung des anderen „auseinander zu nehmen", als wäre sie völlig wertlos. Die meisten Themen sind komplex und haben verschiedene Facetten, aber die Menschen betrachten das Problem ausschließlich aus ihrer Sicht und sind dann überzeugt, dies sei die einzig mögliche. Unter der Oberfläche existieren widerstreitende Ziele: man will die Kontrolle an sich reißen, die anderen überzeugen, mit Wissen prahlen, das eigene Selbstbild aufwerten, intelligent erscheinen, die eigenen Ideen durchsetzen, sich mächtig fühlen usw.

Dabei geht es aber gar nicht um Vernunft, sondern um das Selbstwertgefühl und das öffentliche Bild der „konkurrierenden" Gesprächsteilnehmer. Jeder glaubt, sein persönlicher Wert steige, wenn er „gewinnt", und schwinde, wenn er „verliert"; deshalb ist

Kooperation unmöglich. Die Prämisse in den Köpfen von Menschen, die nach diesem Modell vorgehen, lautet: „Ich muss die Oberhand gewinnen, damit ich der Welt beweisen kann, dass ich Recht habe und demzufolge wertvoll bin. Ich habe alle Möglichkeiten in Betracht gezogen und mir die beste ausgesucht. Jeder, der mir nicht zustimmt, steht dem Ziel im Weg und hat verborgene Absichten. Meine Aufgabe ist es, die anderen davon zu überzeugen, in der richtigen (von mir vorgeschlagenen) Weise zu handeln, damit alle anerkennen, dass ich es bin, der Recht hat." Bei diesem Modell kann es nur einen Gewinner geben. Das Gespräch ist ein Kampf, in dem bewiesen werden muss, wer mehr wert ist (intelligenter ist, mehr Macht hat, besser informiert ist usw.).

Strategien für *unproduktives Plädieren* sind:

☐ Meinungen so äußern, als wären es bewiesene Fakten.

☐ Beweggründe, die die Meinung rechtfertigen sollen, weder erklären noch offen legen.

☐ Keine Beispiele liefern, um die Meinung zu erklären oder zu stützen.

☐ Keine Zweifel äußern und weder Unsicherheit noch Unwissen auf gewissen Gebieten zugeben.

☐ Fragen und Einwänden aus dem Weg gehen.

☐ Die eigene Meinung als einzig vernünftige hinstellen.

☐ Mehr reden als zuhören, die anderen unterbrechen.

☐ Die Argumente der anderen zerpflücken.

Bei den meisten Diskussionen ist jeder Teilnehmer so darauf fixiert, seine Sichtweise zu verteidigen, dass es ihm sinnlos erscheint, Ressourcen (Aufmerksamkeit, Zeit, Mühe) zu vergeuden, um die Position der anderen zu verstehen. Andererseits denkt jeder von ihnen: Mit echten Fragen gebe ich meinem „Konkurrenten" die Gelegenheit, sein Argument zu erhärten und irgendeinen Bereich zu entdecken, in dem ich mich nicht auskenne. In einem Gespräch, in dem das Modell der einseitigen Kontrolle in Aktion ist, versuchen alle, diese Rückschläge zu vermeiden. Wenn die Gesprächsteilnehmer sich keine Fragen stellen und nicht einmal überprüfen, ob sie das, was die anderen sagen, überhaupt richtig verstanden haben, wird die Unterhaltung zu einem Interessenkampf. Besonders gefährlich sind jedoch Fragen, deren Wurzel verborgene, negative Annahmen sind.

Einige Strategien für *unproduktives Erkunden* sind:

☐ Feststellungen als Fragen formulieren.

☐ Nur tendenziöse oder rhetorische Fragen stellen.

☐ Keine Fragen stellen, die Nichtwissen verraten.

☐ Die anderen nur deshalb nach ihrer Meinung fragen, um zu überprüfen, ob sie mit der eigenen übereinstimmen.

Es gibt eine andere, produktivere Art, zu plädieren und zu erkunden, die gegenseitiges Lernen, Teamarbeit und die Verpflichtung des Einzelnen zu einem gemeinsamen Vorhaben fördert. Dazu muss der Betreffende seine alten Angewohnheiten ablegen und seine Einstellung verändern. Bei dem Modell für produktives Plädieren und Erkunden geht es nicht um einseitige Kontrolle, sondern um Effektivität, Respekt und Lernen. Wer es einsetzt, hat ungefähr folgende Prämisse: „Wir müssen zusammenarbeiten, um diese Themen zu verstehen und sie effektiv anzugehen. Ich habe bestimmte Daten und Meinungen, aber nicht die ganze Information. Vielleicht ziehe ich falsche Schlüsse, oder vielleicht gibt es Aspekte, die ich nicht bedacht habe. Meine Aufgabe ist es, zu lernen und den anderen beim Lernen zu helfen, und zwar so, dass wir gemeinsam die bestmöglichen Resultate erzielen können." Dieses Modell besagt, dass man nur gemeinsam gewinnen kann. Das Gespräch ist kein Kampf, sondern ein Teamprojekt, bei dem alle Beteiligten gewinnen oder verlieren.

Um produktiv plädieren und erkunden zu können, müssen wir erkennen, dass wir niemals alle relevanten Informationen besitzen.

Produktives Plädieren ist eine Art, den anderen unsere Beweggründe zu erklären, damit sie unsere Denkweise besser verstehen. Produktives Plädieren erzeugt kollektives Denken, schafft gemeinsames Verständnis und Orientierung und macht aus Worten koordinierte Handlungen. Mit dieser Darlegungsweise – bei der man sich auch entblößt – lassen sich Unterschiede im Wissen (Informationsaustausch), in den Begründungen (Standards und Ableitungen) und in den Absichten (gemeinsame Ziele) erkennen und auflösen.

Plädieren Sie demütig und respektvoll und bedenken Sie, dass alternative Möglichkeiten Ihre Argumentation nicht schwächen, sondern Sie von der einseitigen Kontrolle zum gegenseitigen Lernen führen. Statt zu behaupten „Ich habe Recht und alle anderen nicht", beruht produktives Plädieren auf dem Glauben „Ich sehe die Situation aus meiner begrenzten, fehlerträchtigen Perspektive; deshalb möchte ich meine Beobachtungen, Gedanken, Befürchtungen und Interessen darlegen und die Reaktion der anderen kennen lernen; gemeinsam können wir zu einem effektiveren Resultat kommen."

Demut und Respekt entschärfen die Konfrontation von Standpunkten, indem sie die wirklich signifikanten Unterschiede ans Licht kommen lassen. Wenn die Gesprächsteilnehmer sich arrogant und unbedacht verhalten, bleibt der eigentliche Konflikt (beispielsweise der Einsatz begrenzter Ressourcen auf unbegrenzte Ziele) im Allgemeinen hinter dem sekundären Konflikt (wer hat Recht?) verborgen. Doch wenn die einseitige Kontrolle so schädlich ist, wieso ist sie dann so weit verbreitet?

Grund für diese unproduktiven Praktiken ist der Akkulturationsprozess. In unserer Gesellschaft lernen wir schon früh im Leben, auf Herausforderungen mit Widerstand zu reagieren: „Wenn dich jemand schubst", so sagt man uns, „wehr dich und schubse zurück, damit beweist du, dass du kein Schwächling bist." Diese Botschaft hören wir überall: in der Familie, in der Schule, im Fernsehen, im Sportverein usw. Zwar bewahrt sich ein Kind mit dieser Einstellung seine gesellschaftliche Identität, doch es neigt dazu, sie für den Rest seines Lebens zu verinnerlichen. Kraft mit Kraft zu bekämpfen, funktioniert nicht. Wenn sich zwei gleiche Kräfte gegenüberstehen, ist das Ergebnis ein statisches Gleichgewicht. Es wird viel Energie vergeudet, ohne dass etwas dabei herauskommt – ein perfektes Beispiel für Ineffizienz.

Die Grundlage dieses „Gesprächstanzes" (und der Kampfkunst Aikido) ist, sich im Kreis zu bewegen, einer Kraft keine Kraft entgegenzusetzen, sondern einen Winkelvektor zu benutzen, um die Energie in die Gegenrichtung zurückzulenken. Die neue Empfehlung würde daher lauten: „Wenn dich jemand schubst, leiste keinen Widerstand; im Gegenteil, hilf ihm beim Schubsen, indem du ihn in die Richtung ziehst, in die er sich bewegt." Auf Gespräche bezogen heißt das, dass Sie sich, wenn jemand Einwände gegen Ihr Argument vorbringt, nicht „verteidigen", sondern sich lieber über den Widerstand hinwegsetzen und die widerstreitenden Kräfte harmonisieren sollten. Einer Kraft (Plädieren) Kraft (Plädieren) entgegenzusetzen, führt zu Stagnation; der Kraft (Plädieren) rezeptiv zu begegnen (Erkunden), erzeugt ein Fließen und Harmonie.

Statt etwa zu sagen „Wir müssen Jorge einstellen, nicht Luis", würden Sie sagen: „Ich stelle lieber Jorge statt Luis ein. Ich habe mich mit jedem von ihnen zusammengesetzt, ihren Lebenslauf gelesen und mit den Personen gesprochen, die mir Empfehlungsschreiben geschickt haben. Jorge hat mich als der Qualifiziertere beeindruckt. Er hat ein Post-Doc in Unternehmensverhalten gemacht und in den letzten fünfzehn Jahren im Bereich Ausbildung gearbeitet. Luis war als Berater im Bereich Entwerfen von Schulungsprogrammen erfolgreich, hat aber nie als Facilitator gearbeitet. Deshalb bin ich der Meinung, dass Jorge der bessere Kandidat ist. Doch meine Meinung beruht auf einigen wenigen Beobachtungen und vielen Schlussfolgerungen. Es mag sein, dass es andere Argumente gibt, die für Luis sprechen. Ich würde gern hören, was Sie dazu zu sagen haben."

Auch wenn der andere Meetingteilnehmer sich aggressiv verhält („Wieso soll Jorge besser sein als Luis? Sie haben völlig Unrecht. Luis ist eindeutig der Kandidat, den wir brauchen"), können Sie offen und neugierig bleiben, ohne sich selbst zu verraten. Deshalb müssen Sie mit produktivem Erkunden arbeiten.

Produktives Erkunden

Produktives Erkunden ist ein Weg, um die Beweggründe der anderen herauszufinden und ihnen zu helfen, nicht nur ihre Gedanken zur Sprache zu bringen, sondern diese Gedanken auch zu begründen. Lassen Sie die anderen die Elemente ihres Denk*prozesses* darlegen, und hören Sie respektvoll und aufmerksam zu. Produktives Erkunden lässt ein Klima der Zusammenarbeit entstehen und räumt die Verteidigungsbarrieren aus dem Weg. Bei dieser Art des Zuhörens müssen Sie sich für die Sichtweise des anderen öffnen und riskieren, von ihm beeinflusst zu werden. Produktives Erkunden hilft, Unterschiede aufzuspüren und aufzulösen, damit die Beteiligten ihre Handlungen für ein gemeinsames Ziel koordinieren können.

Produktives Erkunden ist die andere Seite von produktivem Plädieren. Der große Vorteil dieser beiden komplementären Techniken ist, dass nur ein einziger Gesprächsteilnehmer sie anzuwenden braucht, um die Qualität des Gesprächs als Ganzes zu verbessern (sofern der andere die neuen Spielregeln akzeptiert). Wenn Sie Ihre Ideen produktiv darlegen, antworten Sie implizit auf die Fragen, die Ihr Gegenüber stellen würde, wenn es wüsste, wie man produktiv erkundet. Durch produktives Erkunden helfen Sie dem Plädierenden zugleich dabei, seine Ideen so zu präsentieren, als wüsste er, wie man produktiv plädiert. Der Gesprächsteilnehmer braucht nämlich nicht mit Fachbegriffen wie „Plädieren", „Erkunden", „Feststellungen", „Meinungen", „Inferenzleiter", „Denkmuster" usw. zu jonglieren. Wenn Sie es geschickt anstellen, braucht der andere nicht einmal zu merken, dass Sie eine Technik anwenden. Es wird einfach ein „gutes" Gespräch daraus, bei dem sich alle verstehen und mit Respekt behandeln.

Die Grundvoraussetzung für produktives Erkunden hat nichts mit einer Technik zu tun, sondern mit der Einstellung beim Zuhören. Mit aufgeschlossenem, rezeptivem, aufmerksamem Zuhören lassen sich alle Schritte des produktiven Erkundens ausführen. Der aufrichtige Wunsch, den anderen zu verstehen, seine Welt zu entdecken und in diese Einlass zu finden, entsteht aus Werten wie Demut und Respekt. *Die Fähigkeit, aufmerksam zu sein, ist umge-*

kehrt proportional zur Notwendigkeit, Recht zu haben. Je mehr wir bemüht sind, zu beweisen, dass wir Recht haben, desto weniger Energie bleibt uns, um herauszufinden, was die anderen beizutragen haben.

Strategien für produktives Erkunden

- Den anderen nicht unterbrechen (oder seine Sätze „vervollständigen"). Es ist ganz wichtig, den anderen beim Sprechen nicht zu unterbrechen, denn das ist ein Zeichen von geringer Aufmerksamkeit, Ungeduld und mangelndem Respekt. Wenn Ihnen Fragen dazu einfallen und Sie befürchten, sie zu vergessen, schreiben Sie sie auf. Hören Sie interessiert und neugierig zu, ohne den Sprechenden zu drängen.

- Sichtkontakt halten und eine offene Körperhaltung zeigen. Sie müssen nicht nur aufmerksam *sein*, sondern es auch *zeigen*. Wenn Sie woanders hinschauen (in ein Buch, auf einen Monitor oder fernsehen), werden Sie nur schwer Aufmerksamkeit für den Sprechenden aufbringen können. In unserer Kultur ist es ein Zeichen von Aufrichtigkeit und Interesse, dem anderen in die Augen zu sehen. Ebenso sind unverschränkte Arme und ein dem Sprecher zugewandter Oberkörper Haltungen, die ein Gefühl von Kontakt entstehen lassen.

- Überprüfen, ob Sie die Sichtweise des anderen verstanden haben, und ihn einladen, sich seine Interpretation mithilfe des *Detox Mirroring* anzueignen. Diese Technik wird in Mediations- und Konfliktlösungsprozessen angewandt und dient dazu, dem anderen Anerkennung zu zeigen; damit beweisen Sie, dass Sie ihm Aufmerksamkeit geschenkt haben, und erleichtern es ihm, sich zu korrigieren, wenn er sich schlecht oder aggressiv ausgedrückt hat. Beim *Detox Mirroring* fassen Sie die Haltung des Gesprächspartners zusammen, indem Sie sie verantwortungsvoll mit eigenen Worten wiedergeben und ihn fragen, ob Sie ihn richtig verstanden haben: Wenn zum Beispiel Marcela sagt: „Diese Liste nützt mir nichts, Sie müssen sie noch einmal schreiben …", würde Paula nachfragen: „Ich höre, dass diese Liste Ihnen nichts nutzt und ich eine neue machen soll. Womit sind Sie unzufrieden? Was würden Sie an der Liste verändern, damit sie Ihnen mehr nützt?"

- Stellen Sie Ihre Fragen so, dass Sie dabei etwas lernen, und nicht so, dass Sie beweisen können, dass Sie Recht haben und der andere nicht. Offene Fragen stellen, zu denen der andere ausführlich Stellung nehmen kann. Zugeben, dass Sie, auch wenn Sie instinktiv gegen die vorgebrachte Meinung sind, nicht wissen, was den anderen zu dieser Meinung geführt hat.

- Ergründen, welche Annahmen der Interpretation des anderen zugrunde liegen. Ihn einladen, etwas über den Kontext zu sagen, der seinem Text Bedeutung gibt. Ihre Schlussfolgerungen zu dem konzeptuellen Rahmen überprüfen, mit dem der andere die Situation interpretiert.

- Fragen, auf welche Feststellungen und Informationen sich die Beweggründe des anderen stützen. Bevor Sie einschätzen, ob der Beweggrund richtig oder relevant ist, versuchen Sie zu verstehen, wie Ihr Gesprächspartner ihn mit Fakten begründet (oder auch nicht). Zum Beispiel: „Wie kommen Sie darauf, dass unsere Kunden mit dem Service zufrieden sind?" oder „Was führt Sie zu der Annahme, dass unsere Werbekampagne erfolglos ist?"

- Den Gesprächspartner bitten, seine logischen Schlüsse und Bewertungsparameter offen zu legen. Versuchen zu verstehen, woher diese Kriterien stammen. Zum Beispiel: „Welche Bedingungen müsste ein Kandidat erfüllen, damit Sie ihn für akzeptabel halten?" oder „Was soll ich tun, um Ihnen mein Engagement für diese Aufgabe zu beweisen?"

- Den Gesprächspartner bitten, seine Beweggründe anhand von Beispielen und konkreten Fällen zu verdeutlichen. Ihn darum bitten, Ihnen anhand spezifischer Szenarien dabei zu helfen, seine Position zu verstehen. Zum Beispiel: „Wie ließe sich Ihr Vorschlag auf Antonio anwenden?" oder „Können Sie mir ein

Beispiel nennen, wo ich ‚Ihnen keine Beachtung geschenkt' habe? Wie hätte ich reagieren sollen, damit Sie das Gefühl gehabt hätten, ich höre Ihnen zu?"

■ Sobald der andere Ihre Zusammenfassung seines Standpunkts akzeptiert, ihn um Erlaubnis bitten, Informationen hinzufügen oder eine andere Meinung vorbringen zu dürfen. Ohne Zustimmung des Gesprächspartners nicht mit einer Gegenargumentation beginnen. Zum Beispiel: „Wenn Sie einverstanden sind, würde ich gern ein paar Daten präsentieren, die Ihrer Schlussfolgerung widersprechen. Sollen wir darüber reden oder möchten Sie vorher noch etwas anderes sagen?"

Diese Art nachzufragen ist kraftvoll und flexibel zugleich. Sie ist weder starr noch schwach, weder aggressiv noch niederschmetternd. Durch sie kann der Anwender für neue Informationen offen bleiben und bereit sein, seine Meinung zu ändern. Doch diese Veränderung kommt nicht durch Druck von außen zustande, sondern weil die betreffende Person sich selbst davon überzeugt, dass man eine Sache auch anders betrachten kann.

Mit produktivem Erkunden kann man auch die gemeinsten Angriffe parieren. Um diese feindselige Energie zu harmonisieren, müssen Sie genau wissen, wer Sie sind. Wie bereits gesagt, hängt die Wirksamkeit der Instrumente vom Bewusstsein des Anwenders ab. Wenn Sie jemand negativ charakterisiert und Sie sich diesen Schuh „anziehen", sind Sie verloren, egal, wie viele Verteidigungstechniken Sie kennen. Wir werden auf das Thema Selbstwert und Identität weiter unten noch genauer eingehen. Hier wollen wir zunächst zeigen, wie man produktives Erkunden einsetzt, wenn man persönlich angegriffen wird. Ziel ist es, den Angriff in Unterstützung zu verwandeln oder – falls dies nicht geht, weil Sie es mit einem hartnäckigen Gesprächspartner zu tun haben – wenigstens den giftigen Stachel des Angriffs außer Kraft zu setzen.

Plädieren und Erkunden sind wie der rechte und der linke Fuß: zum Gehen braucht man beide. Ein Gespräch, bei dem die Beteiligten nur plädieren oder nur erkunden, ist, auch wenn sie es geschickt anstellen, wie das Gehen mit einem Fuß: Man dreht sich letztendlich im Kreis und kommt nirgendwo an. Wenn Sie nur plädieren und der andere nur erkundet, werden Sie über die möglichen Irrtümer in seiner Denkweise, seine Informationen, Beweggründe oder zusätzlichen Ziele niemals etwas erfahren. Wenn Sie nur erkunden und den anderen immer plädieren lassen, nehmen Sie ihm die Möglichkeit, Ihren Standpunkt kennen zu lernen, was dem Gespräch eine andere Richtung geben und die Situation verbessern könnte. Wenn zudem der andere seine Ideen für sich behält, ohne sie offen zu legen, kann er sie zu sich selbst bestätigenden Theorien machen. Mit dieser arroganten Haltung würde er nur eine ineffektive Denkweise fortsetzen.

Genauso ist es mit öffentlichem Reden (in einem Meeting) im Gegensatz zu einem Privatgespräch (im Flur oder auf der Toilette). Clarissa beispielsweise schwieg während des Gesprächs und behielt ihren Standpunkt für sich. Sie offenbarte ihn erst später, als sie „mit vertrauenswürdigen Freunden" zusammen war: „Ich habe nichts gesagt, um Pedros Gefühle nicht zu verletzen, aber sein Vorschlag ist lächerlich. Er beruht auf falschen Zahlen." Dieses Verhalten bringt uns in dieser Situation überhaupt nicht weiter und hilft weder Pedro noch dem Unternehmen. Schlimmer noch: Es gestattet Clarissa, ihre – ungeprüfte – Meinung aufrechtzuerhalten, als sei sie gültig. Hätte sie Pedro direkt angesprochen, hätte er seine Zahlen vielleicht mit unwiderlegbaren Argumenten gerechtfertigt, und sie hätte von ihrem Standpunkt abrücken müssen. Clarissas Schweigen ist nicht mitfühlend, sondern arrogant und abwertend, denn sie unterstellt Pedro, dass er nicht fähig ist, eine anderslautende Meinung zu verkraften, ohne sich von ihr verletzt zu fühlen.

Wenn Menschen Folgerungen auf Folgerungen aufbauen, wenn sie Meinungen äußern, die auf Annahmen beruhen, auf die man nicht reagieren kann, und wenn sie Entscheidungen treffen, ohne diese mit etwas anderem als ihrer „Intuition" zu rechtfertigen, ist es sehr schwer, Handlungen zu koordinieren und im Team zu arbeiten. Wenn Diskussionen auf stratosphärischen Abstraktionsebenen stattfinden, haben es die Beteiligten schwer, sich zu verständigen und koordiniert zu arbeiten. Mithilfe von produktivem Plädieren und Erkunden können wir uns „erden" und abstrakte Diskussionen vermeiden.

Die Inferenzleiter

Wenn Sie die Fassade eines Gebäudes betrachten, ist es Ihnen normalerweise egal, ob es dahinter etwas gibt; Sie folgern automatisch, dass etwas dahinter ist. Wenn Sie ein Fax aus den USA bekommen, in dem steht, die Produkte müssten am 1/10/02 geschickt werden, folgern Sie, dass Sie die Lieferung für den 1. Oktober 2002 fertig machen müssen. Wenn Ihr neuer Chef Sie bittet, den Entwurf eines Berichts abzuliefern, „wann Sie dazu kommen", schließen Sie daraus, dass Sie diese Arbeit zuunterst in den Stapel „Zu erledigen" stecken dürfen. Schlussfolgerungen helfen Zeit und Energie sparen. Richtig eingesetzt, helfen sie, Feststellungen automatisch zu interpretieren und sie in die Zukunft zu projizieren.

Alle Menschen ziehen Schlussfolgerungen. Ohne sie kann man nicht leben. Aber nicht alle Schlussfolgerungen haben denselben Wert und nicht alle Arten, Schlüsse zu ziehen, sind gleichermaßen produktiv. Und auch Schlussfolgerungen können gefährlich sein. Manchmal ziehen wir falsche Schlüsse. Wir stellen fest, dass wir uns an einem Filmset befinden, wo die Gebäude keine Rückseite haben. Vielleicht wissen wir nicht, dass die Nordamerikaner beim Datum den Monat vor den Tag setzen – eigentlich erwarteten sie die Produktlieferung nämlich am 10. Januar 2002. Oder vielleicht sind wir mit der Art unseres Chefs nicht vertraut, für den „wann Sie dazu kommen" die höfliche Form für „sofort" ist.

Schlimmer noch: Wir merken vielleicht gar nicht, dass wir Schlüsse ziehen, statt auf Fakten zu achten. Der Schlussfolgerungsprozess geht so automatisch, dass wir ihn unbewusst machen und überzeugt sind, unsere Schlussfolgerung sei die einzig vernünftige Art, die Botschaft zu interpretieren. In der Gewissheit, Recht zu haben, kommen wir dann auch nicht auf die Idee, zu überprüfen, ob die anderen uns verstanden haben.

Die Inferenzleiter (Ladder of Inferences) hat vier Stufen. Auf der ersten befinden sich *objektive Daten der Realität*, Feststellungen oder Fakten, die von jedem Beobachter unmittelbar überprüfbar sind. Stellen Sie sich beispielsweise folgende Szene eines in England weit verbreiteten Fotos vor: Zwei Männer laufen in dieselbe Richtung. Der hintere ist weiß und trägt eine Polizeiuniform. Der vordere ist schwarz und normal gekleidet. Alle Elemente des Fotos sind beobachtbar. Jeder, der dieses Foto sieht, würde bestätigen, dass die Beschreibung zutreffend ist.

Auf der zweiten Stufe rangieren die *Interpretationen*, der subjektive Situationsrahmen, den Sie aufgrund Ihrer Beobachtungen, Annahmen und Schlussfolgerungen konstruieren. Auf dieser Stufe zeichnet sich eine Erklärung des Geschehens, seiner Ursachen und möglichen Folgen ab. Um bei dem Foto zu bleiben: Es könnte jemand denken: „Der Schwarze hat ein Verbrechen begangen und der Polizist verfolgt ihn. Wenn er ihn erwischt, wird er ihn verhaften." Aber mit derselben Überzeugung könnte jemand anderes denken: „Der Schwarze war bei einer Demo und der Polizist will ihm einen Denkzettel verpassen. Wenn er ihn erwischt, wird er ihn verprügeln."

Auf der dritten Stufe finden wir die *Urteile*, unsere Meinungen zu dem Geschehen oder unsere Interpretation des Geschehens. Diese Meinungen bilden wir durch den Vergleich unserer Interpretation mit Werten und Parametern. Auf dieser Ebene entscheiden wir, ob etwas „ein Problem" ist oder „eine Chance", „ein Unglück" oder „ein Glücksfall", „eine Schande" oder „Grund, stolz zu sein". Bei diesem Foto könnten wir denken: „Der Schwarze muss ein Krimineller sein. Die sind doch alle gleich. Es wird höchste Zeit, dass die Polizei etwas dagegen unternimmt." Aber auch: „Der Schwarze flieht wahrscheinlich vor dem brutalen Polizisten. Weiße Polizisten sind Rassisten. Man muss etwas tun, damit diese Ungerechtigkeit ein Ende hat."

Auf der vierten Stufe finden wir die *Schlussfolgerungen* und *Entscheidungen*, wie man handeln sollte. Wir haben die Situation interpretiert und uns ein Urteil darüber gebildet; nun treffen wir Entscheidungen. Wir ziehen verschiedene Strategien in Betracht, indem wir ihre Wirkung auf die aktuelle Situation übertragen, und entscheiden uns für diejenige, die uns der gewünschten Situation am nächsten bringt. Ein Betrachter des Fotos beschließt, sich für mehr Polizeipräsenz auf den Straßen einzusetzen; ein anderer schreibt einen Zeitungsartikel, in dem er weniger Brutalität bei der Polizei fordert.

Und das alles nur wegen eines einfachen Fotos. Aber was wissen wir tatsächlich über das, was auf diesem Bild geschieht? Nur, dass ein weißer Mann in Polizeiuniform in dieselbe Richtung wie ein schwarzer Mann mit ziviler Bekleidung rennt. In Wirklichkeit gehören beide zur Londoner Metropolitan Police Force (Scotland Yard) und verfolgen gemeinsam einen Dritten, der ein Verbrechen begangen hat und sich außerhalb des Fotos befindet. Scotland Yard wollte mit diesem Fotoplakat schwarze Kandidaten anlocken.

Der Fall von Scotland Yard zeigt deutlich, wie gefährlich es ist, unsere Feststellungen zum bestimmenden Element der Realität zu machen. Jedes Foto verrät etwas und verbirgt noch viel mehr. Der Inhalt des Bildes lässt sich feststellen, aber das größere Szenario wurde nur teilweise erfasst. Es gibt keine Garantie dafür, dass bestimmte wesentliche Details nicht außerhalb des Fotos liegen. Außerdem zeigt kein Foto den Fotografen. Hinter der Kamera steht jemand, der auswählt, was er zeigt und was nicht. Man könnte sagen, dass das Foto den Fotografen verbirgt. Das Bild präsentiert sich wie eine „getreue Beschreibung des realen Geschehens" – das ist eindeutig falsch. Der (physikalische und geistige) Standpunkt des Fotografen entscheidet über die auf dem Foto abgebildete (Realität).

Von unserem Standpunkt aus glauben wir, unsere Feststellungen, Interpretationen, Urteile, Schlussfolgerungen und Entscheidungen ergäben sich *natürlich* aus den Fakten. Wir haben schon gesagt, dass „Fakten" relativ sind. Genauso relativ ist der Begriff „Natürlichkeit". Der bestimmende Faktor ist das Denkmuster, das System ausschlaggebender Annahmen, mit dem wir unsere Erfahrungen einordnen.

Jeder Mensch hat sich im Lauf seines Lebens aufgrund unterschiedlicher Erfahrungen ein anderes Denkmuster angeeignet. Daher kommt es in vielen Gesprächen vor, dass jeder Teilnehmer auf *seiner* Inferenzleiter hinaufsteigt und damit zu völlig anderen Schlussfolgerungen und Entscheidungen als die Übrigen kommt. Die Realität ist für alle gleich, aber jeder konstruiert sich seine eigene (Realität), indem er vor-bewusst das selektiert, worauf er achtet bzw. nicht achtet, wie er die Daten interpretiert, welche Parameter er anlegt, um sich eine Meinung zu bilden, welche Handlungsstrategien er in Betracht zieht und welche Ziele er verfolgt. Wenn Gesprächsteilnehmer koordiniert handeln müssen und nicht wissen, wie man effektiv kommuniziert, wird irgendwann einer von ihnen Handlungen vorschlagen, die den anderen irrational erscheinen werden.

Betrachten wir den Fall von zwei Managern, die dieselbe Nachricht erhalten: „In diesem Geschäftsjahr sind die Gewinne niedriger als im vorigen Geschäftsjahr!" Ana, die Vizepräsidentin Marketing, reagiert mit ihrem Denkmuster und denkt: „Die Kunden kennen die Vorteile unserer Produkte nicht." Miguel, der Buchhalter, reagiert nach einem anderen Denkmuster und denkt automatisch: „Unsere Kosten sind außer Kontrolle geraten."

Ana und Miguel verwenden dieselben Informationen – die Gewinne sind zurückgegangen. Aber da die Inferenzleitern der beiden in unterschiedliche Richtungen weisen, kommt jeder von ihnen zu völlig gegensätzlichen Empfehlungen. Schlimmer noch: Beide glauben, ihre Sichtweise sei die einzig vernünftige und die des anderen sei falsch. Ana glaubt, man könne die Gewinne dadurch erhöhen, indem man mehr verkauft, und mehr verkaufen könne man, indem man die Kunden besser über die Vorteile der Produkte informiert. Unweigerlich kommt Ana zu dem Schluss, das Unternehmen müsse mehr Werbung machen. Miguel hingegen denkt, Gewinne ließen sich dadurch erhöhen, indem man die Kosten reduziert, und Kostenreduzierung bewirkt man am besten dadurch, indem man auf die Werbekampagne verzichtet. An der Spitze ihrer jeweiligen Leiter sind Ana und Miguel weit voneinander entfernt und rüsten sich schon für eine Konfrontation.

Schwierigkeiten vermeidet man nicht dadurch, dass man keine Schlüsse mehr zieht – denn das wäre sowieso unmöglich –, sondern indem man sich diese Schlussfolgerungen jedes Mal, wenn man sich nicht einigen kann, bewusst macht und darüber diskutiert.

Mit folgenden Strategien verbessern Sie Ihre Effektivität in Konfliktgesprächen:

- Anerkennen, dass Ihre Feststellungen, Interpretationen, Meinungen, Schlussfolgerungen und Empfehlungen von Ihrem Denkmuster bedingt werden. Ebenfalls anerkennen, dass die andere Person ein anderes Denkmuster hat und daher andere Feststellungen, Interpretationen, Meinungen, Schlussfolgerungen und Empfehlungen abgeben würde, die deshalb aber nicht weniger Gültigkeit haben.

- Den anderen nach seinen Informationen, Beweggründen und Zielen fragen. Fragen stellen, die ihn einladen, von seiner Inferenzleiter herunterzukommen. Versuchen, den geistigen Prozess nachzuvollziehen, mit dem der andere von seinen Feststellungen zu seinen Empfehlungen gekommen ist.

- Die eigenen Informationen, Beweggründe und Ziele offen legen. Von der Inferenzleiter heruntersteigen, damit der andere Sie sehen kann. Ihren Denkprozess verständlich darstellen, damit der andere Ihre Feststellungen bis hin zu Ihren Schlussfolgerungen leichter nachvollziehen kann.

- Um Beispiele oder Veranschaulichungen bitten. Abstraktionen konkret machen.

Kapitel 9

Lösung von Konflikten

*Bei einem kreativen Disput sind sich die Beteiligten
der völligen Legitimität des anderen bewusst.
Keiner von ihnen lässt die Tatsache außer Acht, dass
der andere versucht, die Wahrheit so auszudrücken,
wie er sie sieht. Dadurch werden die Menschen
keineswegs geringer. Findet eine Konfrontation in
einer wohltuenden, von Liebe und Gemeinschaft-
lichkeit geprägten Atmosphäre statt, kann jeder
Einzelne die eigene Würde aufrechterhalten, mithilfe
der realen Kommunikation mit den anderen authentisch wachsen und den Wert unmittelbarer, einfacher
Beziehungen entdecken.*

CLARK MOUSTAKAS

Vom Verhältnis zu den Nachbarn über den Kontakt zu Freunden, Kollegen, Vorgesetzten, Angestellten, Lieferanten und
Kunden bis hin zu der Beziehung zur Familie – menschliche Interaktionen sind ein fruchtbarer Boden für Konflikte. Wir haben Konflikte, weil wir Menschen sind und es uns nicht gelingt, unseren

Bedürfnissen, Ängsten, unserem Egoismus und unserem Ärger zu entkommen. Wir können uns nicht aussuchen, *ob* wir Konflikte haben wollen oder nicht; wir können nur auswählen, *wie* wir auf Konflikte reagieren wollen.

Die erste mögliche Reaktion ist, sie zu *leugnen*. Es gibt Menschen, die einen Konflikt für so bedrohlich halten, dass sie lieber so tun, als existiere er nicht. Das heißt, man tut so, als sei „alles in Ordnung", auch wenn es nicht so ist. In Konfliktsituationen die Realität zu leugnen, ist ungefähr genauso gefährlich, wie sie in einer gebirgigen, steilen Gegend zu leugnen. Wer die Augen verschließt und weitergeht, als wäre „alles in Ordnung", stürzt am Ende meistens ab.

Die zweite mögliche Reaktion ist, Konflikte zu *vermeiden*. Es gibt Menschen, die wissen, dass es einen Konflikt gibt, aber sie tun trotzdem alles, um sich ihm nicht stellen zu müssen. In spannungsgeladenen Situationen ziehen sich solche Menschen zurück oder tun so, als ob gar nichts sei. In vielen Unternehmen und Familien ist das so. Natürlich ist es besser, „Klippen" zu vermeiden, als unwissentlich über sie hinunterzustürzen, aber damit erlegen wir uns sehr große Zwänge auf: Es bleiben nur sehr wenig andere mögliche Wege übrig und wir müssen uns ungeheuer plagen.

Die dritte mögliche Reaktion ist, sich mit dem Konflikt *abzufinden*. Viele Menschen beschließen zu kapitulieren, wenn sie feststellen, dass ihre Wünsche mit denen des anderen kollidieren. Das führt dazu, dass sie sich in ihrem Leben die meisten ihrer Bedürfnisse nicht erfüllen. Kapitulation führt in den meisten Fällen dazu, dass man dem anderen grollt. Dieser Groll zerstört die Beziehung – manchmal langsam, manchmal abrupt, aber immer unausweichlich.

Die vierte mögliche Reaktion ist, den anderen zu *unterdrücken*. Dominante Menschen versuchen, ihre Lösung auf Kosten des anderen durchzusetzen und nur ihren eigenen Bedürfnissen gerecht zu werden. Anfangs sieht es so aus, als führe diese Lösung zu guten Ergebnissen, aber wenn man den anderen zwingt, sich zu unterwerfen, verschlechtert dies die Beziehung und lässt Groll aufkommen. Davon abgesehen könnte ein dominanter Mensch seine Bedürfnisse durch kreatives Verhandeln viel besser befriedigen.

Die fünfte mögliche Reaktion ist der *Kompromiss*. Ein Kompromiss ist eine Übereinkunft, zu der man durch beiderseitige Zugeständnisse kommt, indem man die Bedürfnisse beider Parteien berücksichtigt. Aber „sich auf halbem Wege treffen" kann fatal sein, wie uns die Geschichte von Salomos Urteil zeigt: Der König schlägt vor, das Kind, um das sich zwei angebliche Mütter streiten, in der Hälfte zu teilen. Bei einem Kompromiss gibt sich jede Seite mit etwas weniger als dem zufrieden, was sie sich wünscht oder braucht. Alle verlieren ein bisschen.

Die sechste mögliche Reaktion ist die *kreative kollaborierende Lösung*. Ihr ist der Rest dieses Kapitels gewidmet.

Bei jedem Konflikt gibt es drei Faktoren: Uneinigkeit über ein Faktum, Mangel (oder Einschränkung) und Uneinigkeit über die Besitzverhältnisse (Eigentumsrecht). Nur wenn alle drei Faktoren vorliegen, handelt es sich um einen Konflikt. Ohne diese Dreifachverbindung gibt es keinen Konflikt.

■ **Faktor 1: Die Uneinigkeit hinsichtlich eines Faktums** ist eine Meinungsverschiedenheit. Eine Meinungsverschiedenheit hat Auswirkungen auf die Handlung oder auch nicht. Angenommen, ein Manager meint, er müsse mehr Personal einstellen, um die Kunden besser bedienen zu können, und ein anderer meint, das sei unangebracht, man müsse die derzeitigen Mitarbeiter vielmehr dazu bringen, sich mehr anzustrengen. Wenn beide befugt sind, Personal einzustellen, wird ihre Entscheidung ihr künftiges Vorgehen bestimmen. Diese Art Konflikt wollen wir *Handlungskonflikt (operativen Konflikt)* nennen. Wenn sie diese Befugnis nicht haben, wird sich ihre Entscheidung nur auf ihr Verhältnis zueinander, ihren Selbstwert und ihre jeweiligen Emotionen auswirken; die Entscheidung wird keine operativen Konsequenzen haben. Diese Art Konflikt wollen wir *persönlich* nennen.

Alle Konflikte sind persönlich, aber nur einige sind operativ. Zur Gesamtheit der persönlichen Konflikte (die der Gesamtheit aller Konflikte entspricht) gehört die Gesamtheit der Handlungskonflikte. Das heißt, dass jeder Handlungskonflikt auch persönlich ist (oder eine persönliche Komponente enthält), aber nicht jeder persönliche Konflikt (das heißt: alle Konflikte) ist ein Handlungskonflikt (oder enthält eine operative Komponente).

Die Meinungsverschiedenheit basiert immer auf unterschiedlichen Wünschen, Bedürfnissen oder Wertvorstellungen. Wer der Ansicht ist, es sei „notwendig", mehr Personal einzustellen, möchte, dass das Unternehmen mehr Leute einstellt; wer meint, dies sei „nicht notwendig", möchte niemanden einstellen. Unabhängig von der operativen Macht, diese Wünsche Realität werden zu lassen, entstehen Konflikte immer aus den unterschiedlichen Bildern von einer wünschenswerten Zukunft. (Selbst wenn man sich über Ziele einig ist, gibt es möglicherweise Konflikte auf strategischer oder taktischer Ebene. Der eine verfolgt ein gemeinsames Ziel auf eine bestimmte Weise, während der andere etwas anderes vorhat.) Wenn sich beide Parteien in Bezug auf eine wünschenswerte Zukunft und die Wege dorthin einig sind, kommt es erst gar nicht zum Konflikt. Sind sie sich nicht einig, gilt wieder die erste Bedingung: Es herrscht Uneinigkeit.

In einem Handlungskonflikt liegt der Unterschied in einer materiellen Entscheidung begründet: was jeder in Zukunft tun wird. So diskutiert etwa ein Ehepaar darüber, ob es den Urlaub am Strand oder in den Bergen verbringen wird; zwei Geschwister streiten darüber, wer das letzte Bonbon bekommt.

Beim persönlichen Konflikt liegt der Unterschied in einem abstrakten Wert: wer Recht hat. Ein Beispiel: Zwei Zuschauer diskutieren darüber, was der Coach ihrer Fußballmannschaft tun sollte. Diese Diskussion, die nur dazu dient, „Zeit totzuschlagen", hat keinerlei operative Konsequenzen. Das Einzige, was die beiden Personen gewinnen oder verlieren können, ist ihr Selbstwert, weil sie Recht haben oder nicht. Natürlich hat der Dialog über unterschiedliche Meinungen hohes erzieherisches Potenzial, aber wenn dieses Potenzial realisiert werden soll, muss die Unterhaltung auf Lernen und nicht auf Kampf ausgerichtet sein.

■ **Faktor 2: Mangel** bedeutet, dass etwas fehlt, das jeden der Beteiligten daran hindert, unabhängig das Gewünschte zu bekommen. Wenn sich das Gehaltsbudget auf X Euro beläuft, dann kann man nur diese Summe ausgeben. Mehr Verkaufspersonal einzustellen, bedeutet also, dass man weniger Personal in anderen Bereichen einstellen kann. Dieser Mangel an Ressourcen, die zur Erfüllung der Wünsche beider Gesprächspartner nötig sind, schafft einen gemeinsamen Kontext. Die Einschränkung führt zu Interdependenz. Könnte jeder das Gewünschte bekommen, ohne vom anderen abhängig zu sein (selbst wenn es Unstimmigkeiten gäbe), gäbe es keinen Konflikt; jeder würde machen, was er will, und es würde Frieden herrschen. Aber da alle „im selben Boot sitzen", ist es unklug, das Problem zu ignorieren (oder sich unter Druck herauszuhalten).

Bei operativen Konflikten herrscht Mangel an materiellen Ressourcen. Ein Ehepaar etwa, das entscheiden will, wo es (gemeinsam) den Urlaub verbringen wird, ist zeitlich und finanziell eingeschränkt und kann darüber hinaus auch körperlich nicht an zwei Orten (Strand und Gebirge) gleichzeitig sein.

Bei persönlichen Konflikten fehlen „Vernunft" oder „Standpunkt". Bei jeder Beziehung zwischen Menschen geht es um Identität, Selbstwert und relative Macht. Weil jeder Gesprächsteilnehmer gewinnen will, versucht er, Recht zu *haben*, als ginge es um einen wertvollen Gegenstand, mit dem er dem anderen überlegen sein kann. Dieses „Gewinnen" ist der Beweis, dass Sie „mehr" sind als der andere, denn Sie sind derjenige, der „Bescheid weiß", der „richtig liegt" und Respekt (seinen eigenen, den des anderen oder der Gemeinschaft) verdient hat. „Verlieren" hingegen ist der Beweis, dass Sie „weniger" sind als der andere, denn Sie sind derjenige, der „nicht Bescheid weiß", „falsch liegt" und keinen Respekt verdient hat.

Es ist aufschlussreich, Kinder (oder Erwachsene, die sich wie Kinder benehmen) beim Streit zu beobachten. Eines der Geschwister sagt: „Ich will neben Mama sitzen." Das andere protestiert: „Nein, ich will neben Mama sitzen." Mama versucht zu vermitteln: „Streitet euch nicht, Mama hat zwei Seiten. Ihr könnt euch beide neben mich setzen." Darauf fügt das erste hinzu: „Aber ich will zwischen Mama und Papa sitzen." Darauf entgegnet das andere: „Nein, ich will zwischen Mama und Papa sitzen." Hier handelt es sich um einen operativen Konflikt: Im inneren Kino gibt es nur einen einzigen Platz, mit Mama auf der einen und Papa auf der anderen Seite. Es geht in Wahrheit gar nicht um die Sitzordnung; der eigentliche Konflikt ist der Kampf um die herausragende Position zwischen den Geschwistern: „Gewinner" ist derjenige, der seinen Willen durchsetzt.

■ **Faktor 3: Zu Uneinigkeit über die Besitzverhältnisse** kommt es dann, wenn verschiedene Personen verschiedene Standpunkte hinsichtlich der Verwendung einer knappen Ressource vertreten. So gibt es etwa einen Konflikt, wenn die beiden Manager, die über die Einstellung von mehr Personal diskutieren, Kollegen sind, die zu einer Konsensentscheidung kommen müssen. Wenn einer der Vorgesetzte des anderen ist und dieser seine Autorität akzeptiert, dann gibt es keinen Konflikt, selbst wenn er anderer Meinung ist.

In Handlungskonflikten lassen sich Unterschiede am besten durch Konsens auflösen. Eine Entscheidung aufgrund *materiellen Konsenses* bedeutet, dass alle Beteiligten mit der Entscheidung einverstanden sind (keiner macht von seinem Vetorecht Gebrauch) und alle sich verpflichten, die sich aus dieser Entscheidung ergebenden Handlungen durchzuführen. Lässt sich kein materieller Konsens erzielen, rückt der *formale Konsens* in den Vordergrund (oder der Konsens über einen bestimmten Entscheidungsmechanismus). In der Politik beispielsweise gibt es Meinungsverschiedenheiten zwischen Konservativen und Liberalen, die keinen materiellen Konsens zulassen; es herrscht auch Mangel, da ja nicht alle regieren können. Aber die Demokratie – der Mechanismus, auf den man sich in diesem Fall per Konsens geeinigt hat – sorgt für Frieden zwischen den Parteien.

Bei persönlichen Konflikten ist es das Besitzrecht über die eigene Person – auch individuelle Souveränität genannt –, das den Konflikt aufheben kann. Jeder Mensch ist Eigentümer seiner Meinungen und deshalb können die Gesprächspartner selbst dann, wenn sie nicht zu einer materiellen Einigung (über den Inhalt) gelangen, immer eine formale Einigung erzielen oder sich darauf einigen, dass sie sich uneinig sind. Ein einfaches, aber aufschlussreiches

Beispiel ist die – imaginäre – Diskussion zwischen zwei Speiseeis-fans. „Zitrone ist besser", sagt der Erste. „Nein, Schokolade ist bes-ser", sagt der Zweite. „Das stimmt nicht", beharrt der Erste, „Zitroneneis schmeckt viel besser als Schokoladeneis." „Du hast Unrecht", entgegnet der Zweite, „Schokoladeneis schmeckt viel besser als Zitroneneis." Wären die Gesprächspartner sich dessen bewusst, dass „besser" eine persönliche Meinung und kein Faktum ist, könnten sie sich darauf einigen, dass sie uneinig sind. „Mir schmeckt zwar Zitroneneis besser ...", würde der Erste sagen, „... aber mir Schokoladeneis ...", würde der andere ergänzen. „Und wir respektieren beide die anderslautende Meinung des anderen", wür-den beide abschließend sagen.

Falls es nur eine begrenzte Auswahl gäbe und sie nur *eine* Ge-schmacksrichtung kaufen könnten, gäbe es zwischen den beiden einen operativen Konflikt. Die produktive Diskussion würde sich dann nämlich nicht mehr darum drehen, welches „die beste Ge-schmacksrichtung" ist, sondern darum, „welches Eis wir kaufen". Wie bereits erklärt, geht es darum, den Fokus von der Wahrheit auf die Effektivität zu verlagern. Mit der Frage „Was ist wahrer?" entsteht Raum für Konfrontation; mit der Frage „Was ist effektiver?" entsteht Raum zum Verhandeln.

Jeder Konflikt hat drei Ebenen: die *Aufgabe*, die *Beziehung* und die *Emotionen*. Auf der Ebene der Aufgabe bedroht der Konflikt die Fähigkeit der Betreffenden, Handlungen zu koordinieren. Ob direkt (operativer Konflikt) oder durch das Nachlassen der Beziehung und der Motivation (persönlicher Konflikt) – ungelöste Konflikte wirken sich auf die Effektivität aus. Auf der Beziehungsebene kann der Konflikt Angst erzeugen und zur Distanzierung führen. Selbst wenn die Beteiligten „sich darüber einig sind, dass sie sich uneinig sind" (wenn sie keine operativen Entscheidungen zu treffen brauchen), können die Differenzen offene Wunden hinterlassen. Diese Wun-den zerstören nicht nur die Beziehung, sondern erschweren auch die gemeinsame Aufgabe. Letztendlich kann ein Konflikt die Betref-fenden auch emotional verwunden. Die Konkurrenten sind am Ende verletzt und gekränkt.

Um die Verteilung knapper Ressourcen zu bewerkstelligen, muss man zu einem Handlungskonsens kommen und ein Netz aus Kompromissen knüpfen. Die Lösungen müssen für alle Beteiligten einen größeren Wert haben (verglichen mit dem Wert, den ein jeder für sich selbst erzielen würde). Um die Beziehung zu erhalten, müssen die Beteiligten respektvoll und empathisch miteinander umgehen. Jeder Gesprächspartner muss das Gefühl haben, dass die anderen ihm zuhören und ihn achten. Um ihren Selbstwert und ihre Bereitschaft zu bewahren, müssen sich die Gesprächspartner emotional kompetent verhalten. Das bedeutet, dass sie sich ihrer eigenen Emotionen bewusst sind und auf die der anderen achten, die eigenen Impulse steuern, auf die der anderen reagieren und verantwortlich handeln müssen. Der Prozess für kreative Konfliktlösung muss all diese Bereiche umfassen.

Auflösung persönlicher Konflikte

Der erste Schritt bei jedem Lösungsprozess ist, die persönliche Komponente zu berücksichtigen. Es ist wirklich ganz wichtig und vorrangig, Beziehungen und den emotionalen Aspekt aller Beteiligten in Betracht zu ziehen. Einer der weitverbreitetsten Fehler in Konfliktsituationen ist, dass man diese beiden Ebenen vergisst und sofort zur abschließenden Verhandlung übergeht. Diese Abkürzung führt nur in den allerwenigsten Fällen zu guten Resultaten. Wenn es um Menschen geht, ist der kürzeste Weg keineswegs immer der effektivste.

Es gibt einen physiologischen Grund, weshalb man in einer emotionsgeladenen Situation mit der rationalen Methode scheitert: Die emotionale Aktivität wirkt sich sowohl auf den biologischen Zustand der betreffenden Personen als auch auf ihren Charakter aus. Wenn Sie ärgerlich oder ängstlich sind, wird mehr Corticotropin (CRH) ausgeschüttet und die Muskelspannung nimmt zu. Die Leber schickt Zucker ins Blut, Herz und Lungen brauchen mehr Sauerstoff. Das Blut fließt in die Extremitäten, dadurch wird das Gehirn weniger durchblutet. Die Venen schwellen an und die

Denkzentren funktionieren nicht richtig. Sie sind perfekt auf einen Kampf vorbereitet, aber nicht darauf, ein Problem rational zu lösen. Deshalb ist es ganz wichtig, sich zuerst mit den Emotionen zu beschäftigen. Bei persönlichen Konflikten dürfen wir uns nämlich nur um eines kümmern: die Emotionen.

Ein nicht-operativer Konflikt ist immer eine Illusion; deshalb lässt er sich nicht lösen – er *löst sich auf*. Von außen wirkt er zwar starr, aber unter der Oberfläche entdecken Sie, dass es gar keinen Konflikt gibt: Es gibt nur unterschiedliche Vorlieben und Meinungen. Wenn man das Konzept *„die* Wahrheit" auf *„meine* Wahrheit" und *„deine* Wahrheit" ausdehnt, verschwindet der Konflikt. Jeder kann unterschiedliche Standpunkte oder andere Wünsche haben, ohne dass es deshalb gleich ein Problem gibt. Wenn sich herausstellt, dass wir keine absolute Wahrheit zu postulieren brauchen, die mehr wert ist als die der anderen, verschwindet der eingebildete Mangel und damit der Konflikt. Das „Lösungsmittel" par excellence ist der Respekt und die Wertschätzung dem anderen gegenüber, die durch aktives Zuhören zum Ausdruck kommt. Sehen wir uns nun an, welche Schritte es zur Auflösung persönlicher Konflikte gibt.

Schritt 1: Individuelle Vorbereitung. Nehmen Sie sich vor Gesprächsbeginn etwas Zeit, um sich mit ein paar tiefen Atemzügen zu zentrieren. Prüfen Sie Ihre Position: Was sind Ihre wahren Wünsche und Bedürfnisse? Überprüfen Sie Ihre emotionale Verfassung und vergewissern Sie sich, dass Sie ausgeglichen sind. Lassen Sie sich die Situation durch den Kopf gehen und überlegen Sie, welcher Unterschied zwischen Ihnen und dem anderen besteht, worin der Mangel besteht und wer Autorität (Eigentum) über was hat. Legen Sie Ihre „Verhandlungsgrenze" fest, indem Sie Ihre BATNA (*best alternative to a negotiated agreement*: die beste Alternative für eine ausgehandelte Übereinkunft) entwickeln.

Der Versuch, die BATNA des Widersachers zu verkleinern, ist eine Strategie, wie sie bei Konkurrenz-Verhandlungen eingesetzt wird. Im Krieg beispielsweise ist das Ziel, den Feind zur Kapitulation zu zwingen, indem man ihn bedroht (und ihm anhand von unmittelbaren Schäden und Entbehrungen zeigt, wie ernst diese Drohung gemeint ist) und ihm mit einer noch viel schlimmeren Situation droht, falls er sich nicht ergibt. Genauso droht ein Mafioso seinen Konkurrenten mit Gewalttaten, falls sie nicht einwilligen, außerhalb eines bestimmten Territoriums zu operieren. Diese Strategie führt meistens zu schweren Zusammenstößen und deshalb halte ich sie für gefährlich und nicht empfehlenswert. Aber da es Leute gibt, die sie einsetzen, sollten wir sie kennen, damit wir uns schützen können, wenn wir am Verhandlungstisch damit konfrontiert werden.

Schritt 2: Vorbereitung des Kontexts. Erklären Sie Ihrem Gegenüber zu Beginn des Gesprächs Ihre Absicht, den Konflikt kreativ zu lösen. Sie brauchen nicht alles haarklein zu erklären; es genügt, Folgendes festzuhalten: „Zuerst sprechen Sie und ich unterbreche Sie nicht, dann stelle ich ein paar Fragen, um Ihre Position zu verstehen, und zum Schluss fasse ich Ihre Ideen zusammen, um zu überprüfen, ob ich Sie richtig verstanden habe. Wenn Sie mit meiner Zusammenfassung nicht zufrieden sind, korrigieren Sie sie dementsprechend und ich fasse Ihre Ideen noch einmal zusammen. Wenn Sie mit meiner Zusammenfassung zufrieden sind, tauschen wir und ich erkläre Ihnen meine Ideen, ohne dass Sie mich unterbrechen; dann stellen Sie mir Fragen, die zum Verständnis meiner Position notwendig sind, und zum Schluss resümieren Sie meine Ideen, um zu überprüfen, ob Sie meinen Standpunkt verstanden haben." Sorgen Sie dafür, dass die Situation (Zeitpunkt, Ort, Stimmung und andere Kontextfaktoren) für das Gespräch geeignet ist. Wenn der Zeitpunkt für beide günstig ist, fahren Sie fort. Andernfalls versuchen Sie, einen geeigneteren Zeitpunkt für die Diskussion zu vereinbaren.

Schritt 2.1: A plädiert, B hört zu. A äußert sich zu seinem Standpunkt, während Sie (B) zuhören, ohne zu unterbrechen. Lassen Sie A seinen Standpunkt, seine Beweggründe, seine Ideen, Wünsche und Empfehlungen für die Handlung präsentieren. Schweigen Sie solange. Es ist sehr wichtig, dass A einen Raum hat, wo er sich, ohne unterbrochen zu werden, ausdrücken kann. In den meisten Gesprächen unterbrechen sich die Gesprächsteilnehmer gegenseitig. Damit verhindert jeder, dass er die Ideen des anderen wirklich versteht. Das erschwert nicht nur das Gespräch, sondern ist auch ein Zeichen mangelnden Respekts.

Schritt 2.2: B erkundet (nur zur Klärung). Stellen Sie klärende Fragen. Fragen Sie nach A's Position und vervollständigen Sie die Informationen, die Sie brauchen, um ihn zu verstehen. Wichtig ist es hier, keine Suggestivfragen zu stellen wie „Finden Sie nicht auch, dass es keine gute Idee ist, zu ...?" oder „Wie können Sie so eine Grobheit von sich geben?" Die Fragen sollen A helfen, seinen Standpunkt so klar wie möglich darzulegen. Denken Sie daran: Das Ziel ist, Ihr Gegenüber zu verstehen, ihm Respekt zu zeigen und seinen berechtigten Wunsch nach Beachtung zu erfüllen.

Schritt 2.3: B resümiert und überprüft, ob er verstanden hat. Wenn Sie merken, dass Sie die Position des anderen verstanden haben, fassen Sie kurz zusammen, was Sie gehört haben. Diese Zusammenfassung hat drei Ziele: a) Sie zeigt Ihrem Gesprächspartner, dass Sie aufmerksam zugehört haben; b) sie zeigt ihm, dass Sie daran interessiert sind, zu überprüfen, ob Sie ihn richtig verstanden haben; c) sie überprüft, ob das, was Sie gehört haben, wirklich das ist, was Ihr Gesprächspartner mitteilen wollte.

Schritt 2.4: A erklärt sich mit der Zusammenfassung einverstanden (oder auch nicht). A muss einschätzen, ob Sie ihn verstanden haben oder nicht. Es genügt nicht, dass Sie das Gehörte resümieren, Sie müssen A die Gelegenheit geben, Ihre Zusammenfassung zu akzeptieren, abzulehnen, zu korrigieren oder zu ergänzen, so wie er es für angemessen hält. Nach A's Kommentaren müssen Sie sie noch einmal resümieren und Ihr Verständnis überprüfen. Das geht so lange, bis A sagt, dass er zufrieden ist.

Schritt 2.5: Jetzt plädieren Sie und der andere erkundet. Hält sich der andere nicht an die Regeln, können Sie ihn (freundlich, aber bestimmt) an Ihre Abmachung und an seine Verpflichtung erinnern, Ihnen ohne Unterbrechung zuzuhören. Erst danach kann er klärende Fragen stellen und mithilfe eines Resümees des Gehörten überprüfen, ob er Sie verstanden hat.

Schritt 3: Plädieren und erkunden. Wenn beide mit dem Resümee des anderen zufrieden sind und das Gefühl haben, er habe sie verstanden, können Sie zu einem spontanen Gespräch mit

Fragen und Argumenten übergehen. In diesem Dialog sollte das gegenseitige Lernen im Vordergrund stehen, nicht die Manipulation. Ziel ist es, die Meinungen einander gegenüberzustellen, um den Grund für die Differenzen herauszufinden. Dies ist nicht der geeignete Zeitpunkt, um irgendetwas zu lösen, sondern es geht in erster Linie darum, sich gegenseitig besser zu verstehen.

Schritt 4: Ist es ein Handlungskonflikt? Mit dieser Frage soll geklärt werden, ob der Konflikt operativer Natur ist oder nicht. Wenn die Zeit für den Dialog abgelaufen ist, erwägen Sie, ob sich aus dem Gespräch irgendwelche materiellen Konsequenzen ergeben. Geht es bei dem Konflikt darum, wer Recht hat, schlagen Sie vor, sich darauf zu einigen, dass Sie sich uneinig sind, und beenden Sie das Gespräch. Erkennen Sie an, dass Ihre Vorlieben, Wünsche und Meinungen die Ihren sind und Sie die Zustimmung des anderen nicht erfordern (und auch nicht brauchen). Erkennen Sie außerdem an, dass die Vorlieben, Wünsche und Meinungen des anderen die seinen sind und Ihre Unterstützung weder erfordern noch brauchen. Hat der Konflikt jedoch operative Konsequenzen, muss man mit dem entsprechenden Lösungsprozess fortfahren.

Lösung von operativen Konflikten

Jeder operative Konflikt hat eine persönliche Komponente. Deshalb baut ein Prozess für die Lösung operativer Konflikte auf dem Lösungsprozess für persönliche Konflikte auf. Werfen Sie einen Blick auf die Abbildung *Lösung von operativen Konflikten* auf der folgenden Seite 228.

Schritt 1: Erarbeitung eines alternativen Entscheidungsmechanismus (und Einigkeit darüber), wenn es keinen materiellen Konsens gibt. Bevor Sie in der Diskussion zum Thema kommen, muss (sofern er noch nicht existiert) ein formaler Konsens-Mechanismus etabliert werden. Von diesem Mechanismus soll kein Gebrauch gemacht werden, doch wenn sich im vorgegebenen Zeitraum kein materieller Konsens erzielen lässt, kann man in diesem

Lösung von operativen Konflikten

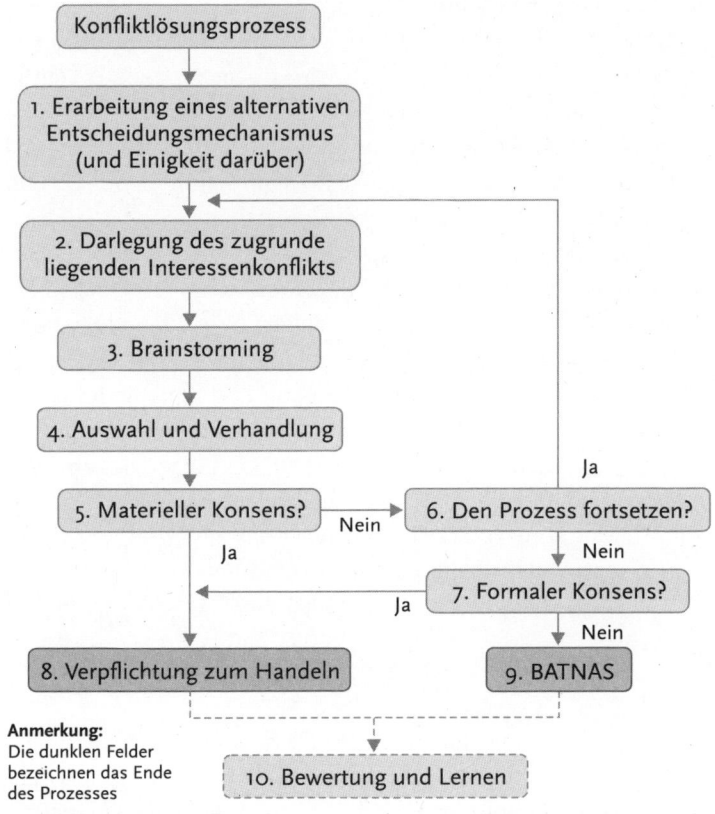

Konfliktlösungsprozess

1. Erarbeitung eines alternativen Entscheidungsmechanismus (und Einigkeit darüber)

2. Darlegung des zugrunde liegenden Interessenkonflikts

3. Brainstorming

4. Auswahl und Verhandlung

5. Materieller Konsens?

6. Den Prozess fortsetzen?

Ja

Nein

Ja

7. Formaler Konsens?

Nein

Ja

Nein

8. Verpflichtung zum Handeln

9. BATNAS

Anmerkung:
Die dunklen Felder bezeichnen das Ende des Prozesses

10. Bewertung und Lernen

Fall darauf zurückgreifen. Beispiele für diesen Mechanismus sind: Autorität, Mehrheit, Schiedsspruch, Delegieren an einen Dritten, Zufall, Gerichtshof usw.

In hierarchischen Organisationen wird zur Konfliktlösung am häufigsten die Autorität eingesetzt. Wer „Herr" im Entscheidungsraum ist, entscheidet, was getan wird. Das ist vernünftig, solange er daran denkt, dass dieser Mechanismus nur in Notfällen eingesetzt werden soll. Ein Manager, der seine Entscheidungen autoritär (ohne Verhandlungsprozess) trifft, wird seine Mitarbeiter niemals zu größerem Engagement bewegen. Allenfalls kann er Gehorsam von ihnen fordern. Ein Manager hingegen, der sich nicht am Entscheidungsprozess beteiligt, verzichtet auf seine Autorität und Verantwortung. Dieser Verzicht führt nicht zu einem Lernerfolg, sondern zu Schizophrenie.

In dieser Ära der „Lernenden Organisationen", Matrixstrukturen, Self Management Teams und anderer nichttraditioneller Konzepte scheint es mir ganz wichtig, auf die Bedeutung von Hierarchie hinzuweisen – nicht einer repressiven Hierarchie, sondern einer Partizipationshierarchie. Eine Pyramide, bei der jede Person einen Vorgesetzten hat, der bereit ist, den Konsens zu suchen, aber auch bereit, in Notfällen von seiner Entscheidungsgewalt Gebrauch zu machen. Wie Peter Drucker in *Management im 21. Jahrhundert* sagt: „In der heutigen Zeit wird häufig über das ‚Ende der Hierarchie' gesprochen. Doch das ist völlig haltlos. Innerhalb jeder Institution muss es eine endgültige Autorität geben, und das ist ein Chef – jemand, der endgültige Entscheidungen treffen kann und der erwarten kann, dass diese befolgt werden. Während einer bedrohlichen Situation – und jede Institution gerät früher oder später in eine solche – hängt das Überleben aller von eindeutigen Anweisungen ab. Wenn das Schiff sinkt, beruft der Kapitän keine Sitzung ein, der Kapitän gibt ein Kommando. Soll die Besatzung gerettet werden, muss sich jeder diesem Kommando unterordnen, muss jeder genau wissen, wohin er gehen muss und was er machen muss, und zwar ohne dass er an der Entscheidungsfindung beteiligt ist und ohne Diskussionen. Hierarchische Strukturen und deren uneingeschränkte Akzeptanz durch alle an der ‚Organisation' Beteiligten sind die einzige Hoffnung inmitten einer Krise." (Management im 21. Jahrhundert, S. 24)

Schritt 2: Darlegung des zugrunde liegenden Interessenkonflikts. Für eine Konfliktlösung muss man zwischen Positionen und Interessen unterscheiden. Die *Position* ist die explizite Forderung, die jeder Teilnehmer ins Gespräch einbringt. Ein Manager will beispielsweise Pedro, ein anderer will João einstellen. *Interessen* sind Wünsche und Bedürfnisse, die den Positionen zugrunde liegen.

Zum Beispiel will der erstgenannte Manager eine erfahrene Person und der andere jemanden mit neuen Ideen.

Die Begriffe „Position" und „Interessen" sind relativ; das Interesse ist das, was der Position zugrunde liegt. Aber das Interesse lässt sich auch als Position bezüglich eines tiefer liegenden Interesses betrachten. Deshalb werden wir von Interesse von Ebene 1 (das der Position zugrunde liegt), Interesse von Ebene 2 (das dem Interesse von Ebene 1 zugrunde liegt), Interesse von Ebene „n" (das dem Interesse von Ebene „$n+1$" zugrunde liegt) und so weiter sprechen. Im Beispiel von Pedro und João ist das Interesse von Ebene 2 des ersten Managers, jemanden einzustellen, der effizient arbeitet, während das Interesse von Ebene 2 des zweiten Managers ist, jemanden einzustellen, der kreativ arbeitet. Wenn diese beiden Manager ihre tiefer liegenden Interessen ergründen würden, kämen sie vielleicht darauf, dass sie beide dasselbe Interesse (von Ebene „n") haben: Erfolg in der Arbeit.

Dies gilt nicht nur für das gewählte Beispiel. Selbst bei den gewalttätigsten und feindseligsten Konflikten würden wir, wenn wir uns weit genug in die Interessen von Ebene „n" vertiefen würden, feststellen, dass sie vollkommen kompatibel sind. Inkompatibel sind hingegen die Mittel, mit denen die Kontrahenten solche Interessen durchsetzen wollen. Wenn man in tiefere Ebenen des Konflikts vordringt, stellt man fest, dass sich die Unvereinbarkeiten auflösen. So wie ein persönlicher Konflikt löst sich auch ein operativer Konflikt auf, wenn man ihn bis in die Tiefen ergründet.

Will man herausfinden, welche Interessen (oder die Interessen von Ebene „$n+1$", die unter der Ebene „n" liegen) einer Position zugrunde liegen, muss man fragen: „Was würden Sie durch X erreichen, das Ihnen wichtiger wäre als X selbst?" – wobei X die Position ist. Zum Beispiel fragt einer den anderen: „Was würden Sie erreichen, wenn Sie João einstellen, das Ihnen wichtiger wäre als die Tatsache an sich, João einzustellen?" Der Ehemann würde seine Frau fragen: „Was würdest du mit einem Urlaub am Meer erreichen, was dir wichtiger ist, als ans Meer zu fahren?" Ein Manager würde beispielsweise eine Mitarbeiterin fragen: „Weshalb ist eine flexible Arbeitszeitregelung wichtig für Sie?"

Interessen sind deshalb wichtig, weil sie sehr viele Freiräume für „Win/Win"-Lösungen eröffnen. Es ist beispielsweise praktisch unmöglich, Pedro und João für denselben Arbeitsplatz einzustellen. Wenn nun ein Manager mit Schachzügen seinen Willen durchsetzen will (Gewinn), muss der andere auf die Stellenbesetzung verzichten (Verlust): Wenn der eine Pedro einstellt, kann der andere João nicht einstellen und umgekehrt. Aber wenn der Erste einen erfahrenen und der andere einen kreativen Mitarbeiter will, lässt sich vielleicht ein Kandidat finden, der beide Forderungen erfüllt; oder man bittet João, mehr Erfahrung zu sammeln, bevor er eine neue Aufgabe übernimmt. Im Gespräch mit seiner Angestellten, die um flexible Arbeitszeiten bittet, stellt der Manager vielleicht fest, dass sie gern ihre Kinder zur Schule bringen möchte. Wenn er auf feste Arbeitszeiten Wert legt, man aber nicht unbedingt frühmorgens anfangen muss, würde er mit der Angestellten aushandeln, dass sie von 9 bis 18 Uhr statt von 8 bis 17 Uhr arbeitet. Dadurch wird sie zwar nicht flexibler (weil er ihrer Position nicht entgegenkommt), aber sie kann jetzt ihre Kinder zur Schule bringen (damit kommt er ihren Interessen entgegen); zugleich weiß der Manager, wann er mit dieser Mitarbeiterin rechnen kann.

Bis zu welchem Punkt kann man in der Analyse der Interessensebenen hinuntersteigen? Meistens gibt es zwei Phasen. Wenn Sie drei- oder viermal fragen: „Was macht X attraktiv für Sie?", beziehen sich die Antworten auf die äußeren Umstände der Person. Jemand will beispielsweise eine Gehaltserhöhung: um Geld zu sparen, um die Kinder auf eine gute Universität zu schicken, damit sie gut fürs Leben gerüstet sind, Erfolg haben und glücklich sind. Wenn Sie hartnäckig weiterfragen, spiegeln die Interessen ab einer bestimmten Ebene das Innere der betreffenden Person. Wenn beispielsweise die Kinder Erfolg haben und glücklich sind, dann ist die Mitarbeiterin zufrieden, und diese Zufriedenheit nimmt ihr die Sorgen, und wenn sie sorgenfrei ist, erlebt sie Frieden. Es liegen viele Mittel und Absichten zwischen „Gehaltserhöhung" und „in Frieden leben", aber was die Betreffende *wirklich* möchte, ist, in Frieden zu leben. Sie ist der Ansicht, dass die Gehaltserhöhung ein gutes Mittel ist, um dieses Ziel zu erreichen. Aber wenn der Chef sich dafür einsetzen würde, dass das Unternehmen ihren Kindern ein stattliches Universitäts-Stipendium gewährt, wäre sie damit vielleicht genauso zufrieden wie mit einer Gehaltserhöhung – oder sogar zufriedener.

Die Liste der wahren Interessen eines Menschen ist kurz: Frieden, Glück, Erfüllung, Liebe, Sicherheit usw. Diese „Güter" lösen keinen Konflikt aus, denn sie sind im Überfluss vorhanden und lassen sich von jedem erfahren. Es gibt keine festgelegte Menge an Liebe, die in der Welt verteilt werden kann. Jeder Vater, der seinem kleinen Sohn erklärt hat, dass die Geburt des Brüderchens nicht bedeutet, dass er ihn weniger lieb hat, weiß, dass Liebe unbegrenzt ist. Jede Mutter, die man fragt: „Welches ihrer Kinder macht dich glücklicher?", weiß, dass Glück sich nicht messen lässt. Doch Mittel und Zweck werden oft verwechselt. Ein Kleinkind überlegt sich (richtig), dass weniger Zeit für es selbst übrig sein wird, wenn seine Eltern dem Baby Zeit widmen. Seine (falsche) Schlussfolgerung und seine Angst sind, dass weniger Zeit weniger Liebe bedeutet. Genauso können Erwachsene an ihren Positionen festhalten und dabei ihre Interessen aus den Augen verlieren. Leider sind Positionen nicht sehr flexibel. Deshalb darf man nicht versuchen, einen Konflikt zwischen Positionen zu lösen, sondern muss ihn zu einem Gespräch über Interessen machen.

Schritt 3: Brainstorming. Haben sich die Gesprächspartner bis auf die Ebene der Interessen hinunterbegeben, gehen sie nun dazu über, sich alle möglichen Optionen auszudenken. Die Grundregel beim Brainstorming lautet, dass jeder Vorschlag gültig ist. Keine Anregung darf kritisiert, bewertet, diskutiert oder debattiert werden. Ziel ist es, eine möglichst lange Liste von Alternativen zu erstellen, die den Teilnehmern in den Sinn kommen. Selbst die verrücktesten Ideen haben ihren Platz auf der Liste. Manchmal sind es genau diese, die nach geringfügigen Korrekturen zu einer Konsenslösung führen.

Nehmen wir das Beispiel eines Ehepaars, das gemeinsam Urlaub machen will – aber sie würde lieber ans Meer fahren und er zum Skifahren. „Was gefällt dir am Meer?", fragt er. „Die Weite, die

Wärme der Sonne und das Wasser", antwortet sie und fragt ihn dann: „Was bringt dir das Skifahren, was wichtiger wäre als das Skifahren selbst?" „In einer natürlichen Umgebung Sport treiben, das Gefühl von Abenteuer und das Tempo, wenn ich durch den Schnee flitze", antwortet er. Beim Brainstorming tauchen alle möglichen Ideen auf: Windsurfen, Wasserski, Segeln, Surfen, Tauchen, eine Kreuzfahrt, Bergseen, Klettertouren, Bergwanderungen, ein Skizentrum mit Thermalbad, Radfahren in den Bergen, Sanddünen-Skifahren usw. Am Schluss einigt sich das Paar darauf, den Sommerurlaub mit Windsurfen an einem Bergsee zu verbringen.

An diesem Beispiel wird deutlich, wie kreativ es sich auf der Basis von Interessen verhandeln lässt. Man kann nicht gleichzeitig ans Meer und in einen Wintersportort fahren, aber man kann einen Ort finden, an dem die Frau in der Sonne und nah am Wasser entspannen kann, und ihr Mann kann Sport in einer natürlichen Umgebung mit dem Hauch von Abenteuer treiben. Natürlich gibt es auch andere Lösungen, zum Beispiel einen Kompromiss finden oder getrennt verreisen. Ein Kompromiss wäre etwa, dieses Jahr Skifahren zu gehen und nächstes Jahr ans Meer zu fahren. Das ist eine Möglichkeit, aber nicht unbedingt die gewünschte. Wenn die Frau die Kälte nicht aushält und ihr Mann das Meer nicht mag, würde diese Lösung dazu führen, dass mindestens einer von beiden die ganze Zeit unglücklich ist (und dem anderen wahrscheinlich den Urlaub vermiesen würde). Das Trostpflaster ist der „Ausgleich": Er ist in diesem Jahr unglücklich und sie im nächsten. Getrennter Urlaub wäre, dass sie ans Meer fährt und er zum Skifahren. Wenn es ihnen nicht wichtig ist, gemeinsam zu verreisen, könnte dies eine gute Lösung sein; aber wenn beide gemeinsam verreisen wollen, ist getrennter Urlaub keine gute Alternative.

Schritte 4 bis 9: Ist die Liste der Möglichkeiten fertig, beginnen die Gesprächspartner, in einem Auswahl- und Verhandlungsprozess über die Vorzüge der einzelnen Optionen zu diskutieren. In diesem Gespräch können durchaus auch neue Ideen oder neue Kombinationen auftauchen.

Schritt 10: Bewertung und Lernen. Am Ende des Gesprächs werden gemeinsam die Ursachen des Konflikts, das Verhandlungsergebnis und der Prozess, mit dem die Lösung erzielt wurde, bewertet. Mit dieser Bewertung kann man die letzten verbliebenen emotionalen Zweifel zerstreuen und die Beziehung und die Aufgabe in Zukunft verbessern. Einige nützliche Fragen zu diesem Punkt sind:

☐ Was können wir aus diesem Konflikt lernen?

☐ Was könnten wir in Zukunft tun, damit dieser Konflikt nicht wieder auftaucht?

☐ Wie haben wir uns beim Verhandeln verhalten?

☐ Was hätten wir tun können (und was könnten wir in Zukunft tun), damit es weniger Reibereien gibt?

☐ Wie steht es um unsere Emotionen? Müssen wir daran irgendetwas korrigieren?

☐ Wie geht es unserer Beziehung? Müssen wir daran irgendetwas korrigieren?

Eines der sichtbarsten Ergebnisse dieser Konfliktlösungsmethode ist ihre Wirkung auf die emotionale Seite der Interaktion. Die Methode regt die Gesprächspartner dazu an, ihre Ideen und Emotionen authentisch, direkt und respektvoll zur Sprache zu bringen. Wenn die Wahrheit einer Person beim anderen Gehör findet und geschätzt wird, verlieren die Emotionen an Intensität und die Beteiligten können über ihre Differenzen viel rationaler und produktiver reden.

Ein zweiter Vorteil dieser Methode ist, dass die Betreffenden durch wachsendes Verständnis und weniger defensive Haltung auf neue Informationen stoßen und, wenn sie möchten, ihren Standpunkt modifizieren können. Keiner ist im Besitz der absoluten Wahrheit, und es ist durchaus möglich, dass die Gesprächsteilnehmer mit vereinten Kenntnissen und vereinter kreativer Energie eine Möglichkeit finden können, auf die jeder Einzelne von ihnen vorher nicht gekommen wäre.

Diese Erfahrung, sich emotional wohl zu fühlen und eine Aufgabe erfolgreich gelöst zu haben, stärkt die Beziehung der Beteiligten. Wenn sie erfolgreich verhandeln, kommen sie sich geistig und spirituell näher. Wenn eine Gemeinschaft die Fähigkeit besitzt, ihre Probleme kooperativ zu lösen, entwickelt sie eine enorme Geschicklichkeit darin, sich neue Realitäten auszudenken, authentische Beziehungen zu schaffen und die emotionalen Bedürfnisse ihrer Mitglieder zu befriedigen.

Kapitel 10

Verpflichtungen und Neuverpflichtungen, Bitten und Versprechen

„Rosa Granit aus Brasilien, 50 x 50 cm große Fliesen zur Verkleidung von 30 acht Meter hohen Betonpfeilern. Eine Hälfte der Fliesen soll geschliffen, die andere Hälfte poliert sein. Die Verbindungsstellen müssen perfekt sein, damit die Pfeiler aussehen, als wären sie ganz aus Granit. Insgesamt 480 Fliesen bis Ende April. Können Sie das liefern?"

Henrique, der Salesmanager von Stone Works, hört aufmerksam zu. Am anderen Ende der Leitung ist Felipe, der Vizepräsident von ArCons, einem der größten Bauunternehmen. Felipe will wissen, ob Stone Works den Granit für eines seiner Gebäude liefern könnte.

Henrique weiß, dass diese Arbeit sehr sichtbar sein wird und Stone Works mehr Kunden bescheren kann. „Aufträge wie diesen gibt es nicht alle Tage", denkt er und antwortet zuversichtlich:

„Bis Ende April. Kein Problem."

„Ausgezeichnet!", sagt Felipe. „Ich lasse gleich den Vertrag aufsetzen und schicke Ihnen morgen ein Fax mit allen Spezifikationen."

Henrique legt auf und begibt sich in die Werkstatt. Helena, die Managerin Operations, überwacht gerade einen besonders komplizierten Arbeitsvorgang.

„Helena, haben Sie eine Minute Zeit?"

Mit besorgter Miene fragt diese zurück:

„Eine Minute? Ich gebe Ihnen 50 Sekunden. Wir werden noch verrückt bei so viel Arbeit. Was ist denn?"

Henrique erklärt ihr die Situation.

„Bis Ende April?", fragt Helena. „Das wird ziemlich knapp."

„Ja, ich weiß", stimmt Henrique zu, „aber dieses Projekt ist für unsere Zukunft ganz entscheidend."

Helena antwortet:

„Schön, das heißt, wir werden einen Haufen Überstunden machen müssen, aber wenn es so wichtig ist, werde ich mein Möglichstes tun."

Gleichzeitig denkt sie: „Wir werden es versuchen, aber ich kann nicht zaubern. Mit etwas Glück schaffen wir es rechtzeitig."

Henrique, der Helenas Antwort als Einverständnis interpretiert hat, bedankt sich bei ihr:

„Ich wusste, dass ich auf Sie zählen kann."

Aber schon von der ersten Minute an gibt es Probleme. Die Lieferung des Granits aus Brasilien verzögert sich. Das erste Lieferdatum verstreicht einfach, das zweite ebenfalls. Inzwischen ist schon Mai und das Material ist immer noch nicht da. Endlich, am 15. Mai, trifft der Granit bei Stone Works ein, zwei Wochen vor dem endgültigen Liefertermin. Henrique und Helena fassen einen heldenhaften Beschluss: Sie unterbrechen den Auftrag für Lopez & Söhne, den wichtigsten Klienten von Stone Works, um ArCons beliefern zu können.

Es vergehen noch einmal zwei Wochen und trotz aller Anstrengungen ist die Arbeit immer noch nicht fertig. Helena ordnet mehr Überstunden an, so dass die Kosten so hoch werden, dass es unproduktiv ist. Wieder vergeht eine Woche. Inzwischen ist schon Juni. Wütend ruft Felipe bei Henrique an:

„Was zum Teufel ist denn da los?! Wegen Ihrer verdammten Fliesen können wir nicht weiterbauen. Wo ist der Granit, den Sie mir für Ende April versprochen haben?"

Henrique versucht sich zu entschuldigen.

„Wir hatten Probleme mit den Brasilianern. Die Verschiffung hat sich um mehr als einen Monat verzögert ..."

Felipe hat keine Zeit für Geschichten:

„Die Brasilianer, die Brasilianer ... Erzählen Sie mir bloß nicht, dass da getrödelt wurde! Sie haben mir versprochen, bereits vor anderthalb Monaten zu liefern. Ich bin auf dem Weg zu Ihnen, um zu sehen, was da los ist. Warten Sie in der Werkstatt auf mich."

Felipe kommt in die Werkstatt, starrt ungläubig und entsetzt auf die 287 fertigen Fliesen und ruft aus:

„Mein Gott, was haben Sie denn da gemacht? Es ist alles falsch!"

Henrique fragt versöhnlich:

„Was ist denn das Problem?"

„Sie haben bei jeder Fliese eine Hälfte geschliffen und die andere Hälfte poliert. So steht es aber nicht in den Spezifikationen!"

„Wieso denn? Genau das haben Sie von uns verlangt: 50 x 50 cm große Fliesen, eine Hälfte geschliffen, die andere Hälfte poliert."

„Nein! Ich wollte, dass die eine Hälfte der Fliesen, also 240, poliert und die andere Hälfte, also die anderen 240, geschliffen werden. Ich habe 240 polierte und 240 geschliffene Fliesen bestellt, genau das brauche ich und das habe ich bei Ihnen in Auftrag gegeben. Sie haben wohl die Spezifikationen nicht verstanden? Und was wollen Sie jetzt tun?" fährt Felipe fort. Bis Ende April, kein Problem, haben Sie zu mir gesagt. Sie sind schon zwei Monate zu spät dran, und obendrein haben Sie mir mehr als die Hälfte der Fliesen verhunzt. Und was sage ich jetzt meinem Kunden?"

Bevor Henrique antworten kann, kommt ein Assistent herein und flüstert ihm ins Ohr:

„Mister Lopez wartet im Büro. Er ist außer sich. Er will wissen, weshalb sich die Lieferung verspätet ..."

Ein Gespräch wie so viele andere: Es begann mit einer Bitte und einem Versprechen und hat einen Dominoeffekt ausgelöst: Probleme bei der Verhandlung, unklare Interpretationen, fehlende Koordination, Vertrauensverlust, zerrüttete Beziehungen, Verwirrung und viel Stress. Das Endergebnis ist möglicherweise für alle Beteiligten katastrophal. Leider kommt es zu solch einem „Bruch" immer wieder, sowohl im Geschäfts- als auch im Privatleben, und der Frust auf beiden Seiten ist groß.

Felipes Bitte (die Henrique angenommen hat) hat die Zukunft vieler Menschen verändert: Außer den beiden Protagonisten erlitten Helena, die Arbeiter von Stone Works, das Personal von ArCons, ihre Kunden, die Leute bei Lopez & Söhne und viele andere, die mit ihnen in Verbindung standen, erheblichen Schaden. Mit diesem Telefonat veränderte sich die Welt all dieser Menschen. Ein einfaches Gespräch löste mehrere komplexe Aktionen und Reaktionen aus, die buchstäblich Millionen Menschen hätten betreffen können. Das ist die Macht der Sprache. Wird sie effektiv eingesetzt, eröffnet sie gewaltige Möglichkeiten; unbewusst eingesetzt, kann sie Menschen und Organisationen zerstören.

Grund für diese Probleme ist ein falsches Verständnis von der Natur und der Wichtigkeit von Verpflichtungen. Verpflichtungen sind ganz entscheidend für die Organisation des gesellschaftlichen Lebens der Menschen, angefangen bei der kleinsten sozialen Einheit, dem Ehepaar, bis hin zur komplexesten planetarischen Gesellschaft. In Wirklichkeit leben die meisten Menschen in einem Zustand der Unbewusstheit, ohne sich viel um ihre Verpflichtungen zu kümmern. Es gibt nur wenige, die verstehen, wie tief greifend die Konsequenzen von Verpflichtungen für effektive Interaktionen, gute Beziehungen und den inneren Frieden sind. Unbewusst getroffene Verpflichtungen sind eine Bedrohung für die Aufgabe, die Beziehungen und die persönliche Integrität.

Wenn wir um etwas bitten oder etwas versprechen, beschreiben wir in Worten nicht einen bestimmten aktuellen Zustand der Welt. Bitten und Versprechen dienen dazu, die Intention und die Verpflichtung auszudrücken, man sorgt dafür, dass die Zukunft diesen Worten entspricht. Wenn jemand beispielsweise sagt: „Bitte schicken Sie das Rohmaterial am Donnerstagmittag in die Fabrik", dann bittet er seinen Lieferanten, ihm dabei zu helfen, gemeinsam eine Zukunft zu schaffen, in der das Rohmaterial am Donnerstagmittag in der Fabrik ist. Wenn der Betreffende anbietet: „Ich kann dort vorbeikommen und das Material um halb zehn abholen", schlägt er einen Handlungslauf vor, der in der Zukunft so stattfinden könnte. Jedes Mal, wenn Sie sich mitteilen, „erschaffen" Sie die Welt und beschreiben Sie nicht bloß. Sprache ist ein Raum, in dem wir Menschen uns Möglichkeiten ausdenken können, die vorher (bevor wir anfangen zu sprechen) nicht existierten.

In Gesprächen, bei denen Verpflichtungen ausgehandelt werden, soll gegenseitiges Verständnis darüber erzielt werden, *wer was wann machen wird.*

Um Aktionen zu organisieren, muss man Erwartungen koordinieren und auf die effektive Realisierung dieser Erwartungen bauen. In dem Moment, wo eine Verpflichtung eingegangen wird, erschaffen beide Beteiligten – der Versprechende und derjenige, der das Versprechen erhält – durch ihre Übereinkunft eine Vision der Zukunft. Mit der Erfüllung dieser Verpflichtung machen die Gesprächspartner diese Vision wahr. Probleme gibt es dann, wenn die Betreffenden unterschiedliche Erwartungen haben oder ihren Verpflichtungen nicht nachkommen.

Viele meinen, mit einer Bitte solle erreicht werden, dass der Adressat sie auch erfüllt. Das stimmt nur zum Teil. Mit einer Bitte sollen Interessen oder Bedürfnisse befriedigt werden. Dies kann man dadurch erwirken, dass man den anderen zur Zusammenarbeit verpflichtet; aber wenn dieser die Bitte nicht erfüllen kann oder will, sollte man das besser sofort erfahren und dann anderswo um Hilfe bitten. Mit klarer Kommunikation kann ein Team effektiv handeln.

Zur Verpflichtung führen drei Wege: das Versprechen, das Angebot und die Bitte. Wer etwas verspricht, erklärt seine einseitige Verpflichtung. Es ist kein „anderer" nötig, der das Versprechen akzeptiert. Damit hingegen aus einem Angebot und einer Bitte eine Verpflichtung wird, ist erforderlich, dass der Empfänger sie akzeptiert. Anders als ein Versprechen ist die Verpflichtung bei einem Angebot und einer Bitte keine *Erklärung*, sondern ein *Gespräch*, bei dem mindestens zwei Gesprächsteilnehmer zu einer Einigung kommen. Die Verpflichtung ist ein *Vertrag*, kein einseitiger Vorgang.

Ein *Versprechen* ist ein Sprechakt, mit dem sich jemand verpflichtet, durch Ausführung bestimmter Handlungen (für sich selbst oder für diejenigen, für die er die Verantwortung übernimmt) in der Zukunft etwas zu produzieren. „Ich werde ins Meeting gehen", „Ich werde dich vor halb sieben zurückrufen" und „Unser Techniker wird Ihren Computer morgen Abend reparieren" sind Beispiele für Versprechen. In jedem dieser Fälle verpflichtet sich der Betreffende, in der Zukunft bestimmte Verhältnisse zu schaffen.

Versprechen sind die Verantwortung dessen, der etwas verspricht. Wer etwas verspricht und sich verpflichtet, ist dafür voll verantwortlich. Außer in zwingenden Fällen ist die durch ein Versprechen bekundete Verpflichtung ein freier, freiwilliger Akt, bei dem es um die Integrität des Betreffenden geht. Ausreden wie „Ich konnte halt nicht Nein sagen" oder „Er hat so insistiert, dass ich Ja sagen musste" sind wertlos. Wenn jemand sagt „Ich verspreche", übernimmt er damit die Verantwortung, solch eine Verpflichtung zu würdigen. Will oder kann er die Bitte des anderen nicht erfüllen, ist die einzig ehrenhafte Antwort, abzulehnen – schlicht und deutlich „Nein" zu sagen. Eine Opferhaltung einnehmen, weil man meint, es gebe keine Alternativen, ist eine Falle: Sie raubt dem Betreffenden seinen Wert und seine Würde, macht Beziehungen problematisch und erschwert die Effektivität .

Wir können notwendige Handlungsschritte delegieren, um ein Versprechen einzuhalten, aber die Verantwortung lässt sich nicht delegieren. Wer den Vertag „unterschreibt", bleibt in der Verpflichtung, auch wenn sein Versprechen impliziert, dass jemand anderes die entsprechenden Handlungsschritte durchführt.

Versprechen schaffen Netze aus Verpflichtungen. Jedes Versprechen ermöglicht (und impliziert) weitere Versprechen, so dass ein Netz aus Verpflichtungen entsteht. Wenn der Produktionsmanager beispielsweise dem Verkaufsmanager verspricht, das Produkt sei in einer Woche fertig, kann der Verkaufsmanager seinem Kunden versprechen, dass er ihm das fertige Produkt in weniger als zehn Tagen liefern wird. Dann kann der Kunde *seinem* Kunden versprechen, dass sein Auftrag vor Ende des Monats ausgeführt werden wird. Dieser zweite Kunde kann dann wiederum seinem Chef versprechen, dass die Lancierung des neuen Produkts wie ursprünglich geplant stattfinden kann. Jedes Versprechen ist ein Glied in der Kette der Verpflichtungen, das jedes Unternehmen am Laufen hält.

Nicht jedes Versprechen ist explizit. Bestimmte Verpflichtungen sind explizit, viele sind es nicht. Auch wenn keiner der Kinobesucher ausdrücklich versprochen hat, nicht ohne Grund „Feuer!" zu rufen, gibt es in der Gesellschaft eine stillschweigende Vereinbarung, der zufolge solch eine Alarmmeldung ein Verstoß (ja sogar eine Straftat) ist. Wenn jemand grundlos Feueralarm gäbe, hätten die Zuschauer und der Kinobetreiber allen Grund, den Betreffenden anzuzeigen. Das Problem mit impliziten Versprechen ist, dass unterschiedliche Menschen annehmen können, es seien unterschiedliche Versprechen gültig. So vermuten Sie beispielsweise, dass Ihr Chef „versprochen hat", Ihnen die Überstunden zu bezahlen, während er davon ausgeht, dass Sie „versprochen haben", ohne zusätzliche Bezahlung so lange wie nötig zu arbeiten. In diesen Fällen muss man die impliziten Versprechen explizit machen.

Versprechen sind kontextabhängig. Bei einem Boxkampf unterscheiden sich die impliziten Verpflichtungen, den Gegner nicht anzugreifen, von denen, die in einem Konferenzraum gelten. Also sind bestimmte Angriffe in einem Kontext akzeptabel und in einem anderen nicht. Da Versprechen vom Kontext abhängen, können die unterschiedlichen Interpretationen des Kontexts und der Verpflichtungen Beziehungen schaden, bei denen es kulturelle Unterschiede gibt. Wenn Sie etwa in Argentinien versprechen, zu einer Party um neun Uhr Abends zu kommen, wäre es sehr peinlich, wenn Sie vor halb zehn eintreffen; wenn Sie so etwas aber in Deutschland versprechen, wäre es ein Problem, wenn Sie später als fünf nach neun einträfen. Da die Globalisierung der Kommunikationen und kulturelle Unterschiede aufeinander prallen, müssen wir, wenn wir Verpflichtungen eingehen, immer genau auf den Interpretationskontext achten.

Versprechen werden durch eine Erklärung zur Ausführung abgegolten. Damit ein Versprechen als erfüllt gilt, ist eine Zufriedenheitserklärung des Empfängers nötig. Wenn Sie eine Bitte akzeptieren, bei der Ihr Gesprächspartner verlangt, Sie sollten ihm um 17 Uhr einen Bericht abliefern, bleibt Ihr Versprechen so lange offen, bis der Gesprächspartner der Ansicht ist, Sie hätten die erforderlichen Bedingungen zu seiner Zufriedenheit erfüllt. Sie geben den Bericht beispielsweise pünktlich ab, aber der andere findet, dass Sie nicht ordentlich gearbeitet haben und der Bericht aus irgendeinem Grund unvollständig oder inakzeptabel sei. In diesem Fall wird die Erfüllung des Versprechens infrage gestellt. Wenn der Bericht nach dem Verständnis des Gesprächspartners die Zufriedenheitsbedingungen erfüllt hat, wird er „danke" sagen – so erklärt man normalerweise, dass ein Versprechen erfüllt wurde. „Danke" ist übrigens nicht nur ein Ausdruck von Dankbarkeit, sondern auch ein Urteil, das Zufriedenheit ausdrückt und das Versprechen für erfüllt erklärt.

Versprechen bergen immer ein Interpretationsrisiko. Man sollte meinen, dass man durch präzise Kommunikation und umsichtiges Handeln vermeiden könnte, dass ein Versprechen nicht eingehalten wird. Aber da die Interpretation der Sprache in unterschiedlichen Denkmustern stattfindet, gibt es keine Garantie dafür, dass alle Gesprächsteilnehmer dasselbe verstehen. Jemand glaubt, er verspreche „A", während der andere „B" verstanden hat. Dieses Risiko ist unvermeidlich, aber wir können es reduzieren. Wenn man sich genügend Zeit nimmt, um ein gemeinsames Interpretationsmuster zu etablieren, kann man zweideutige Interpretationen erheblich reduzieren. Man muss nur daran denken, dass Versprechen vom Kontext abhängen und dass unterschiedliche Menschen manchmal aus unterschiedlichen Kontexten heraus agieren. Deshalb muss man einen gemeinsamen Kontext entwickeln.

Versprechen bergen immer ein Ausführungsrisiko. Die Zukunft und die Handlungen der anderen, von denen unsere Versprechen möglicherweise abhängen, sind unvorhersehbar. Selbst wenn Sie glauben, Sie könnten tun, was Sie versprochen haben, besteht immer das Risiko, dass etwas Unvorhergesehenes Sie davon abhält, Ihr Versprechen zu halten. Je riskanter das Versprechen ist (größere Anforderungen mit weniger Ressourcen), desto wahrscheinlicher kann etwas schief gehen. Das Ausführungsrisiko lässt sich nicht völlig ausschalten, aber Sie können es verringern, indem Sie nur das versprechen, was Sie (nach gründlicher Analyse) auch für erfüllbar halten.

Unklare Versprechen führen zu Meinungsverschiedenheiten. Ausführungsrisiken von Versprechen kann man nicht dadurch verringern, dass man die Interpretationsrisiken durch nicht-eindeutige Versprechen erhöht. Ein typisches Beispiel: Jemand verspricht, *„zu versuchen*, etwas zu tun" oder „mal zu *sehen*, was man da tun *kann"*. Eine Verpflichtung ist immer die Verpflichtung, ein Ergebnis zu liefern, nicht zu „versuchen", es zu liefern. Ein „verwässertes" Versprechen wie „Ich werde mein Möglichstes tun" oder „Ich werde mich bemühen" dient nur dazu, das eigene Unbehagen zu verringern, wenn man die Bitte des anderen ausschlagen muss. Aber wie die Geschichte am Anfang dieses Kapitels zeigt, zahlt man dafür, dass man diese Realität nicht wahrhaben will, auf lange Sicht letztendlich einen viel höheren Preis.

Ein *Angebot* ist ein Versprechen, das mit einer Reziprozitätsbedingung gekoppelt ist. So kann jemand einem anderen etwa anbieten: „Ich kann meinen Bericht heute noch fertig stellen, wenn *Sie* mir die Verkaufszahlen noch vor Mittag liefern", „Ich rufe morgen an, wenn *Sie* mir Ihre Telefonnummer geben" oder „ Ich kann diese neue Arbeit übernehmen, wenn *Sie* mir erlauben, noch drei Ingenieure einzustellen". In all diesen Fällen beinhaltet die Annahme des Angebots eine Verpflichtung sowohl für den Anbietenden als auch für denjenigen, der das Angebot annimmt.

Manchmal ist die Reziprozitätsbedingung implizit oder besteht einfach in der Annahme des Angebots. Ein Internet-Provider bietet beispielsweise Gratis-E-Mail an, um Nutzer anzulocken. Dieses Angebot muss nicht bezahlt werden, doch der Anbieter rechnet mit dem guten Willen jener, die es annehmen. Genauso kann ein Mitarbeiter anbieten, Zusatzarbeit zu übernehmen, ohne etwas dafür zu verlangen (zumindest nicht explizit). Prinzipiell hat man in jedem zwanglosen System am meisten Erfolg dann, wenn das Angebot immer besteht. Der Austausch von Wert gegen Wert ist die Grundlage guter Beziehungen.

Das Angebot entspringt dem Wunsch, einen Dienst zu erweisen. Die Fähigkeit, Angebote zu machen, ist unmittelbar mit der Fähigkeit verbunden, für andere zu einer Chance zu werden. Der Erfolg eines Unternehmens hängt davon ab, ob es seinen Kunden Wert bieten und erreichen kann, dass diese Kunden für solch einen Wert mehr Geld bezahlen, als die Bereitstellung dieses Wertes kostet. Ein Angebot zielt auf die Interessen des anderen ab, und daher ist es ganz wichtig, zuzuhören und seine Situation zu verstehen, damit man ihm wertvolle Vorschläge unterbreiten kann. Dies ist die Basis der „Dienstbereitschaft", des Bestrebens, dem anderen zu dienen, damit er seine Ziele erreicht.

Ein Angebot birgt ein Risiko. Nach dem typischen Denkmuster beruhen unsere Selbstachtung und unser Selbstwert darauf, dass jemand unsere Angebote annimmt. Ein Angebot scheint demnach riskant zu sein. Wird es abgelehnt, leiden Selbstachtung und Selbstwert darunter. „Wenn ich nichts anbiete", denken wir, „kann ich auch nicht abgelehnt werden." Diese Überzeugung ist zwar richtig, steht aber auf wackligen Füßen und ist lähmend und kontraproduktiv. Die Angst vor Ablehnung führt dazu, dass wir uns buchstäblich selbst frustrieren, um nicht von anderen frustriert zu werden. Dieser vermeintliche Selbstschutz ist die Hauptursache für unsichtbare Verluste: Wenn Sie nichts anbieten, entgehen Ihnen Gelegenheiten, mit anderen zu interagieren, tiefer gehende Beziehungen aufzubauen und durch Dienen zu wachsen.

Eine *Bitte* ist ein Sprechakt, mit dem der Bittende vom Zuhörer ein Versprechen haben möchte. „Könnten *Sie* sich wohl um das Verkaufsteam kümmern?", „Ich würde Ihre Schlussfolgerungen gern morgen im Qualitäts-Meeting vorstellen, könnten Sie mir wohl eine Zusammenfassung geben?" und „Bitte bringen Sie mir Informationen über die Zahlungseingänge" sind Beispiele für Bitten. In jedem Fall bittet der Bittende seinen Zuhörer um Hilfe, um bestimmte Bedingungen zu schaffen, die seine Befürchtungen zerstreuen.

Bitten entstehen aus einem Mangel heraus. Bitten impliziert, anzuerkennen, dass Sie etwas wünschen oder brauchen, das Sie mit der Hilfe des anderen besser bekommen können. So wie eine Frage vermuten lässt, dass man die Antwort nicht weiß, impliziert eine

Bitte, dass wir nicht fähig sind, etwas so effektiv zu tun wie der andere. Auslöser für eine Bitte ist eine Unzufriedenheit, die mit der Hilfe der anderen gelöst werden soll. Diese zugrunde liegende Unzufriedenheit müssen Sie unbedingt finden, wenn Sie die „Geisteshaltung" einer Bitte und nicht nur die Bitte selbst verstehen wollen. Wenn Sie beispielsweise fragen „Um wie viel Uhr müssen wir gehen?", wollen Sie vielleicht lediglich eine Information bekommen oder aber den Zuhörer (verdeckt) darum bitten, sich zu beeilen.

Mit Bitten exponiert man sich. Viele Menschen verzichten lieber darauf, um etwas zu bitten, oder formulieren ihre Bitte unklar, weil sie damit ihre Bedürfnisse verschleiern und keinen Mangel zugeben wollen. Nach dem typischen Denkmuster hängt Selbstachtung von der Fähigkeit ab, „allein zurechtzukommen" oder „alles zu wissen". Eine Bitte verrät, dass wir nicht allwissend oder allmächtig sind – im Sinne des typischen Denkmusters ein Zeichen für persönliches Versagen, das den Selbstwert untergräbt. Auch in Organisationen richtet die Vorstellung, kompetenter sei derjenige, der am seltensten um Hilfe bittet, Schaden an. Wer nicht um etwas (Hilfe) bittet, will nur ein tief sitzendes Problem mit seiner Selbstachtung verschleiern. Dieses Problem lässt sich nur dadurch überwinden, dass man anerkennt, dass persönlicher Wert nicht von übermenschlichen Qualitäten abhängt – dass der Wert eines Managers nicht davon abhängt, dass er ein Einzelkämpfer ist.

Bei einer Bitte besteht auch die Gefahr, dass sie verweigert (abgeschlagen) wird. Menschen mit geringem Selbstwertgefühl meinen, die Ablehnung ihrer Bitte sei zugleich die Ablehnung ihrer Person. Deshalb fühlen sie sich zutiefst abgelehnt, wenn jemand ihre Bitte nicht akzeptiert. Das Bitten wird einfacher, wenn man versteht, dass eine Ablehnung nichts am persönlichen Wert des Bittenden ändert. Je sicherer Sie sich fühlen, desto „resistenter" werden Sie gegen Ablehnungen. Dann gehen Sie irgendwann größere Risiken ein, indem Sie um große Dinge bitten und auch größere Angebote machen. Die Fähigkeit, mit Ablehnungen zurechtzukommen, ist eine emotionale Basiskompetenz von Erwachsenen (und Managern).

Bitten können stillschweigend sein. Es gibt implizite Bitten. Ein Beispiel: Drei Tage vor ihrem Geburtstag erwähnt die Ehefrau ihrem Mann gegenüber beiläufig, sie „hätte gern einen Computer". Oder ein Kind schreibt auf seinen Weihnachtswunschzettel „Snowboard" und legt ihn auf den Esstisch, wo die Eltern ihn sicher sehen werden. Wer „bittet, ohne zu bitten" versucht, in den Genuss der Vorteile einer Bitte zu kommen, dabei aber das Risiko einer Ablehnung (zumindest einer ausdrücklichen) zu vermeiden. Solche versteckten Bitten führen allerdings bei beiden Parteien zu Kommunikationsproblemen und Groll. „Warum bittet er mich nicht einmal um das, was er will?", denkt sich der Empfänger verärgert. „Warum tut er nicht einmal das, was ich von ihm will?", denkt der Sender wütend. Beide sind mit der Situation unzufrieden, aber natürlich wird keiner das Spiel entlarven.

Verpflichtungsgespräche

Mit einem Gespräch, in dem Verpflichtungen ausgehandelt werden (*commitment conversation*), soll eindeutig klargestellt werden, „wer sich wann mit welchem Vorhaben zu wessen Zufriedenheit wozu verpflichtet". Um Handlungen zu koordinieren, müssen die Handelnden ihre Zukunftserwartungen in Einklang bringen. Ließe sich das Verhalten der anderen nicht voraussagen, könnten wir unser eigenes Verhalten unmöglich planen.

In der Geschäftswelt werden unvorstellbar viele Handlungen koordiniert. Das Wirtschaftssystem ist so komplex, dass man es nicht zentralisiert verwalten kann. Wie die klassischen Ökonomen (von Adam Smith bis Ludwig Von Mises) festgestellt und die sozialistischen Wirtschaften schmerzlich bewiesen haben, lässt sich solch eine Komplexität nur organisieren, wenn man die Entscheidungsfindung dezentralisiert. Dank des Preisinformationssystems können einzelne Wirtschaftsagenten Berechnungen anstellen und Entscheidungen treffen, ohne das ganze System verstehen zu müssen. Die – wie Adam Smith es nannte – „unsichtbare Hand" führt dazu, dass die Maximierung des Nutzens (der Rentabilität) für den Einzelnen zur Optimierung des ganzen Systems führt, von politischen und institutionellen Unvollkommenheiten einmal abgesehen.

Um zu funktionieren, braucht das Wirtschaftssystem ein politisches und rechtliches System, das die Integrität von Verpflichtungen garantiert. Durch den Schutz von Privateigentum und Verträgen ermöglicht das Rechtssystem den Agenten, glaubwürdige Verpflichtungen einzugehen, und sorgt dafür, dass diese Verpflichtungen nicht ohne strafrechtliche Folgen gebrochen werden können.

Verpflichtungen werden immer zuerst ethisch gebrochen, bevor sie tatsächlich gebrochen werden. Der Bruch kommt dann, wenn derjenige, der sich verpflichtet hat, feststellt, dass er sein Versprechen nicht halten kann, und beschließt, darüber nichts verlauten zu lassen.

Ist das Versprechen gegeben, werden Ausreden und Neuverhandlungen teuer. Der Gläubiger wartet auf die zeitliche und formale Erfüllung; deshalb ist jede Veränderung der Pläne für ihn ein potenzieller Nachteil. Je näher der Tag der Erfüllung rückt, desto weniger kann der Gläubiger bei unvorhergesehenen Zwischenfällen manövrieren. Deshalb ist es besser, ihn so früh wie möglich zu informieren. „So früh wie möglich" heißt: genau in dem Moment, wo Sie feststellen, dass Sie Ihre Verpflichtung nicht einhalten können. Ob durch einen Berechnungsfehler bei den Ressourcen oder Kapazitäten, ob aufgrund eines unerwarteten Zwischenfalls – genau in dem Augenblick, in dem Sie merken, dass Sie Ihre Verpflichtung zeitlich und formal womöglich nicht einhalten können, müssen Sie Alarm schlagen.

Wenn man den anderen nicht davon informiert, dass man die Verpflichtung nicht einhalten kann, gibt es zwei Möglichkeiten: Man behebt das Problem, so dass es keine Verzögerung gibt, oder man hält sein Versprechen nicht ein. Die erste Lösung ist durchaus akzeptabel; viele „Schuldner" machen nämlich nicht auf das Risiko aufmerksam, weil sie mit dieser Möglichkeit spekulieren. Leider werden diese Hoffnungen oft enttäuscht. Der Schuldner gerät meistens immer mehr in Verzug, während der Gläubiger nichts davon weiß. Dadurch wird auch der Spielraum für Korrekturen immer kleiner.

In dieser zweiten Phase muss man noch mit etwas anderem bezahlen: seiner Integrität. In der ersten Phase (bis zu dem Moment, wo man merkt, dass die Verpflichtung in Gefahr sein könnte), ging dies auf Kosten der Effektivität und Koordination und verursachte vielleicht schlechte Gefühle. Aber wenn dem Schuldner das Risiko bewusst ist, steht seine Integrität auf dem Spiel. „Sie haben doch gewusst, dass es Probleme mit dem Abgabetermin geben würde", wird der Gläubiger zu Recht sagen, „wieso haben Sie mir nicht Bescheid gesagt? Dann hätte ich mehr Zeit gehabt, um wenigstens ein paar Maßnahmen zu treffen, um die Konsequenzen abzumildern."

Wer sich auch jetzt noch nicht entschuldigt, obwohl er weiß, dass er einen Fehler gemacht hat, handelt geradezu kriminell. Das ist, als würde man sagen, ein Versprechen oder ein Vertrag seien nicht bindend oder würden uns nicht einmal dazu verpflichten, für die Folgen unseres Tuns geradezustehen.

Viel schlimmer ist es jedoch, sich nicht zu entschuldigen (ja sich sogar zu ärgern), wenn ein Gläubiger mit dem Versprochenen nicht zufrieden ist. In meinem Beruf höre ich oft von Fällen, in denen der Schuldner aggressiv auf die Reklamationen des Gläubigers reagiert. Leider sind Ausreden wie „Ich kann nichts dafür, mein Chef hat meine Prioritäten verändert" oder „Reden Sie nicht so mit mir, ich habe mein Möglichstes getan!" eher die Regel als die Ausnahme.

Wenn uns klar ist, dass wir einen unverzeihlichen Fehler gemacht haben, müssen wir das zugeben. Wir müssen zwar nicht unbedingt sagen, dass es ein Fehler war, dass wir nur die Anweisungen unseres Chefs befolgt haben oder nicht kompetent genug waren, um rechtzeitig fertig zu werden. Aber wir müssen zugeben, dass wir nicht sofort darauf hingewiesen und versucht haben, den Schaden wieder gut zu machen.

Kollektive Integrität

Kollektive Integrität wird gemessen anhand des Vergleichs zwischen den Verpflichtungen oder Vereinbarungen und dem Verhalten der Gruppenmitglieder. So wie ein Einzelner sich gemäß seinen Verpflichtungen verhalten kann (oder auch nicht), kann sich eine Gruppe im Einklang mit ihren operativen Normen verhalten (oder auch nicht). Im Allgemeinen werden diese Normen mithilfe von Regeln etabliert, die eine äußere Autorität der Gruppe auferlegt hat. Sie mögen sich zwar für den Umgang mit Extremfällen eignen (es ist verboten, Mitarbeiter zu beschimpfen ...), doch sie beziehen sich selten auf Alltagssituationen (... aber es gibt keine Regel, die verbietet, dass man hinter ihrem Rücken über sie spricht). Außerdem führen auferlegte Normen höchstens dazu, dass Pflichten aus Angst vor Strafe erfüllt werden. Nur eine freiwillige Vereinbarung kann zu einer moralischen Verpflichtung führen. Niemand kann einen Dritten verpflichten; eine Verpflichtung ist *immer* persönlich.

Für das reibungslose Funktionieren einer Organisation ist es ganz wichtig, dass Einigkeit über die Definition geeigneter Verhaltensformen besteht. Unabhängig von den persönlichen Prinzipien der Beteiligten muss das Team als kollektive Einheit gewisse Verhaltensvereinbarungen festschreiben. Ohne solche Vereinbarungen gibt es keine Parameter, die 1) das tägliche Verhalten der Gruppenmitglieder lenken, und 2) eine Bewertung ihrer Integrität zulassen. Diese beiden Effekte sind in gewisser Weise paradox: während man 1) versucht, Übertretungen zu *vermeiden, ermöglicht* man sie gerade (2). Der Wert einer kollektiven Vereinbarung beruht zum Teil darauf, dass sie Grenzen errichten und einen Bereich bestimmen kann, der „außerhalb dieser Grenzen" liegt.

In meiner Jugend ging ich oft zum Fußballspielen in einen Park in der Nähe meiner Wohnung. Diese informellen Fußballspiele fanden nicht auf einem offiziellen Spielfeld und ohne Schiedsrichter statt, und deshalb mussten wir vor Beginn die Grenzen des Sportplatzes festlegen (uns einigen und sie markieren). Meistens legten wir die Seitenlinie mithilfe eines Baums und ein paar Kleidungsstücken fest. Auf der einen Seite war „innen", auf der anderen Seite

„draußen". Aber der entscheidende Moment kam, wenn der Ball über die gedachte Linie hinausschoss. Normalerweise achtete niemand darauf und das Spiel ging weiter. Auf diese Weise wurde aus der virtuellen Linie eine echte; das so genannte „Draußen" gab es nicht mehr (außer wenn der Ball aus dem Park flog und wir ihn auf der Straße suchen mussten).

In Organisationen entstehen durch eine öffentliche Vereinbarung dieselben virtuellen Linien, Grenzen, die unangemessenes Verhalten festlegen (und damit erst ermöglichen). Aber die Feuerprobe dieser Abgrenzungslinien findet dann statt, wenn jemand „die Linie übertritt". Genau dann wird die Integrität der Gruppe festgelegt. Dazu ein Beispiel:

Zu meiner Arbeit mit Managementteams gehört auch ein Modell, bei dem ich die Betreffenden einlade, „agreements to live by" zu schaffen, das heißt, sie einigen sich gemeinsam auf ein Verhalten und verpflichten sich, es zu respektieren. Meistens lautet der erste – und mit der häufigste – Vorschlag, man solle Probleme direkt mit dem Betreffenden aushandeln. „Wenn jemand ein Problem mit mir hat", sagen oft einige Teilnehmer, „ist es mir lieber, er macht das mit mir aus, statt hinter meinem Rücken mit anderen darüber zu reden." Ein anderer meint dazu: „Genauso sehe ich es auch, und er soll möglichst früh mit mir darüber reden." Diese Idee findet schnell Zustimmung; für meinen Geschmack viel zu schnell. Ich fordere die Gruppe dann auf, zu überprüfen, ob diese Vereinbarung nicht ein paar unerwünschte Nebeneffekte haben könnte.

Jemand sagt: „Es könnte zu mehr Konflikten kommen. Wenn ich mich über etwas ärgere, finde ich nicht, dass es besser ist, mit dem anderen ,so früh wie möglich' darüber zu reden. Vielleicht wäre es besser, so lange zu warten, bis ich mich wieder beruhigt habe." Die anderen stimmen zu. „Aber dennoch sollte die Norm sein, dass man über das Thema erst dann mit anderen spricht, wenn man mit dem Betreffenden geredet hat. Der ,Cool-off' sollte privat stattfinden." Zustimmendes Gemurmel. Ein Dritter unterbricht: „Moment mal, wenn ich aufgeregt bin, ist es viel leichter, mich zu beruhigen, wenn mir ein Freund zuhört. Ich will andere nicht unbedingt verleumden, aber ich suche jemanden, der mich unterstützt und mir hilft, zu reflektieren, und der nicht so involviert ist wie ich. Danach bin ich wieder viel zentrierter, wenn ich mit der betreffenden Person rede, mit der ich ein Problem habe."

Meistens einigen sich die Beteiligten danach darauf, Cooling-Off-Gespräche nur mit einer von der Gruppe bestimmten, außenstehenden Person zu führen (meistens ein Coach aus meiner Organisation und manchmal ich selbst). Wenn die Vereinbarung steht, frage ich meine Teilnehmer gern, ob sie schon einmal in einer Organisation gearbeitet haben, in der es diese Verhaltensnorm gab. In praktisch 100% der Fälle lautet die Antwort „Nein". Das ist erstaunlich, weil diese Norm in fast allen Seminaren von den Teams als wichtigste Vereinbarung bezeichnet wird. Alle wissen, dass Gerüchte entsetzlich destruktiv sind (für die Arbeit, die Beziehungen und die Lebensqualität), und dennoch geben alle zu, dass sie dauernd bei Systemen mitmachen, wo die Gerüchteküche nur so brodelt.

Ich denke dann an meine Erfahrungen als Fußballer und die virtuellen Linien zurück, die auf einmal nicht mehr da waren, und frage die Gruppe: „Glauben Sie, dass niemand hinter jemandes Rücken reden wird, nur weil es diese Vereinbarung gibt?" Verlegenes Grinsen und spöttisches Lachen zeigen ganz deutlich die Meinung der Gruppe. „Was ist Ihrer Ansicht nach der entscheidende Moment, die Situation, in der es Ihnen besonders schwer fällt, sich an Ihre Vereinbarung zu halten?"

„Wenn ich wirklich wütend bin", „Wenn ich Dampf ablassen muss" und „Wenn ich denjenigen nicht mehr sehen will und meine Probleme einem Freund erzählen möchte" so einige häufige Antworten. Ich fahre fort: „Sehr gut, nehmen wir einmal an, dass Paulo wütend ist und zu seinem engen Freund und Arbeitskollegen André geht, um ihm zu erzählen, was für einen ‚Pfusch' Beatriz abgeliefert hat. Was passiert dann?" „André müsste ihm sagen, dass er direkt mit Beatriz reden soll!", ruft jemand. Ein anderer meint ironisch: „Ja ja, und wie machst du einem Freund klar, dass er dir seine Probleme *nicht* erzählen soll? Ich weiß nicht, ob ich mich an diese Norm halten könnte ..."

Etwas anderes ist es, wenn die Gruppe ein „agreement to work by" ausarbeitet, das beinhaltet, dass man zuerst mit der betreffenden

Person reden muss. Diese Vereinbarung erlaubt demjenigen, der sich die Klage über einen Dritten anhören muss, das Gespräch unter Berufung auf die gemeinsamen Werte der Gruppe abzulehnen. Solche Werte wurden in einer von allen Mitgliedern erklärten und unterschriebenen „Verfassung" festgelegt, darunter auch denen, die sich wie Paulo aus Schwäche oder Unachtsamkeit anders verhalten. Ohne solch eine Vereinbarung würde sich der, der sich beschwert, von dem widerstrebenden Empfänger beleidigt – und womöglich zensiert – fühlen. In Wirklichkeit ermöglicht erst die Vereinbarung eine Übertretung: Ohne Vereinbarung gibt es keine Übertretung. Aber wenn es eine kollektive Verpflichtung gibt, die dieses Verhalten als „außerhalb der Spielregeln" betrachtet, kann der Empfänger der Beschwerde den Sender daran erinnern und ihn auffordern, integer zu handeln. Dann kann der Sender sich wieder ins „Spielfeld" zurückbegeben und seine eigene sowie die kollektive Integrität erfahren.

Diese Erfahrung der Integrität hängt entscheidend davon ab, ob die Vereinbarung im Konsens getroffen wurde. Werden die Verhaltensnormen von einer äußeren Autorität vorgeschrieben, fühlen sich die Betreffenden höchstwahrscheinlich kontrolliert, sind verärgert und lehnen sich auf. Regeln und Politiken von außen können keinen Kontext für die Integrität einer Organisation schaffen.

Die folgende Tabelle auf Seite 254 ist dem Buch *How the way we talk can change the way we work: Seven Languages for Transformation* von Robert Kegan und Lisa Lahey[50] entnommen. Sie fasst die Unterschiede zwischen den auferlegten Regeln und Politiken sowie die kollektiv getroffenen Vereinbarungen zusammen.

Hätte Henrique gewusst, wie man Verpflichtungsgespräche formalisiert, hätte er mit Felipe ganz anders reden können. (Ich weise darauf hin, dass weder Felipe noch Helena die Tools für Verpflichtungsgespräche kennen müssen. Es genügt, dass Henrique sie anwendet, damit die Arbeit effizient erledigt werden kann und das Vertrauen in die Beziehungen und die Integrität aller Beteiligten wachsen können.)

Tabelle 1. Auferlegte Regeln und Politiken versus kollektive Vereinbarungen

Auferlegte Regeln und Politiken	Kollektive Vereinbarungen
Sollen für Ordnung sorgen (von oben – der Überlegenheit – nach unten und von außen nach innen).	Sollen von innen heraus für Integrität und Gleichheit in der Organisation sorgen.
Werden mit Handbüchern oder impliziten Normen institutionalisiert, die von einer äußeren Autorität auferlegt wurden.	Werden mit einem Gespräch über den Sinn der Normen und einer kollektiven Verpflichtung institutionalisiert.
Werden erst nach dem Verstoß diskutiert.	Werden getroffen und diskutiert, bevor es zum Verstoß kommt.
Ihre Übertretung wird ignoriert oder privat abgehandelt wie ein Problem, das eliminiert werden soll.	Verstöße werden öffentlich diskutiert, damit alle – der Einzelne und die Gruppe – daraus lernen können.
Sind ein soziales Vehikel für Führungskräfte, die damit Verstöße korrigieren können.	Sind ein soziales Vehikel für gleichrangige Personen, um Verstöße zu korrigieren und die kollektive Integrität zu erhalten.
Die „korrigierten" Personen merken, dass die Organisation (und nicht sie) die Macht hat, sie zu kontrollieren.	Die „korrigierten" Personen erleben, dass sie an der Integrität der Organisation mitwirken können.

„Rosa Granit aus Brasilien, 50 x 50 cm große Fliesen zur Verkleidung von 30 acht Meter hohen Betonpfeilern. Eine Hälfte der Fliesen soll geschliffen, die andere Hälfte poliert sein. Die Verbindungsstellen müssen perfekt sein, damit die Pfeiler aussehen, als wären sie ganz aus Granit. Insgesamt 480 Fliesen bis Ende April. Können Sie das liefern?"

Henrique lächelt und sagt:

„Felipe, ich danke Ihnen für Ihr Interesse. Wir sind begeistert von der Möglichkeit, einen Vertrag mit ArCons abzuschließen. Ich würde Ihnen gern zusagen, aber die wahre Antwort auf Ihre Frage lautet: Ich weiß es nicht."

„Sie wissen es nicht?", wiederholt Felipe. „Sie wissen nicht, ob Sie diesen Auftrag übernehmen wollen?"

„Natürlich will ich den Auftrag", antwortet Henrique. „Bloß weiß ich nicht, ob ich ihn gemäß Ihren Spezifikationen zeitlich und formal erfüllen kann, ohne meine anderen Kunden warten zu lassen. Wir bei Stone Works nehmen unsere Verpflichtungen sehr ernst. Ich möchte Ihnen ungern etwas versprechen, das ich nicht halten kann. Bald ist April und ich muss mich erst informieren, wie lange die Brasilianer brauchen, um den Granit aus dem Steinbruch zu schlagen und zu verschiffen. Außerdem muss ich mich vergewissern, ob ich das Material, sobald es eingetroffen ist, schneiden, schleifen, polieren und rechtzeitig liefern kann. Bevor ich entscheide, ob ich Ihren Auftrag annehmen kann, muss ich deshalb ein paar Dinge überprüfen. Ich kann Ihnen innerhalb von 24 Stunden eine Antwort geben. Halten Sie das für machbar?"

„Einverstanden, 24 Stunden. Ich warte auf Ihren Anruf."

Henrique geht zu Helena, der Produktionsleiterin, und erklärt ihr, worum es geht.

„Was meinen Sie?", fragt er.

„Bis Ende April?", ruft Helena. „Das ist sehr knapp. Das heißt, wir werden einen Haufen Überstunden machen müssen, aber wenn es so wichtig ist, werde ich mein Möglichstes tun."

Henrique fragt:

„Ihr Möglichstes? In meinem Land heißt das ‚Ich glaube, das klappt nicht'. Lassen Sie mich die Frage anders formulieren. Wenn der ganze Granit hier ist, wie viel Zeit brauchen Sie, um die Fliesen zu schneiden, zu polieren und zu schleifen?

„Ohne Überstunden mindestens sechs Wochen. Mit Überstunden vielleicht vier."

„Danke, Helena."

Gleich danach ruft Henrique den Steinbruch in Brasilien an. Er erhält die Information, dass Abbau und Verschiffung des gesamten Materials drei bis vier Wochen dauern werden – zwei Wochen länger, als er gedacht hatte. Aber man sagt ihm auch, die Hälfte des Materials sei vorrätig und wenn Stone Works mit zusätzlichen Frachtkosten einverstanden sei, könne man zwei Teillieferungen machen.

Nachdem Henrique seine Versandabteilung und die Produktionsplaner der Werkstatt befragt hat, ruft er Felipe 22 Stunden nach dem ersten Gespräch zurück.

„Felipe, bis April kann ich den Auftrag nicht erledigen. Selbst wenn ich den Steinbruch dazu bringen könnte, den ganzen Granit sofort zu schicken, könnte ich mit Transport und Anfertigung den Termin nicht halten. Als frühestes Lieferdatum könnte ich Ihnen den 25. Mai zusichern. Ehrlich gesagt, wird Sie bei diesen Forderungen kein anderer Lieferant früher beliefern können, es sei denn, er hätte den rosa Granit bereits vorrätig. Aber ich mache Ihnen einen anderen Vorschlag: Was halten Sie davon, wenn ich Ihnen die Hälfte der Bestellung am 5. Mai und den Rest am 25. liefere? Gegen einen geringfügigen Aufpreis kann ich einen Teil des Granits drei Wochen früher bekommen."

„Das wäre machbar, aber nicht ideal", entgegnet Felipe. „Geht es nicht schneller?"

„Das sind wirklich die äußersten Termine, die ich Ihnen anbieten kann. Wir werden den Arbeitsprozess beschleunigen und viele Überstunden machen müssen, um im Mai fertig zu werden. Es tut mir sehr Leid, aber es wäre unverantwortlich von mir, etwas zu versprechen, was ich wahrscheinlich nicht halten kann."

„Ich muss die Termine noch einmal mit ein paar Beteiligten absprechen", sagt Felipe, „aber dazu habe ich noch Zeit. Es wäre schlimmer, wenn Sie uns in letzter Minute hängen lassen." Er überlegt kurz und sagt dann: „In Ordnung, abgemacht. Schicken Sie mir die geschliffenen Fliesen am 5. Mai und die polierten am 25."

„Entschuldigung, Felipe, ich habe nicht richtig verstanden", antwortet darauf Henrique. „Ich habe notiert, dass jede Fliese zur Hälfte poliert und zur Hälfte geschliffen sein soll, aber jetzt höre ich, dass Sie zuerst die geschliffenen Fliesen wollen. Wie das?"

„Ich glaube, ich habe mich unklar ausgedrückt", erklärt Felipe. „Wir werden jeden Pfeiler abwechselnd mit geschliffenen und polierten Fliesen verkleiden. Deshalb brauchen wir 240 geschliffene und 240 polierte Fliesen."

„Danke für die Aufklärung", sagt Henrique. „Dieser Irrtum käme uns sehr teuer zu stehen. Können Sie mir so schnell wie möglich ein Fax mit den Spezifikationen schicken? Ich würde jede einzelne gern mit Ihnen besprechen, um sicherzugehen, dass ich alles richtig bestelle. Wäre es Ihnen recht, wenn wir uns Donnerstag-abend treffen?"

Felipe und Henrique treffen sich donnerstags, nehmen kleine Veränderungen am Produktionsprogramm vor und unterzeichnen den Vertrag.

„Felipe, ich werde Sie mindestens jeden Montag anrufen, um Sie über den aktuellen Stand der Dinge zu informieren", sagt Henrique. „Wenn ich irgendein Problem habe, werden Sie es als Erster erfahren. In drei Wochen werden Sie bereits ein Arbeits-muster vorliegen haben. Ich möchte Sie über jeden Schritt unter-richten, damit es im Mai keine unangenehmen Überraschungen gibt. Das ist meine Verpflichtung Ihnen gegenüber."

Wenn Verpflichtungsgespräche nicht eingehalten werden, kommt es im Geschäfts- und Privatleben zu ernsten Schwierigkei-ten. Die Nichteinhaltung von Verpflichtungen führt zu Ineffizienz, Desorganisation, Misstrauen, Groll und zerrütteten Beziehungen. Mehr noch: Die Fähigkeit, sich zu etwas zu verpflichten, ist eine der Kernkompetenzen eines Menschen. „Person (körperlich oder juri-stisch) ist jedes Wesen mit bestimmten Rechten (den Verpflichtun-gen der anderen) und Verpflichtungen gegenüber anderen. Ver-pflichtungen nicht zu würdigen (sie nicht zu erfüllen und sich nicht dafür zu entschuldigen), zeugt von mangelndem Respekt dem an-deren und sich selbst gegenüber.

Man sollte unbedingt versuchen, Schwierigkeiten bei Ver-pflichtungen zu verhindern, aber Probleme sind unvermeidlich, denn es stehen viele Variabeln auf dem Spiel. Bei Problemen gibt es für den Betroffenen zwei Optionen: eine nicht-konstruktive Be-schwerde oder eine konstruktive Beschwerde. Wer aus nicht-kon-struktiven Beschwerden konstruktive Beschwerden machen kann, verbessert die zwischenmenschliche Interaktion in jeder Organisa-tion (und damit kann man auch sehr gut persönliche Beziehungen verbessern).

Nicht-konstruktive Beschwerden

Menschen, die sich nicht-konstruktiv beschweren, suchen nach einem bereitwilligen Zuhörer, um sich Luft zu machen. Sie versuchen, ihren verletzten Stolz mithilfe einer virtuellen Racheaktion zu heilen, indem sie das öffentliche Bild ihres Widersachers angreifen.

- ☐ **Im Allgemeinen werden sie vor Dritten geäußert.** Das Publikum für Beschwerden besteht aus Kollegen, die mit der Position des Klagenden sympathisieren und ihm nicht widersprechen; das heißt, Personen, die das Problem weder herbeigeführt haben noch es lösen können. In Wirklichkeit beschwert sich der Betreffende häufiger bei Unbeteiligten statt bei demjenigen, der seiner Meinung nach für das Problem verantwortlich ist.

- ☐ **Sie suchen nach Sympathie und Unterstützung.** Wer sich beschwert, indem er Sympathiebeweise und Unterstützung sucht, spricht meistens nur mit denen, die seiner Version der Geschichte zustimmen. Dann kann er sich in die Opferposition begeben und widersprüchliche Informationen ignorieren, durch die seine Darstellung fragwürdig würde. Selbst wenn die Geschichte fehlerhaft oder nicht schlüssig ist, werden die Freunde das Opfer auf solche Details nicht aufmerksam machen.

- ☐ **Sie wiederholen sich.** Der Klagende erzählt verschiedenen Personen (die nichts zur Lösung beitragen können) immer wieder dieselbe Geschichte.

- ☐ **Sie enden mit negativen persönlichen Urteilen.** Der Klagende versucht, sein Bild vom unschuldigen Opfer zu untermauern, indem er dem (vermeintlichen) Täter böse Absichten und unklare Beweggründe unterstellt. Ein konkretes Problem kann zu noch mehr persönlichen Urteilen über den Charakter und die Absichten des vermeintlichen Täters führen.

- ☐ **Der Betroffene will sich emotional Luft machen.** Beschwerden drücken Unzufriedenheit und Wut aus und versuchen, einen

Schuldigen zu finden. Meistens sind sie niederschmetternd und bringen andere in die Defensive.

☐ **Sie sinnen auf Rache.** Statt zu versuchen, das Problem zu lösen, will der Klagende der Identität des vermeintlichen Schuldigen schaden. Mit seinen negativen Urteilen will er ihn meistens für seine Nichteinhaltung „bestrafen".

☐ **Sie führen zu Groll und Feindseligkeit bei den „Parteien".** Durch gemeinsame negative Urteile bilden sich „Parteien": die Unterstützer des Klagenden *versus* die Befürworter des anderen. Zwischen diesen beiden Parteien gibt es keine Kommunikationsbrücken, und wo es keine Kommunikation gibt, wächst der Argwohn.

Konstruktive Beschwerden

Mit konstruktiven Beschwerden will man die Beziehung wiederherstellen und das Gespräch in eine gute Richtung lenken. Die Beobachtungen des Klagenden richten sich an die Person, die die Verpflichtung eingegangen ist. Sie kann dann analysieren, was schief ging und wie sich dieser Fehler beheben lässt.

Konstruktive Beschwerden haben folgende typische Merkmale:

▪ **Sie wollen eine verfahrene Situation wieder ins Lot bringen und eine bessere Zukunft vorbereiten.** Eine konstruktive Beschwerde hat vier Ziele:
   a) den Schaden, den die Arbeit erlitten hat, beheben oder minimieren;
   b) die Beziehung wiederherstellen und festigen;
   c) die Integrität der Personen wiederherstellen;
   d) den Beteiligten anhand des Fehlers zeigen, wie sie künftig effektiver kooperieren können.

▪ **Sie enden mit Bitten und Versprechen.** Konstruktive Beschwerden suchen nach Lösungen statt nach Schuldigen. Zu diesen Lösungen gehören künftige Handlungen, die mithilfe neuer Verpflichtungen koordiniert werden.

▣ **Sie sorgen für gegenseitigen Respekt und Teamgeist.** Eine konstruktive Beschwerde soll geschädigte Beziehungen und das Vertrauen zwischen den Gesprächspartnern wiederherstellen.

▣ **Sie verleihen dem Klagenden Seriosität.** Jedes Verhalten trägt zu Ihrem Bild in der Öffentlichkeit bei. Eine konstruktive Beschwerde zeigt, dass Sie die anderen ernst nehmen. Zugleich zeigt sie deutlich, dass Sie sich auch selbst ernst nehmen. Sie können nicht einfach irgendetwas versprechen, denn man erwartet von Ihnen, dass Sie dieser Verpflichtung nachkommen. Selbst wenn die Verpflichtung unerfüllbar ist, müssen Sie Verantwortung dafür übernehmen, indem Sie eine Erklärung abgeben, sich entschuldigen, Ersatz anbieten und neu verhandeln.

▣ **Sie fördern Protagonismus und Lernerfolg.** Fehler liefern wertvolle Informationen über Aktions- und Kommunikationsprozesse. Wenn die Gesprächsteilnehmer das Problem als Lerngelegenheit begreifen, können sie nach den Ursachen für das Missverständnis forschen oder überlegen, weshalb die Koordination aus dem Ruder lief.

Mit den folgenden Schritten lässt sich eine konstruktive Beschwerde leicht strukturieren. Diese Form ist zwar nicht die einzig gültige, kann aber dennoch als gutes Beispiel dienen. Zur Verdeutlichung werden wir die Person, die sich beschwert, „Sender" und die, die sie entgegennimmt, „Empfänger" nennen.

a) *Eine geeignete Begründung formulieren (individueller Vorbereitungsschritt).* Bevor der Sender sich beschwert, sollte er sich sein Anliegen noch einmal durch den Kopf gehen lassen und sicherstellen, dass es gerechtfertigt ist. Damit vergewissert er sich, dass er dem anderen keinen Vorwurf machen, ihn nicht überfahren, nicht beschuldigen, nicht sich an ihm rächen oder seinen Ärger an ihm auslassen will. Es gibt nur sechs gerechtfertigte Gründe für eine Beschwerde:

• Die Arbeit retten, indem man wieder für Koordination sorgt;

- das Vertrauen in der Beziehung wiederherstellen;

- Emotionale Wunden heilen;

- dem Empfänger wieder zu Integrität verhelfen;

- seine persönliche Seriosität als jemand, der an Versprechen glaubt, wiederherstellen;

- aus der Situation etwas für die Zukunft lernen.

b) *Für den angemessenen Kontext sorgen (Gesprächsvorbereitung).* Bevor der Sender seine eigentliche Beschwerde vorbringt, sollte er sich vergewissern, dass der Kontext (Zeitpunkt, Ort, Vertraulichkeit, Stimmung usw.) geeignet ist. Außerdem sollte er mit dem Empfänger offen über seine Absichten reden. Der Sender kann ausdrücklich erklären, dass er keinen Streit vom Zaun brechen, sondern das Problem lösen will, das die Zusammenarbeit erschwert.

1. **Die ursprüngliche Verpflichtung überprüfen.** Viele Probleme beruhen auf Missverständnissen in der Kommunikation, die sich auf die ursprüngliche Bitte und das ursprüngliche Versprechen bezieht: Der Betreffende versucht, X um etwas zu bitten, aber der andere hört (und verspricht) Y. Der erste Schritt bei einer Beschwerde ist, die eigentliche Verpflichtung noch einmal anzuschauen, um sicherzustellen, dass beide Seiten dasselbe verstanden haben. Wenn darüber Einverständnis herrscht, ist eine gemeinsame Basis vorhanden, von der aus man die Beschwerde weiter bearbeiten kann. Andernfalls müssten die Gesprächsteilnehmer überprüfen, was passiert ist, und sich dann etwas einfallen lassen, um künftige Missverständnisse zu vermeiden.

Viele meiner Seminarteilnehmer bezweifeln, ob diese Überprüfung sinnvoll ist. Sie argumentieren, der andere könne sich damit herausreden, um sich vor der Verpflichtung zu drücken. Das kann natürlich vorkommen. Aber dieses Risiko muss man abwägen gegen das Risiko, jemandem ungerechtfertigt Vorwürfe zu machen und Streit und Ressentiments zu fördern. Meine Philosophie ist folgende: Es ist besser, *beim ersten Mal* zu „verlieren", als dem anderen irrtümlich vorzuwerfen, er habe seine Verpflichtung nicht erfüllt oder wolle sich herausreden. Doch dieses Zugeständnis gilt nur für dieses erste Mal. Danach müssen Sie durch zusätzliche Maßnahmen sicherstellen, dass die Verpflichtung wirklich klar ist. Am Ende des Gesprächs fassen Sie beispielsweise die getroffenen Vereinbarungen zusammen und überprüfen damit gleichzeitig, ob die andere Seite einverstanden ist. Dann schicken Sie dem Gesprächspartner eine E-Mail mit dieser Zusammenfassung und bitten ihn, Fehler zu korrigieren, die Ihnen möglicherweise unterlaufen sind.

2. **Die Nichterfüllung überprüfen.** In einem zweiten Schritt erzielt man Einigung darüber, dass jemand etwas versprochen und nicht eingehalten hat. Das ist notwendig, weil der Empfänger vielleicht glaubt, sein Versprechen erfüllt zu haben. Möglich ist auch, dass die Verpflichtung erfüllt wurde, der Sender aber nichts davon weiß. Wenn beide sich einig sind, dass es ein Problem gab (der Empfänger gibt zu, dass er seiner Verpflichtung nicht nachgekommen ist), können Sie auf dieser gemeinsamen Basis die Beschwerde weiterbearbeiten. Andernfalls müssen Sie herausfinden, wie es zu den Missverständnissen kam, und überlegen, wie Sie dies in Zukunft verhindern. Man muss zwischen Nichterfüllung und ihrer Rechtfertigung unterscheiden. Zum jetzigen Zeitpunkt können Sie nur versuchen festzulegen, ob die Verpflichtung eingehalten wurde oder nicht, und nicht, ob dies gerechtfertigt war oder nicht.

3. **Erkunden, was passiert ist.** Beide Seiten sind sich einig, dass es ein Problem mit der Verpflichtung gab, aber der Sender weiß noch nicht, warum der andere sein Versprechen nicht erfüllt hat. Durch dieses Erkunden hört der Sender die Geschichte des anderen (was aus dessen Sicht passiert ist). Das Erkunden macht nicht nur die Sichtweise des anderen verständlich, sondern lässt auch Ihre respektvolle, neugierige Haltung erkennen. Dass Sie sich nach der Situation des anderen erkundigen, zeigt, dass Sie sich nicht aufgrund negativer Urteile ein Bild gemacht haben, an dem Sie nun festhalten.

4. **Die Schäden abschätzen und die Beschwerde vorbringen.** Die Nichteinhaltung einer Verpflichtung führt auf drei Ebenen zu Schwierigkeiten: auf der operationalen, der Beziehungs- und der persönlichen Ebene. Die Aufgabe leidet darunter, weil es an der Koordination fehlt, die Beziehung leidet, weil das Vertrauen weg ist, und der Betreffende leidet, weil es ihn stresst und betrübt, dass er hintergangen wurde.

Ein erster Schritt zur Behebung dieser Schäden ist, sie anzuerkennen und zu bestätigen. Die Aufzählung dieser Schäden hilft dem Empfänger, die Verästelungen des Problems zu verstehen, und der Sender kann seinen Schmerz zum Ausdruck bringen. Ziel dieses Schrittes ist weder, sich zu beschweren noch jemandem die Schuld daran zu geben, sondern aufzuzeigen, welche Wirkung diese Situation auf den Hintergangenen gehabt hat.

Wer seine Verpflichtung nicht einhält, bringt das Projekt, sein Vertrauensverhältnis zum Sender und seine eigene Integrität in Gefahr. Eine Beschwerde gibt dem Empfänger die Gelegenheit, seinen Fehler auf diesen drei Ebenen wieder gut zu machen. Deshalb führt eine konstruktive Beschwerde nicht zu Konflikten, sondern löst sie.

5. **Um Wiedergutmachung bitten und eine neue Verpflichtung aushandeln.** Zu jeder konstruktiven Beschwerde gehört die Bitte des Senders um Wiedergutmachung. Das kann einfach so aussehen, dass der Empfänger sich erneut verpflichtet, sein ursprüngliches Versprechen einzulösen; oder man kann einen zusätzlichen Schadensersatz vereinbaren. Wichtig ist, dass der Sender die Bedingungen festlegt, wie die Wiedergutmachung zu erfolgen hat, damit man – nach Erfüllung – die Vergangenheit für erledigt und abgeschlossen erklären kann.

Hier besteht die Gefahr, dass der Sender aus Nettigkeit um etwas bittet, das die Situation für ihn nicht abschließt. Diese Nettigkeit wird über kurz oder lang nur zu Ressentiments führen. Sie müssen Ihre Bitte so formulieren, dass Sie als Sender – wenn der Empfänger sie annimmt und erfüllt – diese Situation später nicht dazu benutzen, um schlechte Gefühle zu rechtfertigen.

6. **Lernen und Vorbereitung auf die Zukunft.** Der letzte Schritt dieses Prozesses besteht darin, nach Verbesserungsmöglichkeiten Ausschau zu halten. Wenn die Gesprächspartner verstehen, wo der Prozess unter den festgelegten Bedingungen eine Schwachstelle hat, können sie sich Strategien zurechtlegen oder Mechanismen entwerfen, um ihn zu stärken. Damit vermeiden sie nicht nur, dass sich derselbe Fehler wiederholt, sondern auch andere ähnliche Fehler. Eine Beschwerde repariert nicht nur, nein, sie kann auch die Effizienz, das Vertrauen, den Frieden und die Integrität stärken.

Multidimensionale Kommunikation

Nicht immer sind nicht eingehaltene Verpflichtungen daran schuld, wenn die Kommunikation zusammenbricht. Die meisten Konflikte im Berufs- und Privatleben entstehen durch die unterschiedlichen Wertvorstellungen und Erwartungen der Menschen. Egal ob ein ausdrückliches Versprechen gegeben wurde oder nicht – wenn sich die anderen nicht an unsere Bedingungen halten, sind wir enttäuscht und verärgert. Hier haben wir die Gelegenheit, die so genannte *multidimensionale Kommunikation* anzuwenden – eine Alternative zur konstruktiven Beschwerde (im Unterschied zu einem Gespräch zur Neuverpflichtung [*recommitment conversation*]).

Der Unterschied zwischen einer Beschwerde und multidimensionaler Kommunikation ist: Im zweiten Fall gibt es keine ausdrückliche Verpflichtung oder frühere Übereinkunft. Meistens erwarten wir von einer Person stillschweigend ein bestimmtes Verhalten, denn es wäre ja unmöglich, all diese Parameter einzeln zu bestimmen. So muss sich eine Angestellte beispielsweise nicht ausdrücklich verpflichten, die Wände ihres Büros nicht zu bemalen. Wenn sie es tut, bekommt sie sicher einen Rüffel. Grundlage für diesen Rüffel ist nicht eine frühere explizite Verpflichtung der Angestellten, denn sie hat ja niemals versprochen, die Wände ihres Büros nicht zu bemalen. Die Beschwerde beruht auf einer Norm, die das Unternehmen aufgestellt hat und die als Vertragsbedingung stillschweigend vorausgesetzt wird: beispielsweise die Verpflichtung aller Mitarbeiter, das Eigentum des Unternehmens nicht zu beschädigen.

Multidimensionale Kommunikation und Gespräche zur Neuverpflichtung haben ähnliche Ziele. Sie helfen den Betreffenden, effektiv und respektvoll über ihre Uneinigkeiten zu reden, die Vergangenheit zu „reparieren" und die Zukunft vorzubereiten. Mit der Reparatur soll das Missverständnis aufgeklärt werden, das zu dem Problem führte, und seine negativen Auswirkungen auf die Arbeit, die Beziehung und die Gefühle möglichst begrenzt werden. Die Vorbereitung zielt darauf ab, effektivere Interaktionsmodi zu entwerfen, die in ähnlichen Situationen nicht zu Schwierigkeiten führen. Fast alle Ziele sind „bedingt", das heißt, man erreicht sie nur, wenn die Gegenseite zustimmt. Will der Gesprächspartner keine Einigung, kann man überhaupt nichts lösen und die Beziehung nicht kitten. Aber es gibt ein unbedingtes Ziel: die Bekräftigung der persönlichen Integrität und des Stolzes, weil man seinen persönlichen Werten treu bleibt. Dies hängt allein von uns und unserem Bewusstsein ab.

Multidimensionale Kommunikation funktioniert nur, wenn man ausschließlich in der ersten Person Singular spricht – das heißt, wenn man vom „Ich" spricht. Wenn ich mich beschwere, habe ich das Recht, meine Position, meine Meinung, meine Emotionen und meine Wünsche vorzubringen; aber ich habe nicht das Recht, den anderen dazu zu zwingen, sich meinem Standpunkt anzuschließen, für meine Emotionen Verantwortung zu übernehmen oder meine Wünsche zu erfüllen. Deshalb ist es viel sinnvoller und respektvoller, von mir selbst zu sprechen (Ich-Botschaften: was ich glaube, fühle und wünsche), als Du-Botschaften auszusenden (was der andere denken, fühlen und wünschen soll). Konstruktive Formulierungen sind etwa: *„Ich* glaube, dass ...", *„Ich* bin traurig, weil ...", *„Ich* möchte, dass ...", *„Ich* bitte Sie um ..." Kontraproduktive Formulierungen sind beispielsweise: „Es ist offensichtlich, dass *Sie* ...", „Jeder wäre verletzt, wenn ...", *„Sie* müssen ...", *„Sie* müssten ..."

Zu diesem Prozess gehören folgende Schritte:

a) Individuelle Vorbereitung. Nehmen Sie sich vor Gesprächsbeginn kurz Zeit, um sich mit einigen tiefen Atemzügen zu zentrieren. Werden Sie sich über Fakten, Ihre Gefühle, Meinungen, Wünsche und Bitten klar. Finden Sie heraus, warum Sie dieses Gespräch führen möchten und was Sie damit lösen oder erreichen wollen. Überprüfen Sie auch, ob Ihr Anliegen tugendhaft ist und im Einklang mit Ihren Werten steht, und verpflichten Sie sich noch einmal innerlich, sich so zu verhalten, dass Sie stolz darauf sein können. Denken Sie daran, dass ein Problem möglicherweise ein Schatz ist; eine Möglichkeit, Ihre Effektivität und Ihre Beziehung zum anderen zu verbessern und sich auch unter schwierigen Bedingungen so zu verhalten, wie es der andere von Ihnen erwartet.

b) Definition des Kontexts. Erklären Sie zu Gesprächsbeginn Ihrem Gegenüber Ihre Absicht und fragen Sie ihn, ob er bereit ist, über das Problem zu sprechen. Überprüfen Sie, ob die Situation (Zeitpunkt, Ort und andere Bedingungen) für beide geeignet ist. Wenn ja, fahren Sie fort. Wenn nicht, versuchen Sie, einen geeigneteren Zeitpunkt für ein neues Gespräch zu vereinbaren.

Die nun folgenden Schritte sind:

1. **Darlegung der Fakten (Plädieren).** Präsentieren Sie faktische Feststellungen zur Situation, die Ihnen missfällt. Beschränken Sie sich auf Äußerungen, die der andere unmittelbar überprüfen kann; vermeiden Sie Interpretationen oder Urteile. Vergessen Sie nicht, die Verantwortung dafür zu übernehmen, dass Sie ausgerechnet diese Fakten ausgesucht (herausgestellt) haben, indem Sie sagen: „Mir ist aufgefallen, dass ...“

2. **Offenlegung der Gefühle.** Bringen Sie zum Ausdruck, wie sehr die Situation Sie emotional beeinträchtigt. Sprechen Sie nur von Gefühlen, bringen Sie sie nicht mit Meinungen oder Interpretationen durcheinander. Einige Emotionen, die in problematischen Situationen öfter auftauchen, sind: Traurigkeit, Angst, Ärger, Schuldgefühle, Befürchtungen, Scham und Verzweiflung. Es gibt Formulierungen, die nichts mit Gefühlen zu tun haben

(auch wenn es so aussieht): „Ich fühle mich verraten" (Meinung), „Ich habe das Gefühl, Ihnen sind meine Ideen egal" (Folgerung), „Ich habe das Gefühl, Sie haben falsch gehandelt" (Urteil), „Ich finde Sie kalt und distanziert" (Vorwurf), „Ich glaube, da liegen Sie falsch" (Bewertung), „Ich meine, wir sollten das tun, was ich vorschlage" (Zwang). Solche Äußerungen sind potenziell gefährlich, weil sie hinter der Fassade eines Gefühls etwas anderes kommunizieren. Über Gefühle lässt sich nicht diskutieren, Meinungen kann man durchaus in Frage stellen. Wer über ein Gefühl spricht, macht eine Aussage über seinen inneren Zustand, und daher kann sie nicht zweideutig sein.

3. **Darlegung von Meinungen und Interpretationen (Plädieren).** Bringen Sie Ihre Gedanken zur Sprache und erklären Sie, welche Beobachtungen Sie dazu veranlassen, so zu empfinden. Präsentieren Sie Ihrem Gesprächspartner Ihre Interpretationen konstruktiv. Machen Sie sich Ihre Urteile zu Eigen, indem Sie einräumen, dass sie persönlich und subjektiv sind.

4. **Erkunden.** Fragen Sie Ihren Gesprächspartner nach seinen Urteilen, Informationen, Beweggründen usw. Erinnern Sie sich daran, dass Sie den Fall nicht präsentieren, um in der Diskussion zu „gewinnen". Sie wollen das Problem lösen und die künftigen Bedingungen für eine Interaktion verbessern. Es ist viel wichtiger, zu einer Einigung zu kommen, als dem anderen zu zeigen, dass Sie „Recht haben".

5. **(Stilles) Zuhören und Überprüfung des Verständnisses.** Unterbrechen Sie Ihren Gesprächspartner nicht. Lassen Sie ihn wirklich ausreden; hören Sie schweigend zu. Überprüfen Sie zum Schluss, ob Sie seinen Standpunkt verstanden haben, indem Sie eine Zusammenfassung geben und ihn fragen, ob Sie alles richtig erfasst haben.

6. **Wünsche äußern.** Erklären Sie, was Sie sich wünschen. Im Unterschied zu einer Bitte kann ein Wunsch abstrakt und allgemein gehalten sein. Nutzen Sie die Gelegenheit, Ihrem Gesprächspartner eine Vision einer möglichen Zukunft vorzuschlagen.

Diese Vision hat äußere Aspekte („Ich möchte gern, dass unser Unternehmen wächst") und innere Aspekte („Ich möchte gern, dass wir uns gegenseitig unterstützen").

7. **Bitten.** Äußern Sie eine Bitte. Benutzen Sie die Aktivform und spezifizieren Sie möglichst konkret, unter welchen Bedingungen Sie zufrieden wären.

8. **Erkunden.** Finden Sie heraus, wie Ihr Gesprächspartner auf Ihre Bitte reagiert und welche Wünsche und Vorschläge er hat. Denken Sie daran: Sie versuchen nicht, Ihren Willen durchzusetzen, sondern eine Vereinbarung aushandeln, mit der sich der andere aufrichtig dazu verpflichtet, in Zukunft anders zu handeln. Das wird er nur tun, wenn er Ihre Bitte akzeptiert. Alles andere ist nur Pflichterfüllung.

9. **(Stilles) Zuhören und Überprüfung des Verständnisses.** Unterbrechen Sie Ihren Gesprächspartner auch jetzt nicht. Lassen Sie ihn wirklich ausreden, und hören Sie schweigend zu. Überprüfen Sie zum Schluss anhand einer Zusammenfassung, ob Sie seinen Standpunkt verstanden haben.

10. **Verhandlung und Verpflichtung für künftiges Vorgehen.** Sobald die Gesprächspartner die Ziele und Bitten des jeweils anderen verstanden haben, können sie daran gehen, kreative Lösungen zu finden, um alle Interessen unter einen Hut zu bekommen.

11. **Lernen und über das weitere Vorgehen nachdenken.** Finden Sie heraus, was schief gegangen ist und was Sie beide hätten tun können, um dies zu vermeiden. Lernen Sie etwas aus dem Problem und benutzen Sie die Lektion dazu, für ähnliche Situationen einen effektiven Interaktionsmechanismus zu entwickeln.

Kapitel 11

Verzeihen

Ich war der Ansicht, Verzeihen sei etwas, womit man eine Dummheit oder Gemeinheit abtut; und die einem das flüchtige Gefühl gibt, die ganze Welt zu lieben. Jetzt begreife ich, dass Verzeihen eine radikale Lebensform ist, die zu den gewöhnlichsten Überzeugungen der Menschen im Widerspruch steht.

PATRICK MILLER,
A LITTLE BOOK OF FORGIVENESS

In einer vollkommenen Welt würden die Menschen verantwortungsvoll, ehrlich, respektvoll und integer handeln. In einer vollkommenen Welt wären Probleme Schätze: Gelegenheiten, um zu lernen, um bessere Ergebnisse zu erzielen und tiefere Beziehungen aufzubauen. In einer vollkommenen Welt würden sich Konflikte und Probleme kreativ und respektvoll lösen lassen. Leider – oder vielleicht zum Glück – lebt keiner in dieser vollkommenen Welt. Jeder gerät in Situationen, in denen er nicht das bekommt, was er sich wünscht, egal ob es sich um materielle Dinge oder Beziehungen zu anderen Menschen handelt. Was tut man also in so einem Fall?

Manche Menschen drücken sich lieber vor dieser Situation. Leider funktioniert das auf der Gefühlsebene nicht. Sie können ein Gefühl nicht dadurch loswerden, dass Sie es einfach ignorieren. Im

Gefühlsbereich kann man ein Gefühl nur dadurch loswerden, indem man es durchlebt. Mit etwas Distanz kann der Schmerz an Intensität verlieren, aber er wird nicht verschwinden. Man bringt „ein Problem *loslassen*" und „ein Problem *lösen*" durcheinander.

Eine andere Möglichkeit ist Rache. Rache ist so wirkungslos wie Flucht, allerdings noch viel gefährlicher. Etwas „Auge um Auge" zu vergelten, verstärkt nur den Konflikt, den Schmerz und die Verbitterung. Von den antiken Clan-Kämpfen bis hin zu den modernen Kriegen zwischen Staaten hat sich bereits erwiesen, dass man mit Gewalt weder gestörte Beziehungen kitten noch künftige Schäden vermeiden kann. Außerdem führen Rachefeldzüge zu Eskalationen, die noch viel mehr Schmerz verursachen als die eigentliche Beleidigung. Mit Ghandis Worten: „Auge um Auge, und die ganze Welt wird blind."

Furcht und Entfremdung sind als Grundlage für den Frieden kein Ersatz für gegenseitige Liebe und Respekt. Beziehungen gesunden nicht durch Repressalien. Das Vergnügen, Menschen leiden zu sehen, die uns Schaden zugefügt haben, ist nur von kurzer Dauer. Und wenn der anfängliche Glanz des Racheakts verblasst, bleiben nur Verletzungen auf beiden Seiten und das Gefühl der Leere und der Verbitterung. Hass wird durch noch mehr Hass genährt. Selbst wenn das Opfer unter unserem Hass leidet, wird unser Hass nur größer. Die Kälte des Grolls verschwindet nicht mit dem Racheakt, sondern ergreift uns selbst in Form von Scham und Angst vor künftigen Racheakten.

Wer ein scheinbar irreparables Beziehungsproblem hat, dem steht ein anderer Weg offen: das Verzeihen. Verzeihen arbeitet mit den Unvollkommenheiten des Lebens und verwandelt sie in gute Gelegenheiten, damit wir auf eine höhere Ebene von Frieden, Bewusstsein und Mitgefühl gelangen.

Aber Verzeihen ist nicht leicht. Diese Entscheidung setzt einen hohen Reifegrad und Selbsterkenntnis voraus. Wer verzeihen will, muss sich radikal der Verantwortung und der essenziellen Freiheit des Menschen verpflichten und ein absolutes Vertrauen in die eigene Fähigkeit haben, durch alle Erfahrungen – die strahlenden ebenso wie die düsteren – zu lernen und zu wachsen. Es ist eine

Vertrauenserklärung an das Leben, eine Wahlmöglichkeit bei Herausforderungen, die unsere Fähigkeit, operativ zu reagieren, übersteigen.

Was Verzeihen *nicht* ist

Allein die Erwähnung des Wortes „Verzeihung" ruft starke Reaktionen hervor. „Wie kann ich ihm verzeihen nach all dem, was er mir angetan hat?" „Ihr verzeihen? Sie sind verrückt, sie ist es nicht wert, dass ich ihr verzeihe!" Solche Antworten kommen von Menschen, die das Wort „Verzeihen" traditionell interpretieren. Doch dies hindert sie daran, es für Effektivität und Wachstum einzusetzen. Der erste Schritt, um Verzeihen als praktische Kompetenz von Einzelnen und Gruppen zu etablieren, ist, die Bedeutung des Wortes neu zu definieren.

Ausgehend von der Arbeit von Robin Casarjian können wir einige Bedeutungen ausschließen, die Verzeihen nicht hat:

☐ Verzeihen heißt *nicht*, ein negatives unangemessenes Verhalten – unser eigenes oder das eines anderen – zu vergeben. Verzeihen bedeutet nicht, das Verhalten, welches das Leid ausgelöst hat, gutzuheißen oder zu entschuldigen. Es schließt nicht aus, dass wir etwas unternehmen, um die Situation zu ändern, uns zu schützen oder Schadensersatz zu verlangen. Wir können dem säumigen Schuldner verzeihen, aber trotzdem einen Prozess anstrengen, um unser Geld zu bekommen.

☐ Verzeihen heißt *nicht*, so zu tun, als sei alles in Ordnung, wenn wir spüren, dass es nicht stimmt. Manchmal verwischt der Unterschied zwischen authentischem Verzeihen und der repressiven Leugnung des Ärgers und des Schmerzes. Wir können nur dann aufrichtig verzeihen, wenn wir auf unsere Emotionen achten. Ein aufgesetztes Lächeln, begleitet von einem „Machen Sie sich keine Sorgen, es ist alles in Ordnung" sind die Antithesen des Verzeihens.

☐ Verzeihen heißt *nicht*, sich für überlegen oder gar heilig zu halten. Wer einem anderen verzeiht, weil er sich für besser hält oder Mitleid mit der Dummheit des anderen hat, hat Verzeihen mit Arroganz verwechselt.

☐ Verzeihen heißt *nicht*, dass der Betreffende sein Verhalten ändern kann oder muss. Sie können einem Mitarbeiter verzeihen, der seine Arbeit nicht zufrieden stellend erledigt, und ihn gleichzeitig entlassen.

☐ Verzeihen erfordert *nicht*, dass Sie direkt mit der Person reden, der Sie verziehen haben. Sie brauchen nicht hinzugehen und ihr persönlich zu erklären: „Ich verzeihe Ihnen." Dies kann jedoch Teil des Prozesses sein.

☐ Verzeihen heißt *nicht*, dem anderen einen Gefallen tun. Man verzeiht nicht aus Großmütigkeit oder Barmherzigkeit; man tut es der eigenen Integrität zuliebe, um einen Schlussstrich unter eine schmerzhafte Vergangenheit zu ziehen, damit diese nicht in die Zukunft hineinwirkt.

☐ Verzeihen heißt *nicht*, auf das Recht auf Entschädigung zu verzichten. Man kann jemandem verzeihen und gleichzeitig Schadensersatz fordern. Verzeihen bedeutet nicht, dass man auf sein Recht verzichtet, eine Wiedergutmachung des Schadens zu verlangen.

☐ Verzeihen heißt *nicht* vergessen. Vergessen verhindert, dass wir ähnliche Situationen in Zukunft vermeiden oder zumindest besser damit umgehen. Verzeihen ist ein wichtiger Teil unseres Lernprozesses.

☐ Verzeihen erfordert *nicht*, dass Sie die Verbindung zum anderen weiterhin aufrechterhalten. Verzeihen ist nicht dasselbe wie Beziehungen erneuern. Man kann seinem ehemaligen Geschäftspartner beispielsweise verzeihen, ohne die Geschäftsbeziehung fortsetzen zu müssen.

☐ Verzeihen ist *kein* Vertrag, für den eine Gegenleistung erforderlich ist. Echtes Verzeihen ist unabhängig davon, ob sich die Person, der wir verzeihen, in Zukunft anders verhält.

☐ Verzeihen ist *keine* Belohnung, die Sie dem anderen geben, wenn er zeigt, dass er sie „verdient" hat. Ebenso wenig ist es ein Ansporn für ihn, sich so zu verhalten, wie Sie wollen.

Was Verzeihen *ist*

Verzeihen ist die bewusste Entscheidung, seinen Groll aufzugeben und den Schmerz der Vergangenheit als Lernerfahrung für die Zukunft zu verbuchen. Es ist die Verpflichtung, 100% in der Gegenwart zu leben, mit offenem Geist und Herzen und frei von der Trägheit, die unverarbeiteter Ärger verursacht.

Groll empfinden heißt, dass wir uns an die Vergangenheit klammern und so immer wieder das alte Leid durchleben. Verzeihen heißt, die schmerzhafte Vergangenheit loszulassen, sich von ihr frei zu machen und den Leidenskreislauf mit einem Akt der Liebe zu durchbrechen. Wenn wir die Vergangenheit freilassen, lässt die Vergangenheit auch uns frei. Verzeihen gibt uns die Macht, unsere Umstände zu überwinden und zu wachsen; die Freiheit, weiterzuleben, ohne uns mit nicht enden wollenden, unerledigten Dingen zu belasten. Kurz gesagt, Verzeihen ist eine Verpflichtung zum Frieden: Frieden mit anderen, der Welt und mit uns selbst.

▪ Verzeihen *ist* eine Entscheidung, die uns gestattet, über die Grenzen hinwegzusehen, die uns die Persönlichkeit des anderen (und unsere eigene) setzen. Es ist eine Entscheidung, mit der wir unsere Ängste, unsere Kleinlichkeit, unsere Neurosen und Fehler überwinden können; die uns dem reinsten Wesen des Menschen näher bringt, das nicht durch die eigene Geschichte bedingt ist und ein grenzenloses Potenzial hat.

▪ Verzeihen *ist* ein Prozess, kein isoliertes Faktum. Es ist eine Praktik, mit der wir jeden Moment unabhängig von alten Urteilen und Meinungen leben und der Gegenwart unverbraucht, klar und angstfrei entgegensehen können.

▪ Verzeihen *ist* eine Art, als Protagonist zu leben. Wenn wir für die eigenen Gefühle Verantwortung übernehmen, egal was der andere tut, sind wir nicht länger das schutzlose Opfer und werden zu Protagonisten, Mitschöpfern unserer eigenen Realität.

▪ Verzeihen *ist* eine Praktik. Situationen anders zu betrachten, erfordert eine bewusste Entscheidung, einen Wunsch und eine unerschütterliche Verpflichtung sich selbst gegenüber. Wie bei jeder anderen Praktik verlangt die Entwicklung dieser Fähigkeit Disziplin, Übung, Zeit und Anwendung. Um Meisterschaft, Natürlichkeit und Anmut zu erlangen, muss man stetig üben.

▪ Verzeihen *ist* die bedingungslose Akzeptanz des anderen. *Den anderen* annehmen ist aber etwas anderes, als *sein Verhalten* zu bestätigen. Dem anderen verzeihen heißt nicht, dass man sein schädliches Tun gutheißt oder entschuldigt. Sie können dem anderen verzeihen und zugleich dafür sorgen, dass er Ihnen künftig nicht mehr schadet.

▪ Verzeihen *ist* eine Verpflichtung zu Verantwortung und Freiheit. Eine Verpflichtung zu der Verantwortung, sich der Herausforderungen des Lebens bewusst zu sein und die auftauchenden Gedanken und Gefühle zu verarbeiten. Eine Verpflichtung zur Freiheit, über äußere Bedingungen hinauszuwachsen und mit offenem Geist und offenem Herzen zu entscheiden, wie man Umstände interpretieren möchte.

Wenn Verzeihen so kreativ, befreiend und heilsam ist, weshalb finden wir es dann so leicht und verlockend, nicht zu verzeihen? Was hindert uns daran, unser Herz zu öffnen und die Vergangenheit zu überwinden? Um diese Fragen beantworten zu können, müssen wir uns ansehen, was uns der Groll bringt. Wir müssen verstehen, dass Groll eine Droge ist, die süchtig macht; eine Droge, die sofortige Befriedigung bietet, gleichzeitig aber jede Möglichkeit zu dauerhaftem Frieden und Glück zunichte macht.

Hat uns jemand wehgetan, verspüren wir sofort den Impuls, es ihm heimzuzahlen oder ihm böse zu sein. Obwohl diese Handlungen den Konflikt fortsetzen oder verstärken, sind sie verlockend, weil sie uns (wenngleich nur momentan) Genugtuung schenken. Groß ist die Versuchung, unseren Ärger am anderen auszulassen – eine Reaktion, die wir nicht als Option, sondern als *einzige* Möglichkeit sehen. Ohne Bewusstseinsverankerung und die Verpflichtung, achtsam zu sein, können wir der Verlockung des Grolls nicht entgehen. Wenn wir nicht immer wieder verzeihen, sinnen wir nur noch auf eines: (unproduktive) Rache. Wir verlieren die Fähigkeit, kreativ zu denken und zu handeln. Wir sehen nur durch die Brille des Opfers und erleben die schmerzhafte Erfahrung immer wieder neu; oder wir sehen durch die Brille des Rächers und versuchen, den Schaden mit gleicher Münze zu vergelten.

Mit Verzeihen können wir diese Begrenzungen hinter uns lassen. Wenn wir verzeihen, akzeptieren wir das, was geschehen ist, ohne den Kummer über den Verlust und den unerfüllten Wunsch oder die Angst vor weiteren Enttäuschungen zu leugnen. Das lässt in uns Frieden und ein Gefühl tiefer Freiheit entstehen, egal wie turbulent es an der Oberfläche aussieht. Wenn wir verzeihen, legen wir den schützenden Panzer ab, der uns daran hindert, die volle Wirkung der Situation zu spüren und sie bis ins kleinste Detail zu analysieren, und suchen nach einer besseren Reaktionsmöglichkeit, die im Einklang mit unseren Interessen und Wertvorstellungen steht. Durch mitfühlende Akzeptanz macht uns das Verzeihen durchlässiger für das Leben und die Informationen, mit denen wir mit klarem Verstand neue Handlungsstrategien entwerfen können. Verzeihen öffnet Geist und Herz, damit wir mit mehr Mitgefühl, mehr Energie und Bewusstsein leben können.

Eine persönliche Geschichte

Vor einigen Jahren machte ich eine Erfahrung, die mir half, die enorme Macht des Verzeihens zu erkennen. Am Ende eines meiner Kurse bat mich eine Mitarbeiterin um ein Gespräch. Wir setzten uns in den leeren Raum und sie zog mehrere Bögen Papier aus ihrer Tasche: Sie hatte eine lange Liste von Beschwerden geschrieben. Als sie begann, ihre Notizen vorzulesen, verspannten sich meine Muskeln und mein Verstand. Nach einigen Sekunden hörte ich nur noch mit 10% meiner Aufmerksamkeit zu; die anderen 90% verwendete ich darauf, zu überlegen, wie ich diese Beschwerden widerlegen könnte.

Während sie sprach, verspürte ich eine Mischung aus Ärger und Vergnügen. Ärger, weil ihre Beschwerden haltlos und nicht fundiert waren. Vergnügen, weil ihre Argumente so unlogisch waren, dass ich sie kinderleicht hätte auseinander nehmen können. Die Beschwerden dieser Frau bezogen sich auf meine „mangelnde Achtsamkeit", Dinge wie: an einem bestimmten Tag hatte ich sie nicht begrüßt, ich behandelte sie sehr streng, ich nahm mir mehr Zeit für die anderen Assistenten als für sie und so weiter. Ich dachte mir: „Das sind alles nur ihre Meinungen. Meinungen, die sich nicht auf Fakten stützen, sondern auf eine so niedrige Selbstachtung, dass sie sie übertrieben hervorheben muss. Sie erklärt mir ihren Standpunkt nicht so, wie es unsere Methodologie vorsieht. Sie fragt mich nicht nach meiner Ansicht. Sie hält sich nicht einmal daran, wie ein Prozess zur Konfliktlösung ablaufen soll, dabei habe ich das im Seminar gelehrt!" Es fiel mir immer schwerer, mich zu beherrschen, weil ich darauf wartete, dass sie endlich fertig wurde, damit ich anschließend ihre Argumente zerschlagen konnte.

Als sie endlich mit ihrer langen Litanei von Vorwürfen fertig war, wollte ich nicht nur auf den Inhalt, sondern auch auf die Art, wie sie ihn vorgetragen hatte, kontern. Aber gerade als ich den Mund aufmachen wollte, hatte ich eine Eingebung – einen *Insight*. Statt meine Gegenargumente auf den Tisch zu bringen, hörte ich mich zu meiner Überraschung sagen: „Ich sehe, dass Sie wegen einiger Dinge verärgert sind und dass Sie sich bemüht haben, sich auf dieses Gespräch sorgfältig vorzubereiten. Diese Mühe möchte ich so würdigen, wie sie es verdient. Bevor ich auf Ihre Fragen antworte, möchte ich deshalb von Ihnen wissen: Wie möchten Sie gern aufgenommen werden?" (Die Syntax des letzten Satzes ist recht ungewöhnlich, aber genau das waren die Worte, die aus meinem Mund kamen: *How would you like to be received?)*

Es folgte peinliches Schweigen. Eine Minute, zwei Minuten, drei Minuten, in denen wir beide schwiegen. Und dann brach sie in Tränen aus. „Das hat mich noch nie jemand gefragt. Ich wurde noch nie mit so viel Achtung behandelt." Sie weinte noch ein bisschen, während ich schwieg. Dann sah sie mich an und sagte, sie brauche eine Weile, um über meine Frage nachzudenken. Wir vereinbarten, uns noch einmal zu treffen, wann es ihr passte, und dann ging sie. Sie bat mich nie mehr um ein zweites Treffen, um über ihre Beschwerdeliste zu diskutieren. Obwohl wir nie mehr auf dieses Thema zurückkamen, veränderte sich ihre Verfassung seit diesem Gespräch von Grund auf. Sie zeigte sich viel sicherer, offener und herzlicher und wir konnten wunderbar als Team arbeiten.

Nach diesem Zwischenfall war ich erschrocken und fassungslos. Was war geschehen, dass sie so tief betroffen war? Wie waren wir, ohne eine logische Lösung für das Problem zu finden, zu dieser Harmonie gelangt? Was hielt meine scharfe Zunge im Zaum und gab mir das Bewusstsein, tief durchzuatmen und mich für Frieden statt Krieg zu entscheiden? Auch stellte ich zu meiner Überraschung fest, wie nahe ich daran gewesen war, meine Wut an dieser Frau auszulassen, um meinen verletzten Stolz zu verteidigen. Zum Glück umfing mich in diesem Moment der Gnade die mitfühlende Energie des Verzeihens und es gelang mir, das Bedürfnis zu überwinden, mein Ego zu retten.

Als ich später über dieses Ereignis nachdachte, kam mir ein fast religiöser Gedanke. Ich hörte eine Stimme, die aus den tiefsten Tiefen meines Ichs kam und sagte: „Wenn du den Schmerz heilen willst, darfst du dich selbst nicht mehr so wichtig nehmen." (*If you want to heal the pain, you must loose your self-importance* – genau so hörte ich sie, denn ich dachte auf Englisch.) Diese Frage hallte in meinem Kopf wider. Ihr Echo erschütterte mich bis ins Mark. Obwohl ich seit Jahren Demut und Mitgefühl unterrichtete, entdeckte ich in diesem Moment, wie wenig ich meine eigene Arroganz, mein Anhaften an meiner Intelligenz und der Reinheit meiner Konzept-Tools überprüft hatte. Gleichzeitig erlebte ich intensive Freude und Traurigkeit: Freude, weil ich die Möglichkeit hatte, meine Zukunft zu verändern; Traurigkeit über meine früheren Fehler. So ist das Schwert des Lernens: Voller Begeisterung über die neuen Möglichkeiten schneidet es zur einen Seite, und voller Schmerz über verpasste Gelegenheiten schneidet es zur anderen Seite.

Anderen verzeihen

Um anderen zu verzeihen, müssen wir für ihr Tun unbedingt Mitgefühl und Verständnis aufbringen. *Mitgefühl* ist die absolute Überzeugung, dass jeder Mensch je nach den Umständen und seinem Reifegrad sein Bestes gibt. Ganz gleich, ob ich mit dem Verhalten des anderen einverstanden bin oder nicht, ganz egal, ob ich mich ihm widersetze (oder gar Gewalt gegen ihn anwende) – ich kann immer bewusst Mitgefühl empfinden. Ich kann mit Frieden, Gleichmut und ohne Opposition reagieren, wenn er mich herausfordert. Das ist die Basis für effektives Handeln. *Aus einem Gefühl heraus* kann ich nicht effizient handeln, wenn ich völlig von ihm in Beschlag genommen bin. Am erfolgreichsten – das heißt integer und im Einklang mit meinen Wertvorstellungen – handle ich dann, wenn ich *mit* dem Gefühl handle, es zu meinem Ratgeber mache, ihm aber nicht die Kontrolle überlasse.

Wenn ich verzeihen will, ist es hilfreich zuzugeben, dass *mir* niemand etwas antut. Die Menschen handeln aufgrund ihrer Überzeugungen und Emotionen, wenn sie sich in bestimmten Umständen befinden. Solche Handlungen beeinflussen mich und können sogar von mir beeinflusst werden, da ich und mein Verhalten Teile der Umstände des anderen sind. Aber der andere macht es nicht *wegen mir*. In Wirklichkeit werde ich erst dann Teil seines Bewusstseins, nachdem ich von seinen Denkmustern „gefiltert" worden bin.

Wenn ich dem anderen mitfühlend zuhöre, stelle ich fest, dass er nicht *zu mir* spricht, auch wenn mich seine Worte verletzen können. Was er sagt, richtet sich *an das Bild, das er sich von mir macht.* Und ich habe keinen Grund, solch ein Bild zu verteidigen. Ich kann ihm ruhig zuhören, weil ich Distanz habe und mich nicht in Gefahr sehe. Diese Leichtigkeit angesichts eines vermeintlichen „Angriffs" ist das untrügliche Zeichen für Mitgefühl und Verzeihen.

Allgemein gilt: Wer bewusster ist, ist dafür verantwortlich, Gleichmut zu bewahren. Wem es gelingt, sich im Mitgefühl und Verzeihen zu verankern, der kann Konfrontationen zu einer Gelegenheit machen, um zu lernen und dem anderen näher zu kommen. Zu einem Streit gehören immer zwei. Um den Streit zu vermeiden, reicht ein einziger.

Kapitel 12

Emotionen

D urch die Untersuchungen von Daniel Goleman[51] wurde emotionale Intelligenz zu einem brisanten Thema in der Geschäftswelt. Nach Golemans Definition handelt es sich dabei im die „Fähigkeit, unsere eigenen Emotionen anzuerkennen, um uns selbst zu motivieren und die Emotionen in uns und unseren Beziehungen managen zu können". 1990 definierten Peter Salovey und John Mayer[52], Psychologen der Universität von Yale und Pioniere auf diesem Gebiet, Emotionale Intelligenz als die „Fähigkeit, die eigenen Gefühle und die anderer zu überwachen und zu regulieren sowie Denken und Handeln an Gefühlen zu orientieren".

Goleman fasst seine Erfahrung so zusammen: „Diese Methode wandte ich auf 181 Kompetenzmodelle an, die ich untersucht hatte, und kam zu dem Ergebnis, dass von den Fähigkeiten, die als wesentlich für herausragende Leistungen erachtet werden, 67% – also zwei Drittel – emotionale Kompetenzen waren. Verglichen mit dem Intelligenzquotienten und der beruflichen Erfahrung war die emotionale Intelligenz doppelt so wichtig."

Immer mehr Unternehmen stellen fest, dass emotionale Kompetenzen Wettbewerbsvorteile sind. Diese Idee wurde inzwischen allgemein übernommen und daher ist emotionale Intelligenz eine unabdingbare Voraussetzung fürs Überleben. Durch ebendiese emotionale Intelligenz können die Mission, die Vision und die Wertvorstellungen des Unternehmens trotz des täglichen Drucks konsequent in die Praxis umgesetzt werden. Um auf den Schwindel erregenden Rhythmus der Veränderungen bei Produkten, Märkten,

Preisen und den Vorlieben von Verbrauchern und Mitarbeitern reagieren zu können, müssen Organisationen in dauerhaften Visionen, Missionen und Wertvorstellungen verankert sein.

Trotz der steigenden Nachfrage nach emotionaler Intelligenz auf dem Arbeitsmarkt ist die Zahl emotional fähiger Menschen gesunken. Während der IQ der Bevölkerung im Lauf der Zeit höher wurde, nimmt der an den Tag gelegte EQ deutlich ab. Einer Untersuchung von Goleman zufolge haben Jugendliche mehr emotionale Probleme als Erwachsene. Die Studie kommt zu folgendem Schluss: „Im Allgemeinen werden die Jugendlichen immer einsamer, frustrierter, verärgerter, unvernünftiger, nervöser, besorgter, impulsiver und aggressiver." Wie Spezialisten sagen, ist das Schwinden der emotionalen Intelligenz bei jüngeren Menschen Besorgnis erregend. Deutliche Signale dafür sind die zunehmenden Probleme der Jugendlichen wie Verzweiflung, Entfremdung, Drogenkonsum, Kriminalität, Gewalt, Depression, Essstörungen, ungewollte Schwangerschaft und Schulversagen.

In einer von Goleman zitierten Studie über Faktoren, die die Leistungsfähigkeit von Führungspersönlichkeiten oft beeinträchtigen, sahen die Forscher die Ursache in deren emotionaler Unfähigkeit. Ineffektiven Managern fehlte Folgendes:

a) *Flexibilität:* Sie konnten ihren Stil nicht an Wandlungen der Unternehmenskultur anpassen, oder sie waren nicht imstande, auf Rückmeldungen anders zu reagieren. Sie waren unfähig, zuzuhören und zu lernen.

b) *Beziehungen:* Sie waren zu kritisch, unsensibel oder anspruchsvoll und befremdeten dadurch ihre Mitarbeiter. Sie wussten nicht, wie sie echte Beziehungen aufbauen sollten.

c) *Selbstkontrolle:* Sie waren nicht besonders fähig, unter Druck zu arbeiten, und neigten zu Launenhaftigkeit oder Zornausbrüchen. In kritischen oder angespannten Situationen wurden sie ungehalten, verloren die Ruhe und das Vertrauen.

d) *Gewissenhaftigkeit:* Auf Versagen und Kritik reagierten sie abwehrend, indem sie sie leugneten, vertuschten oder anderen die Schuld daran gaben. Sie gaben ihre Fehler nicht zu und bemühten sich auch nicht, sie zu korrigieren.

e) *Vertrauenswürdigkeit:* Sie waren zu ehrgeizig und allzu schnell bereit, auf Kosten anderer voranzukommen. Sie zeigten keine Integrität und schenkten den Bedürfnissen ihrer Untergebenen und Kollegen keine Beachtung. Es war ihnen viel wichtiger, ihren Chef zu beeindrucken.

f) *Soziale Fähigkeiten:* Sie zeigten weder Einfühlungsvermögen noch Sensibilität. Meistens waren sie schroff und arrogant und neigten dazu, ihre Untergebenen einzuschüchtern. Sie hatten die Angewohnheit, Dinge vorzutäuschen und andere so zu manipulieren.

g) *Respekt und Kooperation:* Sie waren unfähig, ein verlässliches Netz von kooperativen Beziehungen zum gegenseitigen Nutzen aufzubauen. Sie duldeten keine Vielfalt, sondern versuchten, die Gruppe zu homogenisieren.

Diese beruflichen und unternehmerischen „Ausrutscher" haben emotionale Ursachen. Bei der formalen Ausbildung stehen nur intellektuelle Kompetenzen im Vordergrund. Doch wer sich nur auf technische Fähigkeiten konzentriert, wird paradoxerweise meistens emotional inkompetent. Zu Beginn der Berufslaufbahn zeigt sich dieser Nachteil nicht so deutlich; meistens steigt der Betreffende auf der Karriereleiter so lange auf, bis seine Inkompetenz offensichtlich wird. Ein Profi, der wegen seiner technischen Erfahrung befördert wird, verlagert die Achse seiner Effektivität radikal, wenn er Manager wird. Nun ist er für Menschen verantwortlich, und auf diese Verantwortung ist er nicht vorbereitet. Vielleicht stoßen wir deshalb in Machtpositionen so oft auf sarkastische, unsympathische und sozial unfähige Menschen.

Stellen Sie sich vor, Sie stehen an einem schönen Tag oben auf einem Berg und sind ganz begeistert von der schönen Aussicht. Was nehmen Sie wahr? Den tiefblauen Himmel, die frische Luft, die Weite des Horizonts, den Klang des Windes, die Wärme der Sonne, die Stille. Was können Sie tun? Sich hinsetzen, die Umgebung betrachten, Fotos machen, Wasser trinken, etwas essen, sich ausruhen.

Stellen Sie sich jetzt dieselbe Szene vor, nur hören Sie jetzt das schreckliche Gebrüll eines wilden Tieres. Im Handumdrehen verschwinden der tiefblaue Himmel, die frische Luft, die Weite des Horizonts, der Klang des Windes, die Wärme der Sonne und die Stille. Stattdessen fällt Ihnen plötzlich auf, wie einsam der Ort ist, welche Fluchtwege, Waffen und Versteckmöglichkeiten Sie haben. Wenn Sie das Brüllen hören, können Sie sich nicht einfach hinsetzen, die Umgebung betrachten, Fotos machen, Wasser trinken, etwas essen oder sich ausruhen. Unter diesen Umständen ist die normale Reaktion, zu fliehen und zu überlegen, womit Sie sich verteidigen können, oder um Hilfe zu rufen.

Warum kann das Gebrüll eines Tieres die Welt und unser Verhalten verändern? In Wirklichkeit verändert das Gebrüll die Welt nicht: Es wirkt sich auf unseren Gemützustand aus. Im Ruhezustand konzentriert sich der Geist auf den Himmel, die frische Luft und den Wind; im Angstzustand konzentriert er sich auf Fluchtwege und die Steine, mit denen er sich verteidigen könnte. Ich will damit nicht sagen, dass im Ruhezustand (vor dem Gebrüll) keine Fluchtwege und Steine vorhanden und dass im Angstzustand (nach dem Gebrüll) der blaue Himmel und die Wärme der Sonne verschwunden sind. Nur sind bestimmte sinnliche Erfahrungen in einem bestimmten Gemützustand relevant, in einem anderen aber nicht mehr. Da der menschliche Geist unfähig ist, die grenzenlose Komplexität der Realität zu begreifen, müssen wir vor-bewusst auswählen, worauf wir unsere Aufmerksamkeit richten wollen. Dieser automatische Prozess, Wichtiges von Unwichtigem zu unterscheiden, wird von unseren Emotionen gesteuert.

Die Wirkung des Gebrülls auf Ihre Wahrnehmung und Ihr Verhalten ist die Folge seiner Wirkung auf Ihre Gedanken und Gefühle. Solange es noch ruhig ist, könnten Sie denken: „Wie schön ist die Natur!", „Wie hoch wohl dieser Berg ist?" oder „Wie weit doch die Alltagsprobleme der Arbeit von hier oben entfernt sind ..." Aber in der darauf folgenden Panik werden diese Gedanken verdrängt von Vorstellungen wie: „Wie gefährlich die Natur doch ist!", „Wieso bin ich nur allein in die Berge gegangen?" oder „Bin ich naiv! Ich dachte, ich hätte Probleme in der Arbeit! Jetzt bin ich wirklich in Not ..." Vor dem Gebrüll sind Sie zufrieden und heiter; nach dem Gebrüll gehen diese Gefühle in einem Meer von Angst und Nervosität unter.

Sie müssen sich darüber im Klaren sein, dass das Gebrüll kein *Reiz* ist, der eine *konditionierte Reaktion* auslöst, sondern ein *Trigger*, der eine autonome Reaktion dieser Person auslöst. Wenn Sie Jäger statt Tourist sind, werden Sie bei dem Gebrüll begeistert statt ängstlich sein. Statt düstere Gedanken zu hegen, werden Sie sich geistig mit der Planung einer Jagdstrategie beschäftigen. Statt mögliche Verstecke und Fluchtwege für Sie selbst zu registrieren, werden Sie auf mögliche Verstecke und Fluchtwege des Tieres achten. Statt zu rennen, würden Sie stehen bleiben und das Gewehr in Anschlag bringen.

Nach unserer Auffassung ist das Phänomen Mensch ein integrales Ganzes, das sich aus vier Blickwinkeln untersuchen lässt: Physiologie, Emotionen, Verstand und Verhalten. Diese vier Dimensionen sind nur unterschiedliche Arten, sich einem bekannten Phänomen zu nähern; alle seine Elemente sind nämlich systemisch miteinander verbunden. So wie eine Emotion die Physiologie, den Verstand und das Verhalten beeinflussen kann, so kann auch die Physiologie die Emotion, den Verstand und das Verhalten beeinflussen; genau das geschieht beispielsweise bei psychotropen Drogen. Diese Kreisbeziehung existiert auch zwischen dem Verhalten und den anderen drei Elementen. Beim Rennen beispielsweise lösen wir physiologische Veränderungen (Ausschüttung von Endorphinen), euphorische Gefühle und positive Gedanken aus. (Es ist ausführlich erwiesen, dass körperliche Betätigung sehr heilsam bei Stress und depressiven Zuständen ist.) Schließlich können allein schon Gedanken die anderen Dimensionen auslösen. Jeder, der schon einmal nachts aufgewacht ist, weil er an die Prüfung am nächsten Tag dachte, weiß, dass die Phantasie Besorgnis, Magenprobleme und Schlaflosigkeit verursachen kann.

Es heißt allgemein, dass Emotionalität für Rationalität und damit Effizienz kontraproduktiv ist. Dennoch behaupten die modernen neurobiologischen und kognitiven Theorien genau das Gegenteil: Man kann nicht rational sein, ohne emotional zu sein. Natürlich können Emotionen das Bewusstsein trüben, aber ohne Emotionen ist Bewusstsein überhaupt nicht möglich. In der Entwicklung des Menschen tauchen Emotionen viel früher auf als Gedanken. Die Bereiche des Gehirns, die für rationales Denken zuständig sind (der Frontallappen und der Neocortex), entwickeln sich und bleiben fest in denen verwurzelt, die für Basisemotionen zuständig sind („Mandelkern" und übriges limbisches System).

Emotionales Bewusstsein

Automatische Reaktionen sind für das Überleben unerlässlich: Sie versetzen uns in die Lage, vor einer Gefahr zu fliehen oder eine Beute anzugreifen. Aber der emotionale Prozess beim Menschen beschränkt sich nicht auf bloße körperliche oder instinktive Veränderungen. Der Zyklus setzt sich fort mit dem Empfinden der Emotion (dem „Sich-seiner-selbst-Bewusstsein") und der gedanklichen Folgerung, dass es eine Verbindung zwischen der Emotion und ihrer Ursache geben muss. Mithilfe dieser Schlussfolgerung kann man die Situation auf andere übertragen und lernen, den Angstauslöser in Zukunft zu vermeiden. Allerdings kann sie auch dazu führen, dass man pathologische, übertriebene Verallgemeinerungen macht und Phobien entwickelt. Diese Fähigkeit, die eigenen Emotionen zu empfinden – das heißt, sich ihrer bewusst zu sein –, erlaubt uns, flexibel zu reagieren, weil wir unsere Reaktionen auf frühere Interaktionen in ähnlichen Situationen stützen.

In einer Notsituation übernehmen die automatischen Reaktionen die Kontrolle über das limbische System und versuchen, das Überleben des Organismus zu gewährleisten. Das ist sinnvoll, wenn wir einem wilden Tier begegnen und reagieren können, ohne zu denken; aber es ist sehr gefährlich, wenn wir es mit einem wütenden Kunden zu tun haben. Ein Stein, mit dem wir das Tier verletzen, kann über Leben und Tod entscheiden; aber es wäre keine gute Lösung, beim Kunden dasselbe zu tun.

Die Regulierung dieser atavistischen Impulse ist eine der grundlegenden emotionalen Fähigkeiten, für die das höhere Denken zuständig ist. Dieses Denken kann – je nach relevantem Kontext – eine produktive von einer verhängnisvollen Reaktion genau unterscheiden. Wer von seinen Emotionen beherrscht wird (das heißt von ihnen in Beschlag genommen wird, wie Goleman es nannte), hat gewaltige Wettbewerbsnachteile im Vergleich zu jemandem, der sie kontrollieren und intelligent einsetzen kann (er ist Herr seiner Emotionen).

Der erste Schritt, um Herr seiner Emotionen zu werden, ist, die Verantwortung für sie zu übernehmen. In gewisser Hinsicht ist eine Emotion eine (bewusste oder unbewusste) Entscheidung des Subjekts. So wie Sie entscheiden, sich in einer bestimmten Weise zu verhalten, entscheiden Sie auch, Gedanken zu haben, die bestimmte Emotionen hervorrufen.

Grundlos pessimistisches Denken spielt eine zentrale Rolle bei der Entstehung von Depressionen. Negative (unlogische und nutzlose) Gedanken lösen immer selbstzerstörerische Emotionen aus; und positive (logische und nützliche, wenngleich nicht unbedingt frohe) Gedanken sind immer einer der Auslöser für konstruktive Emotionen. Das gibt uns die Möglichkeit, Gemütszustände rational zu planen; durch Veränderung der negativen Gedanken können wir auch unsere Emotionen verändern. Natürlich geht es dabei nicht um eine banale Veränderung, da die Gedanken, die uns Probleme bereiten, meistens automatisch und unbewusst kommen. Will man sie verändern, muss man sie sich bewusst machen und mit der Logik des Verstandes analysieren.

Die Aufnahme einer schlechten Nachricht ist ein gutes Beispiel dafür, wie Emotionen von der Wahrnehmung abhängen. Angenommen, ein Team hat an einer Ausschreibung teilgenommen, den Auftrag aber nicht bekommen. Bevor die Mitglieder davon erfuhren (es war bereits geschehen), waren sie besorgt, nachher waren sie traurig. Das Ergebnis zu kennen, ändert nichts am Zustand der Welt, verändert aber den inneren Zustand der Teammitglieder erheblich.

Wenn dieselben Personen später herausfänden, dass der Sieger der Ausschreibung nur deshalb gewonnen hat, weil er ein viel niedrigeres Angebot gemacht hat, deshalb jetzt aber ernsthafte Verluste macht, wären sie vielleicht froh, dass sie nicht gewonnen haben.

Die Nachricht von außen ist der „Trigger", aber nicht das, was den Denkprozess und die Emotionalität beeinflusst. Mithilfe seines Bewusstseins und seines freien Willens wählt der Mensch aus, wie er auf ein äußeres Ereignis reagiert. Eine Legende aus dem Osten zeigt sehr schön, wie wichtig Gelassenheit ist, wenn man bei den Wechselfällen des Lebens Gleichmut bewahren will: Ein Bauer geht übers Feld und findet ein schönes Pferd. Er fängt es ein und bringt es nach Hause. Seine Nachbarn sagen: „Du freust dich sicher, dass du so ein schönes Pferd gefunden hast. Hast du ein Glück!" „Wer weiß?", entgegnet der Bauer, „vielleicht ja, vielleicht nein." Später will sein Sohn das Pferd zähmen, fällt herunter und bricht sich ein Bein. Das Pferd läuft weg. Die Nachbarn sagen zu dem Bauern: „Du bist sicher sehr traurig, dass das Pferd weg ist und dein Sohn sich ein Bein gebrochen hat. So ein Pech!" „Wer weiß?", erwidert der Bauer, „vielleicht ja, vielleicht nein." Wenig später bricht der Krieg aus und die Soldaten gehen durchs Dorf und rekrutieren alle jungen Männer. Mit Ausnahme des Bauernsohns, der sich ein Bein gebrochen hat. Als die Dorfbewohner das hören, sagen sie zu dem Bauern: „Du bist sicher sehr froh, dass dein Sohn nicht in den Krieg muss. Hast du ein Glück!" „Wer weiß?", antwortet der Bauer, „vielleicht ja, vielleicht nein."

Emotionale Energie

Den ganzen Tag über sind wir Ereignissen ausgesetzt und erleben Situationen, die sich körperlich, intellektuell und emotional auf uns auswirken. Diese Umwelteinflüsse lösen Empfindungen, Emotionen und Gedanken aus, die vom Bewusstsein verarbeitet werden und zu Handlungen führen. Wenn unser kognitives und emotionales System harmonisch funktioniert, verhilft uns die Emotion zu gültiger Selbsterkenntnis und ist eine Richtschnur für effektives Handeln.

Unsere Emotionen zeigen uns, was mit uns gerade los ist und wie wir auf die Situation so reagieren können, wie es unseren tiefsten Bedürfnissen und Interessen entspricht.

Emotion ist eine instinktive Energie, die auf den Interpretationen beruht, die wir uns von der Realität machen. Wenn die Energie produktiv zum Ausdruck kommt, entlädt sich der Organismus und kommt wieder in seinen natürlichen Entspannungszustand. Wird die Energie unterdrückt, bleibt der Organismus im Stresszustand, der ein optimales Funktionieren behindert. Wenn dieser Stress überhand nimmt, weil er immer wieder unterdrückt wird, hat das mitunter bedenkliche Folgen: körperliche Krankheiten wie Bluthochdruck, Migräne und Magengeschwüre, psychische Krankheiten wie Depressionen, Angstzustände und Phobien, plötzliches irrationales Verhalten oder unverständliche Implosionen.

Problematisch wird es dann, wenn die Emotionen nicht produktiv zum Ausdruck gebracht werden. Dann gibt es einen Kurzschluss und es entsteht ein Rückkoppelungs-Teufelskreis mit den Gedanken. In diesen Fällen wirkt sich die Emotion auf das Denken und dieses wiederum auf die Emotion aus. So können aus Traurigkeit Depression, aus Angst Phobien, aus Ärger Groll, aus schlechtem Gewissen zwanghafte Gewissensbisse, aus Scham Minderwertigkeitsgefühle und aus Wünschen Zwangsvorstellungen werden.

Impulsive Leidenschaft hat nichts mit emotionaler Intelligenz zu tun. Wir können unseren Impulsen freien Lauf lassen, ohne ihre Gültigkeit, ihre Übereinstimmung mit unseren Wertvorstellungen oder ihre Effektivität zu überprüfen. Durch solches Tun setzt sich der Leidenskreislauf meistens fort, denn es versetzt uns in immer größer werdende Erregung. So löst man beispielsweise keine Probleme, wenn man seine Angestellten anschreit; im Gegenteil, meistens werden sie dadurch schlimmer. Wer bemerkt, welche Risiken mangelnde emotionale Beherrschung birgt, versucht, die Situation zu neutralisieren, weil er meint, er müsse seine Emotionen unterdrücken. In diesem Fall wird er stoisch und unempfindlich.

Aber Unempfindlichkeit ist nicht dasselbe wie Gleichmut. Jemand kann äußerlich unempfindlich wirken, aber in seinem Innern brodeln die Emotionen wie in einem Krater. In diesem Krater baut sich immer mehr Druck auf, bis es – je nach Veranlagung der betreffenden Person – zu einer Explosion oder Implosion kommt. In südländischen Kulturen sind Explosionen am häufigsten, in östlichen Kulturen Implosionen. Implodieren ist genauso schlecht wie Explodieren. Goleman sagt dazu: „Die unter ihr (der emotionalen Implosion) Leidenden tun oft nichts, um ihre Lage zu verbessern. Auch wenn sie nach außen hin nicht erkennen lassen, dass ihre Emotionen mit ihnen durchgehen, leiden sie innerlich doch an den negativen Auswirkungen: Kopfschmerzen, Gereiztheit, unmäßiges Rauchen und Trinken, Schlaflosigkeit und endlose Selbstkritik."

Die Beherrschung von Emotionen ist ein bewusster Ausruckstanz, nicht ein Kampf um Herrschen oder Unterwerfung. Wenn Sie Ihre emotionale Energie intelligent einsetzen wollen, müssen Sie sich kennen, Ihre Ursprünge verstehen und Ihre Impulse respektieren, ohne Ihre transzendenten Werte und Ziele zu verraten. Emotionen sind gute Ratgeber, aber schlechte Herrscher. Es ist sinnvoll, auf sie zu hören und ihren Bitten zu entsprechen, aber man darf sich dabei nicht vor der Verantwortung drücken, sie auf ihre Vernünftigkeit hin zu analysieren und integer zu handeln.

Kognitive und emotionale Verzerrungen

Gesunde Emotionen sind angemessene Reaktionen auf die Wechselfälle des Lebens. Wenn Sie beispielsweise etwas Unangenehmes erleben, ist es verständlich, dass Sie verärgert sind. Sie versuchen, eine Lösung zu finden und ähnliche Situationen künftig zu vermeiden. Es ist verständlich, dass Sie über einen Verlust traurig und bedrückt sind und Ihre Wunden pflegen. Es ist vollkommen gesund, Angst zu empfinden bei dem Gedanken, dass etwas oder jemand, der Ihnen am Herzen liegt, zu Schaden kommen könnte; diese Angst ist die Energie, die das schützt, was Sie wertschätzen. Ein schlechtes Gewissen ist nützlich, wenn Sie meinen, etwas Falsches getan zu haben, denn dieses schlechte Gewissen spornt Sie dazu an, sich zu entschuldigen und zu versuchen, den Schaden wieder gut zu machen. Problematisch wird es, wenn die Gedanken verzerrt werden, denn das verstärkt die Emotionen so sehr, dass sie schädlich werden, jedes produktive Handeln verhindern und das Leid immer größer werden lassen.

Wenn Emotionen nicht zu einer Handlung, sondern zu negativen Gedanken führen, geraten wir in einen Teufelskreis. Die Gedanken erzeugen lähmende Emotionen und diese wiederum erzeugen lähmende Gedanken, die ihrerseits zu noch mehr lähmenden Emotionen führen. Dieser zerstörerische Kreislauf führt schließlich zu einer dauerhaft negativen Einstellung. Der Hauptunterschied zwischen einem negativen Gemützustand und einer Emotion ist, dass die Emotion eine konkrete Ursache hat: Sie sind von etwas ergriffen. Sie sind beispielsweise traurig, weil Sie zu spät am Flughafen waren und den Flieger verpasst haben, oder Sie sind ärgerlich, weil ein anderes Auto Sie in der Kurve geschnitten hat. Für den negativen Gemützustand gibt es hingegen keinen konkreten Anhaltspunkt: Sie fühlen sich einfach so. Sie sind vielleicht deprimiert oder betrübt. Wenn jemand Sie nach dem Grund fragt, können Sie nur antworten: „Ich weiß nicht, ich fühle mich einfach so deprimiert."

Während Emotion eine fließende Bewegung ist, ist der negative Gemützustand ein stagnierender Staudamm; Emotion ist wie Wasser, das verdampft, Wolken bildet, als Regen zur Erde fällt und sie befruchtet; der negative Gemützustand hingegen ist wie Wasser in einem Teich: Es bewegt sich nicht und wird faulig. So wie stagnierendes Wasser führt ein negativer Gemützustand zu allen möglichen emotionalen „Fäulnissen". Die Emotion ist feurig, der negative Gemützustand kalt und starr. Wut beispielsweise ist heiß und explosiv wie ein Löwe; aber Hass ist eiskalt und verschlagen wie eine Schlange.

Die häufigsten negativen Gemützustände sind:

☐ Traurigkeit (Depression, Melancholie, Resignation und Pessimismus)

☐ Angst (Sorge, Beklommenheit, Phobie und Verzweiflung)

☐ Gereiztheit (Groll, Gehässigkeit, Verachtung und Hass)

☐ Schuldgefühl (Gewissensbisse, Scham, Schüchternheit und Minderwertigkeitsgefühle)

☐ Begehren (Zwanghaftigkeit, Gier, Unersättlichkeit und Wider-
willen)

☐ Langeweile (Desinteresse, Abgetrenntsein, Apathie und Entfremdung)

Um einen negativen Gemütszustand zu verändern, müssen Sie
seine emotionale Ursache finden. Sind die Emotionen erst einmal
erkaltet und stagnieren, lassen sie sich nicht mehr verändern. Sie
sind nicht mehr formbar: Sie sind erstarrt und brüchig geworden.
Wenn Sie versuchen, eine Veränderung zu erzwingen, werden Sie
wahrscheinlich Ihre Persönlichkeitsstruktur zerstören. Deshalb müssen Sie unbedingt zum Ursprung des Gemütszustandes vordringen
und an der emotionalen Blockade arbeiten, die die Stagnation verursacht hat. Diese Blockade ist meistens die Folge verzerrter Wahrnehmungen und mangelnder Verpflichtung, aktiv zu werden. Die
Verpflichtung wie auch die Handlung sind freiwillige Entscheidungen. Zum Handeln sind Entschlossenheit und Energie wichtiger als
Denken. Entscheidend bei der Korrektur emotionaler Verzerrungen
ist auch, dass man die ihnen zugrunde liegenden verzerrten Wahrnehmungen begreift und verändert. Einige der häufigsten Wahr-
nehmungsverzerrungen, die zu Problemen mit Emotionen, im Verhalten und letztlich im Charakter führen, sind im Folgenden
aufgelistet (nach David Burns). Wenn man lernt, sie zu identifizieren, zu analysieren und zu korrigieren, kann man den EQ von Einzelnen, Teams und Organisationen erheblich erhöhen.

1. **Verantwortungslosigkeit.** Um Emotionen zu regulieren, müssen
Sie für ihre Entstehung die 100%-ige Verantwortung übernehmen. Wenn Sie verstehen, dass emotionale Zustände von Ihrer
Interpretation abhängen, können Sie sich als Protagonist und
nicht als Opfer der Situation sehen. Natürlich spielt die Außenwelt eine wichtige Rolle bei den Emotionen, aber die Emotionalität und das Verhalten des Betreffenden werden von seiner
Reaktionsfähigkeit bestimmt. Der Mensch wird nicht durch seine

Umwelt bestimmt, sondern kann mit seinem freien Willen entscheiden, wie er auf eine Situation reagieren will.

Wenn Sie beispielsweise zu jemandem sagen „Ihre Worte regen
mich auf", blenden Sie sich aus und verlieren Macht. Sinnvoller
wäre die Interpretation (die auf Wachstum und Wohlbefinden
ausgerichtet ist): „Wenn Sie mich unterbrechen, rege ich mich
auf."

2. **Verwirrung.** Sätze wie „Ich fühle mich von meinem Chef verraten" oder „Ich habe das Gefühl, wir hätten Paulo zum Meeting
einladen müssen" weisen auf eine große Verwirrung zwischen
Emotionen und Interpretationen hin. Das Problem beim ersten
Satz ist, dass „Verrat" eine Meinung, keine Emotion ist. Richtiger
wäre es zu sagen: „Ich finde, mein Chef hat mich verraten, und
deshalb bin ich traurig und wütend." Das Problem beim zweiten Satz ist, dass „Wir hätten ... müssen" ein Urteil, keine Emotion ist. Richtiger wäre es zu sagen: „Ich habe ein schlechtes
Gewissen, weil ich finde, wir hätten Paulo zum Meeting einladen sollen."

3. **In Extremen denken.** Es besteht die Tendenz, Dinge in Begriffen von „ganz oder gar nicht" zu bewerten. Dabei unterscheidet
man nur die Kategorien „schwarz" und „weiß" und ignoriert die
grauen Zwischentöne. Ein Beispiel: „Ich bin ein totaler Versager,
weil ich nicht die gewünschte Beförderung bekommen habe."
Das ist perfektionistisches Denken, das zu Starrheit und Stress
führt. Statt in Gegensätzen zu denken, sollte man die Realität
wie eine Farbpalette betrachten. Man ist weder ein 100%-iger
Versager noch ein 100%-iger Gewinner; wir alle erleben im Leben Erfolge und Misserfolge.

4. **In Bausch und Bogen verallgemeinern.** Wir haben die Tendenz, von einem einzigen Missgeschick darauf zu schließen,
dass es nicht nur einmal, sondern immer wieder geschieht (und
geschehen ist). Da diese Zwischenfälle Unbehagen auslösen,
sind wir verärgert, besorgt und deprimiert. Wenn wir beispielsweise erfahren, dass ein Lieferant sich mit einer Lieferung ver-

spätet hat, würden wir denken: „Immer dasselbe, keiner respektiert mich, keiner hält, was er versprochen hat." Würden wir innehalten und nachdenken, würden uns viele Fälle einfallen, in denen die anderen ihr Versprechen sehr wohl gehalten haben.

5. **Schwarzmalerei.** Oft sucht man sich ein negatives Detail einer Situation heraus und konzentriert sich nur darauf, um zu dem Schluss zu kommen, dass die ganze Situation negativ ist. Zum Beispiel: Sie machen gerade eine Präsentation, da unterbricht Ihr Chef Sie mit einer Frage und Sie denken: „Ich habe mich lächerlich gemacht, keiner hat etwas verstanden, mein Chef ist verärgert ..." Dabei vergessen Sie, dass in der vergangenen halben Stunde alle respektvoll geschwiegen und Zustimmung und Verständnis gezeigt haben.

6. **Panikmache.** Oft verstärkt man die negative Verzerrung, indem man die schlechte Seite der Situation hervorhebt und sie zum Unglück hochstilisiert. Bezogen auf das vorige Beispiel würden Sie denken: „O nein, mein Chef ist verärgert. Das ist schrecklich. Mein Ruf ist für immer ruiniert. Sie werden mich entlassen und mir nicht einmal ein Empfehlungsschreiben geben, damit ich mir eine neue Stelle suchen kann."

7. **Abwertung.** Oft wertet man das Positive ab und macht daraus etwas Negatives. Ein alltägliches Beispiel ist die Art, wie jemand ein Lob heruntermacht, das er bekommen hat. Macht der andere eine nette Bemerkung über eine gut gelöste Aufgabe, wertet er diese Anerkennung sofort ab und denkt: „Der versucht ja nur, sich bei mir einzuschmeicheln oder nett zu sein; in Wirklichkeit glaubt er nicht, was er sagt ..."

8. **Außersinnliche Wahrnehmungen**

   a) *Gedankenlesen*. Wir neigen dazu, Folgerungen zu ziehen, indem wir den anderen negative Gedanken unterstellen, und zwar mit solch einer Überzeugung, dass wir uns nicht einmal die Mühe machen, diese Projektionen zu überprüfen. Zum Beispiel komme ich zum vereinbarten Zeitpunkt zu einem Meeting, stelle fest, dass mein Gesprächspartner nicht da ist, und denke: „Er hat überhaupt kein Interesse an mir, hat sich nicht einmal die Mühe gemacht, mich anzurufen, um das Meeting abzusagen, weil ich in seinen Augen nichts wert bin ..."

b) *Weissagen.* Wir neigen dazu, Negatives in die Zukunft zu projizieren, indem wir es für gegeben und unveränderlich halten; wir stellen uns vor, dass etwas Schlimmes passiert, und halten dieses Bild für eine Tatsache, auch wenn es kaum realistisch oder nicht fundiert ist. Solche Gedankenspiele führen zu Lethargie, Verzweiflung und Depressionen und werden schließlich zu einer sich selbst erfüllenden Prophezeiung.

9. **Emotionale Schlussfolgerungen.** Wir neigen dazu, Emotionen als Bestätigung für unsere Meinung über uns und andere zu halten. Sie denken beispielsweise: „Ich fühle mich meinen Kollegen unterlegen, also bin ich ihnen wohl auch unterlegen." Eine emotionale Schlussfolgerung ist der deutlichste Fall eines deprimierenden Teufelskreises: Die negativen Gedanken erzeugen negative Emotionen, und diese wiederum erzeugen noch mehr negative Gedanken. Ergebnis: Man gerät in eine Sackgasse.

10. **Soll-Aussagen.** Wir neigen dazu, in Verpflichtungen statt Möglichkeiten zu denken, und stellen an uns selbst und die ganze Welt Erwartungen. Wir interpretieren unsere Wünsche hinsichtlich dessen, was man tun oder sagen „muss" oder „nicht darf", „soll" und „nicht soll". Sie denken beispielsweise: „Ich müsste mich beim Verkauf mehr anstrengen" oder „Das hätte ich im Meeting nicht sagen sollen". Diese Gedanken erzeugen Schuldgefühle, Stress, Scham und Groll; paradoxerweise rebellieren wir schließlich gegen die unterdrückenden „Befehle" und fühlen uns apathisch und demotiviert. Gleichzeitig programmieren wir, wenn wir unsere „Soll-Gedanken" auf andere übertragen, unsere eigene Desillusion und Frustration vor. Mit Gedanken wie „Er hätte mir sagen müssen, dass er den Bericht nicht rechtzeitig abgeben würde" oder „Sie hätte ihren Bericht nicht ohne meine Zustimmung abgeben dürfen" handeln wir uns Entrüstung und eine dauerhaft vorwurfsvolle Haltung ein.

Um diese Gedanken zu korrigieren, müssen wir „sollen" in „können" oder „lieber machen" übersetzen. Statt etwa zu denken „Ich müsste mich im Verkauf mehr anstrengen", würden Sie denken: „Ich hätte mehr davon, wenn ich mich im Verkauf mehr anstrengen würde"; statt „Das hätte ich im Meeting nicht sagen sollen" würden Sie überlegen: „Ich glaube, es war kontraproduktiv, was ich gesagt habe; das bedaure ich. Jetzt möchte ich mich entschuldigen und den Schaden wieder gut machen und in Zukunft kühlen Kopf bewahren." Schuldgefühle als hilfreiche Emotion weisen uns darauf hin, dass wir unsere eigenen Grenzen verletzt oder uns in einer Weise verhalten haben, die wir selbst für unproduktiv halten.

Die Übersetzung von „sollen" in „können" lässt sich auch bei Dritten anwenden. Statt beispielsweise voller Groll zu denken: „Er hätte mir sagen müssen, dass er den Bericht nicht rechtzeitig abgeben würde", würden Sie sagen: „Es wäre mir lieber gewesen, er hätte mich über die Verspätung informiert, aber das hat er nicht getan. Was kann ich jetzt tun, um ihm meine Unzufriedenheit deutlich zu machen und ihn zu bitten, dies nicht noch einmal zu tun?" Der Ärger als hilfreiche Emotion weist uns darauf hin, dass der andere unsere Grenzen überschritten und uns Schaden zugefügt hat.

11. Abstempeln. Wir neigen dazu, uns selbst und andere abzustempeln (zu etikettieren). Jemand hält eine Handlung für negativ und übertreibt, indem er den Handelnden in Bausch und Bogen verurteilt. Sie sind beispielsweise mit der Qualität eines Projekts unzufrieden und sagen „Ich bin ein Versager, ich bin der geborene Verlierer", statt zu sagen: „Ich bin mit meiner Arbeit an diesem Projekt nicht zufrieden, aber das ist keine Definition meiner Person ..." Oder wenn Sie sich über einen Kunden ärgern, denken Sie: „So ein unverschämter Kerl, mit dem kann man nicht auskommen", statt: „Ich weiß nicht, wie ich mit dieser Situation umgehen und den Ansprüchen des Kunden effektiv gerecht werden soll." Abstempeln ist irrational und kontraproduktiv. Wenn wir es bei uns selbst machen, führt es zu

Minderwertigkeitsgefühlen und Scham; bei anderen führt es zu Feindseligkeit und Konflikten. Die Identität eines Menschen lässt sich nicht mit seinem Tun gleichsetzen. Das Leben ist ein komplexer, ständig in Veränderung begriffener Fluss von Gedanken, Emotionen und Handlungen; deshalb kann man es nicht mit einem Etikett versehen.

Kapitel 13

Werte und Tugenden

Es ist nicht leicht, über die innere Transformation der Menschen den Weltfrieden erreichen zu wollen, aber es ist die einzige Möglichkeit. Liebe, Mitgefühl und Güte sind die Grundlagen für Frieden. Wenn ein Mensch diese Eigenschaften in sich entwickelt, vermag er eine Atmosphäre des Friedens und der Harmonie zu schaffen. Diese Atmosphäre überträgt sich dann vom Individuum auf seine Familie, von der Familie auf die Gemeinschaft und schließlich auf die ganze Welt.

DER DALAI LAMA

D ie Theorien und Werkzeuge, die wir hier vorstellen, haben eine große Macht: die Macht, etwas aufzubauen, oder die Macht, etwas zu zerstören. Mit ihrer Hilfe können wir unsere Aufgaben effektiver erledigen, zwischenmenschliche Beziehungen verbessern und zu größerem Wohlbefinden gelangen. Aber sie können auch zu einem Vorwand für häufige Konflikte, Distanz zwischen den Menschen und Groll werden. Einerseits spornen die hier dargelegten Techniken und Erkenntnisse zu Kreativität und würde- bzw. respektvollem Verhalten anderen gegenüber an, doch andererseits können sie auch zu einer defensiven Haltung und versteckten Aggressionen führen und zu Missbrauch verleiten.

Instrumente sind so gut wie das Bewusstsein dessen, der sie verwendet. Ob sie Gutes oder Schlechtes bewirken, hängt von den Absichten und Wertvorstellungen des Benutzers ab. Mit Demut, Respekt und Achtsamkeit für den anderen eingesetzt, werden diese Instrumente Verständnis fördern und Vertrauen wecken. Kommen jedoch Hochmut, Vorurteile und Grausamkeit ins Spiel, werden sie zu Konflikten und Misstrauen führen. Die Schlüsselfrage lautet daher: *Möchte ich, dass alle vom Lerneffekt und der Effektivität profitieren, oder versuche ich, die anderen zu manipulieren, um mir Vorteile zu verschaffen?*

Das Wort „Manipulation" ist in unserer Kultur negativ besetzt. Manipulieren ist mehr, als den anderen überzeugen – es impliziert, dass man versteckte Techniken anwendet, die, würden sie bekannt, den Manipulierer beschämen und den Manipulierten wütend machen würden. Wenn wir jemanden bitten, etwas zu tun, ist das keine Manipulation, denn die Bitte wird offen geäußert. Geben wir an diese Person zwischen den Zeilen eine bestimmte Information weiter mit der Absicht, ihr Verhalten in eine von uns gewünschte Richtung zu lenken, dann ist das Manipulation. Eine überzeugende Darlegung unserer Position oder eine Bitte sind problemlos mit dem Wertesystem unseres Gegenübers vereinbar. Unvereinbar hingegen wäre es, nur einen Teil der Fakten zu präsentieren und dabei gezielt genau jene auszuwählen, die die eigene Position rechtfertigen und die des anderen angreifen.

Die Werkzeuge eines transformierenden Lernprozesses sind paradox: Sie sind zwar einfach und effektiv, aber ihre richtige und konsequente Anwendung ist äußerst schwierig. *Sie sind einfach, aber nicht leicht.* Wer sie bewusst einsetzen will, muss seine gewohnten Denk- und Gefühlsmuster überprüfen. In der Hand eines nicht-bewussten Menschen werden die Werkzeuge zu Waffen, die den Gesprächspartner verletzen, effektives Arbeiten verhindern und dazu führen, dass diesem Menschen seine Würde und sein Wohlbefinden verloren gehen. Wer diese Werkzeuge richtig gebrauchen will, muss als menschliches Wesen reifen.

Jedes mentale Muster ist aus bestimmten Glaubenssätzen und Wertvorstellungen entstanden. Solche Glaubenssätze und Wertvorstellungen erzeugen Gedankenmuster, die man als richtig – auf Beobachtungen und logisch nachvollziehbaren Überlegungen beruhend – oder als verzerrt bezeichnen kann. Auch sie führen zu einer Reihe von Verhaltensweisen, die man als Tugenden oder Laster bezeichnen könnte. Tugendhaftes Handeln zielt darauf ab, die wesentlichen Wertvorstellungen des Menschen zu verwirklichen, lasterhafte Handlungen verhindern dies. Zum Beispiel hilft Disziplin bei der Verfolgung langfristiger Ziele, denn mit Disziplin lassen sich momentane, womöglich schädliche Leidenschaften überwinden. Wer fähig ist, die unmittelbare Belohnung auf später zu verschieben, wird lasterhafte Neigungen (Abhängigkeiten, Völlerei, Habgier, Wollust, Müßiggang, Faulheit usw.) besiegen und so handeln, dass er sein menschliches Potenzial verwirklichen kann.

Die menschliche Dimension lässt sich in Individuum und Kollektiv unterteilen. Auf individueller Ebene hat jeder Mensch sein Denkmuster, das von seinen Lebenserfahrungen spezifisch geformt wurde. Dieses Denkmuster konditioniert sein Denken und Verhalten, und diese wiederum konditionieren die Ergebnisse, die dieser Mensch erzielen wird. Auf kollektiver Ebene entwickelt jede Gruppe (Familie, Volk, Rasse, Nation usw.) eine Kultur – und wird von ihr geformt. Die Kultur ist das kollektive Denkmuster, das Überzeugungen, Wertvorstellungen und Normen beinhaltet, die den Gruppenmitgliedern gemeinsam sind. (Oder besser gesagt, das Denkmuster, das jemanden, der es übernimmt, als Gruppenmitglied definiert.) Diese Kultur bedingt das – individuelle und kollektive – Verhalten der Mitglieder.

Man kann nicht nur individuelle Überzeugungen, sondern auch Kulturen als tugendhaft oder lasterhaft bezeichnen. Eine Kultur, die die gesunde Entwicklung ihrer Angehörigen stimuliert, indem sie ihnen gestattet, ihren höchsten Bestrebungen erfolgreich nachzugehen, ist ein Segen. Systeme, die auf Selbstachtung und Respekt anderen gegenüber beruhen, spornen im Allgemeinen dazu an, sich selbst zu achten und im Einklang mit der Gemeinschaft nach Wachstum zu streben. In einer Kultur hingegen, in der es zur Stagnation und Rückentwicklung ihrer Angehörigen kommt, da sie ermutigt werden, ihren niedersten Leidenschaften zu frönen, ist ein Fluch.

Das traditionelle Denkmuster – mit der dazugehörigen Kultur – basiert auf Überzeugungen und Werten, die Effektivität, ein gutes zwischenmenschliches Verhältnis und die Entwicklung des Einzelnen nicht zulassen. Denken wir etwa an das Laster, immer Recht haben oder seinen Willen partout durchsetzen wollen; an die arrogante Überzeugung, man wisse als Einziger, wo es langgeht; an das Begehren, *den anderen zu besiegen*, und einseitige Konzentration auf die Ergebnisse. All dies führt unweigerlich zu lasterhaften Verhaltensweisen, und daraus erwächst wiederum persönliches und kollektives Leid. Die Verpflichtung hingegen, zuzuhören und die vielfältigen Gründe und Standpunkte des Gesprächspartners zu integrieren, die Demut, den Einfluss kultureller und persönlicher Unterschiede auf die eigenen Parameter anzuerkennen, und das Bemühen, *mit dem anderen zu siegen*, führen zu tugendhaften Verhaltensweisen und diese wiederum zu persönlichem und kollektivem Wohlbefinden.

Grundwerte

Was sind die menschlichen Grundwerte? Die Liste ist kurz: Glück, Erfüllung, Freiheit, Frieden und Liebe. Diese Werte ergeben sich unmittelbar aus der *conditio humana* und sind universell. Die tiefer liegende Struktur unserer Psyche überwindet die oberflächlichen Unterschiede, die zwischen den einzelnen Kulturen bestehen. So wie die meisten Menschen zwei Augen, eine Nase, einen Mund und zehn Finger haben, streben sie mehrheitlich auch danach, glücklich, erfüllt, frei, in Frieden und Liebe zu leben.

Werte kann man aus zwei Blickwinkeln betrachten: von außen (wenn sie mit Faktoren verknüpft sind, die sich unserer direkten Kontrolle entziehen) und von innen (wenn wir die relevanten Faktoren einseitig benennen können). Diese beiden Ebenen entsprechen den Dimensionen von Produkt und Prozess, Bekommen und

Tun, Ergebnis und Bemühung. Wir werden diese duale Sichtweise auf jeden der Werte anwenden. Es gibt noch eine dritte Analysedimension, eine übergreifende, unbedingte Dimension, die weder von internen noch externen Faktoren abhängt: die Infrastruktur, das Sein, die Seele, die höchste Essenz des Menschen und sein Geist.

Glück. Auf der äußeren bzw. der Ergebnisebene entsteht Glück, wenn wir Erfolg haben und sich unsere Wünsche erfüllen, egal, ob wir dies durch eigenes Zutun bewerkstelligen (zum Beispiel eine gute Bewertung für unsere Leistung) oder ob es einfach „zufällig" geschieht (zum Beispiel ein Lotteriegewinn). Der Mensch ist glücklich, weil sein Wunsch Realität geworden ist. Dieses von äußeren Umständen abhängige Glück stellt sich auch ein, wenn wir als Menschen erstmals bewusst werden, jenes Glück, das ein Baby beim Saugen an der Mutterbrust empfindet und das verloren geht, wenn es abgestillt wird. Dieses Glück ist zwar kostbar, doch es bringt dieselben Schwierigkeiten mit sich wie jede Erfahrung, die ihren Ursprung in der äußeren Welt hat. Solche Erfahrungen liegen außerhalb unserer Kontrolle und dazu müssen Faktoren zusammenspielen, die der Kontrolle anderer Menschen unterliegen, die vielleicht kein Interesse an dem von uns gewünschten Ergebnis haben. Außerdem ist, selbst wenn wir das Gewünschte bekommen, der Erfolg immer nur vorübergehend, flüchtig und viel unbefriedigender, als wir dachten.

Ein Fußballfan freut sich über den Sieg der Mannschaft, deren Anhänger er ist, auch wenn er überhaupt keinen Einfluss auf das Spielergebnis hat. Selbst wenn die Mannschaft das Spiel vom Sonntag gewonnen hat, gibt es keine Garantie dafür, dass sie es auch nächsten Sonntag gewinnen wird. Jede Woche ist eine Gelegenheit, das Glück der vergangenen Woche zu „verlieren". Heute „bekommt" der Fan das Glück als Geschenk des Schicksals; er wird es „zurückgeben" müssen, wenn das Schicksal es so will. Selbst beim ersten Glücksgefühl trübt und verringert also das Bewusstsein um die Flüchtigkeit des Glücks das Gefühl selbst.

Äußeres Glück wird immer durch Verlustangst getrübt und ist niemals eine *Eigenschaft* des Menschen; es kann nur ein *vorüberge-*

hender Zustand sein. Auf der inneren Ebene bzw. der Prozessebene stellt sich das Glück ein, wenn wir unsere Träume verfolgen und im Einklang mit unseren innersten Wünschen handeln. Egal ob wir ein Ergebnis erzielen oder nicht, sind wir glücklich, wenn unser Verhalten auf die Suche nach unseren Idealen gerichtet ist. Natürlich wollen wir erreichen, wonach wir streben, aber wir sind uns darüber im Klaren, dass das Endergebnis von Faktoren abhängt, die sich unserem Einfluss entziehen. Wir merken, dass es ein Leben in Angst bedeutet und wir ständig Unkontrollierbares kontrollieren wollen, wenn wir unser Glück von diesen Faktoren bestimmen lassen. Und so *konzentrieren wir uns auf das Glück über unser Bemühen, das mit unseren Wertvorstellungen vollkommen übereinstimmt.*

Erfüllung ist das Gefühl, sehr intensiv und leidenschaftlich zu leben, völlig in die Welt einzutauchen und jeden Moment all das zu erleben, was sie uns zu bieten hat. Erfüllung stellt sich ein, wenn wir uns in das Geschehen eingebunden fühlen, auf unsere Umgebung achten, bedeutungsvolle Verbindungen mit ihr eingehen und uns im Mittelpunkt des lebendigen Stroms der Ereignisse sehen.

Auf äußerer Ebene erfahren wir Erfüllung, wenn die Welt uns die Emotionen bietet, die wir ersehnen. Aber das hängt, wie bereits gesagt, von der Welt, nicht von uns ab. Auf der inneren Ebene gelangen wir alle zu Erfüllung, wenn wir uns ganz in Kontakt mit uns selbst spüren und unser Sein in der Welt schrankenlos erleben können, ganz egal, was für eine Welt das ist. So können wir beispielsweise Langeweile voll auskosten: auch wenn wir nicht an den Ereignissen interessiert sind, können wir uns dennoch erfüllt fühlen.

Freiheit. Aus traditioneller (ergebnisorientierter) Sicht bedeutet Freiheit, tun zu können, was man will, und dabei die Ergebnisse zu erzielen, die man sich erhofft; das heißt, ungehindert und uneingeschränkt handeln zu können und das zu erreichen, was man sich wünscht. Das geht natürlich nicht. Der menschliche Körper ist begrenzt, die materiellen Ressourcen sind beschränkt, es gibt physikalische Gesetze, die die Bandbreite der Möglichkeiten einengen, es gibt andere Menschen, die (in ihrer eigenen Freiheit) Wünsche haben, die sich mit unseren nicht vereinbaren lassen, usw. Deshalb bedingt diese Definition von Freiheit unweigerlich, dass wir die Möglichkeit, uns frei zu fühlen, streichen müssen. Niemand ist auf diese Weise „frei" noch kann er es sein.

Auf der inneren Ebene ist Freiheit die Möglichkeit, den eigenen Maßstäben entsprechend zu handeln, indem wir von der Realität auferlegte Bedingungen und Einschränkungen mit unseren persönlichen Werten aushandeln in dem Bestreben, unsere Wünsche zu erfüllen. Diese Freiheit hängt nicht von einem Erfolg, ja nicht einmal von der vollständigen Umsetzung unserer Entscheidungen ab. Vielmehr erkennt sie einfach an, dass der Mensch die Möglichkeit und die Freiheit hat, auf die Umstände zu reagieren und so aktiv dazu beizutragen, sein Schicksal zu gestalten. Diese innere Freiheit hat eine soziale Entsprechung. Wenn Freiheit einer unserer Werte ist, schätzen wir sie allgemein. Wir wollen Freiheit für alle, nicht nur für uns selbst. Der Wert ist nicht *meine* Freiheit, sondern *die* Freiheit. Deshalb ist persönliche, auf der Unterdrückung anderer beruhende Freiheit der höchste Ausdruck von Egoismus und Heuchelei.

Auf sozialer Ebene bedeutet frei sein, nach Glück zu streben, indem man alle zur Verfügung stehenden (eigenen) Mittel einsetzt, ohne dass Dritte einen einschränken – aber immer nur dann, wenn dies nicht die Freiheit der anderen behindert oder einschränkt. In einer freien Gesellschaft hat jeder das unabänderliche Recht, sein Leben auf seine Art zu leben, ohne bedroht oder angegriffen zu werden, mit der einzigen Einschränkung, dass er allen anderen dasselbe Recht zugestehen muss. Das heißt, kein Einzelner und keine Gruppe hat das Recht, aggressiv (durch Anwendung oder Androhung von Gewalt) gegen einen anderen oder dessen Eigentum vorzugehen.

Nichts an dieser Definition garantiert den Erfolg. Ebenso wenig garantiert sie, dass wir machen können, was wir wollen, wie zum Beispiel Rosenstöcke in Nachbars Garten anpflanzen, wenn er lieber Karotten säen will. Auch garantiert diese Definition nicht unser Überleben. Hingegen bietet sie ein soziales System an, das uns ermöglicht, zu handeln, die Folgen unseres Tuns zu erleben und zu lernen – ohne dass andere uns aggressiv einschränken oder sich einmischen. In den Worten von Murray Rothbard[53]: „Während das Verhalten von Pflanzen und mindestens von niedrigen Tieren (...) durch ihre Instinkte bestimmt wird, ist die Natur des Menschen so, dass jede einzelne Person, um überhaupt handeln zu können, ihre eigenen Ziele wählen muss und ihre eigenen Mittel, um diese Ziele zu erreichen. Da er keine automatischen Instinkte besitzt, muss jeder Mensch sich selbst und seine Umwelt begreifen, seinen Verstand gebrauchen, um Werte auszuwählen, Ursache und Folgen zu verstehen und zielgerichtet zu handeln, um sich selbst zu erhalten und sein Leben zu verbessern. Weil die Menschen nur als Individuen denken, fühlen, bewerten und handeln können, ist es notwendig für das Überleben und Wohlergehen jedes Einzelnen, dass er frei ist, sich zu entscheiden, seine Fähigkeiten zu entwickeln und nach seinem Wissen und seinen Werten zu handeln. Das ist der notwendige Weg der menschlichen Natur; in ihn einzugreifen und diesen Prozess mit Gewalt zu behindern, ist gegen das Überleben und den Wohlstand der Menschen gerichtet. Ein gewaltsamer Eingriff in das Lernen und die Entscheidungen eines Menschen ist damit ‚antihuman', er verletzt das natürliche Gesetz der menschlichen Bedürfnisse."

Frieden ist das, was ein Mensch erlebt, wenn sein Körper (Empfindungen), sein Herz (Emotionen) und sein Verstand (Gedanken) sich in einem Zustand der Entspannung und des Wohlbefindens befinden. In Frieden sein bedeutet Zufriedenheit mit der Gegenwart, Annehmen der Vergangenheit und Vertrauen in die Zukunft. Diese Zufriedenheit kommt aus zwei Richtungen: wenn die Welt sich unseren Erwartungen anpasst oder wenn wir uns an die Realität anpassen. Die erste Richtung, die völlig von äußeren Faktoren abhängt, führt zu unsicherem Frieden. Die zweite, die von unserer inneren Arbeit abhängt, gibt uns die Macht, mit schwierigen Umständen fertig zu werden, ohne das Gefühl von Ausgeglichenheit und Harmonie zu verlieren.

Tiefer Friede entspringt unserer Innenwelt. In diesem Zustand können wir entspannen, weil wir einsehen, dass wir Geschehenes nicht verändern können, und immer wieder sehen, dass alle Beteiligten ihr Bestmöglichstes getan haben. Mit dieser mitfühlenden Sichtweise können wir frühere Ereignisse als Schritte auf unserem Lernpfad betrachten. Unabhängig von der positiven oder negativen Bewertung solcher Momente vertrauen wir auf unsere Fähigkeit, Schwierigkeiten zu überwinden, indem wir sie zu Lernerfahrungen machen. Wir vertrauen auch auf die Zukunft. Nicht weil wir glauben, alles werde gut gehen, sondern weil wir glauben, letztendlich zu integerem Handeln fähig zu sein, egal was geschieht. Selbst in den schwierigsten Situationen (oder vielleicht gerade dann) können wir unsere wahren Werte mit größerer Klarheit zeigen. Zwischen der Vergangenheit (die wir bereits ohne Groll geheilt haben) und der Zukunft (in der wir offen für das Wunder und die Möglichkeit zu wachsen sind) leben wir in der erfüllten und befriedigenden Gegenwart. Hier können wir uns entspannen und den Reichtum des Lebens – eines glücklichen, erfüllten und freien Lebens – unabhängig von äußeren Bedingungen entdecken.

Liebe. Auf der äußeren Ebene hängt die Erfahrung von Liebe von der Möglichkeit ab, sich mit dem geliebten Objekt zu vereinen. Wir haben beispielsweise das Gefühl, unsere Liebe habe sich erfüllt, wenn wir eine Partnerbeziehung eingehen. Aber das birgt ein Risiko, denn es hängt von der Einwilligung des anderen ab. Wenn die Frau, die ich liebe, nicht in mich verliebt ist, kann ich meine Liebe nicht konkretisieren. Deshalb ist es schwierig, darauf zu verzichten, diese Liebe nicht zu manipulieren (und zu „vermasseln"), denn es hängt vom Verhalten des anderen ab, ob ich sie voll zum Ausdruck bringen kann. Damit sich beispielsweise die Frau, die mich anzieht, zu mir hingezogen fühlt, könnte ich vorgeben, jemand zu sein, der ich nicht bin. Wie wir im nächsten Kapitel sehen werden, ist das Problem, dass sich meine Geliebte in den verliebt, der zu sein ich vorgebe. Mein wahres Ich bleibt also außen vor, wie ein „verborgener Dritter".

Auf der inneren Ebene ist Liebe die Erfahrung von Einssein mit dem anderen, egal ob sie erwidert wird. Auf einer ersten – menschlichen – Ebene zeigt mir Liebe die gemeinsame Wurzel, die mich mit allen Menschen verbindet; auf einer zweiten – kosmischen – Ebene dehnt sich diese Wurzel auf alle Wesen aus.

Das unitäre Bewusstein von der Liebe erzeugt einen Impuls von Großzügigkeit. Wir möchten mit unserem Besten zum Wohlergehen, zum Gleichgewicht, zur Gesundheit, zum Wachstum und zur Entwicklung des geliebten Wesens beitragen. Dem anderen Gutes zu wünschen, ist kein romantisches Gefühl, sondern eine wichtige Verpflichtung, ein Pakt, mit dem wir uns verpflichten, immer – mit konkreten Handlungen – den Weg zu wählen, der dem anderen größtmögliches Wohlergehen beschert; sei es mit „zärtlichen" Gesten wie einem unterstützenden Wort in einem schwierigen Moment oder mit „harten" Gesten, wie dem Aufzeigen von Grenzen.

Für die Teamarbeit ist es unerlässlich, dass ein Manager mit seinem Personal „liebevoll" umgeht (der Satz ist gewagt, aber ich bestehe darauf). Diese von Mitgefühl und gesegneter Fürsorge geprägte Haltung ist die Grundlage für Vertrauen und Teamarbeit; eine Arbeit, die unglaubliche Energien freisetzen kann. Teilhard de Chardin sagte: „Eines Tages, nachdem wir die Winde, die Wellen, die Gezeiten und die Schwerkraft gemeistert haben, werden wir für Gott die Energien der Liebe nutzbar machen. Dann wird zum zweiten Mal in der Weltgeschichte der Mensch das Feuer entdeckt haben."

Liebe ist die größte Erfahrung tiefer Einheit, jenseits oberflächlicher Unterschiede. Demnach heißt „seinen Nächsten lieben wie sich selbst" im anderen dieselbe Menschlichkeit, Würde und dieselben transzendenten Werte zu sehen, die wir in uns selbst finden. Diese bedingungslose Liebe wird von selbst Wahrheit; sie will keinerlei Gegenleistung. Liebe ist per se das Geschenk der Liebe.

Diese transzendente Ebene der Liebe ist äußerst ungewöhnlich. In unserer Gesellschaft kommt Liebe meistens als konkreter Wunsch nach Vereinigung mit einem geliebten Objekt zum Ausdruck. Dieser konkrete Aspekt der Liebe macht sie kleiner. Aus dieser universellen Sichtweise heraus definiert Humberto Maturana Liebe als radikalen Respekt für den anderen als rechtmäßig Anderen. Dieser grundlegende Respekt für den anderen gestattet uns, ihm in seiner reinen Präsenz, jenseits aller persönlichen, ethnischen oder kulturellen Aspekte zu begegnen. Lieben bedeutet, das geliebte Wesen in seiner Daseinsberechtigung so, wie es ist, zu achten. Mit dieser Respekthaltung kann man ein anderes menschliches Wesen nicht gegen seine Interessen manipulieren oder benutzen. In der Liebe sieht der Mensch alle anderen Wesen in ihrer ursprünglichen Schönheit und Vollkommenheit, ganz gleich was ihre Ziele und Bedürfnisse sind.

Obwohl Respekt eine notwendige Voraussetzung für Liebe ist, ist Liebe viel mehr als „Respekt". Liebe ist Güte, Sorge, Interesse, Empathie, Wertschätzung, Unterstützung, Ehrerbietung. Eine Liebesbeziehung aufbauen heißt, sich das Wohl des anderen sehnlich wünschen und spüren, dass der andere sich mit derselben Sehnsucht unser Wohl – das heißt unser Glück, unsere Erfüllung, Freiheit, Frieden und Liebe – wünscht. In der Liebe dehnt der Mensch seinen Wunsch, diese übergreifenden Werte zu erreichen, auf jene aus, die er liebt. Demnach ist Liebe eine Verpflichtung zum tugendhaften Handeln, damit wir diese Werte im gesellschaftlichen Umfeld fördern.

Wir Menschen sind bestrebt, Zustände des Glücks, der Erfüllung, der Freiheit, des Friedens und der Liebe zu erleben. Doch mit diesem Streben wollen wir keine vergängliche, von äußeren, nicht beeinflussbaren Umständen abhängige „Erfahrung" machen, sondern diese Wertvorstellungen in unserem Leben ungeachtet der Umstände realisieren. Dazu müssen wir uns in einem ersten Schritt davon lösen, etwas (ein Produkt) zu bekommen, und uns auf das „Tun" (den Prozess) konzentrieren. Dennoch bleiben wir aufgrund dieser inneren Konditionierung abhängig – nicht von Umständen, sondern von Handlungen. Unmerklich konditionieren wir uns darauf, „das Richtige zu tun", um glücklich zu sein oder Liebe zu empfinden.

Die höchste Verwirklichung des Menschen geschieht durch die Anerkennung seiner wahren Natur, seiner transzendenten Wahrheit als vollkommenem und absolutem Bewusstsein von Erfüllung, Glück, Freiheit, Frieden und Liebe. Dieses Bewusstsein ermöglicht es ihm, der Welt mit einer dienenden Haltung zu begegnen und all sein

Bemühen zum Wohl der Welt einzusetzen. So ist ein bewusster Manager (Mensch) in der Lage, bei aller Großzügigkeit auch erfolgreich zu sein.

Was sind die Tugenden, die diese Werte manifestieren und ihre Entwicklung unterstützen? Was sind die Verhaltensweisen, die fruchtbaren Boden für Glück, Erfüllung, Freiheit, Frieden und Liebe schaffen? Einige der herausragenden Tugenden sind: Verantwortungsgefühl, Autonomie, Exzellenz, Ehrlichkeit, Demut, Respekt, Mitgefühl, Freundlichkeit, Integrität, Gleichmut, Disziplin und Tadellosigkeit. Ein Verhalten im Einklang mit diesen Tugenden führt zu einer würdigen Existenz und spornt uns an, unser wahres Potenzial zu zeigen. Das Ergebnis ist ein erfülltes Leben, das unsere grundlegendsten Werte zum Ausdruck bringt und sie zugleich fördert.

Die dunkle Seite der Tugenden sind die Laster: Verhaltensweisen, die unsere Werte verletzen und in uns und unserer Umgebung Gegenwerte schaffen. Laster führen zu Gefühlen von Abwertung, Unterdrückung, Leere, Entfremdung, Angst und Leid. Diese Empfindungen sind so schmerzhaft, dass wir sie um jeden Preis vermeiden wollen. Und verkehrterweise ist der direkteste und automatischste Weg der, unbewusst zu handeln. Aber Unbewusstsein führt zu immer mehr negativen Verhaltensweisen.

Es gibt zwei Arten von Lastern: Die einen sind das Gegenteil einer Tugend und die anderen eine Verfälschung, eine Maske der Tugend (ihre nicht-authentische Manifestation). Zum Beispiel: Das Gegenteil der Tugend Verantwortungsgefühl wäre, anderen die Schuld zu geben. Die Verfälschung dieser Tugend wäre, sich selbst die Schuld zu geben. Genauso wäre das Gegenteil von Respekt Verachtung, und die Verfälschung wäre Unterwürfigkeit.

Verantwortungsgefühl. Verantwortlich sein heißt, uns als Protagonisten unseres Lebens zu sehen, uns zum Besitzer unserer selbst zu machen. Verantwortung übernehmen heißt, akzeptieren, dass wir in der Lage sind, gemäß unseren Werten auf die Umstände zu reagieren. Tugendhaft zu reagieren, ist keine Erfolgsgarantie, sorgt aber dafür, dass wir, egal wie das Endergebnis ausfällt, stolz sagen können: „In mir herrscht Frieden, ich habe nach meinem Gewissen gehandelt und mein Bestes getan." Verantwortungsgefühl ist die erste Voraussetzung für tugendhaftes Handeln. Wenn wir uns nicht für den Mittelpunkt unseres Gewissens und unserer Wahl halten, werden wir nicht merken, dass wir (wenn nicht anderen, dann zumindest uns selbst gegenüber) Rechenschaft über unser Tun ablegen müssen.

Sind wir blind für unsere Verantwortung, sehen wir uns als Opfer der Umstände. Wir glauben, wir hätten keine Alternative außer jener, die von äußeren Faktoren vorgegeben ist. Dann „verschließen" wir unser Bewusstsein und geben uns die „Erlaubnis", uns lasterhaft zu verhalten. Dieses Verhalten entschuldigen wir, indem wir anderen und der Welt die Schuld an unserer misslichen Lage geben. Wenn wir hingegen unsere Verantwortung übertreiben, glauben wir, alles hänge von uns ab und wir müssten mit jedem Umstand fertig werden, um unser Ziel zu erreichen. Wenn etwas schief geht, machen wir uns natürlich selbst Vorwürfe und vergessen dabei, dass wir, obwohl wir die Ergebnisse beeinflussen könnten, über sie nicht einseitig bestimmen können, da sie von nicht kontrollierbaren Faktoren abhängen.

Autonomie ist die Fähigkeit, als Protagonist zu handeln, indem wir unsere persönlichen Werte und Ziele festlegen. Autonomie bedeutet, über sich zu herrschen und als autonomes Individuum zu entdecken, dass Absichten und Verhaltensweisen das Ergebnis einer persönlichen Wahl sind. Um uns unser Leben anzueignen, müssen wir entscheiden, welche Ziele wir verfolgen, welche Ressourcen wir einsetzen und welche Beziehungen wir mit anderen und der Welt eingehen wollen. Jenseits der Regeln unserer Bezugsgruppe müssen wir uns als Individuum betrachten, als Brennpunkt des Bewusstseins mit der entscheidenden Fähigkeit zur Selbstbestimmung.

Um autonom handeln zu können, müssen wir eine persönliche Vision, Mission und Moral entwickeln. Die Vision ist eine Idealsituation, die wir anstreben; die Mission ist unsere Daseinsberechtigung; die Moral sind die Regeln, die unser Verhalten leiten. Autonom leben heißt, postkonventionell – jenseits von Übereinkünften – und unabhängig zu leben; dazu müssen wir uns nach unseren eigenen Werten und nicht denen der Gruppe richten. (Es kann aber durchaus sein, dass wir uns nach einer bewussten Analyse für Werte entscheiden, die mit denen der Gruppe übereinstimmen.) Dazu brauchen wir eine innere Orientierung, eine Daseinsethik, die über Gruppenkonventionen hinausgeht. Diese Ethik braucht weder im Widerspruch zu den Traditionen zu stehen noch sich nach ihnen zu richten; vielmehr muss sie solche Traditionen integrieren und sie unseren Werten anpassen.

Das Gegenteil von Autonomie ist, die eigenen Maßstäbe den Gruppenkonventionen unterzuordnen. Das ist es, was Ortega y Gasset den „Massenmenschen" nennt, den Menschen ohne persönliche Maßstäbe und kritische Unterscheidungsfähigkeit, der sich schändlich verhalten kann, indem er sich hinter der Anonymität der Gruppe verschanzt. In der Geschichte der Menschheit ist das Laster der verantwortungslosen Unterwerfung vielleicht das zerstörerischste. Wir begegnen ihm beim Holocaust der Nazis und in jeder Entschuldigung für Kriegsgräuel, wo es sich hinter der Rechtfertigung „blinder Gehorsam" versteckt. Eine der Botschaften der Nürnberger Prozesse (in denen kurz nach dem Krieg die Nazis angeklagt wurden) lautet, dass unsere Zivilisation jedes menschliche Wesen als autonomes, für seine Taten verantwortliches Individuum betrachtet.

Dennoch bedeutet nicht-konventionell zu sein nicht unbedingt, dass man postkonventionell ist. Ein Mensch kann die „Unabhängigkeit" verfälschen, indem er sie zu egoistischer Entfremdung macht. Dieses präkonventionelle Denken bestätigt, dass „das, was ich will, richtig ist", egal welche Auswirkungen dies auf andere hat. Das ist die erste moralische Phase bei Kindern. Vernünftig für die Kleinen, aber unreif für die Erwachsenen. Anders als die vorhergehende führt diese Sichtweise nicht zu Massenverbrechen, richtet aber dennoch Schäden an. Wenn die Autonomie nicht mehr von einer reifen Ethik gelenkt wird, entartet sie schnell zu einer Erlaubnis zum Unbewusstsein und zum Missbrauch anderer aus.

Exzellenz ist die Verpflichtung zu Effektivität und Lernen. Exzellent operieren bedeutet, sein Bestmögliches tun und sich bemühen, seine Ressourcen optimal einzusetzen, um die angestrebten Resultate zu erzielen. Am Ende des Prozesses, egal ob wir unsere Ziele erreicht haben oder nicht, können wir über das Geschehen nachdenken und aus der Erfahrung lernen, um künftig noch effektiver zu sein. Exzellenz wird normalerweise deshalb behindert, weil das Ego eine defensive Haltung einnimmt. Wenn es wichtiger ist, Recht zu haben, als effektiv zu sein, kann man keine Synergien erzeugen und gemeinsam lernen. Man verliert das Ziel aus den Augen, es ist in eine Wolke von Schachzügen gehüllt, mit denen Gewinner und Verlierer festgelegt werden sollen.

Viele Menschen befürchten, nicht mehr effektiv zu sein oder zumindest nicht mehr auf Effektivität zu achten, sobald sie sich auf Glück, Frieden und Integrität konzentrieren. Das ist ein gewaltiger Wahrnehmungsfehler. Seinen Werten entsprechend zu handeln und zugleich während des Prozesses Würde zu bewahren, bedeutet absolut nicht, dass man dem Ergebnis keine Beachtung mehr schenkt. Im Gegenteil, um im Einklang mit der Exzellenz zu operieren, muss man das Ergebnis mit allen inneren und äußeren sinnvollen Ressourcen verfolgen.

Beim Fußball beispielsweise, wo nur das Ergebnis zählt, nehmen wenig galante und unsportliche Manieren überhand. Doch wenn niemand am Ergebnis interessiert wäre, gäbe es kein Fußballspiel und keinen Grund zu spielen. Um das Fußballspiel genießen zu können, muss man nach Exzellenz suchen und dabei den Wunsch, zu gewinnen, der Verpflichtung gegenüber den Werten und der Mission des Sports unterordnen. Die globale Mission lautet nicht „gewinnen": Beim Fußball als Spiel ist es völlig unerheblich, wer gewinnt und wer verliert; gewinnen oder verlieren ist wichtig für die Mannschaften, die *innerhalb* dieses Rahmens operieren. *Fußball will eine Bühne sein, auf der Menschen mit größter Exzellenz ihre Kompetenzen, Wertvorstellungen und Tugenden zeigen können.* Das ist auch das übergreifende Anliegen jeder anderen Sportart und allen menschlichen Tuns – und auch des Lebens als Ganzes.

Das Gegenteil von Exzellenz ist Mittelmäßigkeit: Man ist zu träge, um sein Bestes zu geben, und begnügt sich mit einem minimal zufrieden stellenden Ergebnis. Mittelmäßigkeit ist eine Art, sich gegen Schmerz zu verteidigen. Wenn der Mittelmäßige sein Ziel nicht erreicht, kann er sich immer noch hinter dem Vorwand verschanzen „Wenn ich gewollt hätte, hätte ich es gemacht". Dank dieser Ausrede braucht er sich nicht der traurigen Realität seiner Inkompetenz zu stellen. Außerdem versinkt er dadurch in Minderwertigkeitsgefühlen, und das behindert seine Entwicklung. Die Maske der Exzellenz ist der Erfolgswahn: wenn man nur den Erfolg im Sinn hat. Die Blindheit solch eines Menschen führt dazu, dass er den Kontext der Werte und übergreifenden Ziele vergisst, in dem seine unmittelbaren Ziele stehen. In diesem Unbewusstsein ist es leicht, lasterhaftes Verhalten so zu rechtfertigen, dass man seine höchsten Ziele letztendlich nicht erreicht.

Ehrlichkeit ist der bewusste Ausdruck tiefster Wahrheit. Es genügt nicht, authentisch zu sein, man muss *zutiefst* authentisch sein. Wie wir schon gesehen haben, mag unsere Bemerkung zu einem Gesprächspartner, er rede Blödsinn, unsere Gedanken exakt spiegeln, aber es ist eine wenig effektive und außerdem verletzende Bemerkung. Tugendhafte Ehrlichkeit erfordert Selbstreflexion, bei der wir erkennen, dass unsere Bemerkung („Sie reden Blödsinn") eine schädliche Meinung ist, eine Meinung, die gefiltert werden muss, damit sie effektiv geäußert werden kann. Besser wäre beispielsweise: „Ich sehe nicht, inwiefern Ihr Vorschlag uns helfen kann, dieses Problem zu lösen" und „Ich bin nicht Ihrer Meinung, vielleicht habe ich Ihre Motivation nicht verstanden. Könnten Sie es mir noch einmal erklären?".

Das Gegenteil von Ehrlichkeit sind die Laster Scheinheiligkeit, Falschheit und Verlogenheit. Etwas äußern, das meinen Gedanken widerspricht, ist immer destruktiv. Egal wie berechtigt die Lüge erscheinen mag, in den allermeisten Situationen hat sie Konsequenzen sowohl für den Sender als auch für den Empfänger.

Die Verfälschung der Ehrlichkeit ist der „Aufrichtigkeitswahn", eine Art Mord-Selbstmord, bei dem die Waffe eine oberflächliche, reaktive Aufrichtigkeit ist. Zu tragischen Fällen von Aufrichtigkeitswahn kommt es oft dann, wenn das Gespräch sich erhitzt und die Geduld erschöpft ist. Es ist ein grundlegender Irrtum, Ehrlichkeit mit einer verantwortungslosen und unbewussten Schmähung zu verwechseln. Im Glauben, tugendhaft zu sein, vermitteln manche Menschen ihrem Gesprächspartner: „Jetzt werde ich Ihnen mal sagen, was ich wirklich denke", und speien dann den ganzen unverarbeiteten giftigen Müll aus.

Demut ist die Fähigkeit zu akzeptieren, dass unsere Vorstellungen von Denkmustern konditioniert sind und nicht die letzte Wahrheit darstellen. Demut ist das Vehikel, das uns von einer singulären Realität zu einer pluralen Realität bringt, in der es unterschiedliche mögliche Wahrheiten und verschiedene Arten gibt, Dinge zu betrachten. Mit Demut verstehen wir vielleicht, dass andere Interpretationen der Realität effektiver sein können als unsere eigenen. Dies gibt uns Raum, neue Informationen und neue Sichtweisen oder Erfahrungen zu übernehmen, die die kollektive Effektivität verbessern.

Demut eröffnet uns die Sichtweise des anderen und bereitet uns darauf vor, ihm die unsere zu erklären. Obwohl uns die eigene Position „natürlich und offensichtlich" vorkommt, nehmen wir demütig wahr, dass diese Natürlichkeit und Offensichtlichkeit ein Schein sind und keine objektive Eigenschaft von Vorstellungen. Dann akzeptieren wir, dass der andere uns vielleicht nicht versteht oder uns nicht zustimmt. Dies wiederum vermindert unsere Reaktivität bei Fragen oder Herausforderungen und spornt uns an, den Meinungsunterschieden auf den Grund zu gehen.

Demut macht uns neugierig auf Unbekanntes. Wir sagen: „Ich weiß nicht genau, was passiert, aber die Herausforderung begeistert mich." Aufgeschlossen begrüßen wir alles, was uns begegnet (auch Probleme), und nutzen jede Begegnung und jede Erfahrung als Lerngelegenheit. Durch Demut können aus Problemen Chancen und aus Krisen Wachstum werden. Wenn wir nicht immer meinen, wir müssten beweisen, dass wir Recht haben, wird jedes Missverständnis, jeder Konflikt und jeder Angriff zu einer Chance, das gegenseitige Verständnis zu fördern.

Arroganz ist die dunkle Seite der Demut. Wenn jemand blind an seinen Denkmustern haftet und sie für die absolute Wahrheit hält, dann will er lieber Recht haben als effektiv sein, und lieber sein

Ego schützen, als seine Fehler korrigieren. Arrogant glauben wir, unsere Sichtweise sei die einzig mögliche. Das behindert den Lernprozess und die Teamarbeit. Sie behindert auch eine effektive Kommunikation, denn jeder, der eine andere Meinung hat, hat *zwangsläufig* Unrecht.

Hochmut errichtet sofort Gesprächsbarrieren und schafft Distanz zwischen den Beteiligten. Ein arroganter Mensch betrachtet sich und seine Vorstellungen mit übertriebenem Ernst (Demut hingegen ist die Quelle des Humors), wird schwer, starr und kann nicht mehr mit der Welt fließen.

Die Maske der Demut ist die Selbstabwertung, die Verachtung der eigenen Vorstellungen. Menschen mit dieser Extremhaltung haben keine Energie, um ihre Position zu stärken. Bei jeder Unstimmigkeit geben sie ihre Maßstäbe auf und ordnen sie der Meinung des anderen unter. Wie Arroganz verhindert auch die Selbstabwertung gegenseitiges Lernen. Das Aufgeben des eigenen Standpunkts hat nichts mit Aufgeschlossenheit zu tun; vielmehr ist es ein Zeichen persönlicher Unsicherheit. Die Öffnung geschieht beim Kontakt; Selbstabwertung führt dazu, dass wir das Spielfeld verlassen und so jeglichen Kontakt vermeiden. Demütig sein bedeutet, allen Sichtweisen Beachtung zu schenken, auch der eigenen.

Respekt. Respekt beginnt damit, dass man rückhaltlos das Recht jedes Menschen bekräftigt, ohne äußere Zwänge sein Leben in Freiheit zu leben und seinen Entscheidungen gemäß zu handeln. Respektieren heißt verstehen, dass jeder Mensch das unabänderliche Recht hat, auf seine Weise nach Glück zu streben, mit der einzigen Einschränkung, dass er dasselbe unabänderliche Recht auch bei anderen respektieren muss. Das bedeutet nicht, dass dieser Mensch mit den Entscheidungen des anderen einverstanden ist oder sie unterstützt; er kann durchaus vehement widersprechen und versuchen, den anderen davon abzubringen, und dennoch ganz offen sein Recht auf Nutzung seines Eigentums verteidigen, unabhängig davon, ob andere damit einverstanden sind oder nicht.

Respekt ist ein Risiko für unsere eigenen Gewissheiten; deshalb ist dafür Demut erforderlich. Wenn wir uns öffnen, um dem anderen zuzuhören, und unsere Wahrheit darlegen, werden wir empfänglich für die Möglichkeit, sie zu verändern. Das ist zwar sehr schwierig, doch nur so ist es eine gegenseitige Bereicherung.

Die Schattenseite des Respekts ist die Verachtung: wenn wir meinen, die Sichtweise des anderen sei wertlos; wenn wir davon ausgehen, besser als der andere zu wissen, was gut für ihn ist oder was er tun sollte (und dass wir das Recht haben, ihm dies aufzudrängen). So kommt es zu einer Eltern-Kind-Beziehung, die dem anderen keine Gelegenheit lässt, die Verantwortung für sein Tun zu übernehmen.

Die Kehrseite von respektloser Unsicherheit ist Unterwürfigkeit. So wie Verachtung mangelnder Respekt gegenüber anderen ist, so ist Unterwürfigkeit mangelnder Respekt sich selbst gegenüber. Ein unterwürfiger Mensch übernimmt keine Verantwortung und folgt unterschiedslos den Regeln der anderen. Durch diesen Verzicht auf die eigene Autonomie kann er dann operieren, ohne sich an die Richtlinien seines Gewissens zu halten.

Mitgefühl ist die Fähigkeit, sich empathisch in die Erfahrung eines anderen Menschen hineinzuversetzen, seinen Standpunkt zu begreifen und zu sehen, dass er im Rahmen seiner Denkmuster sein Bestes tut. Mitgefühl verlangt, dass der Mensch seine ich-verliebte Selbstbezogenheit aufgibt, um sich in den anderen hineinzuversetzen. Dazu muss er wahrnehmen, dass seine persönliche Geschichte und seine Kultur sein Denkmuster geformt haben und dass dieses Denkmuster ihn so und nicht anders handeln lässt. Mitgefühl bestätigt, dass Menschen mit ihrem Tun immer einen bestimmten Zweck verfolgen, um ihrer Welt und ihren Handlungen auf ihre Weise einen Sinn zu geben.

Mitgefühl ist mit heftigem Widerspruch durchaus vereinbar. Nachdem wir uns bemüht haben, die Sicht des anderen zu verstehen, könnten wir sagen, dass wir nicht einverstanden sind. Mehr noch, wir können (und müssen vielleicht) fest entschlossen sein, den anderen an der Verwirklichung seiner Pläne zu hindern. Natürlich müssen wir dabei die Freiheit des anderen respektieren, das heißt, wir dürfen keine aggressive Gewalt gegen ihn oder sein Eigentum anwenden. Wir sind beispielsweise in der Lage, mitfühlend zu verstehen, dass ein Einbrecher entsprechend seinen Denkmustern das Bestmögliche getan hat, aber das heißt nicht, dass wir uns nicht wehren dürfen; sich mit Kraft zur Wehr setzen ist vollkommen vereinbar mit den hier angesprochenen Werten und Tugenden. Mit dem Unterschied, dass es einem mitfühlenden Menschen gelingt, sich zu schützen, ohne dass er sich von seiner Wut hinreißen lässt.

Die Kehrseite von Mitgefühl ist die Härte, das Errichten einer trennenden Mauer, die uns daran hindert, an der Erfahrung des anderen teilzunehmen. Diese „Entfremdung" (den anderen zu einem „Fremden" machen) unterbricht die Verbindung der Menschen zueinander, und dann gehen sie aufeinander los. Bei einem Krieg etwa ist das Hauptziel der Propaganda, den Feind zu entmenschlichen. Niemand hätte den Mut, auf einen Familienvater zu schießen, dessen Söhne zu Hause auf ihn warten. Es ist viel einfacher, abzudrücken, wenn die Person vor mir „ein Kommunist" oder „ein Nazi" ist. Es ist auch viel einfacher, jemanden zu verleumden, wenn die Zielscheibe „der Depp in der Finanzabteilung" oder „die blöde Kuh an der Rezeption" ist. In Alltagssituationen äußert sich die Härte in unerbittlichen Urteilen, die wir gedankenlos von uns geben, indem wir leichtfertig Kritik üben oder den anderen vorschnell disqualifizieren, wenn wir ihn als „Depp", „inkompetent" oder „Abschaum" bezeichnen.

Die Maske von Mitgefühl ist Mitleid beziehungsweise Bedauern. Mitleid haben heißt, mit dem Unglück des anderen mitleiden – sich zwar von dem Ereignis betroffen machen lassen, aber auf eine Weise, die das Herz verschließt. Wenn wir mit-leiden, können wir nicht großzügig sein und klar denken. Den anderen bedauern heißt, sich von ihm distanzieren, Erbarmen mit seiner Situation haben, sich von ihr aber nicht berühren lassen. Wenn wir denken „Der Ärmste!" und weitermachen wie vorher, drücken wir zwar unser Bedauern aus, verbinden uns aber nicht wirklich mit dem Kummer des anderen. Deshalb drücken wir Mitleid mit kalten, offensiven Urteilen entweder direkt („Er hätte das voraussehen und Vorsichtsmaßnahmen ergreifen müssen") oder indirekt aus („Was kann man da machen? Solche armen Menschen können halt nicht für sich selbst sorgen"). Mitgefühl verbindet die Menschen, Härte, Mitleid und Bedauern trennen sie.

Freundlichkeit ist die tugendhafte Manifestation der Liebe, der tiefe Wunsch, dem anderen möge es gut gehen. Es bedeutet nicht nur, andere so zu behandeln, wie man selbst gern behandelt werden möchte, sondern die anderen so zu behandeln, wie *sie* gern behandelt werden möchten. Ein freundlicher Mensch ist bestrebt, den anderen dabei zu unterstützen, sein Wesen möglichst umfassend zum Ausdruck zu bringen; er ist bestrebt, die Schönheit, die Wahrheit und das Beste in seiner Seele zu entdecken und anzuspornen. Wer andere Menschen freundlich behandeln will, braucht Respekt, Empathie und Liebe. Er muss auf das eingestellt sein, was sie im Moment sind, und auf die Möglichkeit, dass sie sich künftig weiterentwickeln. Freundlichkeit ist eine grundlegende Eigenschaft von Führungskräften. Ein Manager, der die Entwicklung seiner Gefolgsleute nicht unterstützt, wird nicht lange Manager sein.

Das Gegenteil von Freundlichkeit ist Bosheit, der Wunsch, den anderen leiden zu sehen. Bosheit entsteht meistens aus Groll und hat das Ziel, den Glanz der Menschlichkeit eines anderen Menschen zu trüben. Manchmal ist eine böswillige Handlung die einzige Art, wie ein Mensch Macht spüren kann. Er ist unfähig, Gutes zu tun, aber man fürchtet ihn wenigstens wegen seiner Fähigkeit, Böses zu tun. Ein Beispiel für solch destruktive Bosheit ist der Mann, der vor etlichen Jahren Michelangelos *Pietà* mit einem Hammer zerstörte. Von irgendwelchen Rachegefühlen beherrscht, beschloss dieser Mensch, aus der Anonymität herauszutreten, indem er eine schöne, wertvolle Statue zerstörte.

Im Geschäftsleben werden viele Rachegefühle auf diese destruktive Weise kanalisiert. Wenn sich jemand verachtet und gedemütigt fühlt – auch durch die Größe und Tugend eines anderen –, wird er dazu neigen, die anderen boshaft zu erniedrigen und abzuwerten, wenn sein Bewusstsein nicht in der Freundlichkeit verankert ist. Verfälschte Freundlichkeit manifestiert sich als moralische Belehrung. Wer anderen seine moralischen Gesetze aufdrängt, auch wenn er es „zu ihrem Besten" tut, dem mangelt es an Respekt.

Eine traurig-berühmte Episode in der Geschichte der USA ist die des Prohibitionsgesetzes. In den Jahren 1920 bis 1933 verbot die Regierung die Herstellung, den Vertrieb und den Konsum alkoholischer Getränke. Natürlich wollte man mit dem Prohibitionsgesetz (zumindest vordergründig) alkoholkranken Menschen bei ihrer moralischen Entwicklung „helfen". Leider gelang es nicht, durch das Gesetz den Verkauf und Konsum von Alkohol zu unterbinden, sondern es führte am Schluss auch dazu, dass Gauner die Getränke zu überhöhten Preisen mit hohem Gewinn auf dem Schwarzmarkt verkauften. Außerdem kamen viele Alkoholkonsumenten ins Gefängnis, da sie durch das Gesetz von heute auf morgen zu „Kriminellen"– genauer gesagt von einem moralistischen Machtwort „kriminalisiert" – wurden.

Integrität. Integer zu sein heißt, eine Verpflichtung zu würdigen: nur das zu versprechen, was man auch wirklich einhalten will, zu erfüllen, was man verspricht, und wenn man aus irgendeinem Grund feststellt, dass man sein Versprechen nicht rechtzeitig und inhaltlich erfüllen kann, so schnell wie möglich Bescheid sagen und versuchen, den Schaden möglichst gering zu halten. Wenn wir uns integer verhalten, indem wir die gesamte Verantwortung für unsere Verpflichtungen übernehmen, dann vertrauen andere auf unser Wort.

Ein Versprechen ist das Recht, das wir einem anderen zugestehen und das ihm erlaubt, die Realisierung bestimmter Dinge zu verlangen. Die Nichteinhaltung des Versprechens ist dasselbe, wie dem anderen ein Recht (auf Eigentum) abzusprechen, und heißt, dass es uns bedenklich an Respekt mangelt.

Integrität bezieht sich sowohl auf explizite als auch implizite Verpflichtungen; sowohl jene, bei denen Dritte beteiligt sind, als auch jene, die uns selbst betreffen. Implizite Verpflichtungen sind Erwartungen, Gebräuche und Gewohnheiten, die den Beziehungen von Mitgliedern der Gesellschaft Gestalt geben. Auch wenn jemand nicht versprochen hat, mit Anzug und Krawatte zum Meeting zu kommen, wäre es – wenn dies im Unternehmen so üblich ist und er davon weiß – mangelnde Integrität, sich nicht daran zu halten und in Jeans und Hemd zu kommen. Verpflichtungen uns selbst gegenüber beziehen sich im Allgemeinen auf Werte und Tugenden. Zum tugendhaften Verhalten gehört die Verpflichtung, gewisse Verhaltensprinzipien und -normen zu respektieren. In diesem Fall sind wir zugleich Schuldner und Gläubiger des Versprechens. Jede andere Tugend muss, wenn sie gelebt werden soll, auf Integrität beruhen.

Integrität kann ausarten, wenn daraus Zwanghaftigkeit wird. Ein zwanghafter Mensch fühlt sich getrieben, seine Versprechen um jeden Preis zu halten, auch wenn die Erfüllung entsetzlich unpassend oder gar destruktiv ist. Integrität erfordert nicht übertriebene Erfüllung, sondern ein ehrliches Versprechen und die Verantwortung, es zu erfüllen. Wenn unvorhergesehene Umstände die Erfüllung des Versprechens extrem belasten oder unmöglich machen, wäre es vernünftig, mit dem Gläubiger neu zu verhandeln, um Schäden zu begrenzen und das gegenseitige Vertrauen nicht aufs Spiel zu setzen. Wer sich zwanghaft darauf versteift, sein Versprechen zu halten, ohne den Preis zu berücksichtigen, ist normalerweise nach einiger Zeit auf den „unerbittlichen" Gläubiger böse, der „irrational" die Erfüllung eines Versprechens verlangt, das durch veränderte Bedingungen unmöglich wurde. Die Ironie dabei ist, dass der Gläubiger niemals Gelegenheit hatte, seine Bitte abzuändern, da ihn der Schuldiger in seiner Zwanghaftigkeit niemals über die veränderte Situation unterrichtet und auch nicht darum gebeten hat, die Verpflichtung neu auszuhandeln.

Gleichmut stellt sich ein, wenn wir mit emotionaler Intelligenz handeln. Wir bleiben im Gleichgewicht, ohne uns von unüberlegten Leidenschaften hinreißen zu lassen. Gleichmut hat nichts mit Gefühlskälte zu tun. Im Gegenteil, wer mit Gleichmut handelt, hat seine Emotionen im Griff und nicht sie ihn. Gleichmut ist besonders wichtig, damit man sich in emotionsgeladenen Situationen an die Verpflichtung erinnert, die man hinsichtlich seines tugendhaften Verhaltens sich selbst gegenüber hat. Wenn etwa jemand etwas tut, das uns so stört, dass wir die Beherrschung verlieren, ist es gut möglich, dass wir uns auf eine Art verhalten, die uns später Leid tun wird. Dinge ruhig zu akzeptieren und sich mitfühlend daran zu erinnern, dass der andere seinem Denkmuster entsprechend agiert, erleichtert es uns, auch in ärgerlichen Situationen bewusst zu bleiben. Niemand tut „uns" etwas an; Menschen tun dem Bild etwas an, das sie sich von uns gemacht haben. Deshalb dürfen wir Dinge nicht persönlich nehmen; das Tun des anderen ist niemals gegen uns selbst gerichtet.

Das Gegenteil von Gleichmut ist emotionale Unbeständigkeit oder Instabilität. Wenn wir uns von den Ereignissen überfordert fühlen, verlieren wir unsere Gelassenheit und kommen schnell aus dem Gleichgewicht. Es gibt zwei Arten von Ungleichgewicht: Unterdrückung und Explosion. Unterdrückung wird in unserer Gesellschaft bevorzugt, denn sie wahrt den Schein, dass alles unter Kontrolle ist. Aber unter dieser Oberfläche brodeln ungezügelte Emotionen, die jeden Moment explosive *Tsunamis* (zerstörerische Flutwellen) auslösen können. Natürlich bereuen wir nach jeder Explosion und nehmen uns fest vor, „gefährliche" Emotionen zu unterdrücken. Das aber führt später lediglich zu noch größeren Explosionen und setzt auf diese Weise einen Teufelskreis in Gang. Deshalb sind Gefühlskälte und Distanziertheit völlig kontraproduktive Reaktionen. Der einzige Ausweg ist der bewusste, gleichmütige Umgang mit dieser emotionalen Energie. Wenn sie entfesselt wird, wird sie uns Albträume bescheren, doch wenn wir sie kanalisieren, schickt sie uns auch schöne Träume.

Disziplin ist die Fähigkeit, jegliche sofortige Belohnung hintanzustellen, um langfristig eine wichtigere (oder höhere) Belohnung zu erhalten. Für die meisten Erfolge hat sich der Mensch unermüdlich anstrengen müssen und durfte sich nicht entmutigen lassen: Niemand lernt sofort Laufen, ohne ein paar Mal hinzufallen; niemand lernt von heute auf morgen Lesen, er muss Zeit dafür aufbringen und ein paar Fehler machen; niemand macht eine Ausbildung in Unternehmensmanagement, ohne ein paar Schönwettertage in der Bibliothek mit Lernen zu „vergeuden". Wollen wir unsere Ziele langfristig verfolgen, müssen wir fähig sein, sie zu hierarchisieren, indem wir ihnen höhere Priorität einräumen als schnellen Verlockungen; sonst verfallen wir dem Sirenengesang des Augenblicks.

Wie Abraham Maslow sagt, ist Genie die notwendige, aber nicht hinreichende Voraussetzung für übergreifende Erfolge: „Inspirationen bekommt man für zehn Cent das Dutzend. Der Unterschied zwischen Inspiration und dem Endprodukt – zum Beispiel Tolstois Werk *Krieg und Frieden* – ist ein Haufen Arbeit, Anstrengung, Beständigkeit, Disziplin, Durchhaltevermögen und Verantwortungsgefühl, Schulung, Übungen, Praxis und Unterricht, Konzepte in den Abfall werfen usw. Die Tugenden, die die Entstehung großer Werke begleiten (Malerei, Romane, Brücken, Erfindungen und vieles mehr), sind intensive Hingabe, Geduld, Opfergeist und Bemühung um die Aufgabe."

In unserer Kultur wird das Wort „Opfer" falsch verstanden. Im Allgemeinen gilt es als Synonym für Schmerz oder Mangel. Dabei hat das Wort „Opfer" – z. B. im Englischen oder Lateinischen – dieselbe Wurzel wie „sakral" (heilig) und Sakrament. Opfern bedeutet also heiligen, indem man etwas Niedriges (Grobes) für etwas Erhabeneres (Feineres) aufgibt.

Das Gegenteil von Disziplin ist Milde oder Nachsicht: Der übergreifende Wert wird dem momentanen Vergnügen untergeordnet. Nachsicht ist die Wurzel aller Süchte. Ein Suchtkranker erkennt, dass sein Tun seinem Wohlbefinden langfristig gesehen schaden wird, aber er kann sich nicht beherrschen, weil seine Abhängigkeit ihm momentan „ein besseres Gefühl" gibt. In dem Moment, wo jemand gegen seine eigenen Maßstäbe für tugendhaftes Verhalten verstößt, weiß er bereits vorher, dass dies böse Folgen haben wird, aber er tut es trotzdem, weil ihn der Sirenengesang des Lasters lockt. Nachsicht ist immer eine Folge von mangelndem Bewusstsein, eine Folge der Illusion, man könne dem Gesetz von Ursache und Wirkung – im Osten nennt man es *karma* – entgehen. Man glaubt, man könne „seinen Willen durchsetzen" und „das Universum täuschen". Leider funktioniert das nicht. Nachsicht endet immer zerstörerisch.

Wer keine Milde walten lässt, muss deshalb aber nicht auf das Vergnügen verzichten. Falsch verstandene Disziplin ist der exzessive

Anspruch des Über-Ichs (oder inneren Kritikers), der Betreffende müsse „perfekt" sein. Das ist aber eher eine Zwangneurose als ein Zeichen von Reife. Wer die Gegenwart der Zukunft völlig unterordnet, zeigt einen Mangel an Ausgeglichenheit und eine Starre, die alles andere als tugendhaft sind. Wer beispielsweise von sich sofortige Perfektion verlangt, leugnet, dass es Zeit und Mühen kostet, um ein Ziel zu erreichen. Zugleich führt die Unmöglichkeit, perfekt zu sein, zu Schuldgefühlen, Auflehnung und der Neigung zu Nachsicht. Diese Nachsicht wird dann von einem übertrieben anspruchsvollen Über-Ich mit noch mehr Energie unterdrückt, und so entsteht erneut ein Teufelskreis.

Tadellosigkeit ist die Essenz dessen, was die toltekischen Schamanen den „Geist des Kriegers" nennen. Tadelloses Handeln bedeutet, in jedem Augenblick tugendhaft zu handeln, sich völlig auf den Prozess zu konzentrieren und vom Ergebnis loszusagen. Die von den Schamanen vorgeschlagene Technik heißt „den Tod als Ratgeber nehmen". Der Tod, der dem Krieger immer nahe ist, erinnert ihn beständig daran, dass Ergebnisse außerhalb seiner Kontrolle liegen und dass uns als Ressource nur die Tadellosigkeit des Prozesses bleibt.

Die Endlichkeit des Daseins rückt die Dinge in eine besondere Perspektive. Dinge, die einmal ganz wichtig schienen, sind es nicht mehr; der Streit, der so bedeutsam schien, verliert all seine Energie; die unbeherrschte Angst weicht, weil sie unwichtig wird. Wenn wir uns klarmachen, dass es in den letzten fünf Minuten unseres Lebens nur ganz wenig Dinge gibt, für die sich der Streit lohnt, dann fragen wir uns: „Wenn es sich nicht lohnt, mich in den letzten fünf Minuten zu quälen, warum soll ich mich dann in irgendwelchen anderen fünf Minuten meines Lebens quälen?" Die Vertrautheit mit dem Tod erhöht das Bewusstsein fürs Leben.

Der amerikanische Autor und Professor Stephen Levine[54] arbeitet in erster Linie mit Todkranken und hält darüber hinaus Seminare für „gesunde" Menschen oder, wie er sagt, Menschen, denen nicht so bewusst ist, dass sie im Sterben liegen. In einer seiner intensivsten Übungen arbeitet er mit dem Tod als Ratgeber. „Stellen Sie sich vor, Sie hatten einen schweren Autounfall", beginnt Levine, „und werden auf die Intensivstation gebracht, wo ein Arzt Ihnen sagt, Sie hätten nur noch fünf Minuten zu leben. In diesen fünf Minuten werden Sie völlig bei Bewusstsein sein und keine Schmerzen haben. Der Arzt reicht Ihnen ein Telefon, damit Sie einen letzten Anruf machen können ..." An dieser Stelle stellt Levine zwei Fragen: 1) Wen würden Sie anrufen? und 2) Was würden Sie demjenigen sagen? Meistens werden die Teilnehmer dieser Übung zuerst eine Weile sehr nachdenklich; viele von ihnen bekommen feuchte Augen. Dann versetzt Levine ihnen den Gnadenstoß mit einer dritten Frage: „Worauf warten Sie noch, diesen Anruf zu machen? Warum haben Sie dies der Person nicht gestern gesagt? Warum rufen Sie nicht sofort an? Warum bleibt Ihr Herz verschlossen? Bedenken Sie, wenn Ihre Stunde gekommen ist, haben Sie vielleicht keine fünf Minuten Zeit mehr, um Ihre Gefühle auszudrücken."

Das Gegenteil von Tadellosigkeit ist Machiavellismus: Hier rechtfertigen wir jedes Mittel, mit dem wir unser Ziel erreichen. Mit dieser Einstellung ordnen wir die Ethik dem Erfolg, das Gewissen dem Ergebnis unter. Wer sich machiavellistisch verhält, macht Zugeständnisse und tut Dinge, die seinen Prinzipien widersprechen. Aber wie die Worte schon besagen: Prinzipien stehen an erster Stelle, Mittel in der Mitte und Endergebnisse am Ende. Ein Mensch kann kein glückliches, friedvolles Leben führen, wenn er sich lasterhaft verhält, auch wenn er sich mit lauter Vernunftargumenten rechtfertigt.

Die folgenden Maximen bringen diese Tugenden zum Ausdruck:

- Werden Sie der Protagonist Ihres Lebens. Betrachten Sie sich nicht als Opfer von Umständen, die Sie nicht steuern können.
- Wählen Sie bewusst Ihre Werte, Ziele und Handlungsregeln. Handeln Sie danach.
- Streben Sie immer nach Exzellenz. Tun Sie Ihr Bestmögliches.
- Urteilen Sie nicht (weder über sich noch andere) nur nach

Ergebnissen. Achten Sie auf die Prozesse. Nutzen Sie jede Erfahrung als Lerngelegenheit.

- Seien Sie ehrlich zu sich und anderen. Bringen Sie Ihre zutiefst empfundene Wahrheit auf nicht-verletzende Art zum Ausdruck.

- Denken Sie daran, dass Ihre Sichtweise immer parteiisch ist und von Ihren Denkmustern geprägt wird. Akzeptieren Sie Ihre Grenzen und hören Sie anderen aufmerksam zu.

- Respektieren Sie die anderen. Hören Sie offen zu und zeigen Sie Interesse, ihre Beweggründe zu verstehen.

- Verteidigen Sie das unabänderliche Recht jedes Menschen, sich eine Meinung zu bilden und selbst zu entscheiden. Handeln Sie nie aggressiv, zwingen Sie anderen nicht gewaltsam Ihre moralischen Vorstellungen auf.

- Unterstützen Sie liebevoll die Gesamtentwicklung Ihrer Mitmenschen. Handeln Sie freundlich, indem Sie jeden Menschen als wertvolles Wesen in seinem Bewusstsein und seiner Autonomie betrachten.

- Würdigen Sie Ihre Verpflichtungen. Halten Sie Ihr Wort und übernehmen Sie Verantwortung für die Schäden, die eine nicht eingehaltene Verpflichtung anrichtet.

- Nehmen Sie Beleidigungen nicht persönlich; bleiben Sie bei Schwierigkeiten emotional ausgeglichen.

- Bedenken Sie die langfristigen Auswirkungen Ihres Tuns und handeln Sie konsequent. Verschieben Sie sofortige Belohnungen, indem Sie sich auf übergreifende Ziele konzentrieren.

- Denken Sie daran, dass der Zweck *nicht* die Mittel heiligt. Verhalten Sie sich jederzeit tadellos.

- Sprechen Sie Ihr moralisches Urteil mutig und entschlossen aus. Urteilen Sie über ein Verhalten, nicht über die Person. Zeigen Sie Mitgefühl und Empathie für die Situation des anderen und stehen Sie zu Ihren ethischen Grundsätzen.

Ethische Urteile

Den Philosophen Immanuel Kant erfüllten zwei Dinge mit größter Ehrfurcht: „... der Sternenhimmel über mir, und das moralische Gesetz in mir." Dieses moralische Gesetz ist der Wertekodex, der die Entscheidungen und das Verhalten der Menschen lenkt. Der Wertekodex schafft zudem eine Reihe von Parametern, mit denen man das Verhalten des anderen als tugendhaft oder schändlich einstufen kann. Wir verhalten uns nicht nur moralisch (richtig), sondern haben auch die Verantwortung, unser moralisches Urteil immer auszusprechen. In den Worten von Ayn Rand[55]: „Nichts verdirbt und zersetzt eine Kultur oder den Charakter des Menschen so gründlich wie die Vorschrift vom moralischen Agnostizismus: die Vorstellung, dass man niemals moralische Urteile über andere fällen dürfe, dass man bei allen Dingen moralisch tolerant sein müsse, dass das Gute darin bestehe, darauf zu verzichten, Gutes von Schlechtem zu unterscheiden."

In das gleiche Horn stößt Thomas Paine, einer der „Gründerväter" der Vereinigten Staaten und Unterzeichner der Unabhängigkeitserklärung, mit seiner Ansicht: „Maßhalten beim Temperament ist immer eine Tugend, aber Maßhalten bei den Prinzipien ist immer ein Laster." Es ist verantwortungslos, wenn man behauptet, es gebe weder Weiß noch Schwarz, sondern nur Grautöne. Nach dieser These gibt es weder Gut noch Böse und alles kommt aufs Gleiche heraus. Aber das ist, so Ayn Rand, ein Trugschluss: Damit Grau existieren kann, müssen Weiß und Schwarz vorhanden sein, denn Grau ist eine Kombination aus beiden. „Bevor man irgendetwas als ,Grau' bezeichnet, muss man Schwarz und Weiß auseinander halten können. Bezogen auf die Moral heißt das, dass man zuerst herausfinden muss, was gut und was schändlich ist. Und wenn man begriffen hat, dass eine Alternative gut ist und die andere nicht, dann hat man nicht mehr die geringste Rechtfertigung dafür, dass man sich für irgendeinen Teil von etwas entscheidet, von dem man weiß, dass es nicht gut ist."

Viele Menschen wollen andere nicht bewerten, weil sie finden, dies zeige einen Mangel an Mitgefühl oder Empathie. Gewiss richtet eine verallgemeinernde Charakterisierung Schäden an, aber das Problem ist nicht das Urteil, sondern der Beurteilte. Ein produktives Urteil betrifft eine Tatsache oder ein spezifisches Verhalten, nicht einen Menschen. Einen Menschen zu beurteilen heißt, ihn zu etikettieren und maßlos zu übertreiben. Wenn ich sage „João ist ein böser Mensch", dann meine ich damit eigentlich bestimmte Verhaltensweisen von João, die nicht zu meinen moralischen Parametern passen und die ich dann übertrieben auf alles ausdehne, was er tut. Das ist besonders destruktiv.

Produktiv sind moralische Urteile dann, wenn man sich auf konkrete Handlungen bezieht. Ich würde beispielsweise sagen: „João hat sich unmoralisch verhalten, als er sich nicht an der Kasse anstellte und somit das Recht der anderen Besucher verletzte." Damit sage ich nichts über Joãos Wesen aus, sondern bewerte ein Verhalten. Würde ich feststellen, dass er sich öfter unmoralisch verhält, könnte ich vorsichtig verallgemeinern und sagen: „Ich habe gesehen, dass João sich mehrmals unmoralisch verhalten hat. Letzten Samstag zum Beispiel ist er schwarzgefahren. Am Dienstag hat er im Supermarkt etwas geklaut. Gestern hat er einen Kellner angepflaumt, der ihm ‚zu langsam' war." Auf diese Weise bewahre ich den Respekt für João als Menschen, der sein Verhalten ändern kann, ohne dass ich mich zur schlimmsten aller nihilistischen Feigheiten hinreißen lasse: dem Verzicht auf ein moralisches Urteil.

In *Maß für Maß* gleicht Shakespeare Ayn Rands logische Starre poetisch aus: „Einige steigen durch Sünde und andre fallen durch Tugend." Dieser Satz richtet sich gegen den einfältigen Gedanken, Tugend sei gut und Laster sei schlecht. So einfach ist es nicht; die entscheidende Frage ist nicht die Tugend oder das Laster, sondern was demjenigen passiert, der sich tugend- oder lasterhaft verhält. Deshalb muss man fragen, *inwiefern* Tugend gut und Laster schlecht ist.

Die grundlegende Frage ist, ob wir uns auf unser höchstes Potenzial zu bewegen oder davon entfernen. Normalerweise steigt der Mensch mithilfe der Tugend auf und fällt aufgrund eines Lasters. Wenn Tugend aber nur mechanisch und die Frucht unbewussten Gehorsams ist, hören wir auf zu denken, lassen uns gehen und lähmen unsere Entwicklung. Erleben wir hingegen das, was wir als Laster bezeichnen könnten, völlig bewusst, kann es uns anspornen, aus unserer Starre reißen und unsere Entwicklung in Gang setzen.

Kapitel 14

Identität
und Selbstwert

Erkenne dich selbst.

ORAKEL VON DELPHI

*D*u bist blöd! Wie sollen wir uns gegen so eine Beleidigung zur Wehr setzen? Vielleicht lieber den Mund halten und uns auf die Lippen beißen, um einem Konflikt aus dem Weg zu gehen. Vielleicht sollten wir sagen: „So lasse ich nicht mit mir reden!", um ganz deutlich zu machen, dass wir uns das „nicht gefallen lassen" oder sollen wir überlegen lächeln und unseren Ärger herunterschlucken? Oder tief durchatmen, uns beherrschen und fragen (wie es ein eifriger Anwender von Gesprächs-Tools tun würde): „Wie kommst du darauf, dass ich blöd bin?"

Die richtige Antwort lautet: „Mit keiner der genannten." Alle Menü-Optionen sind durch und durch schlecht. Falsch sind nicht unbedingt die Handlungen, sondern die ihnen zugrunde liegenden Einstellungen. Auf die vorwurfsvolle Frage eines Kunden: „Wieso schicken Sie uns immer fehlerhafte Produkte?" kann man weder mit „Ja" noch „Nein" antworten. Beide Antworten würden bedeuten, dass wir die in der Frage verborgene Annahme akzeptieren (und sie somit bestätigen) – das heißt, bisher haben wir dem Kunden fehlerhafte Produkte geliefert. Der einzige Ausweg aus dieser Sprachfalle ist, die Frage auseinander zu nehmen und gegen ihre Prämisse zu protestieren. Wie wir noch sehen werden, gibt es in solch einer Situation nichts, „wogegen wir uns verteidigen" müssten, und nichts zu „verteidigen".

Wenn wir auf eine Beleidigung mit Verteidigung reagieren, zeigen wir, dass sie uns verletzt hat; und zwar deshalb, weil wir glauben, an den Worten sei etwas Wahres dran.

Wenn wir wissen, dass wir das, was der andere behauptet, nicht sind, brauchen wir uns nicht zu beherrschen, unseren Zorn nicht herunterzuschlucken und nicht tief durchzuatmen, um uns zu beruhigen. Wir können mühelos die Ruhe bewahren, weil wir wissen, dass die Beleidigung nur die schlechten Manieren des anderen offenbart, aber nicht eine Beschreibung unseres wahren Wesens ist.

Wir brauchen nicht bis zu einer Beleidigung zu gehen, um den Wert der Selbsterkenntnis festzustellen. Bei einem Meeting beispielsweise bekommt man Kommentare zu hören wie „Sie irren sich" oder „Das haben Sie schlecht gemacht". Solche Behauptungen werden vom inneren Kritiker (oder dem Über-Ich) sofort übersetzt in „Du bist blöd, denn nur Blöde irren sich" oder „Du bist inkompetent, denn nur Inkompetente machen etwas falsch". Selbst wenn der andere seine Meinungen „entgiftet" und sie verantwortungsvoll äußert, wird ein Mensch mit geringem Selbstwert sie wieder „giftig machen". Wenn der andere also meint „Ich bin mit Ihrem Vorschlag nicht einverstanden" hört der Betreffende: „Sie wissen nicht, was Sie tun" und „Sie sind unfähig". Wenn jemand zu uns sagt „Ich glaube, man sollte noch mehr Daten sammeln", interpretieren wir das als „Ihre Datensammlung ist armselig und unvollständig". Oder: „Sie sind faul und haben nicht alle erforderlichen Daten herausgesucht." Daran sehen wir, wie der Narzissmus jede Äußerung zu einer Beleidigung aufbläht.

Narzissmus

Narzissmus ist der unstillbare Durst eines Menschen nach Lob. Laut Wörterbuch ist es „ein übersteigertes Interesse an der eigenen Person, an der eigenen Wichtigkeit und dem Selbstbild; Egozentrik". Aber es geht nicht nur um eine Überbewertung der eigenen Person und des eigenen Tuns; es ist auch eine Abwertung von anderen und deren Beiträgen. Für einen Narziss ist das Tadeln anderer so fundamental wie die eigene Eitelkeit. Wichtig ist es, im Vergleich besser zu erscheinen als andere, auch wenn man sie dazu sabotieren und in Verruf bringen muss. Entgegen der landläufigen Meinung entspringt Narzissmus nicht einer hohen Selbstachtung und einem hohen Selbstwert. Zwar stammt der Begriff aus dem griechischen Mythos von Narziss, dem Jüngling, der sich in sein Spiegelbild verliebte, aber die Psychologen sind sich darin einig, dass die Persönlichkeit eines Narzissten hohl und zersplittert ist. Narzissmus beruht auf einem zerbrechlichen Selbstwertgefühl, der Angst, nicht wertvoll, achtenswert oder liebenswert zu sein. So wie der kleine Tyrann aus der Nachbarschaft die anderen Kinder einschüchtert, um seine innere Schwäche zu kompensieren, muss auch der Narziss die anderen einschüchtern, um seine Unsicherheit zu kompensieren.

Narzissmus ist eine notwendige Phase in der Evolution des Menschen. Wir alle durchleben sie in der Kindheit. Um uns von unseren Eltern abzugrenzen – und uns vor der Angst zu schützen, die unsere Abhängigkeit von ihnen erzeugt –, entwickeln wir ein grandioses Selbstbild. Natürlich wissen wir im Grunde um die Zerbrechlichkeit, die sich hinter unserer hochmütigen Fassade verbirgt. Und sollten wir dies vergessen, genügt ein Tadel, eine erhobene Stimme oder ein Klaps, um uns wieder auf den Boden der Tatsachen zu bringen. Im Lauf der Zeit lernen wir, die Realität unserer Stellung zu akzeptieren und ein Selbstwertgefühl aufzubauen, das auf unserem wahren Wesen und nicht auf unserer Grandiosität beruht – vorausgesetzt, wir entwickeln uns gesund.

In Extremfällen verzögert sich die Entwicklung in der narzisstischen Phase krankhaft. Die betreffende Person hat größenwahnsinnige Visionen und leidet unter Verfolgungswahn („Sie sind gegen mich, weil ich besser bin als sie …"). Wir brauchen gar nicht so weit zu gehen, um in uns selbst ein Stück Grandiosität zu entdecken. Um unser Bewusstsein von diesen infantilen Rückständen zu „säubern" und weiterzuwachsen und heranzureifen, sollten wir ihren Ursprung kennen. Das ist das große Verdienst der Psychoanalyse. Aber eine historische Erklärung ist riskant: Sie bringt die betreffende Person in die Opferrolle. „Wenn mein Unglück die Folge der Handlungen meiner Eltern ist", sagt jemand, der sich als Opfer betrachtet, „dann hätten sie früher anders reagieren müssen; sie hätten mein jetziges Problem lösen müssen." Diese unverantwortliche Haltung verhindert jeglichen Fortschritt. Wenn Sie leiden, dann haben Sie ein Problem (und müssen sich darum kümmern).

Narzissmus wirkt sich auf persönlicher, zwischenmenschlicher und Organisationsebene aus. Auf persönlicher Ebene lebt man im Stress, ist immer in der Defensive und befürchtet, verschlungen zu werden. Gleichzeitig lebt man in Angst, ist immer aggressiv und meint, andere immer verschlingen zu müssen, um das „schwarze Loch" seines Selbstwertgefühls zu füllen. Auf der zwischenmenschlichen Ebene kommt es in Beziehungen zu Rivalität, zu „Nullsummenspielen" (nur einer gewinnt und der andere verliert), mit denen alle anderen besiegt werden sollen. Außerdem hat man ständig Angst, bei irgendeinem Widersacher das Gesicht (das Selbstbild) zu verlieren. Auf Organisationsebene treten an die Stelle der Unternehmensziele Machtspiele, Prozesse werden bürokratisch und die Rivalität richtet sich gegen die anderen Mitarbeiter des Unternehmens statt gegen die Konkurrenz. Narzissmus in einem Unternehmen ist wie eine Autoimmunkrankheit, die die Organe des eigenen Körpers befällt, als wären sie gefährliche Eindringlinge.

Wenn wir Narzissmus verstehen wollen, müssen wir einen grundlegenden psychologischen Prozess begreifen: die Identifikation. Jeder Mensch baut sein Selbstbild durch Identifikation mit äußeren Objekten auf. Wenn Sie jemanden bitten, sich zu beschreiben, wird er Ihnen etwas über seinen Beruf, seine Firma, seine

Familie, sein Alter usw. erzählen. Diese Variabeln, über die sich der Betreffende anscheinend primär definiert, sind „oberflächlich" (d.h. nicht wesentlich). Sie könnten den Beruf wechseln und wären doch immer noch derselbe; Sie könnten die Firma wechseln und wären immer noch derselbe; Sie könnten heiraten (oder sich scheiden lassen) und wären immer noch dieselbe Person. Sie werden jedes Jahr älter und bleiben doch derselbe. Aber wenn Sie jemand fragt „Wer sind Sie?", bewegen sich Ihre Antworten sofort zu jenen Variabeln hin, mit denen Sie sich identifizieren.

Die wahre Identität lässt sich nicht beschreiben. Identifikationen sind Landkarten, Modelle, die auf unbewussten Vereinfachungen, Unterlassungen und Verallgemeinerungen beruhen. Sie werden niemals den Reichtum der menschlichen Leistungsfähigkeit erfassen können. Wie jede Landkarte können sie uns helfen, durchs Leben zu steuern, unseren Lern- und Wachstumsprozess aber auch erheblich einschränken. Damit eine Landkarte nützlich ist, braucht sie einen Benutzer, der sie richtig interpretieren und auf das Gelände anwenden kann.

Das Aroma von Erdbeeren ist so unbeschreiblich wie die wahre Identität. Wenn jemand eine Erdbeere gegessen hat, kann er Ihnen unmöglich „erzählen", wie diese Frucht schmeckt. Er kann Sie nur auffordern, selbst eine Erdbeere zu probieren. Diese Erfahrung ist mehr wert als tausend Worte. Hat man die Erfahrung gemacht, hat man einen Bezug zum Begriff „Erdbeere" und kann seine Bedeutung verstehen. Genauso ist es auch mit der wahren Identität. Man kann sie niemandem beschreiben, der sie nicht selbst schon „gekostet" hat. Und um sie zu kosten, braucht man keine Beschreibungen, sondern Anleitungen. Die Landkarte soll nicht das Gelände darstellen, sondern dem Reisenden zeigen, wie er ans Ziel kommt.

Wie geraten wir in die Falle des starren Selbstbilds? Genauso wie wir in die Falle einer starren Gewohnheit oder eines starren Denkmusters geraten: durch Erfolg. Wenn ein Verhaltensmuster zum gewünschten Ergebnis führt, möchten wir es erhalten. Wenn uns das Selbstbild, das wir projizieren, zu der gewünschten Position verhilft, wollen wir es bewahren, ohne zu bedenken, dass seine starre Struktur irgendwann überholt sein wird und unseren Evolutionsprozess „immobilisiert".

Wer sich an ein starres Selbstbild klammert, wird sich nur schwer ändern können, wenn die Umstände dies erfordern. Das bereitet nicht nur persönlichen Schmerz, sondern verursacht auch der Organisation Kosten. Ein Beispiel: Zwei Personen verschanzen sich hinter ihrer Position und diskutieren unproduktiv darüber, wer Recht hat. In der Diskussion geht es in Wirklichkeit nämlich niemals um den Wert der vorgestellten Ideen, sondern darum, wer gewinnt (Selbstwertgefühl) und wer verliert. Wir wollen das einmal analysieren.

Vor dem Meeting macht sich jeder der „Widersacher" über das Thema Gedanken und bezieht Stellung. Die Position beider Beteiligten wird energetisch aufgeladen, wenn sie Energie dafür sammeln und speichern, um ihre Gedanken zu ordnen und zu Schlussfolgerungen zu kommen; beide identifizieren sich mit diesem Standpunkt. Jetzt ist keiner mehr „der Denkende", sondern beginnt, sich mit „dem Gedachten" zu identifizieren. Diese Verschiebung ist sehr bedeutsam. Als Denkender kann man seine Meinung ändern, ohne seine Identität zu verlieren: „Ich bin derjenige, der denkt. Ich bin derjenige, der dachte, dass A der beste Handlungsverlauf war, aber jetzt bin ich derjenige, der denkt, dass Handlungsverlauf B effektiver ist."

Doch wenn man sich mit dem Gedachten identifiziert, muss man sich vehement schützen, um sein Selbstwertgefühl aufrechtzuerhalten: „Ich bin A. Wenn A mit dem gewählten Handlungsverlauf keinen Erfolg hat, bin *ich* ein Versager." Für diese Person ist natürlich jeder Einwand eine Kriegserklärung. Sie wird das Pro und Contra nicht unparteiisch abwägen können und sich niemals zu einer Vision verpflichten, die nicht die ihre ist. Als Chef wird sie eine Autoritätsperson sein, die den Mitarbeitern ihre Ideen aufdrängt und sie demotiviert. Als Mitarbeiter wird sie grollen und resignieren und nur das Allernotwendigste tun, um ihren Arbeitsplatz zu erhalten.

So wie sich der Narziss an seine Vorstellungen klammert, hält er auch an seinen hierarchischen Positionen fest. Wenn eine Führungskraft sich mit ihrer Aufgabe identifiziert („Ich *bin* meine Aufgabe") und glaubt, ihr Wert hänge von der Anzahl ihrer Untergebenen ab, wird sie sich extrem reaktiv verhalten, wenn sich die Möglichkeit bietet, Personal neu zu organisieren oder einzusparen. Wenn ein Manager sich mit seiner Vormachtstellung identifiziert („Ich *bin* der, der Anweisungen gibt") und glaubt, sein Wert hänge davon ab, ob man ihm widerspruchslos gehorcht, wird er völlig unfähig sein, seine Nachfolger einzuarbeiten oder seinen Untergebenen innerhalb eines partizipierenden Führungsrahmens Wachstumschancen zu bieten. Wenn ein Arbeiter sich mit seiner Rolle identifiziert („Ich *bin* es, der den Prozess überwacht") und glaubt, sein Wert hänge von seiner Tätigkeit ab, wird er sich gegen jegliches Reengineering sträuben, bei dem er seine Funktion modifizieren muss.

Dazu bemerkt Peter Senge, die Hauptursache für Ineffizienz in Organisationen (und die größte Hemmschwelle für eine systemische Sichtweise des Managements) sei das Denkmuster „Ich bin meine Position". Die Unfähigkeit einer Organisation, zu lernen, hat sehr ernst zu nehmende Konsequenzen. Senge zitiert eine Studie von Royal Dutch Shell, in der man überprüfen kann, dass ganz wenige Konzerne nur halb so lang existieren wie ein Mensch. Ein Drittel der 500 herausragenden Unternehmen des Jahres 1970 gab es, so *Fortune*, 1983 bereits nicht mehr. Shell schätzte, dass die durchschnittliche Lebensdauer großer Industriekonzerne unter vierzig Jahre liege. Hingegen waren einige von ihnen 200 und bis zu 300 Jahre lang erfolgreich. Der Schlüssel für dieses Überleben ist eine flexible Kultur, in der sich niemand an seine Position klammert.

Das Hochstaplersyndrom

Als ich in die USA kam, um meinen Doktortitel in Ökonomie zu machen, war ich entsetzt. Die Vorlesungen an den Universitäten hätten genauso gut auf Chinesisch gehalten werden können; ich verstand überhaupt nichts. Bei der Aussicht zu scheitern überfiel mich eine albtraumähnliche Erklärung: Berkeley hatte nicht *mich* aufgenommen, sondern jemanden, der ich in meinem Aufnahmeantrag vorgab zu sein. Es war mir gelungen, intelligent zu wirken und mich schriftlich als würdiger Student darzustellen. Aber jetzt, wo ich meinen Wert persönlich zeigen musste, würde man mich als Possenspieler des Jahrhunderts entlarven!

Eines Abends vertraute ich bei einem Glas Bier meinem Freund Jacques meine Ängste an. Seine Antwort überraschte mich: „Fred, wir sitzen alle im selben Boot. Keiner von uns Neulingen glaubt, er sei Berkeley gewachsen." Wir beschlossen, eine kleine Umfrage bei unseren Kollegen im ersten Studienjahr zu machen, um unsere Hypothese zu überprüfen. Wir kamen zu dem Ergebnis, dass wir alle dieselbe Angst hatten! Diese Gefühle nannten wir „Hochstaplersyndrom": Wir glaubten, wenn jemand entdecken würde, wer wir wirklich waren, würden wir von der Uni fliegen, denn hier war kein Platz für geistig Zurückgebliebene wie uns.

Nach Abschluss meiner Promotion (zum Glück kam mir niemand auf die Schliche) erlebte ich dieselben Symptome wie damals bei meinem Eintritt ins MIT (wo mir glücklicherweise nur wenige auf die Schliche kamen). „Du hast es geschafft, die Professoren von Berkeley zu täuschen und die Bewerbungsgespräche beim MIT zu bestehen, aber jetzt ist die Stunde der Wahrheit gekommen. Man wird deine Inkompetenz beschämend bloßstellen", sagte der innere Kritiker in meinen langen schlaflosen Nächten. Das Interessanteste daran war, dass die Zahl meiner äußeren Anerkennungen (Prämien, Stipendien, lobende Erwähnungen, Publikationen usw.) unerheblich war – die Angst im Herzen wurde Ich nicht los. Natürlich bestand die Lösung nicht darin, noch mehr Triumphe zu feiern oder Bestätigungen von der Außenwelt zu bekommen. Jeder dieser Erfolge wurde von meinem inneren Kritiker sofort vom Tisch gefegt als erneuter Beweis für meine Fähigkeit, jene zu beschwindeln, die an die Rolle glaubten, die ich spielte.

Ich wurde neugierig auf dieses Phänomen und begann, das Thema mit den Managern zu ergründen, die an meinen Lehrveranstaltungen teilnahmen. (Auch die Unternehmen entdeckten meine Inkompetenz nicht, denn dort sollte ich Vorlesungen zum Aufbau von Kapazitäten halten.) Überrascht stellte ich fest, dass das „Hochstaplersyndrom" nicht nur bei Universitätsangehörigen anzutreffen war: Es betraf praktisch alle. Die Angst, nicht geschätzt zu werden, wenn man preisgibt, wer man in Wahrheit ist, ist ebenso erstickend wie weit verbreitet. Woher kommt diese Angst? Warum glauben so viele Menschen, sie müssten sich verstellen, um akzeptiert zu werden, und leben in der ständigen Angst, entdeckt zu werden?

Ursache für das Hochstaplersyndrom ist ein verletztes Selbstwertgefühl, der Glaube, wir seien „keinen Pfifferling wert", „nicht liebenswert" und hätten „die Zuwendung und Anerkennung der anderen nicht verdient". Irgendwann in seiner Entwicklung verinnerlicht ein Kind die Vorstellung, dass es, um akzeptiert zu werden, seine „negativen" Emotionen und Gedanken verheimlichen muss. Sehr früh im Leben lernt es, „der Welt ein liebes Gesicht zu zeigen", um eine gewisse Kontrolle zu haben und seine Verletzlichkeit zu schützen. Es stellt fest, dass es, wenn es nicht ausgeschlossen oder bestraft werden will, besser bestimmte Rollen übernimmt, die gesellschaftlich anerkannt sind. Zum Beispiel tut ein „braver Sohn" alles Erdenkliche, um seinen Eltern zu gefallen; ein „guter Schüler" lernt fleißig, um sich in der Schule hervorzutun usw. Dahinter steckt der Glaube, es werde böse Konsequenzen für uns haben, wenn wir so sind, wie wir uns fühlen, und uns „natürlich" verhalten; wir würden die Anerkennung der Menschen verlieren, die wir schätzen, die Liebe derer, die wir lieben, und den Respekt derer, die wir respektieren.

Alice Miller[56] hat diesen Zustand in ihrem Buch *Das Drama des begabten Kindes* untersucht. „In meiner Praxis als Psychotherapeutin", sagt sie, „habe ich es meistens mit intelligenten Patienten zu tun, die seit frühester Kindheit für ihre Erfolge gelobt und geschätzt wurden. Fast alle diese Kinder waren schon im ersten Lebensjahr trocken, und viele halfen bereits im Alter von eineinhalb bis fünf Jahren sehr geschickt bei der Pflege ihrer kleinen Geschwister. Nach der vorherrschenden Meinung müssten diese Menschen – der Stolz ihrer Eltern – ein starkes und stabiles Selbstbewusstsein haben. Aber gerade das Gegenteil ist der Fall. Alles, was sie anpacken, machen sie gut bis hervorragend, sie werden bewundert und beneidet, sie ernten Erfolg, wo es ihnen immer wichtig ist, aber alles das nützt nichts. Dahinter lauert die Depression, das Gefühl der Leere, der Selbstentfremdung, der Sinnlosigkeit ihres Daseins – sobald die Droge der Grandiosität ausfällt, sobald sie nicht ‚on top' sind, nicht mit Sicherheit der Superstar, oder wenn sie plötzlich das Gefühl bekommen, vor irgendeinem Idealbild ihrer selbst versagt zu haben. Dann werden sie gelegentlich von Ängsten oder schweren Schuld- und Schamgefühlen geplagt."

Miller berichtet, die Beziehung dieser Erwachsenen zur Gefühlswelt ihrer Kindheit sei durch Verachtung, mangelnden Respekt, Kontrollzwang, Manipulation und Leistungsdruck charakterisiert. Sie folgert daraus, dass diese Einstellung die der überanspruchsvollen Eltern widerspiegelt. Diese Wunderkinder haben gelernt, dass sie, um geliebt zu werden, die Erwartungen und Bedürfnisse der Erwachsenen erfüllen mussten, und haben dabei etwas ganz Wesentliches von sich selbst aus den Augen verloren: ihre Spontaneität, ihre Freiheit, ihre Individualität. Miller schließt daraus, dass begabte Kinder „eine ganze Kunst entwickelt haben, Gefühle von sich fernzuhalten, denn ein Kind kann diese nur erleben, wenn eine Person da ist, die es mit diesen Gefühlen annimmt, versteht und begleitet. Wenn das fehlt, wenn das Kind riskieren muss, die Liebe der Mutter zu verlieren, kann es die natürlichen Gefühlsreaktionen nicht ‚für sich allein', insgeheim erleben, es muss sie verdrängen."

Um die Bedürfnisse der Eltern zu erfüllen und Liebe zu bekommen, entwickeln diese Menschen das, was Miller eine „Als-ob"-Persönlichkeit nennt. Sie offenbaren nur das, was von ihnen erwartet wird. Sie entwickeln keine differenzierte, dynamische Identität. Deshalb erstaunt es nicht, dass sie oft über ein Gefühl der Leere und mangelnde Sensibilität klagen. Ebenso wenig erstaunt es, dass sie in einer Situation, in der sie nicht wie gewohnt glänzen können, zerbrechen und in Depressionen geraten. Das Problem ist nicht, dass sie scheitern – wir alle scheitern manchmal; das Problem ist, dass dieses Scheitern aus ihrer Sicht den Totalverlust der Liebe und des Respekts bedeutet, den sie verdient haben. Der Verlust der emotionalen Unterstützung durch andere ist verheerend, aber noch schlimmer ist der Verlust der Selbstachtung und des Respekts sich selbst gegenüber.

Der sehnlichste Wunsch des Menschen ist es, bedingungslos geliebt zu werden. Es ist logisch unmöglich, sich anzustrengen und Punkte zu sammeln, um sich diese Liebe zu verdienen; ist die Liebe bedingungslos, kann sie keine Bedingungen stellen. In Wirklichkeit wollen wir nämlich etwas als Belohnung bekommen, was uns nur als Gnade zuteil wird. In der Welt der Persönlichkeiten gibt es keine bedingungslose Liebe. Wie ein Betrunkener, der seinen Schlüssel im Schein der Straßenlaterne sucht und nicht dort, wo er ihn verloren hat, suchen auch wir diese Liebe da, wo wir sie niemals finden werden. Eine passendere Metapher wäre vielleicht: Wenn wir von anderen diese bedingungslose Liebe haben wollen, ist das, als wollten wir von ihnen unser Bewusstsein haben. Wir finden das Gesuchte aber nicht durch Suchen, weil wir buchstäblich das *sind*, was wir suchen (siehe oben). Solange wir unsere eigene bedingungslose Liebe nicht in uns selbst entdecken, werden wir sie in der Außenwelt nicht finden. Darauf beruht das Hochstaplersyndrom.

Im Zusammenhang mit bedingter und bedingungsloser Liebe erzählte mir einmal ein CEO, den alle für glänzend hielten, folgende Geschichte: „Am Abend vor meinem ersten Schultag war ich in Angst und Schrecken. Ich glaubte, wenn ich in der Schule nicht gut mitkäme, würde ich die Liebe und den Respekt meiner Eltern verlieren. Ohne es zu merken, begann ich zu schluchzen. Meine Eltern hörten mich weinen und kamen nachsehen, was los war. Ich erzählte ihnen alles. Liebevoll sagten sie: ‚Mach dir keine Sorgen, Kind, wir wissen, dass du in der Schule gut mitkommen wirst.' Vielleicht sollten diese Worte beruhigend sein, aber für mich waren sie eine große Enttäuschung. Was ich hören wollte, war etwas wie: ‚Mach dir keine Sorgen, Kind. Egal was auch geschieht, unsere Liebe für dich ist nicht in Gefahr. Wir lieben dich für das, was du bist und nicht wegen deiner Schulnoten.' Aber das sagten meine Eltern nicht. Ganz im Gegenteil. Sie meinten, ich solle mich beruhigen, weil ich ein guter Schüler sein würde, und nicht, weil sie mich auch dann lieben würden, wenn ich es nicht war. In dieser Nacht lernte ich, dass ich erfolgreich sein musste, wenn ich geschätzt werden wollte. Und ich war erfolgreich: in der Schule, an der Universität und im Beruf. Auch heute habe ich noch Erfolg. Aber ich glaube, dass ich mir irgendwo in meinem Herzen noch wünsche, jemand würde zu mir sagen, dass er mich unabhängig von meinem Erfolg schätzt."

Die meisten Manager (und Menschen) reproduzieren unbewusst und zwanghaft die Muster ihrer Herkunftsfamilie in ihrer derzeitigen Familie und der Firma. Ebenso projizieren die meisten Manager (und die meisten Menschen) automatisch die Dynamik der Herkunftsfamilie auf Ehepartner, Freunde, Lehrer, Autoritätspersonen, Chefs, Kollegen, Kunden usw. Diese Projektion nennt man „Übertragung", das heißt, man überträgt die Erfahrungen einer Umgebung auf eine andere, die der ursprünglichen meistens nicht entspricht.

Will man die Übertragung auf andere beenden, muss man das Licht des Bewusstseins auf sie richten. Eine Projektion findet immer im Dunkeln statt. Dieses Spiel kann nur unbewusst gespielt werden. Damit es nicht ausufert, braucht man sich nur zu fragen: „Inwiefern ähnelt diese Situation den Interaktionsmustern meiner Familie?", und zu beurteilen, ob man die derzeitige Realität mit dem ewig sich wiederholenden Psychodrama überlagern will, dessen Hauptdarsteller „Papa, Mama und ich" sind (vielleicht spielt noch ein Geschwister mit). Diese Technik ist unausgereift und grob, doch sie kann als erste Annäherung dienen, wenn man objektiv analysieren möchte, was gerade passiert. Man will damit herausfinden, wie viel von der emotionalen Energie dieser Situation Familienmuster sind und wie viel daran echt ist.

Um zu verhindern, dass andere Menschen Dinge auf uns übertragen, müssen wir vor allem wahrnehmen, was gerade abläuft. Mit einer automatischen Reaktion verheddern wir uns in dem Netz, das der andere ausgelegt hat. Wir alle projizieren mehr oder weniger stark frühere Erfahrungen auf die Gegenwart. Deshalb dürfen wir erst reagieren, wenn wir uns vorher überlegt haben, was da abläuft. Gewiss sieht ein Teil von uns im anderen den Vater, die Mutter, den Bruder, das Kind oder sich selbst. Auch sehen wir in ihm frühere

Chefs, Mitarbeiter, Kunden, Kollegen und Lieferanten. Vor allem in emotional geladenen Situationen führt unser Instinkt dazu, dass wir die Vergangenheit über die Gegenwart stülpen, damit wir nicht wieder von vorn über das Geschehen nachdenken müssen. Das kann hilfreich sein, denn dann haben unsere Nervenzellen nicht so viel zu tun, aber es ist auch gefährlich, weil damit unbewusst negative Muster reproduziert werden.

Wenn wir auf Übertragung reagieren wollen, dürfen wir uns vor allem nicht zur Gegenübertragung verleiten lassen. Wenn wir merken, was gerade passiert, und gleichmütig und diszipliniert genug sind, um mit unseren eigenen Gefühlen umzugehen, können wir die Spirale der Übertragungen anhalten. Ohne zu reagieren, können wir dem anderen mitfühlend zuhören. Durch dieses mitfühlende Verständnis kann er seine emotionale Last abwerfen. Später können wir ihn dann behutsam einladen, logischer über seine Situation nachzudenken und dazu die bereits erwähnten Gesprächs-Tools anzuwenden.

Die Geschäftswelt ist ein Schlachtfeld, wo sich unentwegt Licht und Schatten der Persönlichkeit gegenüberstehen. Organisationen versuchen ständig, Ersteres zu institutionalisieren, merken aber, dass sie ohne die Kraft des Zweiten nicht wettbewerbsfähig bleiben können. Incentive-Systeme sind eine Motivation von außen, mit der man höchstens Pflichterfüllung erreicht, aber niemals, dass sich jemand persönlich zu Exzellenz verpflichtet. Auf volatilen und globalen Märkten reicht Unterordnung nicht für den Erfolg, geschweige denn fürs Überleben aus. Wie Hunderte von Büchern zum Thema Leadership anschaulich zeigen, kann ein Unternehmen in der heutigen Welt ohne die Kreativität und Leidenschaft seiner Mitarbeiter nicht konkurrenzfähig sein.

Aber Kreativität und Leidenschaft fließen nur aus der Liebe und Würde, niemals aus Schrecken und Misstrauen. Die einzige Motivation, die unsere tief liegenden Energien wecken kann, ist jene innere, die aus uns selbst erwächst. Diese Motivation beruht auf dem übergreifenden Wunsch, den Reichtum in unserem Innern zum Ausdruck zu bringen, und nicht auf dem kleinlichen Wunsch, eine innere Armut zu überspielen. Überlegen Sie beispielsweise, wie sich Ihre Arbeit ändern würde, wenn Sie morgen Millionen erben würden. Frei von finanziellen Sorgen würden Sie sich darauf konzentrieren, was Sie wirklich lieben. Und selbst wenn Sie kein erfolgreiches Projekt bräuchten, um zu überleben, würden Sie Leib und Seele in seinen Dienst stellen. Bestenfalls wären Sie zufrieden damit, Ihren Traum leidenschaftlich zu verfolgen, so dass Sie sich ermutigt fühlen, viel mehr zu riskieren, ohne Sicherheiten zu verlangen. Nicht weil es Ihnen egal wäre, zu gewinnen oder zu verlieren, sondern weil Ihnen mehr daran gelegen wäre, tadellos zu handeln. Man muss große Sicherheit und großes Selbstwertgefühl haben, um die Liebe aufs Spiel zu setzen, um *sich selbst* aufs Spiel zu setzen.

Vor ein paar Jahren bat ich einen Engineering-Professor vom MIT, das Wesen von Kreativität beim Designen neuer Produkte zu beschreiben. „Man muss eine Menge Frösche küssen, damit ein Prinz daraus wird", war seine Antwort. Wenn man sich vornimmt, etwas zu erneuern, zu kreieren, das über Altbekanntes hinausgeht, muss man Flexibilität besitzen, damit man nicht an einem Misserfolg zerbricht.

Nicht alle Frösche verwandeln sich in Prinzen, wenn man sie küsst. Manchmal muss man sich eine Zeit lang mit ihnen befassen, damit sie sich verwandeln. Manchmal steckt in diesen Fröschen auch gar kein Prinz: Sie sind einfach nur Frösche. Wer mit Frustrationen nicht umgehen kann, der muss Risiken ablehnen. Und die Ablehnung von Risiken führt zu Stagnation, zu Konventionalität und Mittelmäßigkeit.

Viele Manager wollen, dass ihre Mitarbeiter immer gewinnen, produktiv, organisiert, stabil und vorhersehbar sind. Aber sie merken nicht, dass sie mit ihren Methoden die Energie und Vitalität des Personals zerstören. Traditionelles Management funktioniert innerhalb des Dilemmas, das Kreativität und Lernen der Ordnung und Kontrolle entgegensetzt. Das Problem ist, dass beide Pole des Dilemmas für das Überleben absolut notwendig sind. Um konkurrenzfähig zu bleiben, muss eine Organisation zugleich Flexibilität *und* Festigkeit, Emotion *und* Rationalität besitzen. Mit Extremen kommt sie nicht weit. Doch verzerrte Geschichte, Erziehung und Unternehmenstraditionen tendieren eindeutig zur Ordnung.

Selbstwert kann sich auf drei Ebenen gründen: Produkt, Prozess und Infrastruktur. An der Oberfläche steht das Produkt oder das Ergebnis. Auf dieser Ebene sind wir glücklich über das, was wir erreicht und für die Leistungen, die wir erbracht haben. Jedes wertvolle Objekt, das wir erworben haben, ist ein Beweis dafür, dass wir selbst wertvoll sind. Die Verantwortung, die wir in unserer Firma haben, unser Kontostand, unsere berufliche Anerkennung, ja sogar die Reize unseres Ehepartners – all das geht auf das Konto des Selbstbilds, steht auf der Habenseite. Die meisten Menschen stufen sich auf dieser Ebene ein und sind daher eher darum bemüht, wertvolle Dinge anzuhäufen. Wer glaubt, sein Wert hänge von den Ergebnissen ab, bemüht sich intensiv darum, das Gewünschte zu erreichen und zu bewahren.

Ein Manager beispielsweise hat ein besseres Gefühl als damals, als er Supervisor war, aber es ist kein so gutes Gefühl, wie er es als Vizepräsident zu haben meint. Ein Künstler fühlt sich gut, wenn ein Kritiker eine gute Rezension über sein Werk schreibt, leidet aber sehr, wenn der andere ihn als „armselig" qualifiziert. Eine Mutter ist stolz, wenn ihr Sohn eine gute Note aus der Schule heimbringt, und schämt sich für eine schlechte Note. Wie sehen: Jeder identifiziert sich mit den Ergebnissen, die er selbst oder jemand, mit dem er sich identifiziert, erzielt hat.

Das Problem mit dieser Ebene ist, dass wir das Ergebnis unserer Handlungen normalerweise nicht kontrollieren können. Wir können die Welt durch unser Verhalten beeinflussen, aber es gibt unkontrollierbare Faktoren, die sich auf das Ergebnis auswirken, und zwar weit über die persönliche Anstrengung hinaus. Mehr noch: Alles, was wir bekommen, können wir auch wieder verlieren. Um unser Selbstwertgefühl auf dieser Ebene zu bewahren, genügt nicht ein einmaliger Triumph. Wir müssen ihn erhalten und immer wieder neu wiederholen.

Systemisches Management verlangt, dass man sich von den eigenen Standpunkten löst und dem Gruppenprozess vertraut. Damit wir diesem supra-individuellen Kräftefeld vertrauen können, ohne uns außer Kontrolle zu fühlen, muss unser Selbstwertgefühl auf der Prozess- beziehungsweise Verhaltensebene verwurzelt sein. Aber abgesehen von dem erreichten Ziel können wir auch unterwegs Trost finden. Wenn das Leben an die Tür klopft und uns fragt: „Wer wirst du wählen zu sein, wenn ich dich mit diesen Umständen konfrontiere?", antworten wir mit unserem Tun. Menschen bringen ihre Wertvorstellungen durch tugendhaftes Verhalten zum Ausdruck oder zeigen ihr Unbewusstsein durch lasterhaftes Verhalten. Auf dieser Ebene ist das Selbstwertgefühl mit Tadellosigkeit, reinem Handeln und seiner unmittelbaren Moral verbunden. Erfolg ist möglich (und wir werden uns darum bemühen), aber selbst wenn das Glück uns nicht hold und die Welt gegen uns ist, tut das unserem Selbstwert keinen Abbruch. Wir mögen scheitern, aber wenn wir integer und im Einklang mit unseren Prinzipien gehandelt haben, werden wir uns niemals als Versager bezeichnen.

Menschen, die auf dieser Ebene leben, sind viel gelassener und standfester. Auch wenn ihre Blätter vom Wind des Schicksals abgerissen werden, sind sie doch fest im Boden verwurzelt. Und dieses Verwurzeltsein macht ihren Stamm biegsam. Sie sind wie ein Bambus mit den Wurzeln einer Eiche. Ergebnisse kommen und gehen, manche sind erfreulich, andere nicht, aber in der Innenwelt ist ein fester Anker, der das Selbst hält, wenn es in der turbulenten Außenwelt herumhüpft. Wir wissen, dass unser Sein von unserer Absicht und unserem Verhalten bestimmt wird, nicht vom Endergebnis dieses Verhaltens. Ergebnisse werden immer von äußeren Faktoren bedingt, die Absicht hingegen nur von inneren Faktoren.

Nathaniel Branden spricht sich für ein prozess-basiertes Selbstwertgefühl aus. Für ihn ist die Basis des Selbstwertgefühls nicht der Erfolg, sondern eine Reihe tugendhafter Verhaltensweisen: „Die Wurzel unseres Selbstwertgefühls ist nicht der Erfolg als solcher, sondern jene inneren Praktiken, die Erfolge möglich machen." In seinem Buch *Die sechs Säulen des Selbstwertgefühls* (mvg Landsberg/ Lech 2002, S. 184ff.) definiert er diese Säulen wie folgt:

- *Bewusst leben:* Den größeren Zusammenhang verstehen, in dem ich lebe und handle, meine Umwelt und die Welt, die mich umgibt, verstehen.

- *Sich selbst annehmen:* Die eigenen Gedanken, Emotionen und Handlungen ohne Ausflüchte und Ablehnung akzeptieren; sich gelassen ohne Bedauern oder Verurteilung beobachten.

- *Eigenverantwortlich leben:* Verstehen, dass man der Verursacher der eigenen Entscheidungen und des eigenen Handelns und für sein eigenes Leben und Wohlergehen verantwortlich ist. Bewusst auf die Herausforderungen des Lebens reagieren.

- *Sich selbstsicher behaupten:* Im Umgang mit anderen authentisch sein, nicht verbergen, wer man ist (oder meint zu sein), um von anderen Zustimmung zu bekommen. Gewillt sein, die eigenen Werte und Vorstellungen zu verteidigen.

- *Zielgerichtet leben:* Kurz- und langfristige Ziele und die zu ihrer Erreichung notwendigen Handlungen benennen. Das eigene Handeln im Auge behalten, um sicherzustellen, dass man noch auf dem richtigen Weg ist.

- *Persönliche Integrität:* Sich selbst an das halten, was man predigt und wozu man sich bekennt. Die Wahrheit sagen, seine Verpflichtungen würdigen und mit seinem Tun die Werte unterstreichen, für die man eintritt.

Die dritte Ebene, auf der unser Selbstwertgefühl gründen kann, ist die der Seele; der Geist, die tiefste Infrastruktur der Menschheit. Diese Ebene ist völlig unabhängig davon, was wir bekommen, und völlig unabhängig davon, was wir tun. Dies ist die Ebene des Seins, wo es nichts zu erreichen und nichts zu verlieren gibt, nichts zu beweisen gibt, denn es gibt keine Prüfungen, nichts, was man zeigen müsste, und nichts, worin wir uns irren könnten. Das ist die Ebene der Essenz des Menschen.

Als Menschen können wir weder mehr noch weniger sein. Menschsein ist eine binäre Variable: Entweder wir sind es oder wir sind es nicht. Und ob wir es sind, hängt nur vom Schicksal ab. Der

Mensch tritt durch Gnade, nicht durch eigenes Verdienst, als Mensch ins Universum.

Als Gewinner sind wir nicht menschlicher denn als Verlierer; wenn wir einen neuen Mercedes kaufen, sind wir nicht menschlicher als wenn wir einen gebrauchten Fiat kaufen; wenn wir eine schlechte Angewohnheit ablegen, sind wir nicht menschlicher als wenn wir ein Laster haben; wenn es uns gut geht, sind wir nicht menschlicher als wenn es uns schlecht geht.

Wunderschön beschreibt der Harvard-Philosoph Roberto Mangabeira Unger[57] die integrierte Persönlichkeit, die Seele, die sich bedingungslos wertschätzt:

„Du aber hegst große Erwartungen und empfindest drängende Verpflichtungen. Um ihretwillen gehst du Risiken ein, die andere Menschen meiden. Im Vor und Zurück des Willens und des Schicksals verändern sich deine Lebensumstände, und mit ihnen wandeln sich dein Selbstbild und dein Charakter. Doch du verlierst nicht das Gefühl für die Kontinuität in deinen Anstrengungen und für deine Identität. Im Gegenteil, du bist frei, dein Selbstbewusstsein weder auf deine soziale Stellung noch auf die Rituale, Gewohnheiten und Stimmungen zu gründen, die sich in deinem Charakter verdichtet haben. DU hast gelernt, dich als eine Person zu begreifen, die niemals vollständig durch den Charakter bestimmt ist und die durch die Einwilligung in ihre Verletzbarkeit oder in die Wechselfälle des Schicksals Selbsterkenntnis und Selbstvergewisserung erst gewinnt. Vieles gesehen und erduldet zu haben und daher gegen die Schablonisierung der Wahrnehmung, des Empfindens und Handelns gefeit zu sein, ist ein wesentlicher Teil dieses Traums vom moralischen Erfolg. Du akzeptierst die Gefährdung als Bedingung von Erkenntnis und Emanzipation in deinem Umgang mit dir selbst ebenso wie im Umgang mit den anderen."

Um zu dieser wesentlichen Ebene zu gelangen – dem Geist des Selbstwertgefühls –, muss man seine Identität gründlich erforschen. Wer bin ich und wer glaube ich zu sein. Das Leid der Menschheit liegt im Unterschied zwischen diesen beiden Antworten. Im unbewussten Raum zwischen Sein und Glauben liegt der Schlüssel zum Wachstum des Menschen und der Quantensprung einer Seele, die nach dem Bild des Göttlichen geschaffen wurde.

Kapitel 15

Spiritueller Optimismus

Wo gibt es genug Leder,
Um die ganze Erdoberfläche zu bedecken?
Einfach nur Leder an den Fußsohlen zu haben
Ist das gleiche, wie die ganze Erde zu bedecken.
Genauso wenig ist es möglich,
Alle äußeren Begebenheiten zu kontrollieren;
Wenn ich aber einfach meinen Geist kontrolliere,
Wozu ist es dann nötig, andere Dinge zu
kontrollieren?

(SHANTIDEVA,
LEITFADEN FÜR DIE LEBENSWEISE
EINES BODHISATTVAS)

B ei einem meiner ersten Kletterkurse blieb ich mitten in einem Anstieg vor Furcht gelähmt stecken. Ich sah einen Felsvorsprung, auf den ich den rechten Fuß stellen konnte, wusste aber nicht, wo ich die Hände und den linken Fuß aufsetzen sollte. Nach einigen Minuten erfasste mich die Verzweiflung. Ich rief dem Kursleiter zu, ich hinge fest und könne nicht mehr weitergehen. Von unten zeigte er mir den Tritt für meinen rechten Fuß. Ich erwiderte, ich hätte den Vorsprung schon gesehen, fände aber keinen Tritt für meine drei anderen Extremitäten. Seine Antwort verblüffte mich: „Sie müssen vertrauen und diesen Schritt tun. Wenn Sie den Fuß auf diesen Tritt stellen, werden Sie wahrscheinlich eine Spalte für die Hände sehen, die Sie von dort, wo Sie jetzt stehen, noch nicht sehen können." „Und wenn ich keinen Punkt sehe, wo ich mich schnell genug festhalten kann?", fragte ich voller Angst. „Wenn Sie nichts finden", antwortete der Führer, „lassen Sie sich fallen und vertrauen Sie auf das Seil. Denken Sie daran, Sie haben ein Sicherheitssystem. Sie können nicht sehr weit fallen. Entspannen Sie sich und setzen Sie sich ein wenig hin, betrachten Sie derweil den Berg, finden Sie Ihre Selbstbeherrschung wieder, kehren Sie an den Ort zurück, wo Sie jetzt sind, und versuchen Sie es noch einmal."

Als Lebensmetapher war die Situation absolut beeindruckend. Oft fühle ich mich in Situationen gefangen, aus denen ich keinen Ausweg erkennen kann. Ich sehe zwar die nächsten ein oder zwei Schritte, weiß aber nicht, wie es weitergeht. Außerdem mache ich mir Sorgen, weil ich denke, ich würde mit diesen Schritten meine derzeitige Position unwiederbringlich verlieren. Wenn ich den Rat meines Kletterführers übertrage, müsste ich diese Schritte vielleicht tun und darauf vertrauen, dass ich von meinem neuen Standort aus irgendeine Route sehen werde, die vom jetzigen Punkt aus nicht zu sehen ist. „Und was passiert, wenn ich dort ankomme und keinen Ausweg sehe?" „Lassen Sie sich fallen und vertrauen Sie auf das Seil." Lassen Sie sich fallen und vertrauen Sie auf das Seil, finden Sie Ihre Gelassenheit wieder und versuchen Sie es noch einmal. Im Leben brauchen wir kein richtiges, sondern ein spirituelles Seil. Um uns sicher zu fühlen, müssen wir ein unbedingtes Sicherheitssystem entwickeln, ein Wissen, das den Geist selbst in den herausforderndsten Situationen des Lebens zur Ruhe bringt. Das ist das System, das Joan Borysenko[58] „spirituellen Optimismus" nennt.

Viele Menschen sind ein Leben lang davon überzeugt, sie könnten Leid nur dadurch vermeiden, dass sie ihre Illusionen begraben und sich einreden, sie seien Versager und dürften im Leben nichts anderes als Misserfolge erwarten. Natürlich bestätigt sich das jedes Mal, wenn etwas nicht gut oder nicht so gut ausgeht, wie es sich der Pessimist gewünscht hat. Genau hier fehlt das Sicherheitssystem: wenn der Preis, im Irrtum zu sein (Risiko), zu hoch ist, bleiben wir ein Leben lang auf sicherem bekanntem Terrain gefangen.

Die Abneigung gegen Risiken spiegelt sich in allen Lebensbereichen eines Pessimisten wider. Besonders wirkt sie sich auf sein Arbeits- und Berufsleben aus. In dieser unserer Zeit, in der Kreativität, Innovation und ständige Veränderung Voraussetzungen fürs Überleben sind, hat ein von Pessimisten geführtes Unternehmen düstere Zukunftsaussichten. Deshalb ist innere Sicherheit nicht nur eine wünschenswerte Eigenschaft, sondern fürs Business ein unverzichtbares Muss. Eine Organisation, die sich nicht um diese Dimension kümmert, sondern sie zuweilen als albern abtut, wird immer wieder scheitern bei dem Versuch, sich an die turbulente Umwelt, in der sie leben muss, anzupassen.

Ein spiritueller Optimist weiß, dass er aus jeder Situation etwas lernen und an ihr wachsen kann. Er hat ein transzendentes Sicherheitsseil, das ihn in allen Schicksalsprüfungen und Leiden vor Gefahren schützt. Spirituelle Sicherheit ist eine Erfahrung bedingungslosen Vertrauens: das Wissen, dass „alles in Ordnung" ist, egal was auch geschehen mag.

Wenn wir aus der Seele heraus agieren, sind wir nicht darauf angewiesen, dass die anderen, das heißt die Welt, so funktionieren, wie wir es uns vorstellen. Wir haben Selbstvertrauen, Vertrauen in dieses tiefste Selbst, das „Seele" heißt. Wir vertrauen auf unsere Fähigkeit, ehrenhaft auf Herausforderungen zu reagieren und selbst bei schlimmsten Niederlagen aus unserer Erfahrung zu lernen. Spirituelles Vertrauen beruht auf der Fähigkeit der Seele, sich von jeder Substanz zu nähren, und auf der Begabung des Menschen, bewusst ein der Wahrheit, Ehre und Würde verpflichtetes Leben zu führen, unabhängig von allen Umständen, die uns das Schicksal auferlegt. Genau dies ist die Haltung des „Lernenden", der sich zum Protagonisten seines Lebens macht. Auch wenn diesem Menschen etwas Tragisches widerfährt, kann die Seele in dem Schmerz eine Bedeutung erkennen und ihm einen Sinn geben.

Die Haltung eines spirituellen Optimisten ist der transzendenteste Ausdruck von Selbstwertgefühl und Selbstvertrauen. Um Risiken gelassen zu akzeptieren, müssen wir uns von unserem strategisch denkenden Verstand „des-identifizieren" und uns mit unserer Seele identifizieren

Die emotionalen Konsequenzen von spirituellem Optimismus zeigen sich denen des Pessimismus deutlich überlegen, aber man könnte sich fragen, ob solch eine Haltung realistisch ist. Vielleicht ist die Seele eine Erfindung der Dichter; vielleicht ist der Geist eine primitive Idee, um jene schwachen Gemüter zu beruhigen, die es nicht wagen, sich der „nackten, rohen Realität" zu stellen. Oder vielleicht sind diejenigen, die die Realität der Seele und des Geistes leugnen, die schwachen Gemüter, die Nihilisten, die sich dem Mysterium widersetzen und lieber in einem langweiligen, sinnlosen Universum leben. Zur Lösung des Streits muss man an die Hilfe der mächtigsten Forschungsdisziplin appellieren, die jemals von Menschen erfunden wurde: die Wissenschaft. Aber bevor wir die wissenschaftliche Methode anwenden, müssen wir uns anschauen, was Wissenschaft ist und welche Beziehung sie zur Realität hat.

Realität und Wissenschaft

Mäuse entwickeln sich spontan im Mehl, in Staub und in Sackleinen. Würmer kommen aus verfaultem Fleisch zur Welt. Krokodile werden aus den warmen Schlammufern des Nils geboren. Solche Behauptungen klingen lachhaft, aber vor nicht allzu langer Zeit wurden sie als gültig akzeptiert. Noch Mitte des 19. Jahrhunderts war „Spontanzeugung" gängige Münze unter den herausragendsten Wissenschaftlern und Naturwissenschaftlern. Die Theorie von der Spontanzeugung erscheint uns heute absurd, doch sie wurde in weiten Kreisen als Realität akzeptiert. Als der holländische Biologe Anton van Leeuwenhoek Ende des 17. Jahrhunderts beobachtete, dass junge Miesmuscheln von winzig kleinen Bakterien gefressen wurden, dachte er nicht einmal im Traum daran, die Herkunft jener Kleinlebewesen zu hinterfragen und zu untersuchen. Er und seine

Zeitgenossen hatten das Rätsel schon gelöst – wozu noch weitersuchen?

Aber es gab jemanden, der weitersuchte und die Theorie von der Spontanzeugung über Bord warf. Der italienische Physiologe Lazzaro Spallanzani stellte sie 1762 mit seinen Experimenten in Frage. Und ein Jahrhundert später bewies der französische Chemiker Louis Pasteur mit sterilen, versiegelten Fläschchen, dass Leben nur aus anderem Leben hervorgeht.

Rückblickend kann man heute natürlich sagen, dass die Spontanzeugung keine Beschreibung der objektiven Realität war; sie war ein Modell, eine Theorie, und noch dazu eine falsche. Heute benutzen wir ein anderes Konstrukt, das von Tausenden Beobachtungen und Experimenten gestützt wird, dem zufolge Leben nur aus anderem Leben hervorgeht. Für die moderne Wissenschaft und jedes beliebige Mitglied unserer Gesellschaft wurde dieser Irrtum durch eine Wahrheit ersetzt. Aber ist die derzeitige Antwort auf die Frage nach dem Ursprung des Lebens Realität, oder handelt es sich nur um ein neues Modell, eine neue Theorie?

Wir behaupten, dass Denkmuster bedingen, wie wir die Realität interpretieren und dementsprechend unsere Handlungen wählen. Denkmuster sind überlebenswichtig; ohne diese Interpretationsfilter wäre das Leben chaotisch. Aber Denkmuster sind auch gefährlich. Das Gefährlichste daran ist, dass sie uns vergessen lassen, dass sie nur Modelle, aber keine objektiven Beschreibungen der äußeren Realität sind.

Die Erde ist flach und Mittelpunkt des Universums; man kann nicht mit Überschallgeschwindigkeit fliegen; der Weltmarkt wird höchstens vierzig Computer benötigen. Die Liste der als „Realität" verkleideten Denkmuster zieht sich durch die ganze Geschichtsschreibung. Die meisten Menschen hängen ohne zu überlegen dem Glauben an, die Wissenschaft habe sich von den falschen Modellen der Vergangenheit bis zu den heutigen Wahrheiten entwickelt. Die Spontanzeugung wurde verworfen, man bewies, dass die Erde rund ist und sich um die Sonne dreht, Flugzeuge flogen schneller, als ein Mach-1 fuhr, und es wurden Millionen von Computern installiert. Der Gedanke, dass die Realität da draußen ist und wir schon alles entdeckt haben, ist tröstlich. Aber warum sollten wir glauben, dass die wissenschaftliche Evolution wirklich am Gipfel angelangt ist? Welche Garantie gibt es, dass sich unsere Theorien in der Zukunft nicht als falsch oder unvollständig erweisen?

In diesem Zeitalter, in dem von Physikern sogar die Atomstruktur der Materie in Frage gestellt wird und die Darwinschen Theorien an unlösbaren Paradoxen scheitern, befinden wir uns in punkto Realität in einer unbequemen Lage. Es sieht so aus, als sei die Realität nicht völlig unabhängig vom Auge des Beobachters und als könne man von der beobachteten Welt nicht sprechen, ohne sie auf die Denkmuster und Erfahrungspraxis des Beobachters zurückzuführen. Vielleicht wusste Einstein das, als er 1926 zu Heisenberg sagte, es sei töricht, eine Theorie nur auf beobachtbare Fakten zu gründen: „Denn es ist ja in Wirklichkeit genau umgekehrt. Erst die Theorie entscheidet darüber, was man beobachten kann."

So wie Elektronen je nach Prädisposition dessen, der das Experiment macht, wie Wellen oder Teilchen erscheinen können, sieht auch die Realität anders aus, je nachdem welches Denkmuster die betreffende Person hat. Wenn jemand nach Lichtteilchen (Photonen) sucht, wird er diese antreffen; wenn er nach Wellen sucht, wird er Wellen finden. Die Prädisposition beeinflusst das Resultat des Experiments.

Unterschiedliche Personen besitzen unterschiedliche Denkmuster, beobachten unterschiedlich, haben verschiedene Beobachtungspraktiken, machen unterschiedliche Wahrnehmungen und interpretieren unterschiedlich. Mehr noch: Jeder Mensch gehört einer anderen Gemeinschaft an, die seinen Beobachtungen Gültigkeit verleiht. An diesen Unterschieden gibt es an sich nichts zu rütteln; so lange nicht, bis wir vergessen, dass die von uns wahrgenommene Realität durch unsere Denkmuster bedingt ist, und wir zu der Überzeugung kommen, wir sähen „die reale, von jedem Beobachter unabhängige Realität". Damit ist Streit vorprogrammiert: Jeder glaubt, seine Erfahrungen (die von seinem Denkmuster bedingt sind) seien die Wahrheit.

Jede Gemeinschaft „ent-deckt" ihre Welt gemäß ihren Denkmustern. Innerhalb des kulturellen Rahmens dieser Gemeinschaft ist es völlig vernünftig, von wahren und falschen Behauptungen, Genauigkeitsparadigmen und Effektivitätsbeweisen zu sprechen. Für alle Mitglieder dieser Gemeinschaft ist „die Realität" ein genau definierter Begriff. Ja, dieser von allen akzeptierte Begriff macht erst die Zugehörigkeit zu dieser Gemeinschaft aus. Daher ist es in dieser Gemeinschaft völlig legitim, von richtig und falsch zu reden.

Das Auge des Geistes

Um das ultimative Wesen des physikalischen Universums und die ultimative Identität des Menschen zu studieren (was letztendlich auf dasselbe hinausläuft), müssen wir mit dem Auge der Kontemplation wahrnehmen. Es ist genauso falsch, diesen Bereich mit dem Auge des Fleisches oder dem Auge der Vernunft zu ergründen, wie der Versuch, in der Phantasie eine Brücke zu bauen oder die Schwerkraftkonstante durch eine archäologische Ausgrabung zu entdecken. Die einzig akzeptable Antwort auf Fragen wie „Welches Urprinzip organisiert das Universum?" oder „Was ist das Grundwesen des (transzendenten) Subjekts?" lautet: Man muss die entsprechenden Vorschriften zur Kontemplation genau erklären.

Dies ist nicht mehr oder weniger geheimnisvoll als die Antwort auf die Fragen „Wie schmeckt ein Apfel?" oder „Wie sieht die Finanzierung des Unternehmens für das nächste Geschäftsjahr aus?". Wenn jemand keinen Apfel anbauen (oder kaufen) will, kann er ihn nicht kosten; wenn jemand keine Tabellenkalkulation vorbereiten will, kann er die dazu erforderlichen Fonds nichts berechnen; ebenso wird jemand, der eine transzendente Vorschrift nicht befolgen will, keine Antworten auf die tiefgreifendsten Fragen finden. Wir müssen das Auge der Kontemplation öffnen, um den Geist zu sehen.

Die grundlegende Kontemplationspraxis ist die Meditation: Dabei achtet man auf den gegenwärtigen Augenblick, indem man alles, was ins Bewusstsein dringt, fließen und sich auflösen lässt wie eine Wolke im Wind. So wie der unendliche Himmel liebevoll den

Vogel und das Flugzeug, die Sonne und die Sterne, die Wolken und die Verschmutzung umfängt, kann das Bewusstsein jedwede Manifestation in sich bergen: Visionen, Erinnerungen, Phantasien, Gedanken, Worte, Emotionen, Empfindungen. Der Meditierende löst sich von jedem Bild, das in seinem Bewusstsein auftaucht, damit er sich auf den Hintergrund konzentrieren kann, die Leinwand, auf die alles, was auftaucht, projiziert wird. Damit das Fokussieren leichter fällt, schreiben die verschiedenen Traditionen unterschiedliche Techniken vor: ein Gebet aufsagen, ein Mantra wiederholen, die Atemzüge zählen, auf den Herzschlag achten, eine brennende Kerze betrachten, sich ein Mandala vorstellen usw. Aber all diese Anweisungen bezwecken nur eines: die Aufmerksamkeit von den Bewusstseinsinhalten abzulenken, um das reine Bewusstsein zu ergründen.

Wenn ich eine Meditationshaltung einnehme und mehrmals frage: „Wer bin ich?", kann ich faszinierende Dinge entdecken. Aus demselben Grund, aus dem ein Auge sich selbst nicht sieht, ein Zahn sich nicht selbst beißt oder ein Finger sich nicht selbst berührt, stelle ich, wenn ich meinen Körper beobachte, fest, dass „ich nicht der Körper bin"; wenn ich das Gefühl beobachte, merke ich, dass „ich nicht das Gefühl bin"; wenn ich den Gedanken beobachte, stelle ich fest, dass „ich nicht der Gedanke bin". Und so weiter, bis ich entdecke, dass „ich nichts vom Beobachteten bin; ich bin der Beobachter, der Zeuge all dessen, was auftaucht". Diese verbale Antwort ist aber sinnlos (oder schlimmer noch, sie erzeugt einen falschen Sinn) für jene, die die Anweisung nicht bis zum Schluss befolgt haben, so wie mathematische Symbole sinnlos sind für jene, die sich nicht entsprechende Kenntnisse angeeignet haben.

In Meditationsdisziplinen geschulte Menschen kamen zu einem universellen philosophischen Konsens. Alan Watts[59] klärt uns auf, dass diese Männer und Frauen „von denselben Kenntnissen sprechen und heute dieselbe Doktrin lehren wie vor sechstausend Jahren, von Neumexiko (im fernen nordamerikanischen Westen) bis Japan (Fernost)". Dieser Konsens ist als *Philosophia perennis* bekannt, da er in unterschiedlichen Kulturen und Zeitaltern in denselben Grundzügen auftauchte. Diese Weltsicht bildet, so Ken Wilber in seinem Werk Einfach „Das", „nicht nur den Kern der großen Weisheitstraditionen der Welt, vom Christentum über den Buddhismus zum Daoismus, sondern auch der Lehren vieler der größten Philosophen, Wissenschaftler und Psychologen in Ost und West, Nord und Süd. Diese *Philosophia perennis* ist so überwältigend universell, dass sie entweder der größte Denkfehler ist, den sich die Menschheit in ihrer Geschichte je leistete, ein dermaßen weit verbreiteter Irrtum, dass man darüber tatsächlich an seinem Verstand (ver)zweifeln müsste, oder sie ist die getreuestes Wiedergabe einer Wirklichkeit, die noch zutage treten wird."

Wer bin ich? Wer sind wir?

Wenn Sie sich genau in diesem Moment beobachten, können Sie zwei Teile des „Ich" unterscheiden, das Sie sind: eine Identität des beobachtenden Subjekts und eine Identität des beobachteten Objekts. Der Beobachter ist derjenige, der bestimmte objektive Aspekte am Beobachteten feststellt. In meinem Fall beispielsweise kann (ich) (mich) beobachten (und feststellen), dass ich 40 Jahre alt bin, 80 Kilo wiege, Vater von sechs Kindern bin usw. Der Beobachter taucht im Bewusstsein als ein „Ich" auf, während das Beobachtete als ein „ich" auftaucht. Ken Wilber[60] nennt den Beobachter „proximales Selbst" (*proximate self*), das Beobachtete „distales Selbst" (*distal self*) und *total self* die Summe dieser beiden Selbste.

Diese Unterscheidungen sind wichtig für das Verständnis der psychologischen Entwicklung, weil bei dieser Entwicklung das „Ich" der einen Phase zum „ich" der nächsten Phase wird. Das heißt, dass das, womit wir uns während einer Phase unserer Entwicklung identifizieren (und was wir daher aus nächster Nähe erleben), in der folgenden Phase transzendiert oder ausgegliedert wird (und damit „des-identifizieren" wir uns und erleben sie objektiver, losgelöster, distanzierter). Beim Wachstumsprozess verwandelt sich das proximale Selbst (der Beobachter) der einen Ebene in das distale Selbst (das Beobachtete) der höheren Ebene.

Ein Baby beispielsweise identifiziert sich völlig mit seinem Körper. Der Körper ist sein proximales Selbst und deshalb kann sich das Baby nicht distanzieren und seinen Körper beobachten. Es ist einfach ein Körper, lebt *als* Körper und *bezieht sich* als Körper auf seine Umwelt. Doch wenn das Kind anfängt, seinen konzeptuellen Verstand zu entwickeln, kann es den Prozess der Selbstidentifikation einleiten. Der Verstand wird dann zu seinem „Ich" und das Kind ist in der Lage, seinen Körper (zum ersten Mal) objektiv als ein „ich", beziehungsweise als distales Selbst, zu sehen. Der Körper (der bisher Beobachter war) ist jetzt ein für den Verstand (der jetzt das beobachtende Subjekt ist) ein beobachtbares Objekt.

Wie gesagt, identifiziert sich der narzisstische „Besserwisser" völlig mit seinen Meinungen. Seine Vorstellungen sind sein proximales Selbst und deshalb kann er sich nicht distanzieren und sie losgelöst beobachten. Dadurch wird es ihm unmöglich, durch den Dialog mit anderen zu lernen. Im Gespräch will er nur seiner eigenen Sichtweise zu Gültigkeit verhelfen. Nur so kann er seine Existenz für gültig erklären, denn sein „Wissen" ist sein „Ich". Nur durch das Entwickeln eines höheren Bewusstseins, einer höheren Identität kann der Narziss seine Meinungen in ein distales Selbst verwandeln und sie objektiv als ein „ich" beobachten. Dann kann er sich überlegen, ob er seine Meinung ändert, ohne das Gefühl zu haben, zu „sterben"

Genau dieser Prozess läuft in „visionären Unternehmen" ab, wie Collins und Porras sagen.[61] „Visionäre Unternehmen sind die führenden Institutionen – die Spitzenreiter – ihrer Branche, die von ihren Konkurrenten beneidet werden und nachweislich ihre Umwelt stark beeinflusst haben. Der entscheidende Punkt dabei ist, dass ein visionäres Unternehmen eine Organisation bzw. Institution ist. Jede Führungspersönlichkeit, wie charismatisch oder visionär sie auch sei, stirbt einmal; und alle visionären Produkte und Dienstleistungen – alle ‚großen Ideen' – veralten zu guter Letzt. Ja, ganze Märkte können sich überleben und verschwinden. Visionäre Unternehmen hingegen florieren über lange Zeiträume, über mehrere Produktlebenszyklen und mehrere Generationen tatkräftiger Unternehmensführer."

Diese Unternehmen, die „geschaffen wurden, um zu überdauern", haben sich von allem, was sie ausmachte, „des-identifiziert": von Ideen, Produkten, Märkten, ja sogar ihren Führungskräften. Solch eine „Des-Identifizierung" ist nicht nur eine ästhetische oder metaphysische Fähigkeit, sondern etwas völlig Absolutes und Ökonomisches. Dank dieser spezifischen Fähigkeit konnten sie viel höhere Erträge produzieren als der Markt. Collins und Porras errechneten, dass zwischen 1926 und 1990 visionäre Unternehmen – übertragen auf den Markt im Allgemeinen – mehr als *fünfzehn* Mal so viel Return on Investment erwirtschaftet haben. Das ist sehr paradox, denn visionäre Unternehmen waren ja nicht einmal ihren Profitstrategien verhaftet.

An der Spitze des Bewusstseinsspektrums visionärer Unternehmen steht das, was Collins und Porras „die Leitideologie" nennen. Auf dieser Ebene werden alle zweitrangigen Merkmale des Unternehmens (Organigramme, Geografien, Produkte, Strategien usw.) zum „distalen Selbst" ihrer wesentlichen Identität, ihrer Daseinsberechtigung.

Die Entwicklungsphasen einer Organisation sind von Kämpfen um Leben oder Tod gekennzeichnet. „Identitätskrisen" begleiten das Leben der Organisation und sorgen für Diskontinuitäten. Diese Schicksalsprüfungen können zu Wachstum anregen (indem sie Zutritt zu einer höheren Organisationsebene gewähren) oder zu Auflösung führen. Von den mehr als hundert US-amerikanischen Unternehmen beispielsweise, die im 20. Jahrhundert Autos herstellten, gibt es heute nur noch zwei: Generals Motors und Ford. Alle anderen sind „gestorben". So wie der materielle Körper eines toten Tieres zur Ressource (Nahrung) für andere Lebensformen wird, werden auch die Materialien dieser Unternehmen zu Ressourcen für andere Organisationen.

Kapitel 16

Rückkehr zum Markt

*Das Marktsystem lässt jene Menschen prosperieren,
denen es gelungen ist, die Wünsche anderer besser
und billiger zu erfüllen. Reichtum ist nur erreichbar,
wenn man den Verbrauchern dient.*

LUDWIG VON MISES

Ein alter Mönch hatte viele Jahre gebetet und meditiert und war nun traurig und frustriert, weil er die Erleuchtung noch nicht erlangt hatte. Deshalb bat er seinen Abt: „Erlaubt mir, dass ich den Einsiedler aufsuche und bis zum Abschluss meines Prozesses bei ihm bleibe." Der Abt wusste bereits, dass der Mönch bereit war, und gab ihm seine Erlaubnis. Unterwegs begegnete der Mönch einem Greis, der vom Berg herunterkam und auf den Schultern ein schweres Reisigbündel trug. Der Greis fragte ihn: „Wohin des Wegs, o Mönch?" Der Mönch (der nicht wusste, dass der Greis besagter Einsiedler war), antwortete: „Ich will auf den Gipfel gehen und mich dort neben den Einsiedler setzen, bis ich erleuchtet bin oder unterdessen sterbe." Da der Greis sehr weise schien, fasste sich der Mönch ein Herz und fragte ihn: „Sagt mir, Bruder, wisst ihr etwas über die Erleuchtung?" Der Einsiedler sah dem Mönch tief in die Augen und ließ wortlos sein Bündel fallen. In diesem Moment begriff der Mönch und war erleuchtet. „So einfach ist das? Einfach nur

Bürde fallen lassen und nicht mehr daran festhalten?" Nach einem freudigen Moment runzelte der Mönch die Stirn, sah den Greis wieder an und fragte: „Und nach der Erleuchtung, was kommt dann?" Statt einer Antwort bückte sich der Greis wortlos, hob sein Reisigbündel auf und ging weiter ins Dorf.

Der Weg des Bewusstseins

Eine der ältesten Beschreibungen des Wegs des Bewusstseins stammt aus der Zen-Tradition. Diese Landkarte der Erleuchtung ist in einer Bilderserie des chinesischen Zen-Meisters Kakuan aus dem 12. Jahrhundert dargestellt, den „Zehn Ochsenbildern". Auf diesen Bildern wird der spirituelle Weg metaphorisch als Suche nach einem Ochsen (dem Bewusstsein) beschrieben, der sich verlaufen hat und orientierungslos durch die Welt irrt.

Auf dem ersten Bild „Die Suche nach dem Ochsen" stellt der Hirte fest, dass der Ochse sich verlaufen hat, und sucht in Wäldern und in den Bergen unermüdlich nach ihm. Allegorisch gesprochen, entdeckt der Mensch, dass er sein Bewusstsein „verloren" hat und in einer Illusion (*Maya*) gefangen ist. Das ist der Beginn der Suche, an deren Ende er sich als Manifestation der Letzten Natur der Wirklichkeit erkennt. Nach einem langen Prozess (den unter anderem Suzuki und Lex Hixon[62] beschrieben haben) gelangt der Hirte an die neunte Station, „Zum Ursprung zurückgekehrt". Auf dieser Ebene entdeckt der bereits erleuchtete Hirte, dass der Ochse gar nicht verloren ging und dass Reines Bewusstsein völlig leer ist (ohne Inhalt und zugleich fähig, alle Inhalte zu enthalten), sich aber als Form (jedes konkrete Objekt) manifestiert, ohne seine Leerheit oder seine ursprüngliche Natur zu verlieren.

(Das deckt sich weitgehend mit der Erkenntnis von Physikern, dass Materie letztlich nicht aus Atomen besteht, sondern aus Quantenfeldern: also aus Räumen, in denen ständig subatomare Teilchen auftauchen oder verschwinden. In Wirklichkeit entsteht die „Solidität" von Materie durch die Stabilität der „probabilistisch auftretenden Wellen" dieser Teilchen und nicht etwa durch „etwas

Solides", das sich in ihrem Kern befindet. Die Jahrtausende alte östliche Sentenz, die besagt, dass „die Form Leerheit und die Leerheit Form" sei, wurde zur revolutionärsten physikalischen „Entdeckung" des 20. Jahrhunderts.

Das neunte Bild wird im Originaltext erklärt, wo es heißt, dass die (relative) Realität der Oberfläche auf der überschäumenden Natur des (absoluten) Ursprungs des Seins beruhe: „All das Werden und vergehen des Lebens ist kein Wahn und keine Illusion, sondern eine Manifestation des Ursprungs. Warum sollte es notwendig sein, um irgendetwas zu ringen? Blau sind die Gewässer, grün die Berge."

Lex Hixon reflektiert über diese vorletzte Bewusstseinsphase: „In dieser Rückkehr zum Ursprung liegt etwas Nichtmenschliches. Der Prozess der Erleuchtung hat durch viele Vereinfachungen ein Stadium erreicht, in dem die Konstruktion der menschlichen Persönlichkeit (Individuen, die aus egozentrischer Ignoranz heraus agieren) und der Gesellschaft (Gruppen, die aus egozentrischer Ignoranz heraus agieren) nur schwer erkannt und akzeptiert werden können. *Es ist, als wäre er (der Hirte) jetzt blind und taub. In seiner Hütte sitzend, sieht er von alldem da draußen nichts.* Es besteht noch eine subtile Zweiheit zwischen dem Ursprung, der als Kiefer oder Kirschbaum blüht, und seiner Manifestation als chronische Verblendung und dauerndes Leid der menschlichen Zivilisation. Die Rückkehr zum Ursprung muss tiefer werden, um die Rückkehr ins weltliche Leben einzuschließen."

Dieser „Blinde und Taube", der sich nicht um das Draußen kümmert, verkörpert das negative Bild, das Geschäftsleute sich von einem spirituellen Menschen machen. Ein handelnder Mensch meint, die Sorge um das Transzendente bedeute, dass man sich um das Unmittelbare nicht sorgen dürfe; wer sich mit Mystik beschäftigt, kann sich nicht mit Logistik beschäftigen – so die allgemeine Auffassung. Auf dem Weg des Bewusstseins gibt es Umwege, die zur Getrenntheit und zum Verlust des Interesses an alltäglichen Dingen führen. Auch gibt es Wanderer, die sich von diesen Umwegen vom Weg abbringen lassen und nie mehr gesehen werden. Für sie ist transzendieren gleichbedeutend mit verschwinden. Für sie ist die

Alltagswelt nur eine verachtenswerte Illusion, die man hinter sich lassen muss.

Dennoch endet wahrer Mystizismus nicht dadurch, dass man aufgibt, sondern voll teilnimmt. Das Gelübde des Bodhisattva beispielsweise (so etwas wie ein buddhistischer Priester) besagt, man müsse so lange auf dem Rad der Wiedergeburten bleiben und den Schmerz dieser Welt erdulden, bis alle bewussten Wesen zur Erleuchtung gelangen und von ihrem Leid erlöst werden. Die Verpflichtung des Bodhisattva heißt: in der Welt bleiben und allen Wesen, die noch der Illusion verhaftet sind, helfen und sie erziehen. Ebenso heißt es in der Bibel, der Mensch solle „in der Welt, aber nicht von dieser Welt sein (ihr nicht angehören)". Solch ein Mensch ist fähig, leidenschaftlich in Alltagsthemen einzutauchen, ohne sein transzendentes Bewusstsein zu verlieren. Er weiß, dass das Weltliche nichts anderes ist als die Manifestation des „Außerweltlichen", und empfindet deshalb für die Welt tiefsten Respekt. Auch weiß er, dass sein Wesen nicht nur irdisch ist, und vermag deshalb Risiken einzugehen, weil er auf die unfehlbare Hilfe seines spirituellen Sicherheitsseils vertraut. Damit kann er vorbehaltlos an *leila* teilnehmen. (So beschreibt der Hinduismus dieses Universum als Spiel des Göttlichen.)

Die Wirtschaft, die Geschäfte, der Markt, die Unternehmen, die Erzeugung und Verteilung von Reichtum, die Verbesserung der Lebensqualität durch Güter und Dienstleistungen, die Steigerung des körperlichen, emotionellen und intellektuellen Wohlbefindens, all das gehört zum Universellen Tanz. Man kann nicht in einer Gesellschaft (ob in unserer oder der chinesischen des 12. Jahrhunderts) leben und sich diesen Phänomenen verschließen. Deshalb kann man sie durch ein wirklich spirituelles Leben auch nicht vermeiden. Unser spirituelles Leben entwickelt sich zu einem Teil dann, wenn wir uns am Netzwerk zwischenmenschlicher Transaktionen beteiligen, die den „Markt" bilden.

Die *einzige* Art, Zugang zum Markt zu bekommen, ist durch Dienstbereitschaft. Der freiwillige Austausch von Gütern und Dienstleistungen ist ein Mechanismus, der jene belohnt, die ihrem Nächsten gern helfen. Entgegen pseudospirituellen, sozialistischen und faschistischen Behauptungen ist der Markt ein Raum der Freiheit, wo Menschen im Geiste des Dienens und des gegenseitigen Nutzens gemeinsam wirken. Am Markt wird derjenige (rechtmäßig) reich, der dem Käufer wertvolle Güter und Dienstleistungen zu bieten hat. Damit beispielsweise jemand US-$ 1.000 für einen Computer bezahlt, muss IBM ein Equipment produzieren, das dem Käufer größere Zufriedenheit bietet als irgendetwas anderes, was er von diesen 1.000 US-$ kaufen könnte, selbst das Ansparen dieser Summe. Und wenn Compaq will, dass der Kunde eines seiner Equipments statt eines von IBM wählt, wird er ein besseres oder billigeres Produkt anbieten müssen. Genauso muss eine Supermarktkette ihren Kunden ein besseres Preis-Leistungs-Verhältnis bieten als die Konkurrenz.

Adam Smith, der als „Vater" der modernen Wirtschaftswissenschaften gilt, behauptete, es gebe zwei treibende Kräfte hinter menschlichem Tun: die „Sympathie" beziehungsweise das „Wohlwollen" anderen gegenüber (ein Thema, das er in seinem Buch *Theorie der ethischen Gefühle* diskutiert[63]) und der „Eigennutz" (ein Thema, das er in *Der Wohlstand der Nationen* analysierte[64]). Adam Smith behauptete, dass mit der Entwicklung der Marktwirtschaft und der Trennung des Einzelnen von seiner Herkunftsgemeinschaft der Eigennutz zu einem primären Faktor werde, dem es aber nie so richtig gelinge, die Sympathie als das zur Erreichung „allgemeinen Wohlstands" notwendige Element gänzlich abzuschwächen.

Man braucht kein erleuchteter Meister zu sein, um durch dienende Haltung Zugang zum Markt zu bekommen. In Wahrheit ist dies der einzige Weg dorthin. Wie Adam Smith sagt, „setzt sich [auf dem Markt] am ehesten derjenige durch, der die Eigenliebe seiner Mitmenschen zu seinen Gunsten zu nutzen versteht. (...) Gib mir, was ich haben will, dann bekommst du, was du benötigst: das ist der Sinn eines Angebots".

Diese Dienstbereitschaft manifestiert sich auch in den zwischenmenschlichen Transaktionen innerhalb einer Organisation. Viele Manager haben vor allem mit internen Kunden zu tun. Nach neuesten Unternehmenstheorien ist es in der Wertschöpfungskette irrelevant, ob der Kunde extern oder intern ist. Jeder, der auf mich angewiesen ist, ist mein „Kunde", egal ob er nun direkt für die Transaktion bezahlt (externer Kunde) oder ob ich von dem Unternehmen entschädigt werde, das uns beide beschäftigt (interner Kunde). Deshalb ist jeder geschäftliche Akt ein Akt gegenseitigen Dienens. Selbst wenn dahinter Eigennutz steht, kanalisiert das Marktsystem diese „egoistische" Energie dahingehend, dass anderen geholfen wird.

Markt, Gier und Güte

Es gibt Menschen, die Unternehmen und die Geschäftswelt für etwas von Natur aus Schlechtes oder Verderbtes halten. Filme und Romane wie *Wall Street, Erin Brockovich, Der Insider, Das Geld der anderen, Ist das Leben nicht schön?, Ein Weihnachtsmärchen* (und seine Filmversion *The Night Before Christmas*) stellen Konzerne als Schlangennester dar, in denen es nur so wimmelt vor gierigen Führungskräften, die alles vergiften, was sie anfassen. Obwohl es reale Beispiele dafür gibt, dass Katastrophen von Unternehmen ausgelöst wurden, möchte ich behaupten, dass solche Einzelfälle nicht den Geist des Marktes widerspiegeln, sondern ihm widersprechen. Dieser Geist ist nämlich vor allem tugendhaft und auf die Verfolgung der transzendenten Werte des Menschen gerichtet.

Wenn ein Unternehmen Giftmüll ins Grundwasser einer Stadt kippt und hinterher versucht, die Verseuchung auf Kosten der Gesundheit und des Lebens der Opfer zu vertuschen, dann ist das kein Beispiel für Management, sondern eine kriminelle Handlung. Wenn ein Unternehmen mit minderwertigen Materialien eine Brücke baut, die später zusammenbricht und die Benutzer tötet, dann ist das kein geschäftsinhärentes Risiko, sondern vorsätzlicher, arglistiger Mord. Natürlich haben diese Unternehmen so gehandelt, um „ihren Profit zu maximieren", aber sie haben damit die grundlegendsten Spielregeln verletzt: keine Gewalt oder destruktive Macht gegen einen anderen Menschen oder sein Eigentum anzuwenden. Wenn Unternehmen diese Regel verletzen, verlassen sie den Bereich der Wirtschaft und begeben sich auf Strafterrain.

In dem Film *Wall Street* spielt Michael Douglas die Rolle von Gordon Gecko, einem „Piraten", der Firmen aufkauft und auseinander nimmt, um Teile davon nachher zu verkaufen. Gecko tritt wie ein niederträchtiger Schurke auf, der nur an Geld interessiert und dafür zu allem bereit ist. *Greed is good* („Die Gier ist richtig") erklärt er in einer Aktionärsversammlung (und den Zuschauern), und meint damit, dass Gier der Motor für Geschäfte sei. Wenn man sich ansieht, wie diese Person vorgeht – sie lügt, bedroht andere und stiehlt, um ihren unstillbaren Ehrgeiz zu befriedigen –, kann man ja nur abgestoßen sein. Aber wir sollten uns unbedingt klarmachen, dass wir uns von Gecko und seiner kriminellen Methode abgestoßen fühlen, aber weder von der unternehmerischen Aktivität als solcher noch von ihrem notwendigen Gewinnstreben.

In dem Film *Erin Brockovich*, der auf einer wahren Geschichte beruht, spielt Julia Roberts eine Anwaltsassistentin, die entdeckt, dass die Pacific Gas & Electric (PG&E) seit gut zwanzig Jahren die Anwohner einer ihrer Fabriken vergiftet. Obwohl die Manager von PG&E nie auf der Leinwand erscheinen, werden sie als unmenschliche, unmoralische und korrupte Wesen dargestellt, die die Opfer an ihrem Giftmüll sterben lassen, ohne ihnen zu helfen und sie darüber zu informieren, dass sie sich behandeln lassen müssen. Das stößt jeden guten Menschen ab. Die Gefahr dabei ist, dass man seine Abneigung auf das System ausdehnt, in dem die Schuldigen operiert haben. Natürlich gibt es im Geschäftsleben keine unfehlbaren Sicherheitsvorrichtungen, mit denen solchen Delinquenten das Handwerk gelegt wird. Doch solche Sicherheitsvorrichtungen gibt es auch bei der Tätigkeit eines Psychologen, eines Ingenieurs, eines Akademikers oder eines Künstlers nicht.

Das Verderbte an Gecko, der PG&E und allen skrupellosen Kriminellen, die ihre Gier durch Business zu stillen suchen, ist, dass sie bereit sind, „alles" zu tun, um Gewinne zu erzielen. Das ist, als würde ein Fußballspieler sagen, er sei bereit, alles zu tun (etwa dem Gegner ein Bein brechen), um zu gewinnen. *Das Problem ist nicht der Wunsch zu gewinnen – sondern um jeden Preis gewinnen zu wollen.* Die Gefahr besteht darin, dass man ohne ein übergeordnetes Prinzip handelt, das den Wunsch nach Erfolg in ein höheres

Prinzip einbindet und ihm unterordnet: dem Bestreben, ethisch und tugendhaft zu leben. Problematisch ist nicht das Gewinnstreben, sondern der Verlust der Selbstbeherrschung, zu dem es kommt, wenn sich ein Mensch von diesem Streben verleiten lässt.

Der Markt ist ein Mechanismus, der das Eigeninteresse auf die Befriedigung fremder Interessen lenkt; eine Alchimie, die Kleinheit in Größe und Egoismus in Dienen verwandelt.

Es gibt Menschen, die das Marktsystem als Feind betrachten. Aber der Markt ist ein wertvolles Instrument für die menschliche Entwicklung. Jede Handlung ist ein Akt gegenseitigen Dienens. Selbst wenn sein Motiv Eigeninteresse ist, wandelt das Marktsystem diese „egoistische" Energie in Hilfe für andere um. Es gibt auch Menschen, die ein Leben lang gegen Egoismus ankämpfen und ihn verachten. Aber nicht das Ego ist der Feind. Im Gegenteil, das Ego ist die ausführende Funktion des Bewusstseins; das Ego ist es, das Pläne der Seele in der Welt konkret werden lässt.

Probleme gibt es dann, wenn das Ego nicht mehr der Angestellte ist und sich zum Chef des Geschäfts aufspielt. Da das Ego für operative Funktionen gedacht ist, ist es unfähig, strategisch zu planen oder eine visionäre Führungskraft zu werden. Das sind Funktionen des Geistes. Man muss das Ego nicht „unterdrücken", es genügt, es einfach an den Platz zu verweisen, wo es seine Funktion am besten erfüllen kann. Es gibt keinen Kampf, sondern nur eine Neuordnung der Bewusstseinshierarchie; ein spirituelles Reengineering.

Egoismus ist keineswegs etwas Negatives: sein Fehler ist seine Kurzsichtigkeit. Verloren in der Illusion, getrennt zu sein („Ich bin ein Berg, der nicht von der Erde abhängig ist", „Ich bin eine Welle, die nicht vom Wasser abhängig ist"), wird das Ego nicht dazu ermutigt, das Nötige zu ersehnen, ja, es erahnt nicht einmal die wunderbare Möglichkeit, die zum Greifen nah liegt. Genau deshalb braucht es, um seine Begrenzungen zu überwinden, Orientierungshilfe von der Seele. Der größte Wunsch des Egos ist, absolut und bedingungslos frei zu sein, das beständige Wagnis grenzenloser Liebe zu erleben und die überschäumende Fülle des Lebens zu spüren. Das ist der tiefste „Egoismus", der transzendente Egoismus. Deshalb ist das Ziel, so egoistisch zu sein, dass sich das Ego der Seele und die Seele dem Geist unterordnet. Dann, und nur dann, kann der Geist die Seele und das Ego „führen", damit ihre unendlich liebevolle, nicht-duale Vision Wirklichkeit wird. Dann, und nur dann, wird das Ego zu einem Medium, durch welches sich das Bewusstsein in der Welt manifestiert.

Der spirituelle Weg endet nicht mit einer Trennung. Wie das letzte Bild des Ochsenhirten besagt, betritt vielmehr der, der den Gipfel der Erleuchtung erreicht, „den Markt mit offenen Händen". Das erleuchtete Wesen taucht mit einem glückseligen Lächeln in die Welt ein, um andere an seiner Erleuchtung teilhaben zu lassen und die „Schankwirte und Fischhändler auf den Weg, ein Buddha zu werden, zu bringen. Ohne Zuflucht zu mystischen Kräften bringt er verdorrte Bäume – die Herzen derer, die mit ihm in Berührung kommen – schnell zum Blühen. Vielleicht ist es diese Erleuchtung (das Erwachen, das jedem Menschen möglich ist), das Antonio Machado[65] „Frühlingswunder" nannte:

> Der alten Ulme, vom Blitzstrahl zerrissen
> und im Kern schon vermodert,
> sind nach Aprilregen und Sonnengüssen
> im Mai ein paar Blätter grün aufgelodert.
> (...)
> will ich, Ulme, auf einem Stück Papier
> die Anmut deines grünen Zweigs notieren.
> Denn mein Herz hofft, auch mir
> sei vergönnt, voll Licht-, voll Lebensbegier
> erneut ein Frühlingswunder zu verspüren.

Welcher Unternehmer wäre nicht gern auch ein „Frühlings-wunder"? Wer verspürt nicht die Leidenschaft, diese Welt zu einem besseren Ort zu machen? Jeder, der schon einmal die Zufriedenheit erlebt hat, wenn seine kleinen Wünsche erfüllt werden, weiß, dass es einen Durst gibt, der über sie hinausgeht, ein flüchtiges Glück, das sich mit keinem Objekt erreichen lässt. Dieses Glück ist das wahre Ziel, jenes, für das alles zum Mittel wird. Und für dieses Glück muss der Mensch die kleinen Sorgen seines Egos überwinden und sie in das Streben des Geistes integrieren.

Der Psychologe Abraham Maslow[66] entwickelte eine Hierarchie von grundlegenden Bedürfnissen und Zielen, die den Entwicklungsphasen des Menschen entsprechen. Nach seinem Modell kommen die höheren Bedürfnisebenen dann zum Vorschein, wenn die unteren minimal befriedigt sind. Die Basis der Pyramide bilden die physiologischen Bedürfnisse (Wasser, Nahrung, Schutz usw.). Erst wenn wir uns physiologisch gesehen sicher genug fühlen, beschäftigen wir uns mit unserer Sicherheit. Damit wir zur Ebene der Sicherheitsbedürfnisse „aufsteigen", müssen physiologische Bedürfnisse nicht wegfallen, sondern es muss ein Minimum an Befriedigung gewährleistet sein. Und genau hier macht unsere Motivation den nächsten Schritt.

Maslows Bedürfnispyramide besteht aus folgenden Ebenen:

1. Überleben und materielle Annehmlichkeiten.

2. Sicherheit.

3. Zugehörigkeit (Gemeinschaft, Verwandtschaft, Freundschaft).

4. Achtung, Liebe und Zuneigung; Erfolg und ein Gefühl von Kompetenz, das zu Würde und Selbstachtung führt.

5. Freiheit, sich selbst zu verwirklichen und seine Eigenarten zum Ausdruck zu bringen.

6. Transzendenz.

Die höchsten Ebenen sind die der Selbstverwirklichung und der Transzendenz beziehungsweise transpersonalen Verwirklichung. Auf diesen höheren Ebenen nähert sich der Mensch seinem wahren Potenzial und erlebt größere authentische Erfüllung, Glück und Frieden. Laut Maslow kann man diese Ebenen nicht erreichen, wenn man direkt nach dem Glück sucht und versucht, es mit materiellen oder intellektuellen Freuden zu erlangen. Das egoistische

Streben, an die Spitze zu gelangen, ist selbstzerstörerisch, denn paradoxerweise müssen wir, um ganz wir selbst zu sein, mehr sein als die kleinliche Sorge um uns selbst (die müssen wir überwinden). Über die „Helden", die ihm in seiner Laufbahn als Therapeut, Professor, Autor und Berater begegnet sind, sagt Maslow:

„Diese Individuen hatten nicht nur die persönliche Erlösung erlangt, sondern auch den absoluten Respekt und die Liebe all derer, die sie kannten; sie waren alle gute Arbeiter und verantwortungsvolle Menschen. Mehr noch, sie waren alle den Umständen entsprechend so glücklich wie möglich. Selbstverwirklichung durch eine existenzielle Verpflichtung zu einer wichtigen, wertvollen Arbeit könnte man als Weg zum Glück bezeichnen. Das Glück ist – anders als ein direkter Angriff oder die direkte Suche nach Glück – ein Epiphänomen, ein Nebenprodukt, ein Derivat, etwas, was man nicht direkt suchen kann, sondern eine indirekte Belohnung für Tugend. Der andere Weg, die persönliche Erlösung direkt zu suchen, hat, soweit ich weiß, *keinem* genutzt. Das Leben in einer abgeschiedenen Höhle zu verbringen, mag in Indien oder Japan funktionieren – das will ich nicht bestreiten –, aber ich habe nie gesehen, dass es in den USA funktioniert. Die einzigen glücklichen Menschen, die ich persönlich kenne, sind jene, die eine Arbeit haben, die ihnen wichtig ist. Unverblümt gesagt: die Erlösung (totale Verwirklichung des menschlichen Potenzials) ist ein Nebenprodukt selbstverwirklichender Arbeit und selbstverwirklichenden Dienens."

Die Arbeit als Ausdruck des Bewusstseins

Es gibt keinen Grund, Menschlichkeit von der Effektivität im Geschäftsleben zu trennen. Es kommt auf die Frage an: „Effektiv sein wozu?" Effektivität ist ein Maßstab, der vom Ziel abhängt; solange wir über dieses Ziel nicht nachdenken, ist es völlig sinnlos, zu fragen, ob wir effektiv sind. Leider gehen die meisten Menschen unreflektiert vor, ohne jemals gründlich über ihre Ziele nachgedacht zu haben. Aber wer es getan hat, bestätigt, dass er jedes Mal die bereits erwähnten Gefühle erlebt: Glück, Erfülltsein, Freiheit, Frieden und Liebe. Also lässt sich übergreifende Effektivität nur anhand der Erreichung dieser Ziele ermessen. Obwohl es sonnenklar scheint, kann man nie oft genug daran erinnern, dass Erfolg, Geld, Errungenschaften und Ziele (ob materielle, emotionale, intellektuelle oder gar spirituelle) Mittel und keine Grundwerte sind. Die einzige Quelle für tiefe Zufriedenheit liegt in der Fähigkeit, die wesentlichen Phasen von Glück, Erfülltsein, Freiheit, Liebe und Frieden ganz bewusst zu erleben.

Der Mensch von heute verbringt einen Großteil seines Tages in der Arbeit. Wenn wir von den 24 Stunden acht Stunden für Schlaf abziehen (aber wer kann in dieser hektischen Gesellschaft schon acht Stunden schlafen?), bleiben 16 übrig. Von diesen 16 ziehen wir zwei für Körperpflege und Ernährung ab. Von den 14 verbleibenden widmen wir mindestens neun oder zehn der Arbeit (plus zwei Stunden für den Weg zur und von der Arbeit). Selbst wenn wir die Zeit, in der wir privat eingespannt sind, nicht mitzählen (Telefon, Handy, Pager, E-Mail, Internet, Geschäftsessen, Empfänge, Reisen, Hausarbeit usw.), könnten wir sagen, dass wir mehr als 75% der Zeit, die uns (an Werktagen) zur Verfügung steht, mit Arbeiten verbringen. Bei einer Fünf-Tage-Woche entfallen mehr als 50 Prozent der Zeit auf die Arbeit. Wir verbringen mehr Zeit mit Arbeiten als mit irgendeiner anderen Aktivität, ja sogar mehr als der Summe aller anderen Aktivitäten, die wir im Wachzustand durchführen.

Wenn die Arbeitszeit also „verlorene Zeit", „tote Zeit" oder „unbewusste Zeit" ist, dann geht ein Großteil des Lebens „verloren", ist „tot" und „unbewusst". Wenn die berufliche Tätigkeit sich zu einer Art Egoismus und Kleinmütigkeit entwickelt, dann wird das Leben armselig und hat keine Größe mehr. Deshalb ist es so wichtig, über das Management als rein produktive Aktivität hinauszugehen und es als eine essenzielle Aktivität des Bewusstseins anzuerkennen, als Geste menschlicher Großherzigkeit. Die Arbeitswelt ist das Spielbrett, wo Fülle und Misere ihre Partie spielen. Weiße Steine spielen gegen schwarze Steine und wir müssen uns entscheiden, auf welcher Seite wir stehen wollen.

Arbeit ist ein Feld von Möglichkeiten, vergleichbar mit einem Fußballfeld. Wie jeder andere Lebensbereich ist der Markt eine Bühne, auf der jeder Mensch sein Bewusstsein entfaltet. Wenn diese Entfaltung auf die höchsten Werte abzielt, wird die Arbeit zum Kunstwerk, zu einem Werk der Liebe und Freiheit. Wird diese Entfaltung von Lastern oder Unbewusstheit gelenkt, ist die Arbeit eine Hölle, ein Sumpf des Leids und der Sklaverei.

Nur mit den hier vorgestellten Konzepten, Praktiken und der Philosophie dieses Werks kann man nicht bestimmen, wie Menschen die Instrumente anwenden werden. Sie enthalten zwar innere Sicherheitsmechanismen, sind aber nicht unfehlbar. Es gibt keinen Ersatz für das Bewusstsein, man kann ein tugendhaftes Herz durch keine noch so ausgeklügelte Technik ersetzen. Kein Buch kann die feste Verpflichtung zu einer Lebenspraxis überflüssig machen.

Dieses Universum begann mit dem Großen Knall. Zuerst existierte nichts und dann, einen Millionstel Sekundenbruchteil später, war das Universum mit all seiner Materie-Energie entstanden. Diejenigen, die die kontemplativen Vorschriften befolgen, welche das Auge des Geistes öffnen, berichten einstimmig, dass das Erscheinen des Kosmos nichts anderes ist als die Manifestation des Göttlichen Bewusstseins; die *agape* (Liebe) – die Liebe des Höheren zum Tieferen, der Prozess, den Platon, Plotin und Aurobindo „Involution" oder „Abstieg" des Geistes in die Materie nennen.

Aus dieser Sicht ist „alles gut". Alles ist manifester Geist und man kann das, was existiert, nicht verbessern, weil jedes Ding reine Vollkommenheit ist. Wenn wir dies (mit dem Auge der Kontemplation) *sehen*, verspüren wir tiefen Frieden, eine Gelassenheit, die uns mit Glückseligkeit erfüllt. Wir brauchen nichts zu tun, denn jedes Ding ist per se ein vollkommener Ausdruck der unendlichen Liebe.

Aber zugleich dehnt sich das Universum beständig aus. Der Große Knall geht weiter, er entfaltet sein Potenzial in jedem Augenblick in allem, was existiert: die interstellaren Distanzen werden größer, die biologischen Arten entwickeln sich weiter und die Menschen erlangen Erleuchtung. Alles, wirklich alles, was existiert, ist Ausdruck dieser universellen Entwicklung, dieses unendlichen Sich-Entfaltens der kosmischen Energie. Jedes Ding und jeder von uns ist „die Explosion in Aktion"?, ein jungfräuliches Potenzial der „Evolution" oder der „Aufstieg" des Geistes zu sich selbst, Eros oder die Liebe des Tieferen zum Höheren.

Das ist das Prinzip der Entwicklung, der Standpunkt, von dem aus „alles zu tun ist". Der Weg ist unendlich, denn die Ausdehnungsmöglichkeiten sind ja grenzenlos. Wenn wir dies (mit dem Auge der Kontemplation) *sehen*, verspüren wir eine tiefe Energie, eine leidenschaftliche Verpflichtung, die uns mit Kraft und göttlicher Inspiration, mit Enthusiasmus (die griechische Wurzel dieses Wortes bedeutet wörtlich „Gott in sich haben") zum Handeln erfüllt. Es gibt so viel zu tun, so viel zu wachsen. Jedes in Illusion und Leid gefangene Wesen kann sich so weit entwickeln, bis es sich befreit und das absolute Glück erlebt.

Diese beiden Standpunkte müssen im Gleichgewicht sein, damit wir harmonisch operieren können. Gesundheit liegt in der Ausgewogenheit; zu Krankheit kommt es, wenn ein Pol den anderen überwiegt. Wer sich nur auf Perfektion konzentriert, dem fehlen der Impuls und die Gründe fürs Handeln. Wer sich nur auf die Fortentwicklung konzentriert, findet im Leben weder Ruhe noch Gelassenheit. Um ein Extrembeispiel anzuführen: Wenn man sähe, wie jemand im Meer ertrinkt, würde der Erste gleichmütig bleiben, denn Ertrinken ist „ein vollkommener Ausdruck der universellen Dynamik". Der Zweite würde alle Anwesenden auffordern, sich ins Wasser zu werfen, um die Person zu retten, auch wenn sie nicht schwimmen können. Der Erste hätte niemals den Impuls, um zu lernen, zu arbeiten oder ein Geschäft auf die Beine zu stellen. Der Zweite wäre ein Fanatiker, der fähig ist, anderen seinen „erleuchteten" Willen aufzudrängen, um sie zu retten, selbst wenn er sie dazu vernichten muss.

Aufstieg und Abstieg

In seinem Buch *Eros, Kosmos, Logos* erkennt Ken Wilber[67] Platon als ersten Philosophen an, der diese beiden „Bewegungen" des Geistes benannte. „Die erste Bewegung ist ein *Abstieg* des Einen in die Welt der Vielen, eine Bewegung, welche die Welt der Vielen eigentlich erschafft und sie mit seiner Segenskraft erfüllt: Geist als der Welt *immanent*. Die andere Bewegung ist die Rückkehr aus der Vielheit und der Aufstieg zum Einen: Geist als der Welt *transzendent*. (...) In Werken wie *Politeia* oder *Symposion* zeichnet Platon die Reise der Seele nach: von der Vernarrtheit in die materielle Welt der Sinne über den mentalen Bereich der höheren Formen bis zum Eintauchen in das ewige und unaussprechliche Eine. Entscheidend ist aber, dass dies nur die Hälfte dessen ist, was Platon in Bewegung setzte. (...) Im *Timaios* zeichnet Platon nach, wie diese Fülle des Einen überströmt und dann durch den Schöpfergott und die archetypischen Formen den Menschen (Geist), den anderen Lebewesen (Körper) und schließlich der Welt des Physischen (Materie) zuströmt. (...) Die gesamte manifeste Welt, diese Welt, ist für ihn ein ‚sichtbarer, fühlbarer Gott'."

In den Worten von Rumi (aus: „Erbauliches und Beschauliches aus dem Morgenland", Berlin 1837, übersetzt von Friedrich Rückert, zitiert in: Annemarie Schimmel, „Rumi: Ich bin Wind und du bist Feuer; Leben und Werk des großen Mystikers", Hugendubel, Kreuzlingen 2003):

Siehe, ich starb als Stein und ging als Pflanze auf,
starb als Pflanze, nahm darauf als Tier den Lauf,
starb als Tier und ward' ein Mensch. Was fürcht' ich dann,
da durch Sterben ich nicht minder werden kann?
Und dann, wenn ich werd' als Mensch gestorben sein,
wird ein Engelsflügel mir erworben sein,
und als Engel muß ich sein geopfert auch,
werden, was ich nicht begreif': ein Gotteshauch.

Traditionen, in denen es beide Bewegungen des Geistes gibt, setzen die Rückkehr der Vielen zum Einen mit *Weisheit* und die Rückkehr des Einen zu den Vielen mit *Mitgefühl* gleich. Die Weisheit sieht die Höchste Natur *hinter* der Verwirrung und dem Chaos weltlicher Vielfalt. Deshalb versucht sie, die Oberfläche zu durchbrechen, um das Fundament mit einzubeziehen. Das Mitgefühl sieht die Höchste Natur *in* der Verwirrung und dem Chaos des weltlichen Lebens. Deshalb versucht es, die Oberfläche als Ausdruck des Fundaments liebevoll mit einzubeziehen. Die höchste Integration ist die nicht-duale Liebe, die begreift, dass der Eine und die Vielen nicht-dualistisch sind und Weisheit und Mitgefühl wie das Ein- und Ausatmen des Geistes betrachtet. Dieser höchste „Atem" kommt auf allen Frequenzen vor, von den Milliarden Lebensjahren des Universums bis zum Milliardstel Sekundenbruchteil des Lebens eines subatomaren Teilchens.

Die Antriebskraft hinter diesen Bewegungen ist die Liebe. Und so wie es zwei Arten von Bewegung gibt (Aufstieg und Abstieg), gibt es auch zwei Arten von Liebe: Eros und Agape. Eros ist nach Platon die treibende Kraft der Transzendenz, der Motor für Entwicklung und Evolution. Agape ist laut Christentum die treibende Kraft der Immanenz, der Motor der Manifestation. Wenn Eros und Agape im Einzelnen und in der Gesellschaft integriert und ausgewogen sind, entwickeln sie sich gesund: Jede Ebene transzendiert die darunter befindlichen Ebenen (verlässt und leugnet sie) und schließt sie mit ein (und erhält und bekräftigt sie damit) und wird ihrerseits von den oberen Ebenen transzendiert und ist in ihnen enthalten. Mit Heraklits Worten: „Der Weg zum Gipfel ist der Weg in die Tiefe und der Weg in die Tiefe ist der Weg zum Gipfel."

So transzendiert ein Kind den Säugling und schließt ihn ein, indem es neue Fähigkeiten und eine höhere Bewusstseinsstufe entwickelt. Genauso transzendiert ein Jugendlicher das Kind und schließt es ein; der Heranwachsende den Jugendlichen und der Erwachsene den Heranwachsenden. Auf eine Organisation übertragen wird ein Ein-Mann-Unternehmen von einer Organisation, die im Team arbeitet, transzendiert und in sie integriert; diese wird von der funktionalen Organisation transzendiert und integriert; und diese wiederum wird vom multinationalen Konzern transzendiert und in ihn integriert.

Kommt es jedoch im Einzelnen zu keiner echten Integration von Eros und Agape, so Ken Wilber, dann erscheint Eros als Phobos (Angst) und Agape als Thanatos (Tod). „Nicht-integrierter Eros transzendiert bei seinem Streben nach höheren Ebenen nicht die niedrigen, sondern weist sie von sich und unterdrückt sie, und das geschieht aus Furcht (Phobos), nämlich aus der Befürchtung, das Niedrigere werde ihn ‚verunreinigen', ‚beschmutzen' oder ‚hinunterziehen'. In der Gestalt des Phobos flieht der Eros das Niedrigere, anstatt es einzubeziehen. Phobos ist also Aufstieg, der sich vom Abstieg losgesagt hat. Phobos ist auch die treibende Kraft der Verdrängung, d. h. der missglückten Transzendenz. (...) Oder anders gesagt: Phobos ist Eros ohne Agape."

Ein Beispiel für diese Loslösung ist die (mentale) Unterdrückung körperlicher Instinkte und der Sinnlichkeit – des Dionysischen. Die Unterdrückung des Dionysischen behindert die Kreativität, die Leidenschaft und letztendlich die geistige und körperliche Gesundheit des Einzelnen (wie auch der der Organisation und der Gesellschaft). Weitere – leider häufig anzutreffende – Beispiele sind die dominanten und repressiven Hierarchien in patriarchalischen Familien, autokratischen Unternehmen und in despotischen politischen Systemen, wo die unabänderlichen Rechte jedes Bürgers nicht respektiert werden (darunter auch beispielhafte Fälle wie Nazi-Deutschland, wo diese Systeme „demokratisch" eingeführt wurden).

„Thanatos andererseits", so Ken Wilber weiter, „ist Abstieg, der sich vom Aufstieg losgesagt hat. Er ist die Flucht des Niedrigeren vor dem Höheren, ein Mitfühlen, welches das Niedrigere nicht nur umfängt, sondern zu ihm regredieren möchte. (...) ‚... in der Gestalt des Thanatos flieht Agape das Höhere, anstatt es durch sich zum Ausdruck kommen zu lassen. Thanatos bewahrt das Niedrigere, weigert sich aber, es zu negieren, und bleibt daher an das Niedrigere gefesselt. Und wie aus Phobos alle Verdrängung und Dissoziation kommt, so entspringt Thanatos alle Regression und Reduktion, alle Fixierung und aller Entwicklungsstillstand." Er versucht, das Niedrigere zu retten, indem er das Höhere tötet.

Ein Beispiel für diese Loslösung ist die (mentale) Leugnung der transzendenten Instinkte und der Seele, des Spirituellen. Freud bezeichnete beispielsweise jedes (transrationale) mystische Streben als (prärationale) kindliche Regression. Auch das rationalistische Management verurteilt unerbittlich jeden Versuch, die transzendente Dimension ins Geschäftsleben einzubringen. Aber ohne Theos (Gott) gibt es keinen Enthusiasmus, ohne Logos (Sinn) gibt es keinen Dialog, und ohne Genius (Erfindergeist) gibt es kein Engineering. Der Psychologe Abraham Maslow nannte diese Unterdrückung des Aufstiegs „Jonaskomplex": die Angst vor unserem Potenzial und unserer Größe. In seiner Amtsantrittsrede drückte es der ehemalige Präsident Südafrikas Nelson Mandela mit einem Zitat der amerikanischen spirituellen Leitfigur Mary Anne Williamson folgendermaßen aus:

Unsere größte Angst ist nicht, unzulänglich zu sein.
Unsere größte Angst ist, grenzenlos mächtig zu sein.
Unser Licht, nicht unsere Dunkelheit ängstigt uns am
meisten.
Wir fragen uns:
Wer bin ich denn, dass ich so brillant sein soll?
Aber wer bist Du, es nicht zu sein?
Du bist ein Kind Gottes.
Es dient der Welt nicht, wenn Du Dich klein machst.
Sich klein zu machen,
nur damit sich andere um Dich nicht unsicher fühlen,
hat nichts Erleuchtetes.
Wir wurden geboren, um die Herrlichkeit Gottes,
der in uns ist, zu manifestieren.
Er ist nicht nur in einigen von uns,
Er ist in jedem einzelnen.
Und wenn wir unser Licht scheinen lassen,
geben wir anderen unbewusst damit die Erlaubnis,
es auch zu tun.
Wenn wir von unserer eigenen Angst befreit sind,
befreit unsere Gegenwart automatisch die anderen.

Das Ende der Reise

In diesem Buch haben wir versucht, Aufstieg und Abstieg des Geistes (des Bewusstseins) auf das Management zu übertragen. Wir haben versucht, Weisheit und Mitgefühl, Eros und Agape, Apoll und Dionysos, Technik und Bewusstsein, Individuum und Organisation zu einen. Wir sind einen langen Weg gegangen, der vom Einmaleins der Effektivität bis zur Höchsten Natur der Wirklichkeit und des Bewusstseins reicht. Und am Ende des Weges schließen wir den Kreis und kehren mit offenen Händen zum Markt zurück. Wie sagt doch T.S. Eliot[68]: „(Angezogen durch diese Liebe, und die Anrufung dieser Stimme)/ Werden wir nicht nachlassen in unserm Kundschaften

> *Und das Ende unseres Kundschaftens / Wird es sein,*
> *am Ausgangspunkt anzukommen / Und den Ort zum*
> *erstenmal zu erkennen.“*

Dasselbe besagt auch der Zen-Spruch: „Am Anfang des Weges sind die Berge Berge und die Flüsse sind Flüsse. Unterwegs stellst du fest, dass die Berge keine Berge und die Flüsse keine Flüsse sind. Nach der Erleuchtung stellst du fest, dass die Berge Berge und die Flüsse Flüsse sind." Die Rückkehr zum Markt mit der Absicht zu helfen heißt, Geschäfte zu tätigen, nachdem man gemerkt hat, dass Geschäfte nicht (nur) Geschäfte sind, sondern auch auf das Leben von Produktion, Konsum, Interaktion und Dienstleistung angewandte Ethik. Es heißt, wieder „wie die Kinder zu sein", nachdem man den Reifeprozess hinter sich hat; es heißt, das rationale Bewusstsein in die geniale Unschuld des Geistes zu integrieren.

Ziel aller hier vorgestellten Konzepte und Praktiken ist es, folgende zwei Prinzipien zu befolgen: den absoluten Respekt vor der Vollkommenheit all dessen, was bereits existiert, und die absolute Unterstützung der Entwicklung all dessen, was einmal sein kann. Mit jedem Akt, mit jedem Gespräch, in jedem Augenblick ist es möglich, in der kreativen Spannung dieses Paradoxons zu leben:

Alles ist vollkommen und alles braucht für seine Entwicklung unsere Hilfe. Die Mission des Menschen lässt sich nur in dieser kreativen Spannung vollenden. Mit Rilkes[69] Worten:

> Ich bin die Ruhe zwischen zweien Tönen,
> die sich nur schlecht aneinander gewöhnen:
> denn der Ton Tod will sich erhöhn
> Aber im dunklen Intervall versöhnen
> sich beide zitternd.
> Und das Lied bleibt schön.

Ich bete dafür, dass das Lied des Wesens, das ich bin, des Wesens, das Sie sind, des Wesens, das Alles-ist-was-existiert, als etwas Schönes weiterlebt und aus jedem Winkel des Universums erklingt, vom Fließband bis zum Sitzungssaal, vom Computerzentrum bis zur Flotte der Lkws, von der Raffinerie bis zur Zapfsäule. Indem ich Rumis Worte zu meinen mache, bete ich dafür ...

> ... dass diese zarten Worte, die wir teilen
>
> im Herzen der Himmel bewahrt werden.
>
> Und dass sie eines Tages mit dem Regen niederfallen und
>
> sich zerstreuen.
>
> Und dass ihr grünendes Geheimnis sich auf der ganzen Welt
>
> vermehrt.

Und mit Basho[70]:

> Schweig, Tempelglocke. / Dein Klang wird weitertönen /
> Aus Blumen. / Ganz laut.

377

Schlusswort

Ein Mensch, der wirklich auf dem „Weg" ist und in Weltnot gerät, sucht nicht immer den, der ihm Zuflucht und Trost gibt und ihn befähigt, als der alte zu „überstehen". Er sucht vielmehr den, der ihm unerbittlich und treu hilft, sich zu wagen, eine Not auszuhalten und das Leiden als „Furt zum anderen Ufer" mit Tapferkeit zu durchschreiten. Nur in dem Maße, als der Mensch sich immer wieder der Vernichtung aussetzt, kann das Unvernichtbare ins Innesein treten. Das ist auch die Würde des Kühnen. So geht es in aller Übung auch nie darum, dass der Mensch eine Verfassung ausbildet, die ihn zu „Gleichgewicht und Ruhe" kommen lässt, in der ihn nichts mehr berührt, sondern umgekehrt darum, dass er es lernt, sich angreifen, berühren, treffen, kränken, sprengen, zerschlagen zu lassen, mit einem Wort, dass er es wagt, von seinem falschen Verlangen nach schmerzloser Harmonie und glatter Oberfläche zu lassen, um im mutigen Kampf mit den Mächten zu finden, was ihn jenseits der Gegensätze erwartet.
Es geht um den Mut zum Leben, also darum, sich in der Welt auch gefährlichen Begegnungen zu stellen und in der Versenkung, statt sich im Fixieren eines Gegenstandes gegen das Unbewusste zu schützen, das Hochkommen aller „Dämonen" zu begrüßen. Nur im immer neuen Durchschreiten einer Zone der Vernichtung kann die Fühlung mit dem aller Vernichtung enthobenen Sein sich festigen. Und je mehr der Mensch es lernt, ohne Reserve

der ihn gefährdenden, sinnwidrigen, mit Isolierung
drohenden Welt zu begegnen, um so mehr öffnet sich
ihm die Tiefe des Grundes, und ein Tor zu neuem
Leben und Werden geht auf.

KARLFRIED GRAF DÜRCKHEIM

"Ihr werdet nicht mehr dieselben sein, wenn ihr zurückkommt", warnte uns Fede, der Koch der Expedition. Es war kurz nach sechs Uhr morgens, 20 Grad unter Null und es begann schon zu dämmern. Marcela, Nico, Vicente, Richi und ich waren im Begriff, das Refugio Berlin in Richtung Aconcagua-Gipfel zu verlassen. „Egal was passiert", beharrte Fede, „von da oben kommt keiner als derselbe Mensch zurück. Alle, die oben waren, und auch alle, die nicht bis auf den Gipfel kamen, verändern sich für immer. Ihr werdet schon sehen." Ich erschauerte, aber nicht vor Kälte. Eine freudige und zugleich düstere Stimmung umfing mich. Ich war im Begriff, mich auf einen Weg ohne Wiederkehr zu machen, eine Erfahrung, von der ich als ein anderer Mensch zurückkehren würde. Fedes Worte erinnerten mich an das Buch *Die Reise nach Ixtlan*[71]. Während ich mit meinen vier Gefährten den Weg zum Gipfel des Sentinela de Piedra einschlug (das bedeutet Aconcagua im Quichua-Dialekt), sinnierte ich über die Worte Don Juans nach, des schamanischen Meisters von Carlos Castaneda.

„Wenn du den Schock [die Begegnung mit der Erkenntnis] überlebst, dann wirst du dich in einem unbekannten Lande wiederfinden. Als erstes wirst du dich dann, wie es bei uns allen ganz natürlich ist, auf den Weg [nach Hause] machen wollen. Aber es gibt keinen Weg zurück [nach Hause]. Was du zurückgelassen hast, ist für immer verloren (...) Alles, was wir lieben oder hassen oder wünschen, liegt hinter uns. Doch die Gefühle im Menschen sterben oder verändern sich nicht, und der Zauberer macht sich auf den Weg zurück nach Hause und weiß, dass er nie ankommen wird, weiß, dass keine Macht der Welt, nicht einmal sein Tod, ihn an den

Ort, zu den Dingen, zu den Menschen zurückbringen wird, die er liebte. [Die Begegnung mit der Erkenntnis] wird deine Vorstellung von der Welt verändern. Diese Vorstellung ist alles, und wenn die sich verändert, dann verändert sich die Welt selbst."

Zur Verdeutlichung bittet Don Juan seinen Freund, Don Genaro, die Geschichte von seiner Reise nach Ixtlan zu erzählen. Auf dem Heimweg begegnete Genaro seinem „Verbündeten" (Quell der Erkenntnis) und es kam zu einem Kampf. „Nachdem ich ihn gepackt hatte", erzählt Genaro, „wirbelten wir umeinander. Der Verbündete schleuderte mich herum, aber ich ließ nicht von ihm ab. Wir wirbelten so schnell und mit solcher Gewalt durch die Luft, dass ich nichts mehr sah. Alles war neblig. Das Herumwirbeln ging weiter und weiter und weiter. Plötzlich spürte ich, dass ich wieder am Boden stand. Ich sah an mir herab. Der Verbündete hatte mich nicht getötet. Ich war heil und ganz. Ich war noch ich selbst. Ich wusste, dass ich gesiegt hatte. Endlich hatte ich einen Verbündeten. Ich sprang vor Freude in die Luft ... Dann sah ich mich um, um festzustellen, wo ich war. Die Umgebung war mir unbekannt. Ich dachte, der Verbündete müsste mich wohl durch die Luft geführt und irgendwo abgesetzt haben, weit weg von der Stelle, wo unser Kreiseln angefangen hatte. Ich glaubte, meine Heimat müsse im Osten liegen, daher machte ich mich in diese Richtung auf ...."

„Und wie endete dein Erlebnis schließlich, Don Genaro? Wann und wie kamst du schließlich nach Ixtlan?", fragte Castaneda. Don Juan und Don Genaro fingen an zu lachen, und Don Juan bemerkte: „Das also ist für dich das Ende. Sagen wir's mal so: Genaros Reise hatte kein Ende. Sie wird nie ein Ende haben! Genaro ist immer noch unterwegs nach Ixtlan!" „Ich werde Ixtlan nie erreichen", sagte Genaro mit einem Blick in die Ferne ...

Jede transzendente Lernerfahrung verändert unser Denkmuster und deshalb verändert sich auch unsere (Realität), unser Erleben des Realen. Deshalb können wir nicht nach Hause zurückkehren, deshalb werden wir niemals in Ixtlan ankommen. Das „Zuhause", das wir verlassen haben, existiert nicht mehr, wenn wir die Grenze der Erkenntnis überschritten haben; die Welt zeigt sich uns nicht mehr so wie bisher: Personen, Orte, alles ist anders für uns. Selbst bei aller Liebe und Nostalgie kann man die Welt nicht mehr so wie vorher erfahren. Deshalb sagen die Schamanen, man müsse der Erkenntnis entgegengehen mit der tadellosen Vollkommenheit eines Kriegers, mit der reinen Absicht, alle Illusionen zu überwinden und die Wahrheit zu finden. Der Preis dieser Wahrheit ist, dass wir alles aufgeben müssen, was uns bekannt ist. Im Mumonkan, einem alten Buch östlicher Weisheit, heißt es: „Wer die torlose Schranke durchschreitet, wandert allein durchs Universum."

Diese Vorstellung hat Juan Ramón Jiménez[72] poetisch in seinem Gedicht *Endgültige Reise* ausgedrückt:

Und ich werde gehen. Und die Vögel werden bleiben
und singen
und bleiben wird mein Garten, mit seinem grünen Baum
und seinem weissen Brunnen

Jeden Abend wird der Himmel blau und friedlich sein
und läuten werden, wie heute abend,
die Glocken vom Kirchturm

Sterben werden jene, die mich liebten
und das Dorf wird neu jedes Jahr
und in jener Ecke meines weissblühenden Gartens
wird mein Geist heimwehtrunken umherirren ....

Während ich mich dem Aconcagua näherte, bekamen diese Worte eine tiefe Bedeutung. Beim Aufstieg spürte ich, dass der Berg körperliche, emotionale, mentale und spirituelle Unreinheiten glättete, die sich in mir wie eine Kruste angesetzt hatten. Die Kilos, die ich aufgrund des durch die Höhe bedingten Appetitmangels und des kräftezehrenden Trainings verloren hatte, die hormonellen Umstellungen und die durch die unerträgliche Leichtigkeit der Luft bedingte Vervielfachung der roten Blutkörperchen, der unbändige Wunsch, den Gipfel zu erklimmen, die Gewissheit drohender Ohnmacht und die Überraschung, wieder bewusst einen Schritt nach vorn zu machen; all diese Erfahrungen lösten mein Selbstbild in nichts auf und entlarvten unwiderruflich das, was ich glaubte zu sein.

Wir wussten, dass der letzte Anstieg schwierig war. Wir hatten oft Schauergeschichten über die *canaleta* gehört, jene dreihundert Meter loses Geröll, wo man einen Schritt vorwärts und drei rückwärts macht). Wir waren auf diesen Kampf vorbereitet, die Endrunde, in der der Berg versuchen würde, uns k. o. zu schlagen. Aber keiner hatte uns gesagt, dass die Begegnung mit dem Berg eher einem langen Marathon gleichen würde als einem schnellen Boxkampf. Die „Canaleta" (als körperliche, emotionale, mentale und spirituelle Herausforderung) begann 1.500 Meter unterhalb der eigentlichen *canaleta* (die auf 6.600 Meter Höhe liegt), als unsere Mägen endgültig rebellierten, der Kopf aufgrund des niedrigen Luftdrucks anzuschwellen begann, und die Lungen zusammen mit der Luft auch Flüssigkeit verarbeiteten. Die „Canaleta" hatte mit dem Sturm der letzten Nacht begonnen, der praktisch alle Hütten fortrissen hatte. Einem Sturm, der dazu führte, dass von uns elf jetzt nur noch sechs mit von der Partie waren.

Wie oft bin ich versucht, eine Lernerfahrung auf einen einzigen und endgültigen Fakt zu reduzieren: eine Grenzsituation, in der man triumphiert oder endgültig scheitert. Aber das Leben ist nicht so: Praktisch alle Probleme, mit denen wir konfrontiert werden, sind eher Langzeitgefährten als flüchtige Angreifer. Wir müssen uns eher *auf sie einlassen* als auf sie *reagieren*. Eine Lernerfahrung - die Lösung eines Problems - ist ein Prozess, kein Fakt. Geduld und Bewusstsein sind unschätzbar wertvolle Elemente, um diesen Prozess zu Ende zu führen. Eine Vision – die Fähigkeit, sofortige Belohnung hintanzustellen (oder das Leid zu ertragen) und dabei immer sein übergeordnetes Ziel im Blick zu haben – ist der Schlüssel zu einem Leben in Freiheit. Wir brauchen Kraft, um mit dem grimmigen Gesicht des Lebens genauso Bekanntschaft zu schließen wie mit seinem sanften oder apollinischen Antlitz. Der Berg lehrt uns dies durch Entbehrungen. Aber gleichzeitig bietet er jenen Hilfe an, die die Lektion lernen. Der Extrembergsteiger W. N. Murray sagte dazu: „Solange man sich nicht verpflichtet hat, ist man zögerlich, macht unter Umständen einen Rückzieher und ist uneffektiv.

Immer wenn man die Initiative ergreift und etwas entstehen lässt, gibt es eine einzige grundlegende Wahrheit, durch deren Unkenntnis bereits unzählige Ideen und großartige Pläne zunichte gemacht wurden. In dem Augenblick, in dem man sich endgültig verpflichtet, kommt auch die Vorsehung in Bewegung. Alles Mögliche geschieht, um etwas zu unterstützen, das möglicherweise niemals eingetreten wäre. Aus dieser Entscheidung entspringt ein ganzer Strom von Ereignissen, der alle unvorhergesehenen Vorfälle, Begegnungen und materiellen Beistand zu unseren Gunsten lenkt, wie es sich kein Mensch jemals hätte träumen lassen." Ich empfinde große Hochachtung vor Goethe, der einmal gesagt haben soll: Ganz egal, was du dir vornimmst und träumst, tun zu können, mach einen Anfang. Kühnheit hat Genie, Macht und Magie."

Am Gipfel des Aconcagua erwartete uns ein phantastischer Tag: warm, sonnig und windstill. Aber um ihn genießen zu können, hatten wir einen Sturm mit Geschwindigkeiten von 80 Stundenkilometern sowie dichten Schneefall überstehen müssen. Es war, als sagte der Berg zu uns: „Um meinen Gipfel zu erreichen, müsst ihr mich ganz kennen. Wer meine dunkle Seite nicht umarmen will, wird auch meine strahlende Seite nicht umarmen können." In jener Schrekkensnacht, als mir das Hüttendach aufs halb erfrorene Gesicht fiel, wiederholte ich die Worte von Helen Keller (der berühmten amerikanischen Schriftstellerin, die ihre Talente entwickelte, obwohl sie blind und taubstumm geboren war) wie ein tröstendes Mantra: „Sicherheit ist vor allem Aberglaube. Sie existiert weder in der Natur noch erleben die Kinder der Menschen sie. Eine Gefahr zu meiden ist langfristig nicht sicherer als ihr direkt gegenüberzutreten. Das Leben ist entweder ein gewagtes Abenteuer oder gar nichts."

Marcela stieg ins Basislager ab; wir gingen weiter. Ich glaube nicht, dass wir weniger erschöpft waren als sie; ich glaube, wir besaßen nur eine größere Fähigkeit, den erstickenden Schmerz unserer Muskeln zu ertragen, die bis über ihre Grenzen strapaziert wurden. Aber wir vier, die weitergingen, hatten dasselbe Erlebnis: Wir wurden zu etwas, das jenseits dessen lag, was wir zu sein glaubten. Bei jedem von uns gab das Ego den Endanstieg nach den ersten fünf oder sechs Stunden auf. Die drei restlichen Stunden gingen wir nicht wegen dem weiter, was wir normalerweise „Ich selbst" nennen. Da war etwas anderes, eine transzendente Kraft, die Gestalt annahm und immer weiterwuchs, als sich die Absicht des Egos schon erschöpft hatte.

Und in der berüchtigten *canaleta* hatte ich das Gefühl, jeden Moment in Ohnmacht zu fallen. Ich konnte nämlich nur zehn (ganz kurze) Schritte machen und musste mich dann an einen Felsen anlehnen oder auf meine Stöcke stützen, um eine Minute lang zu verschnaufen. Es war entmutigend (und für mein Ego beschämend), dass es mir nicht gelang, mehr als nur wenige Meter vorwärts zu kommen, ohne völlig erschöpft zu sein. Aber in diesem Moment schoss mir ein Gedanke durch den Kopf, vielleicht ein inspirierendes Geschenk von Apu persönlich (dem Geist des Berges): „Es gibt nur eine begrenzte Anzahl Schritte von hier zum Gipfel, und ich werde sie der Reihe nach machen." Vielleicht tausend, vielleicht zehntausend, aber egal wie viele es waren, jeder meiner Schritte brachte mich meinem Ziel näher. In der Ebene mag dieser Gedanke trivial oder kindisch anmuten, aber in 6.700 Meter Höhe war er ein echter „Rettungsanker".

Mit dem Zerbrechen der oberflächlichen Schicht meiner Persönlichkeit kristallisierte sich eine tiefe Absicht heraus, die fähig war, mich weiterzutragen. Genau danach hatte jeder von uns am Aconcagua gesucht: an die Grenze seiner persönlichen Kräfte kommen, um ans Tor seiner transpersonalen Kräfte zu gelangen. Jenseits unserer bekannten Reserven stießen wir auf eine Quelle verborgener Kraft, einer Quelle von Reserven, die nur für Grenzsituationen gedacht war. Diese Entdeckung war vergleichbar mit der Entdeckung einer Oase in der Wüste. In dem Moment, wo wir bereit sind, uns zu ergeben, taucht die Märchenfee mit der gläsernen Kutsche und den gläsernen Schuhen auf. Bis zu diesem Moment erhoffte und glaubte ich an ein Märchen. Aber seitdem habe ich *Wissen und Gewissheit*. Ich weiß aus eigener Erfahrung, dass es etwas jenseits des eigenen Willens gibt.

Als wir auf dem Gipfel ankamen (obwohl man das, was wirklich oben ankam, eigentlich nicht als das bezeichnen kann, was wir üblicherweise „wir" nennen), brachen wir in Tränen aus. Diese Tränen kann man schwer erklären, es war, als könne der Körper so viele Emotionen nicht mehr zurückhalten und müsse sie über die Augen abladen. Wir fühlten uns unendlich und infinitesimal zugleich: großartig, in nahezu mystischer Vereinigung mit den Bergen ringsherum, und klein, als wir erstaunt und ehrfürchtig die Großartigkeit des Universums beobachteten. In diesem Moment fielen wir uns schluchzend, mit von Liebe berauschten Herzen, in die Arme. Vier Seelen, vier Perlen mehr im glänzenden Collier des Aconcagua. In Anlehnung an das Buch *Ein Kurs in Wundern* dachte ich: „Nichts Wirkliches kann bedroht werden, nichts Unwirkliche existiert. Hierin liegt der Friede des Geistes." Alles Unwirkliche hatte sich durch die wilde Liebe des Berges aufgelöst, nur das Wirkliche blieb bestehen. Und in diesem Aufblitzen der Realität begriff ich mit der süßesten Traurigkeit der Welt, dass ich niemals nach Ixtlan zurückkehren würde. Ixtlan war noch dort, aber es gab kein „Ich" mehr, das nach Hause zurückkehren konnte.

Meine Eltern, meine Freunde, meine Kinder, meine Frau – alle (ausgenommen meine Klettergefährten) hatten mir vor meiner Abreise dieselbe Frage gestellt: „Wozu um alles in der Welt willst du dich quälen? Was zum Teufel hast du in den unwirtlichsten Gegenden des Planeten verloren?" Auch dort, zwei Tage bevor wir den Gipfel erreichten, hatte ich darauf noch keine Antwort. Ich verspürte nur den glühenden Wunsch in meinem Herzen, der mich zu dieser Herausforderung hinzog. Egal ob ich den Gipfel erreicht hätte oder nicht, heute verstehe ich, dass ich mich all meinen Grenzen stellen und entdecken wollte, dass sowohl sie als auch diese Wesenheit, die ich als „Ich selbst" erkenne, eine Illusion sind, eine papierne Wand, eine torlose Schranke, hinter der sich das Universum befindet, die großartige und schreckliche Manifestation des strahlenden Geistes.

Um das zu finden, lohnt es sich, sich einen Arm auszurenken, Pusteln auf der Haut zu bekommen, in Daunen zusammengerollt bei 15 Grad unter Null zu schlafen, alles mögliche Essen zu erbrechen, Hunger zu haben, nicht schlafen zu können, zu spüren, wie der Kopf zerspringt, vor Müdigkeit ohnmächtig zu werden. Denn wenn man dem Wunder des Lebens begegnet, gibt es keine Angst mehr, es bleiben nur unbändiges Glück und unerschütterlicher Frieden, wenn man erkennt, dass man der lichtvolle Ausdruck der höchsten Natur der Existenz ist.

Diese Erkenntnis ist keineswegs ein narzisstisches Konstrukt, sondern dehnt sich auf alles Existierende aus. Nicht, dass wir „der einzige" lichtvolle Ausdruck oder ein „besonderer" Ausdruck wären, der lichtvoller ist als andere. Wirklich jedes einzelne Wesen strahlt genauso intensiv. Wie Wellen in einem Lichtmeer besteht jedes manifeste Wesen aus demselben heiligen Wasser. Es gibt keine wesentlichen Unterschiede zwischen denen, die das Ziel erreichen, und jenen, die auf halbem Weg umkehren. Der einzige Unterschied liegt darin, dass einige fähig sind, diese Wahrheit wahrzunehmen: Alles hat dasselbe Aroma; flüssiges Licht, das zärtlich durch die Kehle streicht, in der Brust explodiert und wie ein Geysir durch die Augen schießt.

In diesem Hochzustand kann man nicht lange verweilen. Man muss, wie der französische Autor René Daumal[73] sagt, in die Ebene zurückkehren: „Man kann nicht ewig auf dem Gipfel bleiben. Irgendwann muss man wieder absteigen." Aber wenn man von diesem „Weg des Helden" zurückkehrt, bleibt ein Geschenk im Herzen: die unvergessliche Erfahrung des Unendlichen. Mit Daumals Worten: „Der Mensch geht hinauf und sieht. Er steigt hinunter und sieht nichts mehr, aber er hat gesehen. Es gibt eine Kunst, die Kunst, sich durch die Erinnerung an das, was er in der Höhe gesehen hat, leiten zu lassen (...). Auch wenn er nicht mehr sieht, kann er doch wenigstens wissen." Und mit genau diesem Wissen kann er (spirituell) zum Markt zurückzukehren, auch wenn „der Markt" (als reiner Ort für materiellen Austausch) wie Ixtlan nicht mehr existiert.

Obwohl das Material dieses Buches körperlich viel weniger anspruchsvoll ist als die Besteigung des Aconcagua, hat die Umsetzung in die Praxis einen ähnlichen Effekt. Jede der hier vorgestellten Ideen ist eine Herausforderung für das konventionelle Denkmuster. Auf persönlicher, zwischenmenschlicher und gesellschaftlicher Ebene haben diese Konzepte eine ungeheure transformierende Macht. Wenn der Leser sie in die Tat umsetzt, wird er sofort dieselbe Einsamkeit und Unsicherheit, denselben Kopfschmerz, ja sogar dieselbe

Übelkeit verspüren wie die Bergsteiger. Viele Leute haben mich nach meiner Rückkehr gefragt: „Wie heilt man diese Symptome?" Leider ist die Antwort für die meisten unbefriedigend: Diese Symptome sind nicht heilbar. Man kann sie nur ertragen und als Zeichen des Fortschritts werten.

Auch wird niemand, der die Ideen und Empfehlungen in diesem Buch anwenden will, folgende Symptome vermeiden können: Misstrauen, Unverständnis, Zynismus, Ungläubigkeit, ja Sabotage durch die anderen. Wenn ich ein Rezept hätte, wie man diese Schwierigkeiten vermeiden kann, würde ich es Ihnen nur zu gern verraten. Aber ich habe keins. Das Einzige, was mir dazu einfällt, ist: Betrachten Sie diese Hürden als Zeichen des Fortschritts. Man kann seine eigene Existenz nicht transformieren, ohne zu einer Bedrohung für all jene zu werden, die lieber unbewusst leben. Jeder von uns kann sich unter dem frommen Mantel des „Das kann ich nicht" verstecken. Aber wenn jemand mit seinem Leben ein Beispiel für ein „Doch, ich kann es" gibt, dann braucht man sich nicht zu wundern, wenn die Dolche aufblitzen.

Deshalb ist es so hilfreich, wenn man sich auf eine intentionale Gemeinschaft verlassen kann, eine Gruppe von Reisegefährten, die ein gemeinsames Vorhaben eng zusammenschweißt. Sie brauchen viel Charakterstärke, um in schwierigen Momenten zusammenzubleiben, jenen Momenten, in denen die Welt sagt: „Um meine lichtvolle Seite zu umarmen, musst du erst meine dunkle Seite akzeptieren." Als ich diese Charakterstärke bei meinen Kletterkameraden so deutlich sah, bekam ich allmählich eine besondere Ehrfurcht vor jedem von ihnen. Schon vorher schätzten wir uns sehr; aber beim Abstieg vom Gipfel begannen wir, behutsamer und besonders rücksichtsvoll miteinander umzugehen. Als ich wieder beim Plaza de Mulas (dem Basislager auf 4.500 Meter Höhe) ankam, fiel mir ein Volksmärchen ein. „Das Geschenk des Rabbis" ging mir nicht mehr aus dem Kopf ...

In dieser Geschichte geht es um ein Kloster, das schwierige Zeiten durchmachte. Die einst blühenden Ordenshäuser waren aufgrund der kirchenfeindlichen Verfolgungen des 17. und 18. Jahrhunderts geschlossen worden, und im 19. Jahrhundert folgte dann die Säkularisierung. Der Orden wurde so sehr dezimiert, dass nun nur noch fünf Mönche im eigentlichen Kloster lebten: Der Abt und die anderen vier waren alle schon weit über 70 Jahre alt. Es war offensichtlich, dass der Orden bald sterben würde.

In dem Wald, der das Kloster umgab, stand eine kleine Hütte, die der Rabbi des Nachbardorfs gelegentlich als Einsiedelei nutzte. Im Lauf der vielen Jahre, die sie mit Beten und Kontemplation verbracht hatten, hatten die fünf Mönche nahezu übersinnliche Kräfte entwickelt. So spürten sie beispielsweise immer, wenn der Rabbi sich in der Hütte aufhielt. „Der Rabbi ist im Wald", flüsterten sie sich zu. Der Abt, der das bevorstehende Ende seines Ordens ahnte, kam auf die Idee, der Einsiedelei einen Besuch abzustatten und den Rabbi um Rat zu fragen, wie das Kloster zu retten sei.

Der Rabbi hieß den Abt willkommen. Doch als dieser ihm den Grund seines Besuchs erklärte, wusste der Rabbi keinen Rat, sondern empfand nur Mitgefühl:

„Ich weiß, wie das ist. Der Geist hat die Menschen verlassen. In meinem Dorf ist es genau dasselbe. Fast keiner kommt mehr zur Synagoge."

Da weinten der alte Abt und der alte Rabbi. Anschließend lasen sie einige Abschnitte aus der Thora und führten tiefgründige Gespräche. Als die Stunde des Abschieds nahte, umarmten sie sich und der Abt sagte:

„Es war wunderbar, dass wir uns nach all diesen Jahren begegnet sind, aber ich habe für mein Anliegen, das mich hergeführt hat, keine Lösung gefunden. Kannst du mir denn gar nichts sagen, irgendeinen Rat geben, wie ich meinen sterbenden Orden retten kann?"

„Nein, es tut mir Leid", antwortete der Rabbi. „Ich kann dir keinen Rat geben. Ich kann dir nur sagen, dass einer von euch der Messias ist."

Als der Abt ins Kloster zurückkam, umringten ihn die Mönche und fragten, was der Rabbi gesagt habe.

„Er kann uns nicht helfen", gab der Abt zur Antwort. „Wir haben nur gemeinsam geweint und in der Thora gelesen. Aber als ich gehen wollte, sagte er etwas Rätselhaftes: dass einer von uns der Messias sei. Ich weiß nicht, was er damit meinte."

In den folgenden Tagen, Wochen und Monaten grübelten die Mönche darüber nach und fragten sich, ob die Worte des Rabbis wohl irgendeine Bedeutung hatten. „Der Messias ist einer von uns? Meint er damit etwa einen von uns Mönchen hier im Kloster? Wenn ja, wer von uns ist es? Ob er wohl den Abt meinte? Ja, natürlich. Er ist seit mehr als einer Generation unser Oberhaupt. Aber vielleicht meinte der Rabbi ja auch den Bruder Thomas. Natürlich ist Bruder Thomas ein heiliger Mann. Jeder weiß, dass Bruder Thomas ein lichtvolles Wesen ist. Aber ganz bestimmt meinte der Rabbiner den Bruder Eldred! Eldred ist manchmal gereizt. Aber wenn man es recht bedenkt, hat Eldred immer Recht, auch wenn er manchen ein Dorn im Auge ist. Meistens hat er völlig Recht. Vielleicht meinte der Rabbi den Bruder Gabriel. Aber sicher nicht den Bruder Philipp, nein! Philipp ist so passiv, ein richtiger Niemand. Aber irgendwie hat Bruder Philipp auf geheimnisvolle Weise die Eigenschaft, immer da zu sein, wo man ihn braucht. Wie durch Zauberei taucht er neben einem auf. Vielleicht ist Philipp der Messias. Der Rabbi hat natürlich nicht mich gemeint. Er kann mich gar nicht gemeint haben. Ich bin nur eine ganz gewöhnliche Kreatur. Aber selbst wenn er mich gemeint hat, dann, ja dann wäre ich der Messias? O Gott, nein, nein! Ich kann Dir unmöglich so viel bedeuten! Oder vielleicht doch ...?"

Während sie so überlegten, begannen die alten Mönche, einander mit außerordentlichem Respekt zu behandeln, weil sie dachten, es könnte ja sein, dass einer von ihnen der Messias sei. Und trotz der nur winzigkleinen Chance, dass jeder von ihnen der Messias sein könnte, fingen sie an, auch sich selbst mit außerordentlichem Respekt zu behandeln.

Da der Wald, in dem das Kloster lag, sehr schön war, kamen gelegentlich Leute vorbei, um im Freien zu picknicken, auf den Pfaden zu wandeln und manchmal in der baufälligen Kapelle zu meditieren. Ohne es zu merken, nahmen die Besucher allmählich jene Aura von außerordentlichem Respekt wahr, den die fünf Mönche einander entgegenbrachten und die die auf die Atmosphäre des Ortes auszustrahlen schien. Diese Aura hatte etwas seltsam Anziehendes, ja geradezu Unwiderstehliches. Ohne zu wissen warum, kehrten die Menschen häufiger zum Kloster zurück, sei es um spazieren zu gehen, sich zu erholen oder um zu beten. Jeder brachte seine Freunde mit, um ihnen diesen so außergewöhnlichen Ort zu zeigen. Und die Freunde brachten wiederum ihre Freunde mit. Irgendwann kamen ein paar junge Menschen beim Besuch des Klosters mit den Mönchen ins Gespräch. Kurze Zeit später bat einer um Aufnahme in den Orden. Dann noch einer. Und noch einer. Und so gab es im Kloster nach wenigen Jahren wieder einen blühenden Orden, der dank des Geschenks des Rabbis zu einem pulsierenden Zentrum des Lichts und der Spiritualität wurde.

Vor ungefähr 2.000 Jahren machte jemand Hillel d. Ä., dem großen jüdischen Gelehrten, folgenden Vorschlag: „Wenn du die jüdische Lehre so schnell zusammenfassen kannst, wie ich auf einem Bein stehe, dann werde ich deinen Glauben annehmen." Hillel nahm die Herausforderung an und während der andere auf einem Bein stand, sagte er: „Der Kern des Judentums ist ‚Liebe deinen Bruder [Nächsten] wie dich selbst'. Nun geh und studiere ..." Wenn mich jemand bäte, den Kern dieses Buches zu resümieren, würden mir keine passenderen Worte einfallen als die von Hillel. „Liebe deinen Mitmenschen wie dich selbst, denn sowohl du als auch dein Mitmensch sind strahlender Ausdruck dieses Selbst, das sich als Universum manifestiert." Bedenke immer, dass du vielleicht der Messias bist (besser gesagt, Jenes, das sich als Du manifestiert, ist sicher die messianische Energie, die die Welt mit gütigem Mitgefühl transformieren kann). In diesem Wissen behandle dich und andere immer mit außerordentlichem Respekt. Nun geh und studiere ..."

Diese Fähigkeit, sich gegenseitig als lichtvollen Ausdruck der essenziellen Natur der Existenz zu betrachten, kommt in dem hübschen nepalesischen Wort für „Hallo" zum Ausdruck. Als ich im Himalaya war, begegnete ich oft lächelnden Kindern, die grüßend auf mich zukamen (und nach Bonbons fragten ...). Als ich in die kleinen Bergdörfer kam, rannten die Kinder auf mich zu und riefen: „Namastê, namastê" (gefolgt von einem „Schokolade?", „Ball?" und ähnlichen Fragen – eine Folge der kulturellen Umweltverschmutzung ...). Auch als mich mein Reiseführer einigen Bauern vorstellte, fiel mir auf, dass sie sich nicht die Hand gaben (ich natürlich auch nicht; „Wenn du in Rom bist, handle wie die Römer"). Alle legten die Hände wie zum Gebet auf der Höhe des Herzens aneinander, verbeugten sich leicht und sagten „Namastê".

Ich fragte meinen Reiseführer, was „Namastê" bedeute. Seine Antwort war so schön, dass ich erstarrte. *Namastê* bedeutet so etwas wie „Ich sehe das göttliche Licht, das in deiner Seele strahlt", „Ich erkenne in dir die Essenz, die ich bin" oder „Ich begrüße dich als denjenigen, in dem du und ich Eins sind". Von da an antwortete ich auf einen *Namastê*-Gruß immer, indem ich die Hände auf der Höhe des Herzens zusammenlegte, mich leicht verbeugte und *Namastê* sagte. Ja, ich fand sogar Gefallen an dieser Praktik und kam den anderen bei der Begrüßung zuvor. Ich gewöhnte mir an, dieses Ritual zu eröffnen, indem ich immer als Erster *Namastê* sagte.

Aber damit nicht genug. „Warum sollte ich das *Namastê* auf Menschen beschränken?", fragte ich mich. Sofort begann ich (nur in Gedanken, ich wollte ja nicht, dass die Träger mich für verrückt hielten), zu allem *Namastê* zu sagen: zum Himmel, zur Sonne, zu den Wolken, den Bergen, den Seen, ja, sogar zu mir selbst. Was für ein Paradox! Auf den Pfaden der östlichen Welt begriff ich endlich die abendländische Geschichte vom Geschenk des Rabbis. Ich begriff auch das rätselhafte Gedicht des chinesischen Weisen Li Bo[74]:

Ein Schwarm von Vögeln, hohen Flugs entschwunden.
Verwaiste Wolke, die gemach entwich.
Wir beide haben keinen Überdruss empfunden,
Einander anzusehn, der Berg und ich.

In Anlehnung an Li Bo könnte ich sagen:

Ein Schwarm von Worten, hohen Flugs entschwunden.
Verwaistes Blatt, welches gemach entwich.
Wir beide haben keinen Überdruss empfunden,
bis er noch übrig war, und nicht mehr ich.

Namastê!

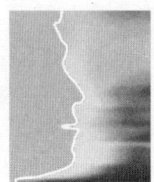

Über den Autor

Dr. Fred Kofman machte 1984 an der Universität von Buenos Aires sein Hochschulexamen in Ökonomie und promovierte 1990 in Berkeley (Universität von Kalifornien). Zusammen mit Andy Freire hat er Axialent gegründet, ein internationales Beratungsunternehmen, das sich mit den Themen Effektivität in Organisationen und Personal Mastery beschäftigt.

1984 und 1985 war er Dozent für Wirtschaftswachstum an der Fakultät für Wirtschaftswissenschaften an der Universität von Buenos Aires. Von 1990 bis 1995 war er Professor für Management Accounting und Information Systems an der Sloan School des MIT (Massachusetts Institute of Technology) und Senior Researcher am Organizational Learning Center des MIT, das von Dr. Peter Senge geleitet wird. Dr. Kofman und Dr. Senge leiteten gemeinsam Dutzende von Seminaren in den USA, Venezuela, Peru, Chile und Argentinien.

Seit 1996 widmet sich Dr. Kofman in *Leading Learning Communities* der Schulung von Unternehmensführern und der Bewusstseinsentwicklung in Unternehmen und im Privatleben. Seine akademischen Aktivitäten konzentrieren sich auf das *Integral Institute (I-I)*, das der US-amerikanische Philosoph Ken Wilber gegründet hat. Dr. Kofman und Ken Wilber arbeiten gemeinsam im Bereich Entwicklung integralen Bewusstseins und dessen Anwendung auf Unternehmensebene.

Dr. Kofman wurde 1988 von der University of California zum „Outstanding Teaching Assistant", 1992 zum „Professor of the Year" des MIT und 1993 zum „Teacher of the Year" der Sloan School of Management ernannt. 1990 wurde seine Dissertation „Optimal Contract Theory Under Collusion Risks" als eine der bedeutendsten

Neuentwicklungen im Bereich Wirtschaftstheorie mit dem internationalen Preis der Review of Economic Studies ausgezeichnet.

Sein Essay „Communities of Commitment", den er gemeinsam mit Peter Senge verfasst hat, wurde in mehr als zehn Fachzeitschriften und -büchern in den USA, Lateinamerika und Europa publiziert. Andere seiner Werke erschienen in *Das Fieldbook zur fünften Disziplin* und wissenschaftlichen Zeitschriften wie *Management Science, The Journal of Organizational Dynamics, Econometria, The Journal of Industrial Economics, The Journal of Public Economics* und *The Systems Thinker.* Seine Arbeit – die Erklärung und Erweiterung des Modells von Ken Wilber – findet sich in elektronischer Form auf der Website www.worldofkenwilber.com.

In den USA und Europa hat Dr. Kofman für mehr als 20.000 Chefs von Unternehmen wie General Motors, Chrysler, Ford, EDS, Detroit Edison, Shell, Intel, Hewlett-Packard und Philips Programme für Leadership, Lernen im Team, Personal Mastery und Effektivität in Unternehmen entwickelt. In Lateinamerika wurden seine Ideen in Unternehmen wie Grupo Clarín, EDS, Citibank, Microsoft, Grupo Techint, Sociedad Comercial del Plata, Telecom Argentina, Molinos Río de la Plata, Banco Río, La Nación, Ferrum, FV, Miniphone, Banco Boston, Banco Francés, Gancia, Pluspetrol, American Express, Grupo HSBC, Nestlé und Itaú BBA umgesetzt.

Fred Kofman ist Argentinier und lebt mit seiner Frau Katherine Fellows-Kofman und seinen sechs Kindern Janette, Sophie, Rebecca, Tomás, Paloma und Michelle in Boulder, Colorado, USA. Wenn er nicht Beratungen durchführt oder als Autor tätig ist, ist er häufig bei Meditations-Retreats, Marathonläufen oder in den Bergen beim Klettern oder Skifahren anzutreffen.

Mehr Informationen über *Metamanagement* und Kofmans Aktivitäten finden Sie auf der Website www.axialent.com.

Fußnoten

1 Peter Drucker, Management im 21. Jahrhundert, Econ 1999, S. 19-21; 63ff.; 133.
2 Gary Hammel, Prahalad, C. K., Wettlauf um die Zukunft: wie Sie mit bahnbrechenden Strategien die Kontrolle über Ihre Branche gewinnen und die Märkte von morgen schaffen, Ueberreuter 1995.
3 John Kotter, Wie Manager richtig führen, Hanser 1999.
4 Bennis, Warren, Führen lernen, Heyne 1996.
5 Treacy, Michael, Wiersema Fred, Marktführerschaft: Wege zur Spitze, Heyne 1997; Collins, Jim und Porras, Jerry, Immer erfolgreich: die Strategien der Topunternehmen, Stuttgart München 2003.
6 Heskett, Sasser, Schlesinger, Management von Dienstleistungsunternehmen: erfolgreiche Strategien in einem Wachstumsmarkt, Gabler Wiesbaden 1988.
7 Bennis, Warren und Nanus, Burt, Führungskräfte : die vier Schlüsselstrategien erfolgreichen Führens, Heyne 1996.
8 Buckingham, Marcus und Coffman, Curt, Erfolgreiche Führung gegen alle Regeln: wie Sie wertvolle Mitarbeiter gewinnen, halten und fördern; Campus Frankfurt/Main 2001.
9 Seligman, Martin, What you can change and what you can't, Fawcett Book.
10 Rosen, Sidney, Die Lehrgeschichten von Milton H. Erickson, Salzhausen 1994.
11 Stephen Covey, Die sieben Wege zur Effektivität: ein Konzept zur Meisterung Ihres beruflichen und privaten Lebens, Frankfurt/Main 2000.
12 Peters, Tom und Waterman, Bob, Auf der Suche nach Spitzenleistungen: was man von den bestgeführten US-Unternehmen lernen kann, Redline Frankfurt/Main 2004.
13 Pascale, Richard et al., Chaos ist die Regel: wie Unternehmen Naturgesetze erfolgreich anwenden, Econ 2002.
14 McGregor, Douglas, Der Mensch im Unternehmen, Düsseldorf Wien 1970. Zitiert nach der portugiesischen Ausgabe.
15 Senge, Peter, Die fünfte Disziplin: Kunst und Praxis der lernenden Organisation, Stuttgart, 1999.

16 Dewey, John, Erziehung durch und für Erfahrung, Stuttgart 1994.
17 Lewin, Kurt, Feldtheorie in den Sozialwissenschaften, Stuttgart 1963.
18 Deming, W. Edwards, Out of the Crisis.
19 Covey, Stephen, Die sieben Wege zur Effektivität: ein Konzept zur Meisterung Ihres beruflichen und privaten Lebens, Frankfurt/Main Campus 2000.
20 Frankl, Viktor, Der Mensch auf der Suche nach Sinn, Freiburg 1975.
21 Nach Covey, Stephen, Die sieben Wege zur Effektivität, S. 69-70.
22 Bhagavad Gita, Kreuzlingen München 2004.
23 Maslow, Abraham, The Maslow Business Reader, Wiley 2000. Zitiert nach der portugiesischen Ausgabe.
24 Glasser, William, The Control Theory Manager, HarperBusiness 1996.

25 Campbell, Joseph, Der Heros in tausend Gestalten, Frankfurt/Main 1999.
26 Machado, Antonio, Soledades – Einsamkeiten 1899-1907 Nr. LIX, Verse 9-16; Hg. und übertr. Von Fritz Vogelsang.Zürich, Amman-Verlag 1996, S. 159; Wanderer: Antonio Machado: „Campos de Castilla – Kastilische Landschaften". Gedichte 1907 bis 1917. Spanisch und deutsch. Herausgegeben, übersetzt und mit einem Nachwort von Fritz Vogelsang. Ammann Verlag, Zürich 2001.
27 Carroll, Lewis, Alice im Wunderland, Frankfurt/Main o. J.; übersetzt von Christian Enzensberger.
28 Dreyfus, Hubert und Stuart, Künstliche Intelligenz : Von den Grenzen der Denkmaschine und dem Wert der Intuition, Reinbek 1987, Seite 43ff.; 57.
29 Argyris, Chris, Action Science, Jossey Bass, Oxford 1990.
30 Leonard, George, Der längere Atem, Scherz Verlag, Bern München Wien, 1991, Seite 33ff.

3 31 Seligman, Martin, Pessimisten küsst man nicht, Optimismus kann man lernen. Droemer 2001, S. 11, S. 15. Vollst. Taschenbuchausgabe.
32 Nadler, Gerald und Hibino, Shozo, Breakthrough thinking, Prima Publishing 1998.
33 Drucker, Peter, Neue Realitäten, Düsseldorf: Econ-Verlag, 1990, 2. Auflage [unklar, ob das Zitat aus diesem Buch stammt]
34 Mitroff, Ian, und Pearson, Christine, Crisis Leadership: Planning for the Unthinkable, Wiley, 2003
35 Bono, Edward de, Edward DeBono's Denkschule: zu mehr Innovation und Kreativität, Landsberg 1986.
36 Schumacher, E. F., Rat für die Ratlosen: vom sinnerfüllten Leben, Reinbek 1979, S. 165-167; 165; 166-172.

4 37 Senge, Peter, Die fünfte Disziplin, a.a.O., Seite 186.
38 Bateson, Gregory, Ökologie des Geistes. Auf den Spuren ökologischen Bewusstseins, Frankfurt/Main Suhrkamp 2001.
39 Maturana, Humberto und Varela, Francisco, Der Baum der Erkenntnis, Goldmann München 1990.
40 Schein, Edgar, Organisationskultur, Edition Humanistische Psychologie - Ehp 1995, S. 25.
41 Kuhn, Thomas, Die Struktur wissenschaftlicher Revolutionen, Suhrkamp Frankfurt, 2003.
42 Zitiert nach Pirsig, Robert, Lila oder ein Versuch über die Moral, Fischer Frankfurt/Main 1992, S. 118.

5 43 Argyris, Chris und Schön, Donald, Theory in practice, Jossey-Bass, San Francisco, 1974.
44 Glasser, William, Die lernende Organisation, Klett-Cotta Stuttgart, 2002.

6 45 Argyris, Chris, Die lernende Organisation, Klett-Cotta, Stuttgart 2002.
46 Argyris, Chris und Schön, Donald, Theory in Practice, a.a.O.
47 Peck, Scott, The Different Drum, Touchstone, 1987.
48 Covey, Stephen, Die sieben Wege zur Effektivität, Heyne München 2000.

7 49 Rumi, Jelaluddin, zitiert nach Andrew Harvey, The way of passion, J.P.Tarcher, 2000.

10 50 Kegan, Robert, und Lahey, Lisa, How the way we talk can change the way we work: Seven languages for transformation. Jossey-Bass, 2000.

12 51 Daniel Goleman, Emotionale Intelligenz, dtv München 2001.
52 Daniel Goleman, EQ – Der Erfolgsquotient, dtv, München 2000, S. 388; 44; 55-56; 109.

13 53 Rothbard, Murray, Eine neue Freiheit – das libertäre Manifest, Berlin Kopp 1999, S. 37-38.
54 Stephen Levine, Sein lassen, Kamphausen Bielefeld, 1995.
55 Ayn Rand, Die Tugend des Egoismus, 1998. Keine bibliografischen Angaben verfügbar. Zitiert aus der portugiesischen Ausgabe.

14 56 Alice Miller, Das Drama des begabten Kindes, Suhrkamp Frankfurt/Main 2003, S. 16f.; 23.
57 Roberto Mangabeira Unger, Leidenschaft. Ein Essay über Persönlichkeit. Fischer Frankfurt/Main, 1986, Seite 119-120.

15 58 Borysenko, Joan, Gesundheit ist lernbar, Droemer München 1991.
59 Watts, Alan, The book: On the Taboo Against Knowing Who You Are, Vintage Books, 1989.
60 Wilber, Ken, Integrale Psychologie, Freiamt, Arbor-Verlag 2001; Einfach "Das", Fischer, Frankfurt/Main 2002, S. 77.
61 Collins, Jim, und Porras, Jerry, Immer erfolgreich, DVA Stuttgart 1997, S. 20.

16 62 Hixon, Lex, Eins mit Gott, Droemer München 1992, Seite 110-112; 113.
63 Smith, Adam, Theorie der ethischen Gefühle, o. A.
64 Smith, Adam, Der Wohlstand der Nationen, dtv München 1993, S. 17.
65 Machado, Antonio, An eine dürre Ulme, in: Kastilische Landschaft, Nr. CXV, übersetzt von Fritz Vogelsang, Amman Verlag Zürich.
66 Maslow, Abraham, The Essential Maslow business reader, John Wiley & Sons, 1998. Zitiert nach der portugiesischen Ausgabe.
67 Wilber, Ken, Eros, Kosmos, Logos, Fischer Frankfurt/Main, Seite 392f.
68 Eliot, T.S., Little Gidding, 4. Quartett, in (T.S. Eliot, Gesammelte Gedichte, Suhrkamp, 1988, S. 335. Übersetzt von Nora Wydenbruck.
69 Rilke, Rainer Maria, Mein Leben, in: Stundenbuch, Insel-Verlag, Frankfurt/Main 2000.
70 Basho, Quelle: Jim Dodge: Fup. Übersetzt aus dem Amerikanischen von Harry Rowohlt. Rogner & Bernhard Verlag (Zweitausendeins), Hamburg 2002.
71 Castaneda, Carlos, Die Reise nach Ixtlan, Fischer Frankfurt/Main 2003, S. 245-249; 250-251.
72 Jiménez, Juan Ramon, Endgültige Reise, zitiert in Carlos Castaneda, Die Reise nach Ixtlan, Fischer Frankfurt/Main 1975, S. 251. Übersetzt von Hans Leopold Davi (aus J.R.Jimenez: Herz, stirb oder singe, Zürich: Diogenes, 1958).
73 Daumal, René, Der Analog, Suhrkamp, Frankfurt/Main 1982. Zitiert nach der portugiesischen Ausgabe.
74 Li-Po, Allein auf dem Djing-ting-Berg, in: „Lyrik des Ostens", Hrsg. Wilhelm Gundert, Annemarie Schimmel u. Walther Schubring, Hanser, München 1965/78, S. 296: Übersetzt von Günter Eich.